住房和城乡建设部"十四五"规划教材
高等学校系列教材

排 水 工 程

上册

（第六版）

张　智　主编
李伟光　主审

中国建筑工业出版社

图书在版编目（CIP）数据

排水工程. 上册 / 张智主编. -- 6 版. -- 北京：
中国建筑工业出版社，2025.3. --（住房和城乡建设部
"十四五"规划教材）（高等学校系列教材）. -- ISBN
978-7-112-30624-4

Ⅰ. TU992

中国国家版本馆 CIP 数据核字第 20241GT062 号

《排水工程》（上册）（第六版）根据最新的《室外排水设计标准》GB 50014—2021 及本专业的最新要求，在第五版的基础上，增加了其他排水系统、排水泵站、智慧排水等章节。全书共分 10 章：概论，排水系统，污水管渠系统，雨水管渠系统，合流制管渠系统，排水管材与敷设和附属构筑物，其他排水系统，排水管渠系统运行维护与管理，排水泵站，智慧排水系统。

本书可作为给排水科学与工程、环境工程及相关专业的本科生教材，也可作为工程技术人员参考书。

为便于教学，作者特制作了与教材配套的电子课件，如有需求，扫码下载。

责任编辑：王美玲
责任校对：张惠雯

教材 PPT

住房和城乡建设部"十四五"规划教材
高等学校系列教材

排 水 工 程

上册

（第六版）

张　智　主编

李伟光　主审

*

中国建筑工业出版社出版、发行（北京海淀三里河路 9 号）

各地新华书店、建筑书店经销

霸州市顺浩图文科技发展有限公司制版

河北鹏润印刷有限公司印刷

*

开本：787 毫米×1092 毫米　1/16　印张：22½　字数：541 千字
2025 年 8 月第六版　　2025 年 8 月第一次印刷
定价：**65.00** 元（赠教师课件）

ISBN 978-7-112-30624-4

（44087）

出 版 说 明

党和国家高度重视教材建设。2016年，中共中央办公厅、国务院办公厅联合印发了《关于加强和改进新形势下大中小学教材建设的意见》，提出要健全国家教材制度。2019年12月，教育部牵头制定了《普通高等学校教材管理办法》和《职业院校教材管理办法》，旨在全面加强党的领导，切实提高教材建设的科学化水平，打造精品教材。住房和城乡建设部历来重视土建类学科专业教材建设，从"九五"开始组织部级规划教材立项工作，经过近30年的不断建设，规划教材提升了住房和城乡建设行业教材质量和认可度，出版了一系列精品教材，有效促进了行业部门引导专业教育，推动了行业高质量发展。

为进一步加强高等教育、职业教育住房和城乡建设领域学科专业教材建设工作，提高住房和城乡建设行业人才培养质量，2020年12月，住房和城乡建设部办公厅印发《关于申报高等教育职业教育住房和城乡建设领域学科专业"十四五"规划教材的通知》（建办人函〔2020〕656号），开展了住房和城乡建设部"十四五"规划教材选题的申报工作。经过专家评审和部人事司审核，512项选题列入住房和城乡建设领域学科专业"十四五"规划教材（简称规划教材）。2021年9月，住房和城乡建设部印发了《高等教育职业教育住房和城乡建设领域学科专业"十四五"规划教材选题的通知》（建人函〔2021〕36号）（简称《通知》）。为做好规划教材的编写、审核、出版等工作，《通知》要求：（1）规划教材的编著者应依据《住房和城乡建设领域学科专业"十四五"规划教材申请书》（简称《申请书》）中的立项目标、申报依据、工作安排及进度，按时编写出高质量的教材；（2）规划教材编著者所在单位应履行《申请书》中的学校保证计划实施的主要条件，支持编著者按计划完成书稿编写工作；（3）高等学校土建类专业课程教材与教学资源专家委员会、全国住房和城乡建设职业教育教学指导委员会、住房和城乡建设部中等职业教育专业指导委员会应做好规划教材的指导、协调和审稿等工作，保证编写质量；（4）规划教材出版单位应积极配合，做好编辑、出版、发行等工作；（5）规划教材封面和书脊应标注"住房和城乡建设部'十四五'规划教材"字样和统一标识；（6）规划教材应在"十四五"期间完成出版，逾期不能完成的，不再作为《住房和城乡建设领域学科专业"十四五"规划教材》。

住房和城乡建设领域学科专业"十四五"规划教材的特点，一是重点以修订教育部、住房和城乡建设部"十二五""十三五"规划教材为主；二是严格按照专业标准规范要求编写，体现新发展理念；三是系列教材具有明显特点，满足不同层次和类型的学校专业教学要求；四是配备了数字资源，适应现代化教学的要求。规划教材的出版凝聚了作者、主审及编辑的心血，得到了有关院校、出版单位的大力支持，教材建设管理过程有严格保障。希望广大院校及各专业师生在选用、使用过程中，对规划教材的编写、出版质量进行反馈，以促进规划教材建设质量不断提高。

住房和城乡建设部"十四五"规划教材办公室
2021年11月

第 六 版 前 言

《排水工程》（上册）（第五版）出版已九年之久。我国排水行业发展迅速，新需求、新技术不断出现。因此，有必要对本书进行修订。

首先，目前，城市基础设施建设正处于由大建设，向大更新、大运维转化的时期，城市排水设施的检测、修复、更新、改造任务繁重。因此，在第 1 章对近年来排水工程的重要举措，如雨污分流改造、海绵城市建设、厂网协同增效、污水再生利用、排水管渠污泥及处理技术、排水管渠检测技术和非开挖技术等进行了介绍。同时，增编了其他排水系统、排水泵站、智慧排水等章节。

其次，《排水工程》（上册）修订也注意反映新标准、新规范的内容，如与《室外排水设计标准》GB 50014—2021、《城乡排水工程项目规范》GB 55027—2022 等的衔接。

本书本次修订由张智主编，重庆大学张智、何强、柴宏祥、姜文超、阳春、古励、姚娟娟、李麟，福建理工大学蒋柱武、马立艳参加了修订。具体分工为：第 1 章由张智、蒋柱武编写，第 2 章和第 6 章由姜文超编写，第 3 章由何强、李麟编写，第 4 章由张智、马立艳编写，第 5 章由柴宏祥编写，第 7 章和第 8 章由古励编写，第 9 章和第 10 章 10.3 节由阳春编写，10.1 节、10.2 节和 10.4 节由姚娟娟编写。程呈参加了全书修订稿的校对。全书由哈尔滨工业大学李伟光教授主审。

参考文献除所列主要书目外，尚有一些期刊论文，恕不一一列出，在此一并致谢。

限于编者水平，本书不妥之处，敬请读者批评、指正。

2024.6

第 五 版 前 言

《排水工程》(上册)(第四版)出版以来,已历经十五年。其间,我国的排水工程已有长足进步,污水处理率及排水管网长度均有大幅度增长,与之相关的规范、标准曾几经修订。因此,本书的修编已势在必行。

首先,《室外排水设计规范》已经三次修订,特别是 2010 年以来,我国许多城市发生内涝,原因当然是多方面的,但与城市雨水管道设计标准过低不无关系。因此,《室外排水设计规范》于 2011 年和 2014 年两次进行了修订。本书是根据《室外排水设计规范》(2006 年版、2011 年版和 2014 年版)进行修订的。近年来,针对雨水管理,国家发布了《国务院办公厅关于做好城市排水防涝设施建设工作的通知》(国办发〔2013〕23 号)、《城镇排水与污水处理条例》(国务院令第 641 号)、《城市排水(雨水)防涝综合规划编制大纲》(住房和城乡建设部)和《海绵城市建设技术指南——低影响开发雨水系统构建(试行)》(住房和城乡建设部)等一系列政策措施,这些都应在教材中得到相应的反映。

其次,在第四版编写时,增编了"城市污水回用工程",城市污水作为第二水源现已有较大发展。目前,城市污水经深度处理后作为工业用水、市政杂用水、城市内河补给水等,我国均有许多成功的范例。但城市污水回用的关键是水质控制,且回用水系统也自成体系。因此,这次修编不再编入该内容。此外,增编了"城镇雨水排水系统规划"(含排水系统规划和雨水系统规划)及调蓄池、截流井、渗滤设施和管道综合设计等内容。

最后,本书第四版原主编孙慧修教授和参编者郝以琼教授因年事已高,均主动表示不再参加本次修编;原主审顾夏声院士则已仙逝。他们对本书的贡献,后辈自当铭记。本次修订由张智主编,何强、孙慧修、郝以琼和龙腾锐参编。具体分工为:张智、孙慧修编绪论、第 1 章、第 2 章;张智编写第 3 章 3.6 节;张智、郝以琼编写第 3 章其余章节;何强、龙腾锐编写第 6 章、第 4 章的 4.1~4.5 节;张智编写第 4 章 4.6~4.8 节;何强、郝以琼编写第 5 章;张智、龙腾锐编写第 7 章。

参考文献除所列主要书目外,尚有一些期刊论文,恕不能一一列出,在此一并致谢。

限于编者水平,本书不妥之处,敬请读者批评、指正。

2015.8

第 四 版 前 言

《排水工程》（上册）包括绪论及排水系统，主要内容有排水系统概论和污水、雨水与合流制排水管渠系统和排洪沟的规划设计与计算、排水管渠的材料、接口及基础、管渠系统上的构筑物，以及管渠系统的养护管理等。全书体现以城市排水系统为主干的特点。

有关气象资料的收集和整理、小流域暴雨洪峰流量的计算以及无自记雨量计地区雨量公式的推求等，已在《水文学》课程中讲述，故在本书雨水管渠系统一章中，对雨量公式及设计洪峰流量的计算未作推求，侧重于应用。有关排水泵站以及排水管渠施工等，已分别在水泵及水泵站和给水排水工程施工课程中讲述，本课程未作介绍。

《排水工程》（上册）（第四版）是在第三版的基础上，根据全国高等学校给水排水工程学科专业指导委员会关于教材编写要求和《排水工程》（上册）课程教学基本要求，以及排水工程技术的新发展和积累的教学经验，经过不断修改和完善编写而成，基本上反映了现代排水工程学科发展的趋势。

《排水工程》（上册）（第四版）增加了城市污水回用工程一节，以城市污水作为第二水源再利用，是防止水污染和解决水资源严重不足的重要方向。本版加强了雨水设计流量的论述，介绍了几种方法。对近年来我国城市排水系统向区域排水系统发展的趋势以及涌现出的新技术作了介绍。同时，对第三版中个别提法不妥之处进行了更正，并增加了部分新技术资料。规范以《室外排水设计规范》GBJ14—87 及 1997 年局部修改的条文为主。计量单位以 1984 年公布的《中华人民共和国法定计量单位》为准。

本书是高等学校推荐教材和建设部"九五"重点教材。

参加本书第四版编写的有重庆建筑大学孙慧修（绪论、第 1 章、第 2 章第 7 节、第 8 节）、郝以琼（第 2 章、第 3 章、第 5 章，第 2 章第 7 节、第 8 节除外）、龙腾锐（第 4 章、第 6 章、第 7 章）。

本书由孙慧修主编。

本书由清华大学顾夏声主审。

限于编者水平，书中不妥之处，请读者批评指正。

1998.7

第 三 版 前 言

《排水工程》（上册）包括绪论和排水系统。主要内容有排水系统概论和污水、雨水与合流排水管渠系统的规划设计及养护管理等。全书体现以城市污水为主干的特点。

《排水工程》（上册）（第三版）是在第二版基础上，根据近年来排水工程技术的新发展及教学实践经验修改编写而成的。这一版在有关章中增加了《中水系统及其设计特点》、《排水工程投资估算》、《居住小区排水系统及其设计特点》及《计算机在排水管道（污水、雨水）设计计算中的应用》等 4 节新内容。同时，对第二版书中提法不妥之处进行了更正，并增加了部分新技术资料。规范以《室外排水设计规范》GBJ14—87 为准，计量单位以 1984 年公布的《中华人民共和国法定计量单位》为准。

参加本书第三版编写的有重庆建筑大学孙慧修（绪论、第一章、第二章第七、八节、第三章第五节）、郝以琼（第二章、第三章、第五章，但第二章第七、八节及第三章第五节除外）、龙腾锐（第四章、第六章、第七章）。

本书由重庆建筑大学孙慧修主编。

本书由清华大学顾夏声主审。

限于编者水平，书中不妥之处，请读者批评指正。

1993.9

第 二 版 前 言

《排水工程》（上册）（第二版）基本上是根据 1984 年制定的《排水管网工程》教学大纲的要求编写的。这一版，增加了"应用电子计算机计算污水管道"和"立体交叉道路排水"等方面的新内容，同时对第一版中提法不妥之处进行了更正，并增加了部分新资料。排水规范仍以《室外排水设计规范（试行）》TJ14—74 为准。书中使用的计量单位，以我国 1984 年公布的《中华人民共和国法定计量单位》为准。

参加第二版编写的有重庆建筑工程学院孙慧修（绪论、第一章）、郝以琼（第二章、第三章、第五章）、龙腾锐（第四章、第六章、第七章）。本书由孙慧修主编。

本书由清华大学陶葆楷教授主审。

限于编者水平，书中不妥之处，请读者批评指正。

1986.5

目　　录

第1章 概 论

1.1 排水来源及出路

1.1.1 排水来源

排水根据来源可分为降水和污水。

1. 降水

降水即大气降水,包括液态降水(雨、霜)和固态降水(如雪、雹等)。前者通常指降雨。降雨形成的径流量一般较大,若不及时排泄,将使居住区、工厂、仓库等受淹,交通受阻,积水为害,尤其山区暴雨的危害更甚。雨水一般直接就近排入水体。但初降雨时的雨水径流会受到大气、地面和屋面上各种污染物的污染,应予以控制。有些国家对污染严重的雨水径流排放作了严格要求,如工业区、高速公路、机场等处的暴雨,收集的雨水要经过沉淀、撇油等处理后才可以排放。由于大气污染严重,在某些地区和城市出现酸雨,严重时 pH 为 3~4,对其进行适当处理后再排放是必要的,但由于雨水径流量大、冲击爆发性强,其处理较为困难,所以,初期雨水的污染问题应予高度重视。

2. 污水

人类在生活和生产中,需要使用大量的水。水在使用过程中会改变原有的理化性质,受到不同程度的污染,这些受污染的水称为污水。

按照污水来源的不同,污水可分为生活污水和工业废水。

(1)生活污水

生活污水是指日常生活中产生的污水,来自住宅、宿舍、机关、学校、医院、商店以及工厂中的厕所、浴室、盥洗室、厨房、食堂和洗衣房等处排出的水。

生活污水含有较多的有机物,如蛋白质、脂肪、碳水化合物、尿素和氨氮等,还含有洗涤剂等,以及病原微生物,如寄生虫卵和肠道传染病菌等。这类污水需要经过处理后才能排入水体、再生利用或灌溉农田。

(2)工业废水

工业废水是指在工业生产进程中产生的废水,来自车间或矿场。由于工厂的生产类别、工艺过程、使用的原材料以及用水的不同,其废水的水质差异很大,工业废水也包括企业生产活动中的生活污水。

工业废水按照污染程度的不同,可分为生产废水和生产污水两类。

1)生产废水是指在使用过程中轻度污染或水温稍有增高的废水,如冷却水,通常经适当处理后即可在生产中重复使用或直接排放水体。

2)生产污水是指在使用过程中受到较严重污染的水,这类水多具有危害性。例如,它可能含有大量有机物,或含氰化物、铬、汞、铅、镉等有害和有毒物质,或含多氯联苯等合成有机化学物质，或含放射性物质，或物理性状十分恶劣等。这类污水须经处理后才能排放，或在生产中再利用。

城镇污水是指排入城镇污水系统的生活污水和工业废水。城镇污水实际上是一种混合污水，其性质差别很大，随着各类污水的混合比例和工业废水中污染物特性的不同而异。在某些情况下可能是生活污水为主，而在另一些情况下，又可能是工业废水为主。

污水量是以"L"或"m³"计量的，单位时间（s、h、d）的污水量，称为污水流量。污水中的污染物浓度，是指单位体积污水中所含污染物的数量，通常以"mg/L"或"g/m³"计，用以表示污水的污染程度。生活污水含污染物的数量和成分比较相似，工业废水的水量和污染物浓度差别很大，取决于工业生产性质和工艺过程。

在城镇、工业企业中，应有组织地、及时地排除废水和雨水，以避免污染环境、影响生活和生产及威胁人民身体健康。收集、输送、处理、再生和处置污水和雨水的设施以一定的方式组合成的总体，称为排水系统。排水系统通常由管道系统（即排水管网）和污水处理系统（即污水处理厂）组成。管道系统是收集和输送废水的设施，把废水从产生处收集、输送至污水处理厂或出水口，包括排水设备、检查井、管渠、泵站等工程设施。污水处理系统是处理和处置废水的设施，包括城市及工业企业污水处理厂（站）中的各种处理构筑物等。

1.1.2 排水出路

污水的最终出路包括：①返回到自然水体、土壤、大气；②经过人工处理再利用；③隔离。其中，返回到自然界的出路，不能超过自然界的环境容量，否则会造成污染。水环境容量的相关计算可参考有关书籍。图 1-1 所示为污水处理系统的一种模式。

根据不同的要求，污水经处理后的出路是：①排放水体；②重复使用；③灌溉农田。排放水体是污水的自然归宿，灌溉农田是污水利用的一个方法，称为污水的土地处理法。重复使用是一种合适的污水处置方式。

污水的治理由处理后达到无害化排放，发展到处理后重复使用，是控制水污染、保护水资源的重大进步，也是节约用水的重要途径。城市污水重复使用的方式有以下三种：

（1）自然复用

一条河流往往既可作为给水水源，又受纳沿河城市排放的污水。因而河流下游城市的水体中，总是掺杂有上游城市排入的污水。地面水源水体在归入海洋之前，实际上已被沿河城市重复使用多次。

（2）间接复用

主要是将城镇污水处理后回注入地下补充地下水，作为供水的间接水源，也可防止地下水位下降和地面下沉。我国近年来这一方面的实际应用日益增加，美国加州 WF21 污水处理厂出水补充地下水等则是国际上的典型案例。

（3）直接复用

将城镇污水处理后直接作为工业用水水源、城市杂用水水源而重复使用（或称再生利用，也称回用）。近年来，我国提倡节约用水，污水再生利用已有不少工程实例，北京、天津、大连等城市，已成功地将城市污水再生利用于工业（如冷却设备补充水等）、城市杂用（如冲洗厕所、洗车、园林灌溉等）、环境水体补水等。我国已制定相应的城市污水回用系列水质标准和相应的设计规范，如《城镇污水再生利用工程设计规范》GB

50335—2016。

将民用建筑或建筑小区使用后的各种排水，如生活污水、冷却水等，经适当处理后回用于建筑或建筑小区作为杂用水的供水系统，我国称为建筑中水。图1-2为单幢建筑中水系统示意，图1-3为居住小区中水系统的示意。建筑中水利用常常与雨水利用结合考虑。

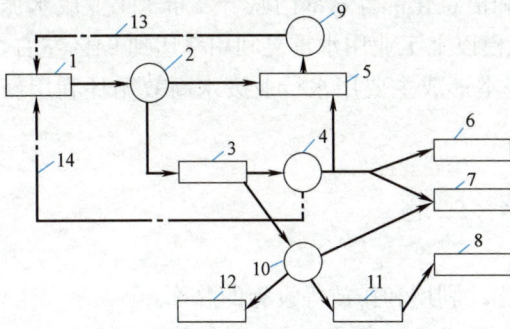

图1-1　污水处理系统模式示意

1—污水发生源；2—污水；3—污水处理厂；
4—处理水；5—河流环境容量；6—海洋环境
容量；7—土壤环境容量；8—大气环境容量；
9—水资源；10—污泥；11—焚烧；12—隔离
（有害物质）；13—用水供应；14—再利用

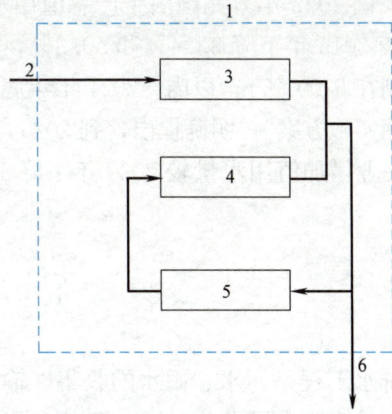

图1-2　单幢建筑中水系统示意图

1—单幢建筑；2—城市给水；3—生活饮
用水系统；4—杂用水系统；5—中水
处理设施；6—排入城市污水管道

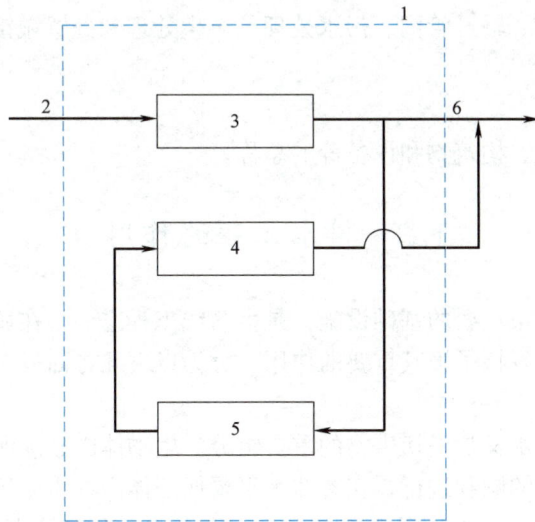

图1-3　居住小区中水系统示意图

1—居住小区；2—城市给水；3—生活饮用水系统；4—杂用水系统；
5—中水处理设施；6—排入城市污水管道

对于工业废水的直接利用而言，包括循序使用和循环使用。某一工序的废水用于其他工序，或某生产过程的废水用于其他生产过程，称为循序使用。某一工序或生产过程的废水，经回收处理后仍作原用，称为循环使用。习惯上称循序使用为循序用水，称循环使用为循环用水。据水利部资料，按照《国家节水行动方案》规定的关键节点目标任务，节水型生产和生活方式初步建立，节水产业初具规模，非常规水源利用占比进一步增大，用水效率和效益显著提高，全社会节水意识明显增强。全面推动实施国家节水行动取得新成效。我国 2022 年万元国内生产总值用水量为 49.6m³、万元工业增加值用水量为 24.1m³，分别较 2015 年下降 33.4％和 50.3％，农田灌溉水有效利用系数提高到 0.572，全国用水总量控制在 6100 亿 m³ 以内。2021 年年底，工业和信息化部等六部门联合发布《工业废水循环利用实施方案》，明确提出，到 2025 年力争规模以上工业用水重复利用率达到 94％左右，万元工业增加值用水量较 2020 年下降 16％，基本形成主要用水行业废水高效循环利用新格局。

1.2　排　水　工　程

排水工程是污水、雨水的收集、输送、净化、利用和排放等设施的总称。

按排水来源可分为：雨水系统和污水系统，按服务对象可分为：城镇排水工程和工业排水工程。

1. 雨水系统

雨水系统包括源头减排（下渗、蓄滞）、排水管渠（收集，输送）、排涝除险、处理和利用雨水等工程性措施和应急管理的非工程措施，涵盖从雨水径流产生到末端排放的全过程管理。

2. 污水系统

污水系统包括收集、输送管网、污水处理、再生处理和处置城镇污水的设施以一定的方式组合成的总称。

3. 排水设施

排水工程中的管道、构筑物和设备等的总称。

1.3　排水工程的作用

城市排水工程是城市重要的基础设施，是生命线工程之一，在城市的形成、发展与运行和生态文明建设中，发挥了极其重要的作用，分为以下几方面。

1. 生态环境保护

生命起源于水中，水又是一切生物的重要组分。生物体内必须保持足够的水分：在细胞水平要保证生化过程的顺利进行，在整体水平要保证体内物质循环的正常运转。环境水因子对生物具有重要影响，生物需适应各种水分条件，生物体不断地与环境进行水分交换，环境中水质（盐度）和水量是决定生物分布、种的组成和数量以及生活方式的重要因素，满足水生态环境中基本的水量（生态基流）、良好的水质，对于良好的水生态环境十分重要。因此，不仅农业、林业、渔业等领域关注水生态的研究，从人类环境的角度出发，水生态也日益受到更普遍的重视。

消除污染、保护环境，是社会经济建设必不可少的条件，是保障人民健康和造福子孙后代的大事。排水工程对保护和改善环境，消除污水危害，发挥了极大的作用。据中国生态环境部《2022年中国生态环境统计年报》，2022年全国全年收集处理污水895.0亿t，其中生活污水793.4亿t，占污水处理总量的88.7%；全国污水处理厂共去除COD 1945.6万t，去除氨氮210.0万t，去除总氮235.2万t，去除总磷30.8万t，污水处理厂的污泥产生量为4757.9万t，污泥处置量为4737.5万t。排水工程有序收集、输送污水或初期雨水，进而进行有效处理、再生利用、排放，降低排放的污染负荷，减少了入水的污染物，对保护生态环境，实现人与水的和谐，具有重要意义。

2. 疾病防控与生物安全方面

介水传染病（water-borne infection disease）通过存在于人类粪便、污水和垃圾中的病原体污染水源，人们接触或饮用后所导致的传染病。据报道大约有40多种传染病可通过水而传播，如霍乱、痢疾、伤寒、副伤寒等肠道传染病，肝炎、脊髓灰质炎、眼结膜炎等病毒性疾病和血吸虫病、钩端螺旋体病、阿米巴痢疾等寄生虫病。排水工程的兴建，对于减少疾病的传播，保障人民的健康，具有深远的意义。典型案例，如英国伦敦下水道，已有170年以上的历史，被称为"工业世界的七大奇迹之一"。伦敦地下水道系统的修建也与流行病肆虐有关，1848年~1849年间水体污染，一场霍乱致1.4万伦敦人死亡。疫情结束后，英国着手改进城市排水系统。工程历时7年完成，纵横交错的下水道实际总长达到了2000km。下水道将污水与地下水分开，从此以后，伦敦再没发生过霍乱。

3. 城镇防洪与内涝防治

防治水灾是世界各国保证社会安定和经济发展的重要公共安全保障事业。水灾泛指洪水泛滥、暴雨积水和土壤水分过多对人类社会造成的灾害。一般所指的水灾，以洪涝灾害为主，分为"洪"和"涝"两种："洪"，指大雨、暴雨引起山洪暴发、河水泛滥、淹没农田、毁坏农业设施、危及沿河（江）城镇的人民生命与财产安全等；"涝"，指雨水过多或过于集中或返浆水过多造成农田积水成灾。城镇内涝指由于强降水或连续性降水超过城市排水能力，致使城市内产生积水灾害的现象。即洪涝威胁人民生命安全，造成巨大财产损失，并对社会经济发展产生深远的不良影响。世界上水灾仍是一种影响最大的自然灾害，但水灾的根除是困难的。排水工程是城镇内涝防治的重要措施。古代城市建设在设计之初，首先考虑城市的排水系统，把它当成最基本的也是最重要的公共基础设施。我国古代长安、洛阳、开封、北京等，山东临淄齐国故城、曲阜鲁国故城、河北易县燕下都、邯郸赵国故城、江西赣州、湖北江陵楚都纪南城等都有完备的排水设施。城市排水在选址时，就有充分考虑，《管子》中都城选址的原则是："凡立国都，非于大山之下，必于广川之上；高毋近旱而水用足；下毋近水而沟防省；因天材，就地利，故城郭不必中规矩，道路不必中准绳。"同时还提出了城市沟渠排水设施的建设原则："地高则沟之，下则堤之"，"内为落渠之泻，因大川而注焉"。可见，古人在都城选址时对城市供水、灌溉、排水、防洪、防御、航运和防火等都提出了具体要求，充分利用天然河流、湖泊和洼地，同时规划并开挖许多人工沟渠、湖池，共同组成发达的水系。如赣州福寿沟地下排水系统始建于北宋的工程沿用至今。福寿沟防洪排涝，造福百姓、延寿千秋，这说明中国城市地下设施营造经验值得赞叹。法国的大文豪雨果说过，下水道是城市的良心。要检验一个城市的文明程度，一场暴雨就已经够了。然而，在暴雨面前，很多大城市、特大城市鲜有做到从容应对的。在国外，为防范城市内涝，城市排水标准普遍较高，伦敦和巴黎的下水道系统，都已经有 170 多年的历史，却仍然保持着强大的排涝功能，巴黎的排水系统甚至成了参观景点，而建成于 2006 年的东京地下排水系统，护卫着东京免遭内涝灾害。近年来，受全球气候变化影响，暴雨等极端天气对社会管理、城市运行和人民群众生产生活造成了巨大影响，加之部分城市排水防涝等基础设施建设滞后、调蓄雨洪和应急管理能力不足，出现了严重的暴雨内涝灾害。加强城市排水工程及防涝设施建设，为保障人民群众的生命财产安全，提高城市防灾减灾能力和安全保障水平，发挥了重要作用。

4. 资源节约与利用

首先，水是非常宝贵的自然资源，它在国民经济的各部门中都是不可缺少的。其次，污水的妥善处理，以及雨雪水的及时排除与利用，是保证工农业正常运行的必要条件之一。同时，废水能否妥善处理，对工业生产新工艺的发展也有重要影响。污水本身也有很大的经济价值，如工业废水中有价值原料的回收，不仅消除了污染，而且为国家创造了财富，降低产品成本。

污水资源化利用是指污水经无害化处理达到特定水质标准，作为再生水替代常规水资源，用于工业生产、市政杂用、居民生活、生态补水、农业灌溉、回灌地下水等，以及从污水中提取其他资源和能源，对优化供水结构、增加水资源供给、缓解供需矛盾和减少水污染、保障水生态安全具有重要意义。根据国家发展改革委、科技部、生态环境部、住房和城乡建设部等十部门发布的《关于推进污水资源化利用的指导意见》(发改环资〔2021〕13 号) 规划，缺水地区特别是水质型缺水地区，在确保污水稳定达标排放前提下，优先将达标排放水转化为可利用的水资源，就近回补自然水体，推进区域污水资源化循环利用。资源型缺水地区实施以需定供、分质用水，合理安排污水处理厂、管网布局和建设，在推广再生水用于工业生产和市政杂用的同时，严格执行国家规定水质标准，通过逐段补水的方式将再生水作为河湖湿地生态补水。具备条件的缺水地区可以采用分散式、小型化的处理回用设施，对市政管网未覆盖的住宅小区、学校、企事业单位的生活污水进行达标处理后实现就近回用。推进企业内部工业用水循环利用，提高重复利用率。推进工业园区内企业间用水系统集成优化，实现串联用水、分质用水、一水多用和梯级利用。推广工程和生态相结合的模块化工艺技术，推动农村生活污水就近就地资源化利用。截至 2025 年年底，全国污水收集效能显著提升，县城及城市污水处理能力基本满足当地经济社会发展需要，水环境敏感地区污水处理基本实现提标升级；全国地级及以上缺水城市再生水利用率达到 25％以上，京津冀地区达到 35％以上；工业用水重复利用、畜禽粪污和渔业养殖尾水资源化利用水平显著提升；污水资源化利用政策体系和市场机制基本建立。到 2035 年，形成系统、安全、环保、经济的污水资源化利用格局。

1.4　我国排水管渠系统的发展

近年来，我国加快了城乡排水系统的建设与升级改造，极大地提升排水设施的水平。据《2022 年城乡建设统计年鉴》，截至 2022 年年末，全国城市 696 座，排水管道总长度91.35 万 km，年污水排放量约 638.97 亿 m^3，污水处理厂 2894 座，处理能力 2.16 亿 m^3/d，年污水处理量为 626.89 亿 m^3，污水处理率达 98.11％；城市生活污水集中收集率 70.06％。

全国县城 1481 座，排水管道总长度 25.17 万 km，建成区排水管网密度 10.66km/km^2，年污水排放量 114.93 亿 m³，污水处理厂处理能力 0.4185 亿 m³/d，污水处理厂座数 1801 座，年污水处理量 111.41 亿 m³，污水处理率 96.94%。2021 年排水设施建设投资 2722.5 亿元，占全国市政设施固定资产投资 2.75 万亿元的 9.9%。

全国建制城镇排水管道总长度 21.81 万 km，乡排水管道总长度 2.3 万 km，对生活污水处理的建制镇个数 14980 个，占比 77.86%，污水处理厂座数 15117 座，污水处理厂处理能力 0.3138 亿 m³/d，污水处理装置处理能力 0.2576 亿 m³/d。

排水系统是现代化城市的重要基础设施，如何按经济技术的要求，优化设计和改扩建城市的排水系统是一个重要的课题。在市政建设和环境治理工程建设中，排水系统常占有较大的投资比例。为此，我国出台了一系列城市排水管理办法，倡导低碳化、智慧化、生态化、系统化理念，引导我国排水工程建设与运维的发展。

在城市的发展过程中，需统筹考虑生态和经济协调发展，使其更具可持续性。气候资源是全球公共资源，应对气候变化需要全人类的集体行动。2015 年 11 月，超 150 个国家领导人于法国巴黎参加了第二十一届联合国气候变化大会，会上就如何应对全球气候变化做出讨论，最终各缔约方达成一致并签署了《巴黎协定》，该协定设定了尽早实现碳达峰并于 21 世纪后半叶实现净零排放的目标。中国积极践行《巴黎协定》承诺的行动，体现了大国的担当。2020 年 9 月，在第 75 届联合国大会一般性辩论上，中国向全世界宣布将提高国家自主贡献力度，采取更加有力的政策和措施，争取于 2030 年前达到峰值，即 "碳达峰"，努力于 2060 年前实现 "碳中和"。中国的 "双碳" 行动任务及其潜在的解决方案见图 1-4。

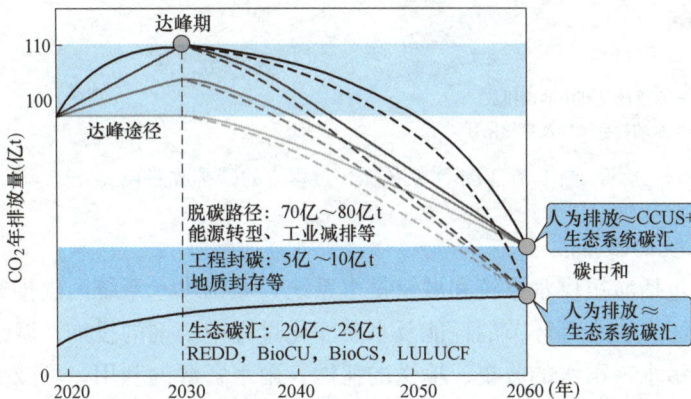

图 1-4　中国的 "双碳" 行动任务及其潜在的解决方案

注：① REDD+（Reducing Emissions from Deforestation and forest Degradation）即 "减少砍伐森林和森林退化导致的温室气体排放"，这是联合国气候变化大会提出的一项重要举措，旨在通过减少森林砍伐和退化来降低温室气体排放，对抗全球气候变化。

② LULUCF（Land Use, Land-Use Change and Forestry）主要关注人类活动对土地利用、土地利用变化以及林业活动对温室气体排放和清除的影响。LULUCF 也是研究城市可持续发展、全球气候变化以及碳排放权交易等领域的重要参考因素之一。

③ Biocs（Bio-Energy with Carbon Capture and Storage, BECCS）即生物质能-碳捕集与封存就是 CCUS 中的一类特殊技术，能将生物质燃烧或转化过程中产生的 CO_2 进行捕集、封存、与传统 CCUS 技术的区别是可以实现负排放。

④ BioCU（Bio-Energy with Carbon Utilization）即生物碳利用。

"双碳"目标为中国下一阶段的能源转型和绿色发展指明了方向。目标提出后，引起全球研究者和政策制定者对碳中和目标范围及内涵的广泛讨论和关注。

低碳时代，传统的规划理念将面临较大的挑战，特别是在市政基础设施规划方面，需要从单一的消纳处理方式转变为集资源利用和环境保护为一体的综合开发模式，城市水系统循环过程中的碳排放路径见图1-5。联合国数据显示，全球污水处理碳排放量占全球碳排放量2%。污水处理过程中碳排放主要来源于处理过程中因投放药剂和氧化过程中产生的二氧化碳，污水（雨水）提升和生物处理系统曝气的耗能。因此，为了减少碳排放，降低污水处理能耗和物耗是行业升级的必然目标。城市污水系统循环过程主要分为污水收集系统、污水处理系统以及再生水及资源回收利用系统（图1-5），各系统不同阶段可提出相应减碳举措。

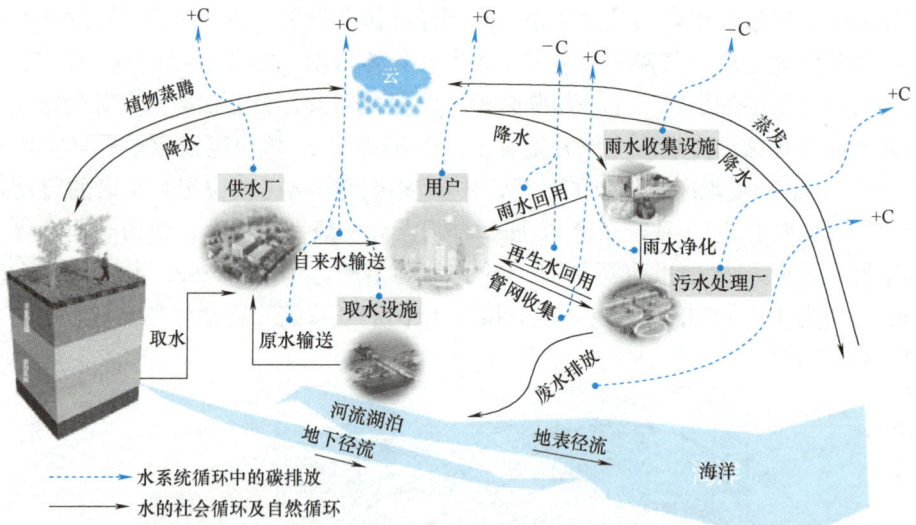

图1-5 城市水系统循环过程中的碳排放路径

1. 城市水系统的碳排放

城镇水系统包括城镇供水系统和城镇排水系统。城镇供水系统的碳排放主要产生于水的提升、输送、污泥脱水等环节的耗能及水质净化过程中药剂的投加；城镇排水系统的碳排放主要产生于污水、雨水的收集、输送的耗能。雨水资源的利用，可减少碳排放。

2. 污水处理的碳排放

污水处理过程实际就是碳排放的过程，污水处理行业的碳排放量约占全社会总排放量的1%，在环保产业中占比最大。污水处理过程中会排放二氧化碳、甲烷和氧化亚氮。其中，二氧化碳主要来源于污水治理设施的能耗过程，而污染物降解产生的二氧化碳则认定为生源性碳排放；甲烷主要来源于污水处理厌氧环节，包括管网、厌氧池、化粪池、污泥厌氧消化池等；氧化亚氮主要来源于污水处理过程的硝化反硝化阶段，污水处理过程中的碳排放见图1-6。

污水处理本身也是碳减排过程。未经处理的污水直排导致黑臭是厌氧过程，会产生更多的碳排放。目前，我国统计出的污水处理率虽然较高，据《2022年城乡建设统计年鉴》，城市污水处理率达98.11%，县城污水处理率96.94%。但污水集中收集率普遍较

CH₄ CO₂　　CO₂　CO₂ CH₄　N₂O CO₂N₂O　CO₂

管网系统 — 干管
提升泵房，鼓风机脱水机械，其他电气
运输能耗
物理处理 — 生化处理 — 深度处理 — 产热 — 热泵 — CO₂
N₂O
回用、涵养湿地、排放水体
CO₂
药品消耗　污泥处理 — 厌氧消化
产能CH₄
污泥处置（土地利用、焚烧、填埋、建材）
CO₂
管网系统　　污水处理厂　　排放及处置
CO₂　　CO₂　CO₂　CO₂　CO₂　CH₄

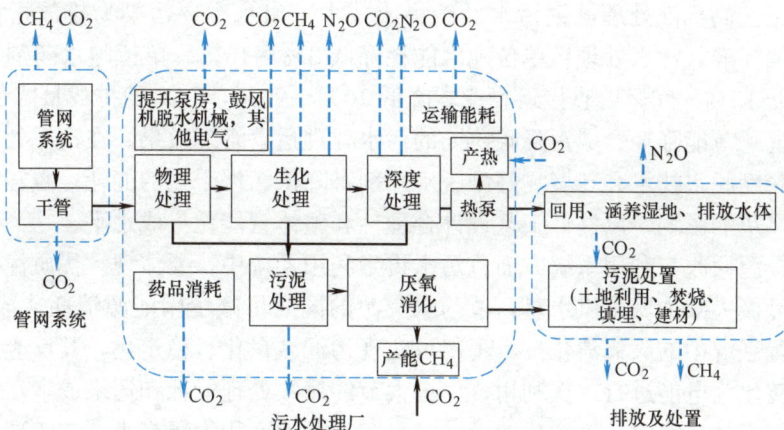

图 1-6　污水处理过程中的碳排放

低。根据《2021 年中国城市建设状况公报》生活污水集中收集率仅为 68.6%。因此，常规污水处理设施的物理规模的扩大的空间十分有限。必须走内涵式的发展之路。城市生活污水集中收集率与污水处理率，两者相差 29.51%，排水管道改造，再生利用，污泥处置任务艰巨。据《"十四五"城镇污水处理及资源化利用发展规划》，到 2025 年全国城市生活污水集中收集率力争达到 70% 以上，全国地级及以上缺水城市再生利用率达到 25% 以上，京津冀地区达到 35% 以上，城市污泥无害化处置率达到 90% 以上。排水工程设施建设与完善任务仍然艰巨。

在污水处理过程中，通过提高污水处理综合效能和污水集中收集率、探索可持续新工艺等手段，实现低碳污水处理，就是污水处理行业实现"双碳"目标的重要贡献。

3. 排水系统的减碳途径

排水系统的减碳途径简略介绍如下：

（1）在污水收集系统方面：目前，城市污水收集管网和雨水管网混错接严重，导致一部分雨水汇入到污水处理厂，额外增加了污水处理厂的负担，增加了污水处理厂的碳排放量，在未来污水和雨水管网建设的技术规划和具体施工过程中，加强管理，减少混错接现象的发生。长距离敷设管网，造成过大的埋深进而极大提升工程施工以及后续运维过程的碳排放。

（2）在污水处理系统方面：改进污水处理厂布局，采用绿色建筑等建设模式，降低建筑能源内耗；对污水提升与曝气系统高耗能设备，采取合理的节能措施实现减碳目标。利用人工智能等技术，对进水的实时水质水量等基础数据进行监测，形成最优的算法模型。对加药系统、曝气系统、污泥回流系统等进行精细化控制，减少运行过程中的药耗和能耗。据统计，目前在我国已建的城镇污水处理厂中，电费和加药费用约占污水处理成本的50% 以上。通过精细化智能管控，污水处理厂的电耗可降低 10% 以上（主要为曝气管系统），药剂投配率降低 30% 以上甚至更高（主要为碳源投加）。逐步淘汰落后的处理工艺，选择处理效率高，设备先进且运行成本低的工艺，可降低污水处理的能源强度，实现污水处理的低碳运行。

研发应用污水处理新技术，如污水生物处理数字模拟技术、好氧颗粒污泥技术可实现碳源投加量降低 50% 以上，节约电耗 25%，降低运行成本 35%，节约建筑占地 50%。再如，"AAO 工艺高标准处理城镇污水低碳集成技术"出水主要污染物排放指标稳定达到地表水类Ⅳ类标准，污水处理厂单位吨水能耗降低 8%～16%，单位吨水药剂（除磷、碳源）耗量降低 15%～50%，直接运行成本降低 10%～20%，CO_2 的排放量降低了 10%以上，同步实现了节能降耗、减污降碳协同的污水处理运营管理效果。在污泥处理方面，开发高效低耗深度脱水技术和环境友好型脱水药剂，降低污泥干化的能耗，减轻对后续焚烧过程结焦和飞灰的影响，以提升工艺设计合理性和整体智能化集成水平。

（3）在资源回收与利用系统方面：污水再生利用系统中，要体现"优质优用、低质低用"原则，可极大减少城市供水量，节约水资源的同时可减少因能源消耗造成的碳排放；污泥利用处置系统中的厌氧消化技术不仅可实现污泥减量化、稳定化，其反应过程中产生的沼气也可转化为电能进行二次利用，可极大节约后续处理能耗和运维成本；污泥好氧发酵工程可采用高效、稳定、集约化的设计，可实现占地面积大幅减小，在实现碳中和的大背景下，从节能减排以及集约用地的角度合理选择污泥利用处置系统。

污水处理过程中污泥的能源利用，即厌氧消化的沼气利用和焚烧的热能利用。污泥厌氧消化过程的碳排放量相对较低，且具备实现负碳排放的可能。污泥厌氧消化耦合沼气热电联产项目，可以实现热、电两种能源的回收利用，提高能源利用效率。

污水热能利用即污水源热泵的应用。研究指出，地源热泵与空气源热泵的能效比分别在 3.3～3.8 和 2.8～3.4，均低于污水源热泵（3.5～4.6），这说明污水源热泵（Wastewater Source Heat Pumps，WSHP）比地源热泵和空气源热泵都更省电，因此污水源热泵技术在污水处理能量回收中得到了广泛应用。

污水处理厂与光伏系统结合。如果全国 4000 多座污水处理厂按照每个污水处理厂平均可建设 5MW 光伏电站预估，则这些污水处理厂可建设光伏电站的规模将超 20GW。为了提高污水处理效率及水质，越来越多的污水处理厂开始探索光伏发电的模式。

污水处理厂尾水发电。利用污水处理后的尾水排放落差发电，供厂区使用。如重庆鸡冠石污水处理厂尾水电站是重庆市节能减排示范项目。设计水头为 15.5m，发电量为 18000～19300kW·h/d，占污水处理厂用电总量的 15%以上。为污水处理厂降低运行成本，合理利用出水开辟了新的领域。

（4）在雨水系统方面：在雨水管网系统中，采用低能耗的雨水泵站，减少因能源消耗引起的碳排放；采用植草沟等自然排水方式，条件允许可采用非开挖模式，减少因管网建设引起的碳排放；加大雨水资源的回收利用，减少资源浪费，降低因生产自来水而引起的碳排放。在低影响开发雨水系统中，充分利用绿色植物的固碳作用，根据规划区域条件，采用绿色屋顶、雨水花园等实现绿色植物对自然界的"碳回收"，采用更加环保的 LID，多利用自然的调蓄作用，降低雨水泵站能耗，从而降低碳排放量。

从中国国情实际出发，"双碳"目标下，当前的主要工作包括以下几方面。

（1）雨污分流改造

加快推进雨污分流管网改造与建设。在雨污合流区域加大雨污分流排水管网改造力度，对不具备改造条件的区域，要尽快建设截流干管，适当加大截流倍数，提高雨水排放能力，加强初期雨水的污染防治。重点是查找排污口和雨污混接污染源，建立污染排放清单，切实提高生活污水截污治污率。新建城区要依据全国城镇污水处理及再生利用设施建设规划和有关要求，建设雨污分流的排水管网。以旧城区为重点，开展老旧破损、混错漏接等问题管网诊断修复更新，实施雨污分流、清污分离、挤清纳污，提质增效。

（2）溢流污染控制

伴随着城镇化进程的加快，以"末端""快排"为主体的合流制排水管网已经不能满足城市化发展及水环境保护的需要，引发了洪涝灾害频发、径流污染加剧、水资源稀缺和水生态恶化等问题。合流制排水系统溢流（Combined Sewer Overflows，CSOs）指降雨时超过合流制排水系统截流能力而把合流污水排入水体，其污染已成为我国水生态环境治理能力的主要限制因素之一。

合流制管道溢流污水主要包含生活污水、工业废水、降雨径流与管底沉积物四个部分。降雨过程中大量的雨水携带着地表的污染物进入管网，冲刷着管内的沉积物，当雨污混合污水超过了管网的截流能力的混合污水，则通过溢流管排入受纳水体，因这部分溢流污水未经处理，必将会对城市水环境的水质产生严重的影响。

（3）海绵城市建设

当雨天降雨量过大时，地面快速汇集的雨水径流短时间内大量涌入雨水管渠或合流制污水管网，这是造成溢流的主要原因。因此，雨水管渠或合流制溢流的源头控制在于减少降雨径流带来的水质污染和水量激增。目前，较先进的源头控制技术是欧美等发达国家提出的低影响开发（Low Impact Development，LID），国内又叫作"海绵城市"。低影响开发强调城镇开发应减少对环境的影响，其核心是基于源头控制和降低冲击负荷的理念，构建与自然相适应的排水系统，合理利用空间和争取相应的措施，削减暴雨径流产生的峰值和总量，延缓峰值流量出现的时间，减少城镇降雨径流污染。

各地在旧城改造与新区建设必须树立尊重自然、顺应自然、保护自然的生态文明理念；积极推行低影响开发建设模式，按照对城市生态环境影响最低的开发建设理念，控制开发强度，合理安排布局，有效控制地表径流，最大限度地减少对城市原有水生态环境的破坏；海绵城市建设要与城市开发、道路建设、园林绿化统筹协调，因地制宜配套建设雨水滞渗、收集利用等削峰调蓄设施，增加下凹式绿地、植草沟、人工湿地、可渗透路面、砂石地面和自然地面，以及透水性停车场和广场。新建城区硬化地面中，可渗透地面面积比例不宜低于40％；有条件的地区应对现有硬化路面进行透水性改造，提高对雨水的吸纳能力和蓄滞能力。

（4）协同增效

协同增效指提升污水收集效能，加快消除城镇污水收集管网空白区，建设城市污水管网全覆盖。有序推进雨污分流改造，除干旱地区外，新建城区原则上实施雨污分流。以老旧城区为重点，开展老旧破损、混错漏接等问题管网诊断修复更新，实施污水收集管网外水入渗入流、倒灌排查治理。

坚持系统观念，协同推进排水系统全过程污染物削减与温室气体减排，开展源头节水增效、处理过程节能降碳、污水污泥资源化利用，全面提高污水处理综合效能，提升环境基础设施建设水平，推进城乡人居环境整治，助力实现碳达峰碳中和目标，加快美丽中国建设。

对于进水生化需氧量浓度低于100mg/L的污水处理厂，推行"一厂一策"整治。合理规划建设污水处理厂，鼓励生活污水就近集中处理，减少污水输送距离。土地资源紧缺的城市可建设全地下/半地下式污水处理厂，鼓励通过建设公园绿化活动场地等方式合理利用地上空间，提升区域环境品质和城市生态系统碳汇能力。

（5）污水再生利用

城镇污水再生利用可充分利用城镇污水资源、削减水污染负荷、促进水的循环利用，缓解区域水资源短缺，推动城镇节水减排，提升我国城镇水资源综合利用效率和水平，推动资源节约型和环境友好型社会的建设。

城镇污水再生利用的主要用途包括工业、景观环境、绿地灌溉、农田灌溉、城市杂用和地下水回灌等。不仅可缓解区域水资源短缺，推动城镇节水减排，也能有效减轻污水排放对生态环境的压力。

我国城镇污水再生利用的实际需求，应结合相关政策的要求和现有城镇污水再生利用设施的运行实践，借鉴国际相关成果和经验，体现系统性、整体性、合理性、前瞻性和水质安全性，科学的确定城镇污水再生利用规划以及设施建设、运行、维护及管理的技术要求。城镇污水再生利用应涵盖从污水收集、处理到利用的全过程，城镇污水处理厂的建设和改造应统筹考虑污水再生利用；并应纳入城镇排水与污水处理的整体规划，城镇污水再生利用的规划和建设应具有一定的前瞻性，充分借鉴国内外取得的科研和实践成果；应充分考虑再生利用的便利性，根据再生水用户的需求，对城镇污水处理、再生及输配等设施的合理布局；城镇污水再生利用的核心问题是水质安全。应加强源头管理，确保排入排水管道的污水达到污水排入城镇排水管道水质标准，同时要提高再生处理工艺及输配过程的可靠性，从系统上保障再生水水质安全。

再生水利用应坚持以需定供、分质利用、就近利用，扩大再生水利用场景，统筹推进再生水用于工业生产、市政杂用、生态用水等。将再生水合理纳入高耗水项目和洗车、高尔夫球场、人工滑雪场等特种行业计划用水管理，对于具备利用条件的用水户充分配置再生水。结合当地自然禀赋及社会发展需要，有序建设区域再生水循环利用工程。缺水城市新建城区要提前规划布局再生水管网，鼓励沿工业园区建设再生水厂。西北干旱地区因地制宜推广再生水"冬储夏用"。

（6）排水管渠污泥及处理技术

为了满足人民群众日益增长的高品质人居环境需要，在加速提升城市水环境质量的同时，城镇排水管渠制度化、规范化运维要求不断提高，管渠污泥产量持续增加，如不能及时处理处置，将严重影响制约日常的疏捞养护工作开展，如处理不当将会造成严重的生态环境污染，管渠污泥"减量化、无害化"处理处置将成为亟待解决的问题。目前，住房和城乡建设部已发布《城镇排水管渠与泵站运行、维护及安全技术规程》CJJ 68—2016、中国工程建设标准化协会标准已发布《城镇排水管渠污泥处理技术规程》T/CECS 700—2020 等包含管渠运维及管渠污泥处理处置的相关标准。

排水管渠污泥的特性：排水管渠收集和输送的污水、雨水中含有大量垃圾、泥砂及腐殖物等，因重力沉降、附着、截留等原因，在管道中沉积下来，形成通沟污泥，通沟污泥的特性是：具有高含水率的污泥，臭味浓度较高，且含有丰富的有益于植物生长的养分和大量的有机物质，但同时也含有铜、锌、铬、汞等重金属，多氯联苯、二恶英、放射性核素等难降解的有毒有害物质以及大量病原微生物、寄生虫卵。通沟污泥的主要危害包括降低管道输送能力、对泵站及污水处理厂设施造成磨损以及对环境和人类健康构成威胁。根据重庆市市政设计研究院有限公司编制的《重庆市生活污泥、通沟污泥处置项目》成果，重庆市中心城区污水管渠污泥有机物含量 3.83%～71.3%，平均值 16.1%；矿物油 91.4～4040mg/kg，平均值 1181mg/kg；雨水管渠污泥有机物含量 3.96%～17.9%，平均值 8.4%；矿物油 284～2450mg/kg，平均值 1370mg/kg；合流管渠污泥有机物含量 4.83%～26.2%，平均值 11.5%；矿物油 429～4770mg/kg，平均值 1541mg/kg。粒径按 <0.25mm，0.25～10mm，>10mm 三个等级统计，平均值占比分别为 29.2%，47.9%，22.9%。

相较于国内其他平原城市，山地城市具有有机物平均含量偏低、矿物油偏高的特点，超细砂处于中等水平。各城市排水管渠污泥主要指标见表 1-1。

国内主要城市排水管渠污泥主要指标对比一览表 表 1-1

城市	有机物平均含量	矿物油平均含量(mg/kg)	粒径占比(<0.25mm)
广州市	19%	/	20%～30%
苏州市	17.2%	/	25%
北京市	15.6%	/	31.3%
河南省某市	18.4%	/	51.8%
上海市	17.2%	114	42.7%
成都市	16.7%	/	/
重庆市	13.2%	1645	29.2%

城镇排水管渠污泥量：以当地历年排水管渠管养中清掏的排水管渠污泥量为依据，结合排水体制、管养水平和清淤方式综合确定；若历年管养清掏污泥量数据缺乏时，可采用现场实测法或经验系数法确定单位长度管道的管渠污泥产量系数估算排水管渠年污泥量。经验系数法按式（1-1）进行计算

$$Q = LK_s \tag{1-1}$$

式中　Q——管渠污泥年污泥量（m^3）；

L——排水管渠长度（km）；

K_s——管渠污泥产率系数（m^3/km），一般取值 3～11。

排水管渠污泥的处理技术：主要包括预处理、回收利用等步骤。预处理包括洗涤、筛分和过滤等过程，旨在去除粗粒径垃圾和中粗砂等污染物。回收利用则涉及将处理后的污泥用于低端建材或其他资源的再利用。这些技术有助于实现污泥的减量化、无害化处理和资源化利用，不仅解决了城市排水管渠污泥处理难的问题，还推动了循环经济的发展。

（7）排水管渠检测技术

排水管道在施工和运营过程中，管道破坏和变形的情况时有发生。不均匀沉降和环境因素引起的管道结构性缺陷和功能性缺陷，致使排水管道不能发挥应有的作用，污水跑、冒、漏，阻断交通，给城市建设和人民生活带来不便。当暴雨来袭，雨水不能及时排除，大城市屡成泽国，凸显了管道排水不畅的问题。

为了能够最大限度地发挥现有管道的排水能力，延长管道的使用寿命，对现有的排水管道进行定期和专门性的检测与评估，是及时发现排水管道安全隐患的有效措施，是制定管网养护计划和修复计划的依据。

传统的排水管道结构状况和功能状况的检查方法所受制约因素多，检查效果差，成本

高。闭路电视（CCTV）等现代仪器检测技术，无须人员下井，能准确地检测出管道结构状况和功能状况。目前，现代检测技术已不仅在旧管道状况普查及评估中广泛使用，在新建排水管道移交验收检查中也得到了应用。

① 常用的现代仪器检测技术与方法

a. 电视检测（Closed Circuit Television，CCTV 检测）

采用闭路电视系统进行管道检测的方法，简称 CCTV 检测。闭路电视系统是指通过闭路电视录像的形式，将摄像设备置于排水管道内，拍摄影像数据传输至计算机后，在终端电视屏幕上进行直观影像显示和影像记录存储的图像通信检测系统。检测系统一般包括摄像系统、灯光系统、爬行器、线缆卷盘、控制器、计算机及相关软件。

b. 声呐检测

采用声波探测技术对管道内水面以下的状况进行检测的方法。声呐检测是通过声呐设备以水为介质对管道内壁进行扫描，扫描结果经计算机处理得出管道内部的过水断面状况。声呐检测系统包括水下扫描单元（安装在漂浮、爬行器上）、声学处理单元、高分辨率彩色监视器和计算机。

c. 管道潜望镜检测（Pipe quick view inspection，QV 检测）

采用管道潜望镜在检查井内对管道进行检测的方法，简称 QV 检测。管道潜望镜也叫电子潜望镜，它通过操纵杆将高放大倍数的摄像头放入检查井或隐蔽空间，能够清晰地显示管道裂纹、堵塞等内部状况。设备由探照灯、摄像头、控制器、伸缩杆、视频成像和存储单元组成。

d. 时钟表示法

采用时钟的指针位置描述缺陷出现在管道内环向位置的表示方法。排水管道检测主要是针对管道内部的检查，管道的缺陷位置定位描述是检测工作的成果体现，缺陷的环向位置定位描述是检测评估工作的重要内容之一，是管道修复和养护设计方案的重要依据。

e. 荧光光谱分析法

建立管网拓扑结构对应荧光光谱图分布，根据流动方向，分析检查井荧光平均响应强度变化，定位混接检查井。

采集检查井水样，分析荧光光谱图，通过谱图直读、多峰拾取、区域积分等方法，解析雨水管网是否存在混接问题。

建立雨水管网周边污染源的荧光光谱图库，进行污染源的荧光光谱特征 AI 分析，根据匹配度确定混接污染源。

② 常用的排水管道检测评估方法

a. 功能性缺陷（Functional defect）

导致管道过水断面发生变化，影响畅通性能的缺陷。管道的功能性缺陷是指影响排水管道过流能力的缺陷，如沉积、障碍物、树根等。功能性缺陷可以通过管道养护得到改善。

b. 结构性缺陷密度（Structural defect density）

根据管段结构性缺陷的类型、严重程度和数量，基于平均分值计算得到的管段结构性缺陷长度的相对值。

c. 功能性缺陷密度（Functional defect density）

根据管段功能性缺陷的类型、严重程度和数量，基于平均分值计算得到的管段功能性缺陷长度的相对值。

d. 修复指数（Rehabilitation index）

依据管道结构性缺陷的类型、严重程度、数量以及影响因素计算得到的数值。数值越大表明管道修复的紧迫性越大。

e. 养护指数（Maintenance index）

依据管道功能性缺陷的类型、严重程度、数量以及影响因素计算得到的数值。数值越大表明管道养护的紧迫性越大。

（8）非开挖技术

非开挖技术（Trenchless Technology or No-Dig）是指利用岩土钻掘、定向测控等技术手段，在地表不挖槽和地层结构破坏极小的情况下，穿越河流、湖泊、重要交通干线、重要建筑物，实现对诸如供水、煤气、天然气、污水、电信电缆等公用管线的检测、铺设、修复与更换的施工技术。

非开挖技术源于20世纪70年代，并于90年代传入我国，在城市化的过程中，被广泛应用于给水、排水、电力、通信、燃气等领域的新管道建设和旧管道修复，也可以应用于文物、古建筑的保护等方面。非开挖技术不开挖地面，就能穿越公路、铁路、河流，甚至能在建筑物底下穿过，是一种能安全有效地进行环境保护的施工方法，是一种适时的、有力的先进手段，是完成城市生命线工程施工的必备技术，也是地下空间利用必须掌握的基本技术之一，是对地下工程施工常规工法的重要补充，有时也是唯一的选择，是中国、美国、欧洲、日本和俄罗斯等国家鼓励和优先推广技术。近二十年来，非开挖技术的发展与城市的兴荣息息相关。

非开挖技术的主要特点是：引入了管线轨迹的测量和控制，大大提高了铺管能力，快速高效地建设、修复和恢复排水能力，增强了在复杂地层条件下施工的能力，使管道的原位修复成为可能。

非开挖技术措施按施工工艺可分为：导向钻进铺管技术、遁地穿梭预铺管技术、顶管掘进机铺管技术和顶管铺管技术等。

非开挖技术措施按应用场景可分为：新管道施工技术（包括垫衬法、微型隧道法、水平定向钻进、水平螺旋钻进、水平顶推钻进、水平回转钻进、冲击矛法、夯管法、潜孔锤施工法）、管道更新技术（包括爆管法、胀管法、吃管法等）和管道修复技术（包括传统的内衬法、改进的内衬法、垫衬法、软衬法、缠绕法、喷涂法、灌浆法）等。

非开挖技术的优越性：在管线施工时无须对路面和地表"开膛破肚"，解决了长期以来困扰城市地下管线建设工程的难题：阻断交通，破坏环境，影响商店、医院、学校和居民的正常生活和工作秩序；施工速度快、综合成本低，具有较好的经济效益和社会效益；在相同的条件下，非开挖施工法（铺设、更换和修复）在被铺设管道的上部土层未经扰动，管道的管节端不易产生段差变形，其管道寿命亦大于开挖法埋管。采用房下非开挖技术能节约一大笔征地拆迁费用，减少动迁用房，缩短管线长度，其综合施工成本均低于开挖施工的成本，且当管径和埋深越大时越明显，有很大经济效益。

（9）智慧排水

城镇排水系统通常由排水管道系统和污水处理厂组成。加强污水收集、输送、处理、排放或再生利用，有利于水资源循环利用，缓解日益严峻的水资源危机。随着城镇规模的不断扩大和现代化程度的日益提高，城镇排水管道长度加速增长，且越来越复杂，一些城镇相继发生大雨内涝、管线泄漏、爆炸、路面塌陷等事件，严重影响了人民群众生命财产安全和城镇运行状况。城镇污水处理厂具有构筑物占地面积大、处理流程长、设备众多、进水情况时有变化等特点，日常巡检工作繁重。如何提高城镇排水系统运营管理水平，建设城镇排水管网运行调度系统、污水处理厂运行智能化系统、模型模拟调度系统、排水泵站远程调度系统和排水生产监控平台等，以降低排水过程设备运行能耗和人力经营成本，成为排水企业亟须解决的问题。城镇排水系统智能化应用简介如下。

① 排水管网运行调度系统

用现代化的技术手段，建立排水管网地理信息系统，对排水系统设施资产进行科学管理。通过在城市排水管渠及其附属构筑物内安装监测设备，构建排水管网运行调度系统，可实现从排水户、易涝点、重要管网节点到排水口全流程的液位、流量、水质、气体等指标的实时监测，并通过无线网络将现场信息远传至监控中心软件。数据越限或管网异常时，系统将自动报警，便于及时发现排水管网淤堵、污水溢流等异常现象，以快速采取措施避免事故发生，减少人民生命财产损失。

② 污水处理厂运行智能化系统

为解决污水处理厂在处理污水过程中存在的能耗、成本、安全、设备管理、劳动生产率等方面的问题，建立污水处理厂智能化系统，在污水处理厂重点处理单元乃至全流程实施智能控制，调节设备设施的运行参数，优化运行条件，降低能耗。同时，系统采用统一巡检、集中维修的管理方式，可发挥区域化集中管理的优势。通过设计污水处理站群物联网系统，规划系统总体架构和重点功能模块，并结合系统应用，从运行监控、报警应急指挥、生产巡检、设备运维、绩效管理等方面，对小型污水站逐步建立"无人值守"的智能化运行管理模式。

③ 排水模型模拟调度系统

通过模型辅助排水系统的问题诊断、方案制定、工程决策等，围绕排水行业的不同业务领域，运用建模仿真技术，建立相关的数学模型，并通过模拟获得相应的决策调度方案，从而具备决策支持能力，实现工艺优化等目的，完成从数字排水向智慧排水的关键转型。

④ 排水泵站远程调度系统

以在线监测数据、管网空间数据为基础，充分利用管网水力计算模型及其他有关模型，结合 GIS 的数据管理和空间分析能力，为城市排水管网系统的泵站调度方案设计、模拟、评估以及运行提供支持平台。将泵站的各种运行状态参数信息化、数字化、网络化，实现数据共享；中心控制室对各排水泵站的水位、流量、水泵、捞渣机和阀门设备实时采集和自动远程控制，监控泵站各个设备的运行状态，在出现异常时迅速处理并报警。管理人员可利用系统查看各监控点的数据，并进行远程设置，必要时可对设备进行远程人工干预，实现泵站无人值守。

⑤ 排水系统监控平台

排水系统生产监控平台对实时性要求较高，并配合无人值守泵站的改造，全面实现厂站一体化的监控，实现了泵站供电系统电量参数、液位（进水池、格栅池、泵池）、出水流量、气体、工艺运行设备（开停状态、轴温、电量参数、保护装置、故障信息、台时）、温湿度等数据的实时监控。同时，根据调度需求，监控中心可实现对水泵、格栅机、进出水闸门、除臭设备、空压机等工艺设备的远程控制，实现关键性设备的历史数据查询、统计、趋势图分析、打印、导出等常规功能。

⑥ 污水处理和资源化利用收费机制

应将污水处理费征收标准调整至高于污水处理和污泥无害化处置成本，且实现合理盈利水平，并建立动态调整机制。以缺水地区和水环境敏感区域为重点，梯次推进污水排放差别化收费机制。按污染物种类、浓度等分类分档制定差别化污水处理收费政策。推行污水处理服务按效付费机制。将支付给污水处理厂的污水处理服务费与其污水处理效果挂钩，促进企业污水预处理和污染物减排。建立健全再生水使用者付费制度，再生水价格由再生水供应企业和用户按照优质优价的原则协商确定。对于提供公共生态环境服务功能的河湖湿地生态补水、景观环境用水鼓励采用政府购买服务方式推动污水资源化利用，使用再生水。

1.5 城镇排水工程建设和运维应注意的几大关系

1.5.1 城镇排水管渠系统与排水工程的关系

排水管渠系统是排水工程的重要组成部分，收集输送污水量、污水处理厂进厂污水中污染物浓度，是充分发挥污水处理厂去除污染物作用、实现消减污染负荷功效的前提和条件；也是污水处理厂处理尾水排放及再生水利用的输送与分配的条件。因此，应以整体的、系统的观念，开展城镇排水工程低碳化、生态化的建设与运维工作、实现智慧化的精细管控。

1.5.2 城镇排水工程与城市规划及供水工程的关系

排水工程以服务于城市发展和社会经济发展为导向，城镇排水工程的规划与建设规模和建设时段应以城镇总体规划为依据，注意与城镇供水工程的衔接，取水口应位于城市水系的上游、排水工程应注意对城市水源地的保护，排放口应位于城市水系的下游；污水量测算应以供水量为依据，并与城镇供水工程工（规）模和建设时段相衔接；有条件时，排水工程充分开发利用非传统水源，进行污水再生利用、雨水资源和海水的利用，将其纳入城镇用水量的总规模中，以减少利用传统的水资源量，减少城镇供水量，实现节水节能，降低碳排放。

1.5.3 城镇排水工程与环境工程的关系

城镇排水工程是生态环境保护中水污染控制工程的重要组成部分之一，排水管渠系统有效地截污、收集、输送污水、雨水，污水处理厂对污染物的净化处理，消减污染负荷，并进行污水再生利用和雨水资源利用，以达到保护水生态环境的目的。城镇排水工程的水污染控制功能与作用，应根据水污染控制的总体要求，进行排水工程的建设与运维，包括截污体系，并根据排放水体的环境容量，确定执行的排放标准，污水处理程度或污水再生利用等。城镇污泥（包括污水处理厂污泥、排水管渠系统的清淤污泥）妥善处理处置，实行低碳化的减量化、无害化、稳定化和资源化利用，不但可减少污染、降低危害、资源回收利用，也可实现低碳的目标和可持续发展。

1.5.4　城镇排水工程与城镇水系及防洪的关系

城镇洪涝是频发率较高的城镇自然灾害，是城市减灾防灾工程的重要部分，防洪工程往往由水利部门实施建设与维护管理。城镇内部因地势低洼或立体交通的低区部分，因降水排除不及时，往往积水成内涝，对城镇社会经济的正常运行和人民的生命财产危害极大。因此，城镇排水工程应与城镇防洪工程进行有机协调与融合，充分利用城市水系等自然水体的行泄功能，构建城镇减灾防灾体系，减少洪涝灾害对城镇社会经济和人民生命财产安全的危害和影响。

1.5.5　城镇排水工程与城镇道路交通的关系

为有效利用城镇土地资源，城镇排水管渠工程往往利用城镇道路进行敷设，城镇道路是城镇排水管渠工程的重要载体，对排水管渠系统的组成、敷设走向、平面位置、敷设坡度、高程以及穿越等都有重要影响。同时，城镇排水管渠的建设与维护对城镇道路交通的正常运行也有极大的影响，因此，城镇排水管渠工程的规划、建设与运维，应充分注意与城镇道路之间的衔接关系，降低二者之间的不利影响。

1.5.6　城镇排水工程与城镇生态环境的关系

排水工程是改善城镇生态环境的重要保障条件，在城镇生态文明建设中发挥着重要作用。如海绵城市建设措施（如雨水花园、绿色屋顶等）与城市绿化景观有机结合、形成碳汇，负碳排放，有利于低碳发展；建设地下污水处理厂、提高了周边的人居环境质量，减少邻避效应；污水处理厂尾水再生利用，可减少污染负荷的排放，若用于生态补水（生态基流），将改善水体的自然循环条件，有助于黑臭水体的治理。

思　考　题

1. 何谓排水工程、排水管渠工程、排水来源？
2. 说明排水工程的地位和作用。
3. 说明当前排水工程的重点工作及内容。
4. 分析在"双碳"背景下，排水工程的发展趋势。
5. 排水工程在社会发展中的典型案例及意义。

第2章 排水系统

2.1 排水体制及其分类

在人类聚居区（城镇和农村），生活和生产等活动会产生生活污水和工业废水，在地表会产生雨水径流，在特定情景下还会产生消防径流、融雪水等其他排水，由于这些排水在水质、水量及变化特征上存在差异，就需要对其妥善组织和安排，以实现环保、安全、有序、经济的排放，这就涉及如何选择排水体制的问题。

排水体制指在一个地区或工业企业内收集和输送生活污水、工业废水和雨水的方式，也称为排水系统类型，即"drainage system"。排水系统（sewerage system）通常是管渠、检查井、附属设施和泵站等的组合，其排水体制一般包括合流制（combined sewerage system 或 combined system）和分流制（separate sewerage system 或 separate system）两种。前者是将生活污水、工业废水和雨水混合在同一个管渠内收集和排放的系统，后者是将生活污水、工业废水和雨水分别在两个或两个以上各自独立的管渠内收集和排放的系统，在实践中一般是将生活污水、生产污水和污染较重的雨水等采用一个管渠系统排放，将污染程度较轻的雨水和生产废水等采用另外一个管渠系统排放。

有时候在一些城镇的一些地区（如老城区）会采用合流制，另外一些地区（如新建和发展地区）会采用分流制系统，从而构成混合式的排水系统即混合制（hybrid sewerage system）。在大城市，因各区域的自然条件以及修建情况可能相差较大，因地制宜地在各区域采用不同的排水体制也是合理的，如美国纽约和我国上海等城市便是这样形成的混合制排水系统。在一些城市，还可能存在另外一种混合式系统，即部分分流的混合制排水系统，其中一些雨水和污水通过一个系统收集输送，而剩余的雨水则通过另一分流管道进行收集排放。

此外，随着雨水径流管理理念的革新，国际上广泛利用的低影响开发（Low impact development，LID）、英国的可持续排水系统（sustainable drainage system，SuDS），在我国被纳入海绵城市措施。这种系统的优点在于：能够限制下游流量，从而有助于洪水风险管理；能够在排放前对雨水进行部分处理；有助于美学和生物多样性。其主要缺点之一是需要更大的空间。

2.2 合流制排水系统

2.2.1 常规合流制排水系统的种类

常规的合流制排水系统有两种类型：直流式合流制排水系统与截流式合流制排水系统。

1. 直流式合流制排水系统

图 2-1 是全部污水通过合流管不经处理直接排入水体的直流式合流制排水系统。国内外很多老城市以往多采用直流式合流制排水系统。但由于这一系统的污水未经处理就排放，使受纳水体遭受严重污染，目前已经被严格禁止使用。

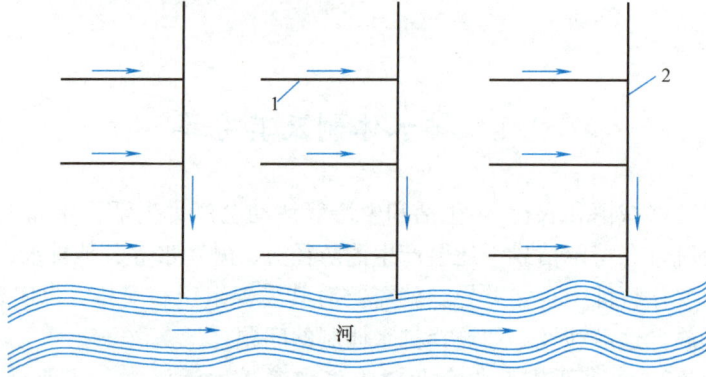

图 2-1　直流式合流制排水系统

1—合流支管；2—合流干管

2. 截流式合流制排水系统

截流式合流制排水系统是在临河岸边建设截流管（interceptor），并在合流干管与截流干管相交前或相交处设置截流井（intercepting well），然后在截流干管下游设置污水处理厂对截流的合流水进行处理，而超出的水量溢流排入水体的排水系统（见图 2-2）。截流式合流制排水系统一般是在直流式合流制的基础上发展而成的。对于截流式合流制排水系统，晴天时所有污水都可以排送至污水处理厂，经处理后排入水体；在降雨初期，污水和初期雨水一般也能够被输送至污水处理厂进行处理；随着降雨量不断增加，由于雨水量的增加而使合流管内的混合水量超过截流干管的输水能力，这时超出截流管道输水能力的部分混合污水就会经溢流井溢出，直接排入水体，形成溢流水（Combined Sewer Overflows，CSOs）污染。溢流水污染与截流管道的截流能力和降雨量有关，但通常在较小的雨量时，合流管内的雨水也会占主导优势，而在下大雨时，雨水量甚至是晴天平均污水量的 50 倍甚

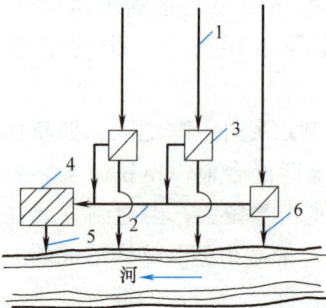

图 2-2　截流式合流制排水系统

1—合流干管；2—截流干管；
3—截流井；4—污水处理厂；
5—出水口；6—溢流出水口

至上百倍。截流式合流制排水系统的发展与使用情况与城镇的逐步发展密切相关，目前在欧洲国家合流制排水系统仍占有相当大的比例，如在英国、法国和德国其占总下水道长度的 70%，在丹麦占 45%，在日本仍有 20%，美国费城和纽约建成区分别占 70% 以上和约 60%。

截流式分流到排水系统包括管道系统，除截流井、出水口、污水处理厂、溢流出水口之外，还包括室内排水设备、室外居住小区管道系统和道路上设置的雨水口和雨水连接管等。住宅和公共建筑的生活污水经庭院或街坊管道流入街道管道系统。雨水经雨水口和雨

水连接管进入合流管道。

2.2.2 常规截流式合流制排水系统的改进

常规截流式合流制排水系统因在同一管渠内收集和排出所有的污水，管线单一，管渠的总长度较短，不存在雨水管道与污水管道混接的问题。但合流制截流管、提升泵站以及污水处理厂都较分流制大；通常在大部分无雨期，只使用了管道输水能力的一小部分输送污水。截流管的埋深也因同时收集和排出生活污水和工业废水而要求比单设的雨水管渠埋深大。

从水环境保护上来看，对常规截流式合流制排水系统进行改造，降低溢流水的污染是需要的，尤其是对旧城区的排水系统来说，由于受地下管道空间及地上建筑保护等诸多因素的限制，部分合流制并不适合进行分流改造。从全球范围看，CSOs 控制是国际上许多国家长期面临的重大问题，也是排水行业面临的重要课题。美国、日本、德国均较早系统性地开展了合流制排水系统改造与溢流控制的相关工作，并已取得了一定成效。

美国 EPA1989 年发布了国家 CSOs 控制策略，重点提出了 6 项基本控制措施，包括：(1) 合规、合理的运维管理策略；(2) 最大程度利用管网系统的能力；(3) 评估和提升预处理能力；(4) 最大限度地截流至污水处理厂处理；(5) 严禁旱季溢流；(6) 控制 CSOs 中的悬浮物和颗粒物，以此作为各地申请 CSOs 排放许可的基本技术要求。1992 年，美国国家 CSOs 控制策略在原 6 项基本控制措施的基础上又增加了 CSOs 污染问题的现场探查与监测、污染的预防、CSOs 重点影响区域的划定等 3 项要求，该政策成为美国 CSOs 控制的一项重要纲领性文件，沿用至今。

德国大部分城市保留了其合流制排水系统，从 20 世纪 70 年代开始建设大量不同类型的雨水调蓄设施，在保障污水处理效能的情况下，对雨水及溢流污水的分散调蓄以及过流净化处理，成为德国合流制溢流控制的重要技术策略。

日本基于自身特征对合流制溢流控制策略进行了调整（见图 2-3）：(1) 日本针对各城市合流制溢流控制提出了更为具体且一致的控制要求；(2) 更为普遍地建设大管径截流与调蓄干管或深隧，综合发挥截流、调蓄、调节、排放的综合功能；(3) 在技术策略中重视对溢流口的改造与就地处理技术的创新，以及对污水处理厂等“末端”处理设施雨季运行工艺的改进。日本合流制系统改善计划编制流程见图 2-3。

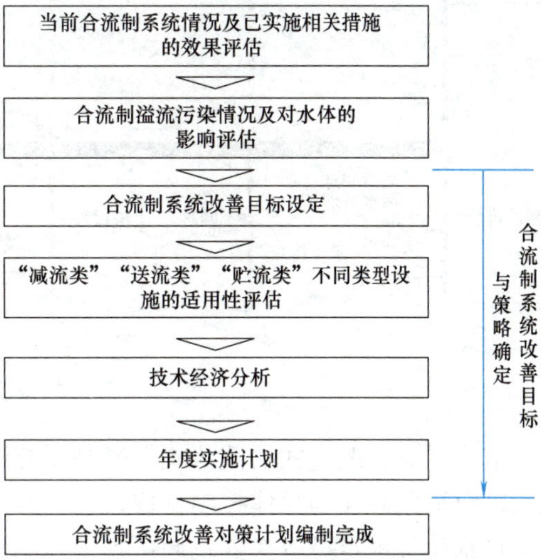
当前合流制系统情况及已实施相关措施的效果评估
合流制溢流污染情况及对水体的影响评估
合流制系统改善目标设定
“减流类”“送流类”“贮流类”不同类型设施的适用性评估
技术经济分析
年度实施计划
合流制系统改善对策计划编制完成
合流制系统改善目标与策略确定

图 2-3　日本合流制系统改善计划编制流程

我国合流制系统的改造也经过了较长的发展时期。将我国排水管网的管理发展分为 4 个阶段，其中，第 1 阶段为 20 世纪 80 年代至 2006 年，为污水排放标准的制定期，确定了早期污水综合排放标准、排水许可和相应处罚机制；第 2 阶段为 2006 年～2011 年，为排水管网雨污分流的启蒙期，开始提倡雨污分流制排水体制；第 3 阶段为 2011 年～2016 年，为排水管网雨污分流的推广及盛行期，制定了城市“合

改分"的相关规范标准和政策文件，明确实施污水排入排水管网许可制度；第 4 阶段为
2016 年以后，为 CSOs 污染控制期，我国开始意识到大量城市短期内难以实现合流制区
域的全面"合改分"，部分合流制排水系统的存在是不可避免的，系统综合解决 CSOs 污
染而非完全"合改分"开始取得一定的共识。例如，在 2019 年发布的《城镇污水处理提
质增效三年行动方案（2019—2021 年)》（建城〔2019〕52 号）中，就转变了"合改分"
的政策要求，要求采取源头绿色措施、管网混错接改造、清污分流等多种措施提升污水处
理效能，进一步成为《室外排水设计标准》GB 50014—2021 涉及截流式合流制系统改造
的基调。

综上所述，常规截流式合流制改造是过去很长一段时间内排水系统领域的关键事项。
根据现有世界各国合流制排水系统改造的经验和教训，改进式的截流式合流制是围绕降低
溢流水污染负荷而在现有系统上做以下"加法"。

（1）在降低溢流水量上，可分别通过减少汇入的雨水量、增加截流量、对溢流水进行
蓄存等。其中，减少汇入的雨水量可以采取 LID、SuDS、海绵城市、绿色基础设施等源头
减量及过程减量措施；增加截流量可以通过增加截流倍数、利用管道调蓄容量或建设雨水隧
道等方式；对溢流水进行蓄存则主要是在合流制排水系统途中或污水处理厂前建设调蓄池。

（2）在削减溢流水水质浓度上，一方面，源头减量措施可以同时起到一定的降质效
果，另一方面，可以对调蓄的溢流水量进行就地处理，或在可能情况下（晴天或雨量减少
时）采用水泵将调蓄水量抽入截流干管再进一步输送到污水处理厂进行处理。

上述改进式的截流式合流制排水系统有时被称为完善的截流式合流制排水系统，可用
图 2-4 来表示。

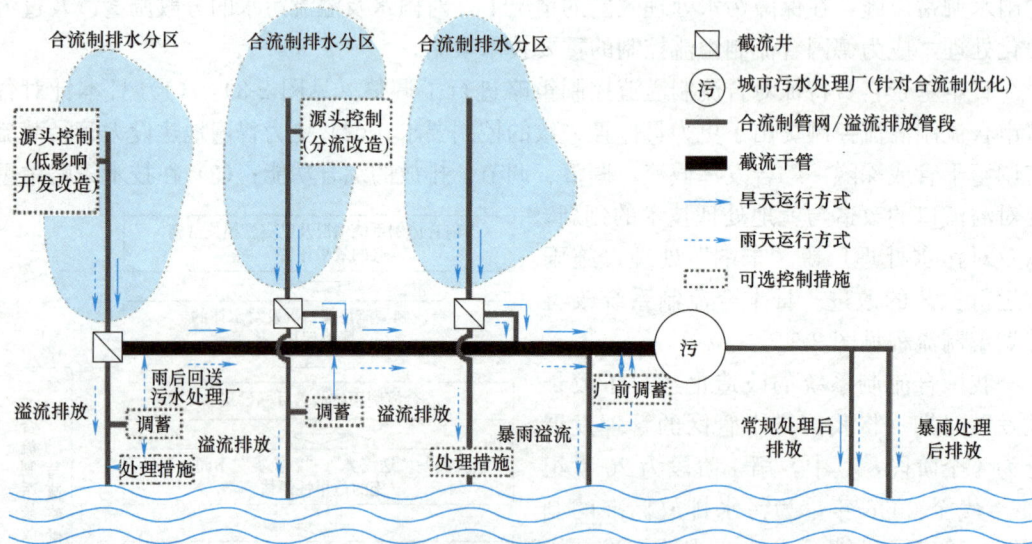

图 2-4　改进的截流式合流制排水系统

应当注意，改进式的截流式合流制系统还是会产生一定的水污染效应，一方面，需要
以污染负荷削减作为总体控制目标，结合城市建设密度、污水处理厂位置、降雨情况和污
水水量水质等确定溢流次数及调蓄容量和调蓄措施；另一方面，也需要从全系统上考虑，
加强雨季溢流水排放标准等建设，避免出现因污水处理厂雨季处理能力不足而导致大量厂

前溢流或调蓄设施临时贮存的溢流水无法送回污水处理厂等情况。

改进的截流式合流制系统除上述组成部分外，还包括调蓄池、就地处理设施和源头雨水减量控制设施等。

2.3 分流制排水系统

2.3.1 常规分流制排水系统

常规分流制排水系统是将生活污水、工业废水和雨水分别在两个或两个以上各自独立的管渠内排除的系统（图 2-5）。收集和排放生活污水、城市污水或工业废水的系统称污水系统；收集和排放雨水的系统称雨水系统。

根据收集和排放雨水方式的不同，常规分流制排水系统又分为完全分流制和不完全分流制两种排水系统（图 2-6）。在城市中，完全分流制排水系统（图 2-6a）具有污水系统和雨水系统。而不完全分流制只具有污水排水系统，未建雨水系统，即不完全分流制排水系统见图 2-6（b）雨水沿天然地面、街道边沟、水渠等原有渠道系统排泄，或者为了补充原有渠道系统输水能力的不足而修建部分雨水管道，待城市进一步发展再修建雨水排水系统转变成完全分流制排水系统。需要说明，鉴于污水系统和雨水系统分期建设需要重新开挖道路或适当封闭非开挖施工，既会带来额外的土方开挖量和人工成本，而且会对城市交通带来较大影响，目前在实践中除非建设经费特别有限并且污染治理成本高，或者雨水排放短期内不成问题，一般不太考虑污水和雨水分期分别建设。完全分流制排水系统（图 2-6a）既有污水系统，又有雨水系统，故环保效益较好。目前新建城市或城区一般采用完全分流制排水系统。

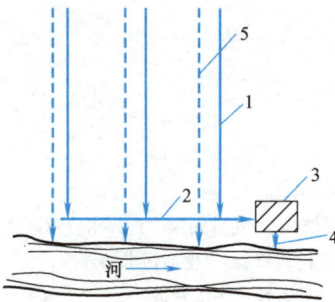

图 2-5 常规分流制排水系统

1—污水干管；2—污水主干管；

3—污水处理厂；4—出水口；

5—雨水干管

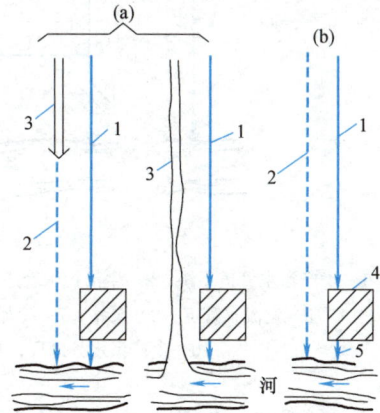

图 2-6 完全分流制及不完全分流制

（a）完全分流制；（b）不完全分流制

1—污水管道；2—雨水管渠；

3—原有渠道；4—污水处理厂；5—出水口

在工业企业中，一般采用分流制排水系统。然而，工业废水的成分和性质很复杂，不但与生活污水不宜混合，而且彼此之间也不宜混合，否则污水和污泥处理会复杂化，以及给废水重复利用和回收有用物质造成很大困难。所以，在多数情况下，采用分质分流、清污分流的几种管道系统来分别收集排放。但如生产污水的成分和性质同生活污水类似时，可将生活污水和生产污水用同一管道系统来收集排放。生产废水可直接排入雨水道，或循环使用重复利用。图2-7为具有循环给水系统和局部处理设施的分流制排水系统。生活污水、生产污水、雨水分别设置独立的管道系统。含有特殊污染物质的有害生产污水，不允许与生活或生产污水直接混合排放，应在车间附近设置局部处理设施。冷却废水经冷却后在生产中循环使用。如条件允许，工业企业的生活污水和生产污水应直接排入城市污水管道，而不作单独处理，见图2-7中12。需要说明，对于工业企业排水和城市污水之间的关系，除了考虑工业废水和生活污水的水质特征外，还需要结合工业企业在城镇中的位置、是否有工业园区、周边其他工业企业及其工业废水情况、城市污水处理厂建设情况及处理能力、污水回用和污泥处理处置等因素统筹考虑。我国目前涉及工业企业废水和城市污水之间的关系的主要要求有：工业废水仍需满足《污水排入城镇下水道水质标准》GB/T 31962—2015（见附录1）的相关要求才能排入城市下水道，否则应当进行预处理以满足相关要求；《室外排水设计标准》GB 50014—2021规定，工业园区的污、废水应优先考虑单独收集、处理，并应达标后排放。在特定地区，还可能存在地方性要求。根据我国《城镇排水和污水处理条例》，工业企业向城镇排水设施排放污水的，应当向城镇排水主管部门申请领取污水排入排水管网许可证，并按污水排入排水管网许可证的要求排放污水。

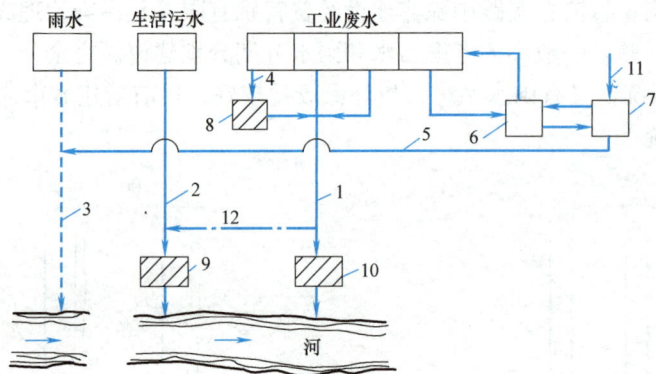

图 2-7　工业企业分流制排水系统

1—生产污水管道系统；2—生活污水管道系统；3—雨水管渠系统；4—特殊污染生产污水管道系统；
5—溢流水管道；6—泵站；7—冷却构筑物；8—局部处理构筑物；9—生活污水处理厂；
10—生产污水处理厂；11—补充清洁水；12—排入城市污水管道

2.3.2　常规分流制排水系统的主要组成部分

常规分流制排水系统包括污水系统和雨水系统两大部分。

1. 常规的污水系统

常规污水系统由下列几个主要部分组成。

（1）室内污水管道系统及设备

室内污水管道系统及设备作用是收集生活污水，并将排至小区污水管道中。

在住宅及公共建筑内，各种卫生设备既是人们用水的器具，也是产生污水的器具，又是生活污水排水系统的起端设备。生活污水从这里经水封管、支管、竖管和出户管等室内管道系统流入小区管道系统。在每一出产管与小区管道相接的连接点设检查井，供检查和清通管道之用。

（2）室外污水管道系统

分布在地面下的依靠重力流输送污水至泵站、污水处理厂或水体的管道系统称室外污水管道系统，它又分为小区管道系统及街道管道系统。

1）小区污水管道系统。敷设在小区内，连接建筑物出户管的污水管道系统，称小区污水管道系统。它分为接户管、小区支管和小区干管。接户管是指布置在建筑物周围接纳建筑物各污水出户管的污水管道。小区污水支管是指布置在居住小区内与接户管连接的污水管道，一般布置在组团内道路下。小区污水干管是指在小区内，接纳各居住小区支管流来的污水，一般布置小区道路或市政道路下。小区污水排入城市污水系统时，其水质必须符合《污水排入城镇下水道水质标准》GB/T 31962—2015 的要求，并获得排水户许可。居住小区污水排出口的数量和位置，要取得城市行业主管部门的同意。

2）街道污水管道系统。敷设在街道下，用以排除居住小区管道流来的污水。在一个市区内它由城市支管、干管、主干管等组成（图 2-8）。

支管是承受居住小区干管流来的污水或集中流量排出的污水。在排水区界内，常按分水线划分成几个排水流域。在各排水流域内，干管是汇集输送由支管流来的污水，也常称流域干管。主干管是汇集输送由两个或两个以上干管流来的污水管道。市郊干管是从主干管把污水输送至总泵站、污水处理厂或通至水体出水口的管道，一般在污水管道系统设置区范围之外。

3）管道系统上的附属构筑物。有检查井、跌水井、倒虹管等（详见本教材第 6 章）。

（3）污水泵站及压力管道

污水一般以重力流排除，但往往由于受到地形等条件的限制而发生困难，这时就需要设置泵站。泵站分为局部泵站、中途泵站和总泵站等。压送从泵站出来的污水至高地自流管道或至污水处理厂的承压管段，称为压力管道。

（4）污水处理厂和再生水厂

供处理和利用污水、污泥的一系列构筑物及附属构筑物的综合体称污水处理厂，在城市中常称污水处理厂和再生水厂，在工厂中常称废水处理站。城市污水处理厂一般设置在城市河流的下游地段，并与居民点或公共建筑保持一定的卫生防护距离。若采用区域排水系统时，每个城镇就不需要单独设置污水处理厂，将全部污水送至区域污水处理厂进行统一处理。

（5）出水口及事故排出口

污水排入水体的渠道和出口称出水口，它是整个城市污水排水系统的终点设备。事故排出口是指在污水排水系统的中途，在某些易于发生故障的组成部分前面，例如在总泵站的前面，所设置的辅助性出水渠，一旦发生故障，污水就通过事故排出口直接排入水体。图 2-8 为城市污水排水系统总平面示意图。

2. 雨水系统

雨水系统由下列几个主要部分组成。

（1）建筑物的雨水管道系统和设备：主要是收集工业、公共或大型建筑的屋面雨水，并将其排入室外的雨水管渠系统中去；

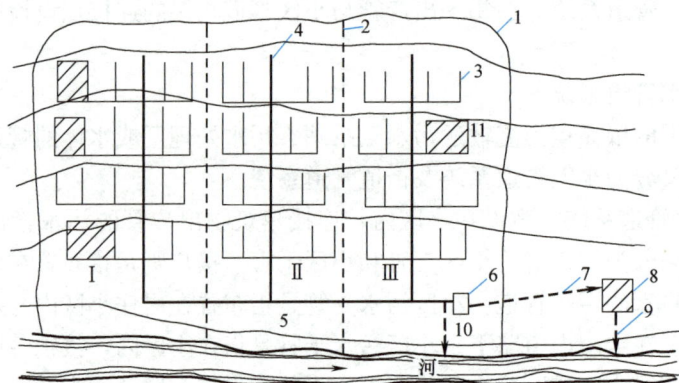

图 2-8 城市污水系统总平面示意图

Ⅰ，Ⅱ，Ⅲ—排水流域

1—城市边界；2—排水流域分界线；3—支管；4—干管；5—主干管；6—总泵站；7—压力管道；
8—城市污水处理厂；9—出水口；10—事故排出口；11—工厂

（2）居住小区或工厂雨水管渠系统；

（3）街道雨水管渠系统；

（4）排洪沟；

（5）出水口。

收集屋面的雨水用雨水斗或天沟，收集地面的雨水用雨水口。地面上的雨水经雨水口流入居住小区、厂区或街道的雨水管渠系统。雨水系统的室外管渠系统基本上和污水排水系统相同。同样，在雨水管渠系统也设有检查井等附属构筑物。雨水排水系统设计应充分考虑初期雨水的污染防治、内涝防治和雨水利用等设施。此外，因雨水径流较大，一般应尽量不设或少设雨水泵站，但在必要时也要设置，如上海、武汉等城市设置了雨水泵站用以抽升部分雨水。

2.3.3 常规分流制排水系统的改进

常规分流制排水系统虽然能够避免截流式合流制系统的溢流水污染，但也存在一些水环境问题。其一是雨水径流存在初期降雨效应（first flush phenomena），从而导致初期降雨径流携带较多的污染物和较大的污染负荷，形成城镇面源污染和水环境质量下降；其二是在实践中较难实现雨水污水完全分流，主要是以下因素的影响：（1）建筑排水的影响。在城镇住宅区扩建、改建或居民生活水平提高造成污水排放量增大，而城镇污水系统未及时扩建更新时，可能会发生一些权宜的做法：①新建污水管接不进原有污水系统，只能就近接入城镇雨水系统；②有的地区为了解决污水的排放，甚至将雨污水系统局部连通；③由于城镇发展不均衡，一些区域的污水管网建设落后于开发建设的速度，造成由于污水没有出路而临时接入雨水系统的状况；（2）建筑功能改变的影响。在民用建筑内部装修过程中，经常出现改变建筑功能的状况。例如原办公建筑改成餐饮业或娱乐业，原有排水系统被打乱。较普通的是将阳台改成厨房，甚至改成厕所，以致原设计的阳台雨水落水管成为生活污水管，露天停车场的洗车废水就近直接排水，其出水接入雨水系统。在工厂车间中，因技术改造、产品结构调整等，车间设备重新布置，原有排水系统的功能相应改变：原污水管改为废水管，将生产废水收集入污水系统；原废水管改为污水管，将生产污水收集入雨水系统。（3）人为疏忽或故意造成雨污水管道交叉连接的影响。由于排水系统一般是无压流，很难阻止人们对排水管道的随意接入和改造。例如，在未经许可情况下直接把建筑排水接入任意的市政排水管道（不管是雨水管道还是污水管道），或者由于设计和施工时，对现场地下管线未作充分调查，使雨污水管道发生交叉连接，例如在深圳为期1年的排水管网普查结果表明，约有35％的污水没有进入污水干管，而是随雨水系统排入了河流。此外，常规分流制排水系统还存在来自街道冲洗径流的污染问题。

除上述水环境质量方面的问题外，分流制的另一缺点是其造价相对较高。不过，完全分流制雨水管和污水管造价并不是合流制一条管线的两倍，雨水管道的尺寸可能略小于合流制排水管道，污水管道的尺寸更小，分流制比合流制造价高的部分主要在于略微增加的埋设费用和附加了一条管径较小的管道费用。当然，除管道本身的费用外，分流制排水系统费用特性还需要另外考虑泵站、附属设施和污水处理厂费用上的表现。

由于常规分流制排水系统所具有的初期冲刷等方面的问题，也需要对常规分流制系统进行改进。由于城市化进程加快、不可渗透表面增多，雨水径流带来的城市面源污染问题日益严重。

国内外相继出现一系列针对地表降雨径流污染的控制措施，较为典型的是美国的最佳管理模式（Best Management Practices，BMPs）、英国的可持续排水系统（SUDS），以及国际上通行的低影响开发（LID）和绿色基础设施（Green Infrastructure，GI）、澳大利亚的水敏性城市设计（water sensitive urban design）、我国的海绵城市以及近年来开始受到关注的基于自然的解决方案（nature-based solutions for water）等方式。综合这些概念或模式，城市初期雨水控制方式分为非工程方法和工程方法两大类：

（1）非工程方法：主要是通过各种非工程方式来加强管理，以达到控制污染的目的以及通过景观生态学的途径来控制初期雨水径流污染，如制定相应法律法规，加大环境执法的力度；进行宣传教育，加强全民的环保意识、采用经济制裁手段；减少乱排、混接现象的发生等方式。此外，还可通过景观生态学的途径控制初期雨水径流污染，其基本设计思路是先了解城市景观格局对地表径流污染源、污染物迁移过程和受纳水体的影响，明确面源污染与景观格局的关系，判定造成地表径流污染的主要原因和关键环节，在此基础上，根据城市城镇地表径流污染控制要求，针对性地重新组合原有景观格局或引进新的景观要素以构建新的景观格局，并将可持续排水系统的理念融入规范之中，将景观规划与管理有机结合，增强城市景观异质性，从而实现对城市面源污染的有效控制。

（2）工程方法：主要是在源头—迁移—汇总三个过程对初期雨水径流污染进行控制。源头控制是将地表径流污染物从源头上进行削减，具体措施包括渗透路面、生态屋顶和雨水花园等方式。迁移控制方式即在扩散途径上进行污染物控制，是通过研究污染物输送和扩散途径，通过具体措施降低污染物排入地表或地下水体的数量，具体措施包括地表径流排水的生物滞留或植草沟技术、暴雨污染径流贮存净化技术以及雨水调蓄池等方式。汇控制即终端处理技术，是通过人工净化技术或生态处理技术降解径流污染物，具体措施包括岸边净化的生态混凝土技术、人工湿地、氧化塘处理系统、旋流分离器、生物滞留池等方式。

上述技术中目前研究比较成熟的措施主要包括雨水调蓄、人工湿地、绿色屋顶、旋流分离、渗透铺装、截污雨水口和生物滞留池等，其发展历程见图2-9。

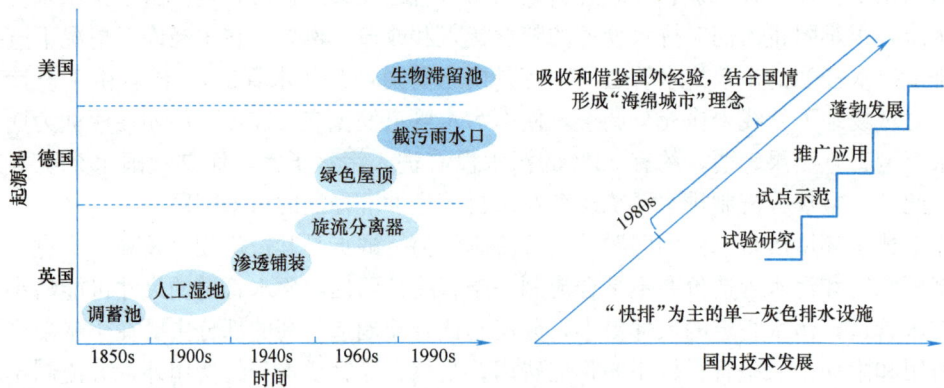

图 2-9　雨水污染控制技术的发展历程

除上述措施外，还有初期雨水弃流的改进措施，主要用于常规分流制雨水管道中雨水分流，其方法主要是将原分流制雨水管道中的检查井改建为初雨水截流井，或新建截流井，然后将截流的初期雨水就地处理，或接入分流制污水管道并输送至污水处理厂进行处理。

上述初期雨水控制措施组合使用，可形成如图 2-10 所示的改进式分流制排水系统。

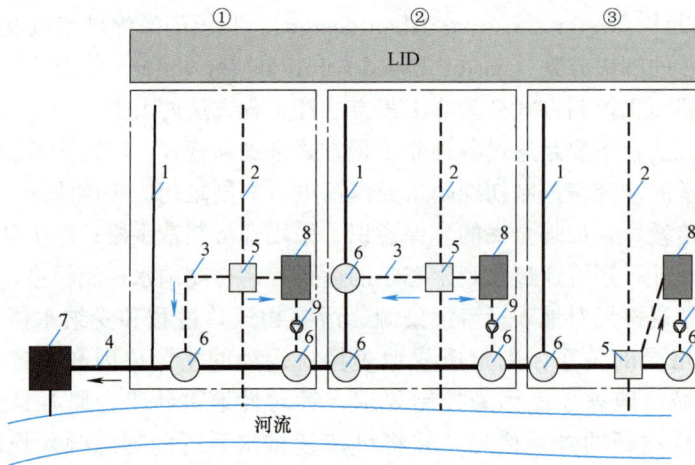

图 2-10　改进式分流制排水系统

1—污水管；2—雨水管；3—截流管；4—污水干管；5—截流井；
6—污水检查井；7—污水处理厂；8—调蓄池；9—水泵

我国学者还针对分流制排水系统存在初期雨水污染及占用地下空间较大的弊端，提出了一种同线合建分流式新型双层城镇排水系统，其核心是通过一种新型双层排水管道和双层检查井，以实现初期雨水截流，节省地下管线空间，并提高降雨后期雨水的资源化利用潜力。

我国最新发布实施的《室外排水设计标准》GB 50014—2021 已规定（分流制）雨水系统应包括源头减排、排水管渠、排涝除险等工程性措施和应急管理的非工程性措施。需要指出，分流制雨水径流污染的控制常常是与雨水量管控甚至雨水的资源化利用结合进行。《室外排水设计标准》GB 50014—2021 规定，分流制污水系统的雨季设计流量应在旱季设计流量基础上，根据受纳水体的环境容量、雨水的受污染的情况、源头减排设施规模和排水区域面积大小等因素的调查资料，考虑确无增加截流雨水量，并采用雨季设计流量下对以旱季流量设计的污水管道进行校核。

当采取改进式的分流制排水系统时，其在传统分流制排水系统的基础上，增加截流井、截流管、调蓄池、LID 措施等。应当注意，当在城市道路采用生物滞流设施时，传统雨水管渠系统的雨水口（如雨水箅子）将被路缘石上的豁口所替代，并相应改变雨水径流汇流方式，改变街道雨水管渠系统及其附属设施的构成，见图 2-11。

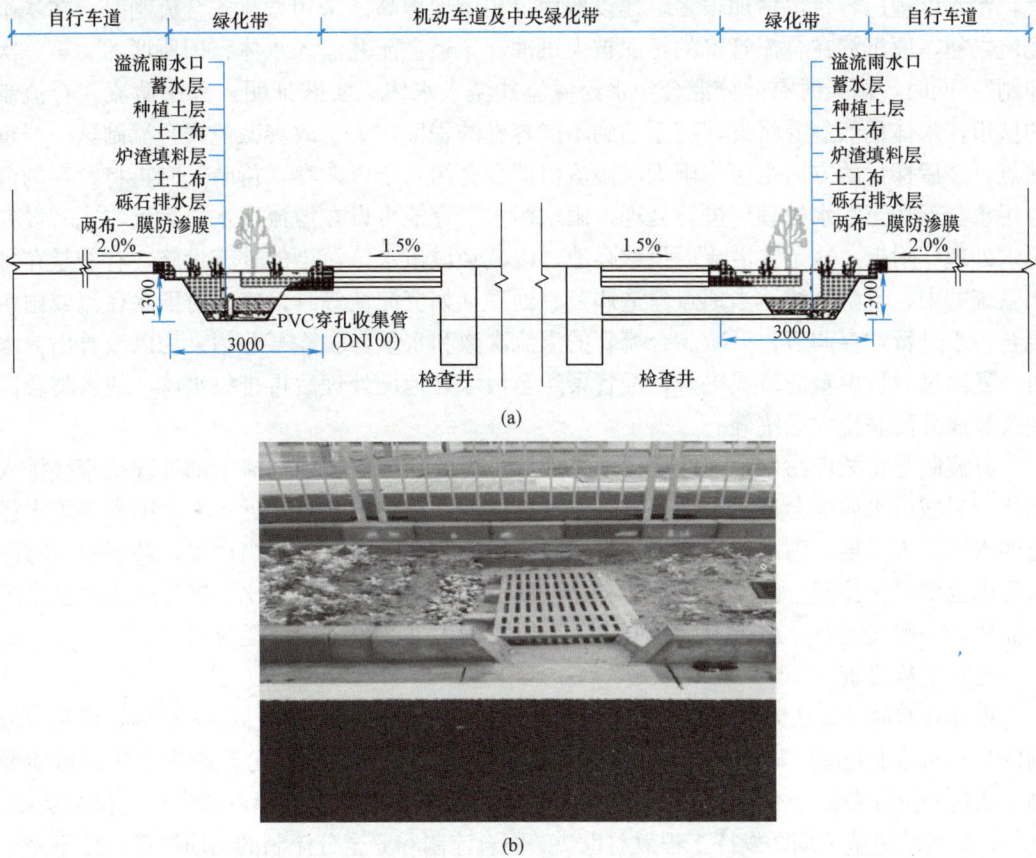

(a)

(b)

图 2-11　改进式的道路雨水排水系统（结合 LID-生物滞流设施）
（a）采用了生物滞流设施的道路雨水排水系统示意图；（b）路牙豁口取代了常规分流制雨水管道的雨水口（雨水箅子）

2.4　排水体制的选择

2.4.1　选择一般原则

合理地选择排水系统的体制，是城市和工业企业排水系统规划和设计的重要问题。它不仅从根本上影响排水系统的设计、施工、维护管理，而且对城市和工业企业的规划和环境保护影响深远，同时也影响排水系统工程的总投资和初期投资费用以及维护管理费用。通常，排水系统体制的选择应满足环境保护的需要，根据当地条件，通过技术经济比较确定。其中，环境保护应是选择排水体制时所考虑的主要问题，特别是近年来国际上普遍对水污染控制和水环境保护提出了更高的要求。

结合前述内容，常规截流式合流制排水系统和常规分流制排水系统在环境保护、构成投资和维护管理上的特点总结如下。

（1）环境保护

如果采用合流制将城市生活污水、工业废水和雨水全部截流送往污水处理厂进行处理，然后再排放，从控制和防止水体的污染来看，是较好的；但这时截流主干管尺寸很大，污水处理厂容量也增加很多，建设费用也相应地增高。采用截流式合流制时，在暴雨径流之初，原沉淀在合流管渠的污泥被大量冲起，经溢流井溢入水体，即所谓的"第一次冲刷"。同时，雨天时有部分混合污水经溢流井溢入水体。实践证明，采用截流式合流制的城市，水体仍然遭受污染，甚至达到不能容忍的程度。为了改善截流式合流制这一严重缺点，今后探讨的方向是应将雨天时溢流出的混合污水予以贮存，待晴天时再将贮存的混合污水全部送至污水处理厂进行处理。雨水污水贮存池可设在溢流出水口附近，或者设在污水处理厂附近，这是在溢流后设贮存池，以减轻城市水体污染的补充设施。有的是在排水系统的中、下游沿线适当地点建造调节、处理（如沉淀池等）设施，对雨水径流或雨污混合污水进行贮存调节，以减少合流管的溢流次数和水量，去除某些污染物以改善出流水质，暴雨过后再由重力流或提升，经管渠送至污水处理厂处理后再排放水体，或者将合流制改建成分流制排水系统等。

分流制是将城市污水全部送至污水处理厂进行处理。但初雨径流未加处理就直接排入水体，对城市水体也会造成污染，有时还很严重，这是它的缺点。近年来，国外对雨水径流的水质调查发现，雨水径流特别是初降雨水径流对水体的污染相当严重，甚至提出对雨水径流也要严格控制。分流制虽然具有这一缺点，但它比较灵活，比较容易适应社会发展的需要，一般又能符合城市卫生的要求，所以在国内外获得了较广泛应用。

（2）工程投资

据国外有的经验认为合流制排水管道的造价比完全分流制一般要低 0～40%，可是合流制的泵站和污水处理厂却比分流制的造价要高。从总造价来看完全分流制比合流制可能要高。从初期投资来看，不完全分流制因初期只建污水排水系统，因而可节省初期投资费用，此外，又可缩短施工期，发挥工程效益也快。而合流制和完全分流制的初期投资均比不完全分流制要大。所以，我国过去很多新建的工业基地和居住区均采用不完全分流制排水系统。

（3）维护管理

晴天时污水在合流制管道中只是部分流，雨天时才接近满管流，因而晴天时合流制管内流速较低，易于产生沉淀。但据经验，管中的沉淀物易被暴雨水流冲走，这样，合流管道的维护管理费用可以降低。但是，晴天和雨天时流入污水处理厂的水量变化很大，增加了合流制排水系统污水处理厂运行管理中的复杂性。而分流制系统可以保持管内的流速，不致发生沉淀，同时，流入污水处理厂的水量和水质比合流制变化小得多，污水处理厂的运行易于控制。

混合制排水系统的优缺点，是介于合流制和分流制排水系统两者之间。

结合排水系统的构成，常规截流式合流制、分流制以及采用 LID 或 SuDS 等措施时的优缺点见表 2-1。

常规截流式合流制、常规分流制及 LID 或 SuDS 等措施的比较　　　表 2-1

	常规截流式合流制	常规分流制	结合了 LID 或 SuDS 的分流制系统
CSOs	有 CSOs 污染,需要 CSOs 污染控制,水环境	无 CSOs 污染,可减少水体污染	无 CSOs,可减少对水体污染污染,并且 SuDs 限制雨水进入下水道,因此可减少 CSOs 操作
雨水处理	一定的初期雨水径流能得到处理	无处理,有初期雨水径流污染	雨水能得到很大程度的处理
污水处理厂	污水处理厂设施更大,需要更大的进水口和雨水贮存	污水处理厂设施较小	污水处理厂设施较小
泵站提升	如果需要将流量泵送到污水处理厂中(一般都需要),则更高;需要泵站的话,泵站平时也需要运行(因为生活污水的提升)	雨水很少提升	很少需要
沉积物	旱季时,管道流量和流速较小,管道中会产生沉积物,可能导致堵塞和更高的维护需求,必要时需清通砂砾;暴雨期间对管道内的沉积物有一定的冲刷和清洗功能,但会存在"第一次冲刷"	污水流量小,且在较小流量时可通过良好设计保持较低的流速,从而减少污物沉积	类似于限制下游沉积物的排放,但需要现场维护
洪水淹没(暴雨情况下)	如果发生洪水淹没,会造成污染条件	任何洪水将仅由雨水造成	任何洪水都将仅由雨水造成;可提升洪涝预防标准
管网	房屋排水简单;管线简单;但由于管线必须同时考虑污水和雨水的接入,可能有较长的支管	房屋排水管更多,存在连接错误且难以识别的风险	可整体减少管道工程量
埋深	需同时协调污水和雨水的接入,导致大口径管道埋深较大	污水管径相对小,大口径管道埋深相对较小	通过减小雨水管尺寸,可同步降低污水和雨水管道埋深
对污水处理厂运行的影响	旱季和雨季污水处理厂进水流量和水质变化大,冲击负荷大,导致污水处理厂运行复杂;进水水质含砂量较高,影响污水处理处置	污水处理厂进水水量和水质相对稳定,水量和水质冲击负荷小	类似甚至优于分流制系统
建设成本	低于分流制系统	一些额外费用	与分流制系统相似或更低
维护成本	最高	低于合流制	需要不同的维护体系
空间要求	地下空间需求最小	由于采用两根管道,会增加地下空间需求	通常需要更高的地上空间
流量	在管道和调蓄池中减量	在管道和调蓄池中减量	源减量
水量	不减少	不减少	显著减少
长期性能	已运行使用逾一世纪	已运行使用数十年	已运行使用数年
美观性	无贡献	无贡献	如果精心设计,将对景观作出重大贡献
生物多样性	无贡献	无贡献	如果精心设计,将作出重大贡献

应根据国家和当地水管理法规、城镇及工业企业的规划、污水利用情况、原有排水设施、地形、气候和水体等条件，从全局出发，在满足环境保护的前提下，通过技术经济比较，综合考虑确定。

我国《室外排水设计标准》GB 50014—2021 规定，应根据城镇及工业企业的规划、环境保护的要求，结合当地的地形特点，水文条件、水体状况、气候特征、原有排水设施、污水处理程度和处理后出水的排放与利用等综合考虑，在满足环境保护的前提下，通过技术经济比较，综合考虑确定。

2.4.2　研究进展

排水系统体制的选择是一项很复杂很重要的工作，长期以来一直是排水系统设计要优先解决的问题。排水体制选择是否得当，会影响排水系统的污染控制效果、后续污水处理和再生利用、工程造价和后期维护管理。在过去很长一段时期内，国内外关于分流制和合流制的性能优劣及排水体制选择一直有很多不同的认识。我国的排水工作者对排水体制的规定和选择，提出了一些有益的看法，最主要的观点归纳起来有两点：一是两种排水体制的污染效应问题，有的认为合流制的污染效应与分流制持平或低下，因此认为采用合流制较合理，同时国外有先例；二是已有的合流制排水系统，是否要逐步改造为分流制排水系统问题，有的认为将合流制改造为分流，其费用高昂而且效果有限，并举出国外排水体制的构成中带有污水处理厂的合流制仍占相当高的比例等。这些问题的解决只有通过大量研究和调查以及不断的工程实践，才能逐步得出科学的论断。

我国《室外排水设计标准》GB 50014—2021 规定：排水体制（分流制或合流制）的选择应根据城镇的总体规划，结合当地的气候特征、地形特点、水文条件、水体状况、原有排水设施、污水处理程度和处理后再生利用等因地制宜地确定，并应符合下列规定：

（1）同一城镇的不同地区可采用不同的排水体制。

（2）除降雨量少的干旱地区外，新建地区的排水系统应采用分流制。

（3）分流制排水系统禁止污水接入雨水管网，并应采取截流、调蓄和处理等措施控制径流污染。

（4）现有合流制排水系统应通过截流、调蓄和处理等措施，控制溢流污染，还应按城镇排水规划的要求，经方案比较后实施雨污分流改造。

上述规定中的"降雨量少的干旱地区"，一般指年均降雨量 200mm 以下的地区。我国 200mm 以下年等降水量线位于内蒙古自治区西部经河西走廊西部以及藏北高原一线，此线是干旱和半干旱地区分界线，也是我国沙漠和非沙漠区的分界线。

根据上述规定，对于新建地区排水体制的选择，目前基本上已经明确并获得共识。对于已建合流制排水系统的改造，现有规范和其他有关法规也没有规定一定要进行"合改分"，而是需要明确污染径流控制目标，在此基础上，在权衡水环境污染控制需求、技术经济可行性和在运行维护上能真正稳定实现雨污分流的可能性的基础上，确定是采取分流制改造，还是采取其他如强化合流制溢流污染控制的改进措施。不过，无论是"合改分"，还是其他合流管溢流水改进措施，在可能和可行的情况下，都应尽可能采取 LID、SuDS 之类的源头及过程削减雨水径流量的措施。当排水体制选择甚至排水系统方案决策较为复杂，或者考虑的方面难以通过技术经济计算确定，可以筛选和确定不同的准则，如技术性、经济性、气候变化友好性、运维性能等，然后建立决策指标体系，并通过综合评价来量化确定，或可构建优化决策模型，通过模拟分析定量化地确定。

2.5 排水系统的布置形式

2.5.1 排水系统的一般布置形式

城市、居住区或工业企业的排水系统在平面上的布置，随着地形、竖向规划、污水处理厂的位置、土壤条件、河流情况，以及污水的种类和污染程度等因素而定。在工厂中，车间的位置、厂内交通运输线，以及地下设施等因素都将影响工业企业排水系统的布置。下面介绍的是考虑以地形为主要因素的几种布置形式（图 2-12）。在实际情况下，单独采用一种布置形式较少，通常是根据当地条件，因地制宜地采用综合布置形式较多。

（1）正交式：在地势向水体适当倾斜的地区，各排水流域的干管可以最短距离沿与水体垂直相交的方向布置，这种布置也称正交布置（图 2-12a）。正交布置的干管长度短、管径小，因而经济，污水排出也迅速。但是，由于污水未经处理就直接排放，会使水体遭受严重污染，影响环境。因此，在现代城市中，这种布置形式仅用于排除雨水。

（2）截流式：若沿河岸再敷设主干管，并将各干管的污水截流送至污水处理厂，这种布置形式称截流式布置（图 2-12b），所以截流式是正交式发展的结果。截流式布置对减轻水体污染、改善和保护环境有重大作用。它适用于分流制污水排水系统，将生活污水及工业废水经处理后排入水体；也适用于区域排水系统，区域主干管截流各城镇的污水送至区域污水处理厂进行处理。对于截流式合流制排水系统，因雨天有部分混合污水泄入水体，造成水体污染，这是它的严重缺点。

（3）平行式：在地势向河流方向有较大倾斜的地区，为了避免因干管坡度及管内流速过大，使管道受到严重冲刷，可使干管与等高线及河道基本上平行、主干管与等高线及河道成一定斜角敷设，这种布置也称平行式布置（图 2-12c）。

（4）分区式：在地势高低相差很大的地区，当污水不能靠重力流流至污水处理厂时，可采用分区布置形式（图 1-12d）。这时，可分别在高地区和低地区敷设独立的管道系统。高地区的污水靠重力流直接流入污水处理厂，而低地区的污水用水泵抽送至高地区干管或污水处理厂。这种布置只能用于个别阶梯地形或起伏很大的地区，它的优点是能充分利用地形排水，节省电力。如果将高地区的污水排至低地区，然后再用水泵一起抽送至污水处理厂是不经济的。

（5）分散式：当城市周围有河流，或城市中央部分地势高、地势向周围倾斜的地区，各排水流域的干管常采用辐射状分散布置（图 2-12e），各排水流域具有独立的排水系统。这种布置具有干管长度短、管径小、管道埋深可能浅、便于污水灌溉等优点，但污水处理厂和泵站（如需要设置时）的数量将增多。在地形平坦的大城市，采用辐射状分散布置可能是比较有利的，如上海等城市便采用了这种布置形式。

（6）环绕式：近年来，由于建造污水处理厂用地不足、建造大型污水处理厂的基建投资和运行管理费用较建小型厂经济，以及城市规划、水环境保护等原因，不希望建造数量多规模过小的污水处理厂，而倾向于适度建造规模大的污水处理厂，所以由分散式发展成环绕式布置（图 2-12f）。这种形式是沿四周布置主干管，将各干管的污水截流送往污水处理厂。

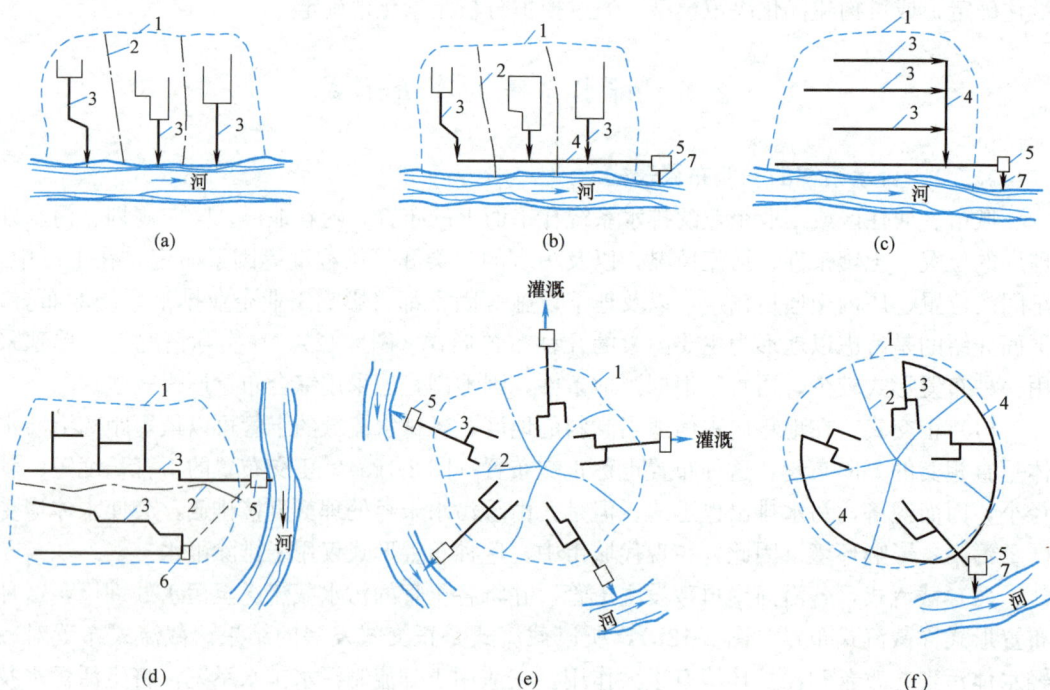

图 2-12　排水系统的布置形式

（a）正交式；（b）截流式；（c）平行式；（d）分区式；（e）分散式；（f）环绕式
1—城市边界；2—排水流域分界线；3—干管；4—主干管；5—污水处理厂；6—污水泵站；7—出水口

2.5.2　区域排水系统

城市污水和工业废水是造成水体污染的一个重要污染源。长期以来，对污水和废水多采用消极的单项治理方式，水体污染未能得到很好控制，有日益加重之势。实践证明，对废水进行综合治理并纳入水污染防治体系，才是解决水污染的重要途径。

废水综合治理应当对废水进行全面规划和综合治理。做好这一工作是与很多因素有关的，如要求有合理的生产布局和城市规划；要合理利用水体、土壤等自然环境的自净能力；严格控制废水和污染物的排放量；做好区域性综合治理及建立区域排水系统等。

合理的生产布局，有利于合理开发和利用自然资源，达到既保证自然资源的充分利用，并获得最优的经济效果，又能使自然资源和自然环境免受破坏，并能减少废水及污染物的排放量。合理的生产布局也有利于区域污染的综合防治。由于城市污水和工业废水主要集中于城市，所以要做好城市的总体规划，如合理地部署居住区、商业区、工业区等，使产生废水和污染物的单位布置在水源的下游，同时应搞好水源保护和污水处理规划等。

各地区的水体、土壤等自然环境都不同程度地对污染具有稀释、转化、扩散、净化等能力，而污水最终出路是要排放水体或灌溉农田的，所以应当充分发挥和合理利用自然环境的自净能力。例如，由生物氧化塘、贮存湖和污水灌溉田等组成的土地处理系统便是一种节省能源和合理利用水资源的经济有效方法，它又是"城市—农村""作物—土壤"生态系统物质循环和能量交换的一种经济高效的系统，具有广阔发展前途。

严格控制废水及污染物的排放量。防治废水污染，不是消极处理已产生的废水，而是源头控制和消除产生废水，如尽量做到节约用水、废水重复使用及采用闭路循环系统、发展不用水或少用水或采用无污染或少污染生产工艺等，以减少废水及污染物的排放量。

综合考虑水资源规划、水体用途、经济投资和自然净化能力，运用系统工程的方法，选择适当的污水处理措施，发展效率高、能耗小的新处理技术。

发展区域性废水及水污染综合整治系统。区域是按照地理位置、自然资源和社会经济发展情况划定的，这种规划可以在一个更大范围内统筹安排经济、社会和环境的发展关系。区域规划有利于对废水的所有污染源进行全面规划和综合整治以及水污染防治，有利于建立区域（或称流域）性排水系统。

将两个以上城镇地区的污水统一排除和处理的系统，称作区域（或流域）排水系统。这种系统是以一个大型区域污水处理厂代替许多分散的小型污水处理厂，这样，就能降低污水处理厂的基建和运行管理费用，而且能可靠地防止工业和人口稠密地区的地面水污染，改善和保护了环境。实践证明，生活污水和工业废水的混合处理效果以及控制的可靠性，大型区域污水处理厂比分散的小型污水处理厂要高。在工业和人口稠密的地区，将全部对象的排水问题同本地区的国民经济发展、城市建设和工业扩大、水资源综合利用以及控制水体污染的卫生技术措施等各种因素进行综合考虑是经济合理的。所以，区域排水系统是由局部单项治理发展至区域综合治理。要解决好区域综合治理应运用系统工程学的理论和方法以及现代计算技术，对复杂的各种因素进行系统分析，建立各种模拟试验和数学模式，寻找污染控制的设计和管理的最优化方案。

区域排水系统的干管、主干管、泵站、污水处理厂等，分别称为区域干管、区域主干管、区域泵站、区域污水处理厂等。图2-13为某地区的区域排水系统的平面示意图。全区有6座已建和新建的城镇，在已建的城镇中均分别建了污水处理厂。按区域排水系统的规划，废除了原建的各城镇污水处理厂，用一个区域污水处理厂处理全区域排出的污水，并根据需要设置了泵站。

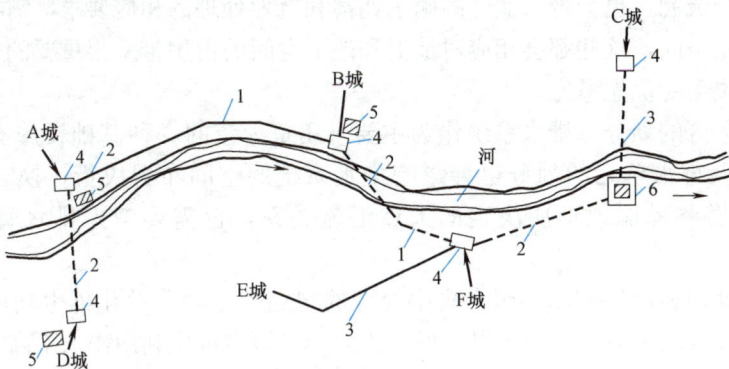

图 2-13　区域排水系统平面示意图

1—区域主干管；2—压力管道；3—新建城镇污水干管；4—泵站；
5—废除的城镇污水处理厂；6—区域污水处理厂

区域排水系统在欧美、日本等一些国家，正在推广使用。它具有以下优点：①污水处理厂数量少，处理设施大型化集中化，每单位水量的基建和运行管理费用低，因而经济；②污水处理厂占地面积小，节省土地；③水质、水量变化小，有利于运行管理；④河流等水资源利用与污水排放的体系合理化，而且可能形成统一的水资源管理体系。但是，它也具有以下缺点：①当排入大量工业废水时，有可能使污水处理发生困难；②工程设施规模大，造成运行管理困难，而且一旦污水处理厂运行管理不当，对整个河流影响较大；③因工程设施规模大，发挥效益就慢。

在选择排水系统方案时，是选择区域排水系统或是选择一系列局部排水系统，或者是选择连接已建的独立排水系统，应根据环境保护的要求，通过技术经济比较确定。

在确定区域排水系统方案时，应考虑下列问题：

（1）近期和远期的全部污水量和水质；

（2）通过采取改革生产工艺、废水部分或全部循环利用以及本厂和厂际的重复利用等措施，尽量减少工业废水的排放量；

（3）应考虑工业废水与生活污水混合处理的可能性，以及雨水和生产废水混合排除和利用的合理性；

（4）对用水和取水点的河水水质，应考虑到当位于该点上游的全部排水对象的污水排入时所产生的后果。

2.5.3 排水系统布置综合决策

前述排水系统的平面布置形式主要是考虑地形因素可供参考的方案，特别是考虑干管作为排水管渠系统的重要组成部分，对城市排水管渠系统的造价有非常显著的影响。在城市系统空间布置决策时，不仅需要考虑地形高差、城市组团和形态、水系结构等方面的影响，还需要考虑其他多方面的因素。

（1）排水体制。特定城市排水介质的类别及其水量和水质特性对于总体上确定排水系统的形式具有非常关键的影响，排水体制会给排水系统空间布置带来决定性的影响，比如对 CSOs 进行控制的改进式截流式合流制，将需要建设溢流水调蓄设施，需要结合城市的可用空间，从而对排水系统的整体空间布置形式带来较突出的影响，或者对初期雨水进行控制的改进式分流制，也会带来额外的雨水调蓄和就地处理的相应要求，需要结合与雨水有关的城市可用空间，这些都会相应对地上和地下空间的占用带来很重要的影响，所以需要在平面布置决策时优先考虑。

（2）排水分区的划分。排水系统作为主要采用重力流的一种基础设施类型，排水流域、排水分区及排水单元的划分也会影响排水系统的空间布置决策，换言之，排水系统空间布置既需要考虑地形所决定的天然汇流关系，也需要考虑排水管控上的有关需求。

（3）污水处理和再生利用。污水集中处理的规划效益和分散化再生利用常常是矛盾的，在排水系统空间决策时需要予以考虑。比如，当城市再生利用需求不高或政策上无特殊要求时，适当的集中式空间布置可能有利于降低污水处理和附属设施的单位投资成本和运行维护成本，这就可能导致排水管渠系统出现跨排水分区以倒虹管等方式跨越河流等空间布置形式，或者需要修建较长的沿江截流管道环绕式的平面布置形式。当有显著的再生利用需求和政策规定时，污水的集中处理会显著增加再生水管道造价和管线空间，污水的集中利用反而会不利，这时就可能需要实施前述的所谓分散式或组团式空间布置形式。因此，排水系统空间布局需要以对污水集中处理与再生利用重要考虑因素。

（4）城市环境政策和规定。有些城市对溢流、敏感水体等有特殊的环境保护规定，或者水功能区的划分，这就可能影响泵站、溢流井等设施的修建，从而对排水系统的空间布局带来重要影响。另外，有些地方考虑对重要水体保护，不允许在这些水体沿岸或周边建设排污口，可能需要把排污口设置在这些水体的次级河流汇入口上游一定距离处，导致排水系统的污水处理厂位置、尾水排放管或主干管等布置发生变化。

（5）建设和运行成本的可接受度。不同的空间布置形式可能会造成排水系统生命周期费用发生显著变化，不同地区的经济发展水平不同，对建设和运行成本会有不同的接受度。这也会影响排水系统的空间布置决策。

（6）绿色低碳要求。不同的空间布置对管渠系统材料、埋设深度、运行能耗、药剂等产生显著差别，会进一步导致生命周期环境影响发生显著的差异。一些国家或地区对绿色低碳非常关注，排水系统空间布置形式和总体方案的绿色低碳性能相应就会受到关注，这也会造成排水系统空间布置决策。

（7）城市地下空间及基础设施情况。城市地下空间的可用程度、不同类型管道、综合管廊，甚至地下轨道交通或人防工程建设等，都会影响排水系统的定线。

（8）运行维护管理能力。不同排水系统的空间布置形式或方案会要求不同的运行维护管理水平，当地的运行维护管理制度安排和能力如何，也会对排水系统的空间布置造成较大的影响。

（9）城市滨水景观管控要求。目前很多城市都在加大滨水空间建设力度，对滨水空间的景观有严格的管控要求，在这种情况下，要么不允许布置截流管线，要么需要采取特殊的处理方式。

（10）滨水地质条件及排水系统破坏所带来的风险。目前我国不少城市都建设了大型的截流管道或箱涵，比如重庆主城区沿长江和嘉陵江两岸修建了大型截流干管，这些干管使用一段时间之后，可能产生结构性破坏，或者滨水岸边地质条件不佳，二者相叠合，将会发生极大的水质风险。因此，对可靠性的要求及其潜在损失，也是城市空间布置决策所需要考虑的因素。

（11）雨污水量与地形的匹配关系。有些城市在建设过程中可能会将原有的冲沟、小河流等填掉，从而破坏了原有的排水关系，加上地面不透水面积增加，雨污水排放量较大，而当地形条件特殊时，可能导致需要采用深层隧道进行排水，这也会给排水系统的空间决策带来影响。

（12）文物古迹等其他因素。目前一些城市的特殊地区可能属于受到保护的特别古镇或文物古迹所在地，或者由于历史发展的原因街道狭窄，可将较大的排水管渠避开这些地区，或者采用特殊的压力式或真空式排水系统。

总之，排水系统的空间布置决策是一个较为复杂的问题，是排水系统总体方案的重要构成部分之一，地形特征和条件是确定排水系统空间布置形式的重要因素，但尚需要考虑前述其他多种因素的影响。在实际排水系统空间决策时，可能要构建优化决策模型，对不同空间布置方案进行定性与定量相结合的分析评价，以便与排水方案论证和设计一起，实现优化决策。

2.6 排水工程规划和基本建设程序

2.6.1 排水工程规划

排水工程规划是规划体系的一个重要组成部分。在我国排水工程规划包括城市和国土空间规划的排水工程规划和城市排水工程专项规划。有时候城市为了其他特定目的，也会编制排水系统特定方面或领域的规划，如城市排水（雨水）防涝综合规划等。如前所述，近年来，国际上在排水系统方面的发展迅速，排水系统的内容、侧重点、规划标准、规划方法和理念等很多方面都发生了显著和剧烈的变化，除传统常规管渠系统、污水处理管道、污水处理厂和附属设施的规划外，雨水源头减量、雨水滞蓄、初期雨水污染控制、污泥处理处置、污水再生利用、对于气候变化的适应性以及其他一些方面等也都被纳入排水工程规划范围或排水工程规划的考虑因素。

根据《城乡排水工程项目规范》GB 55027—2022，城市排水工程规划的主要内容应包括：确定规划目标与原则，划定城市排水规划范围，确定排水体制、排水分区和排水系统布局，预测城市排水量，确定排水设施的规模与用地、雨水滞蓄空间用地、初期雨水与污水处理程度、污水再生利用和污水处理厂污泥的处理处置要求。在确定排水体制、进行排水系统布局时，应结合城市蓄滞洪区用地、生态空间布局拟定城市排水方案，确定雨、污水排除与综合利用方式，提出对旧城区原排水设施的利用与改造方案和在规划期限内排水设施的建设要求。提出对初期雨水、污水处理厂污泥、再生水利用的内容要求。在确定污水排放标准时，应从污水受纳体的水环境安全着眼，既符合近期的要求，又要不影响远期的发展。目前国内有关排水工程规划编制中还包括近期建设规划、投资估算、管理规划（包括信息化或智慧化管理方案、体制机制等）、规划实施策略和保障措施等。有时候排水规划还会被包括在城市水系统规划之中，或将河湖水系纳入城市排水规划。

根据《城乡排水工程项目规范》GB 55027—2022，城市排水工程规划期限宜与城市总体规划（国土空间规划）期限一致。城市排水工程规划应近、远期结合，并兼顾城市远景发展的需要。城市排水工程规划的规划期限与城市总体规划期限相一致的同时，应考虑雨水或污水系统的自身特点。一般城市总体规划的期限为 20 年，城市建设需要多个规划期才能逐步完善。而城市排水工程是系统工程，主要设施埋于地下，靠重力流排水，且排水管道的使用年限一般大于 50 年。因此，城市排水工程规划应具有较长的时效，以满足城市不同发展阶段的需要。城市排水工程规划不仅要重视近期建设规划，而且还应考虑城市远景发展的需要，为城市远景发展留有余地，并应注意城市排水系统的系统性。污水工程规划要为城市污水处理厂的近、远期结合创造条件。雨水工程规划要考虑城市发展、变化的需要，结合城市生态安全格局构建，按远景预留行泄通道和城市防涝调蓄设施的用地。城市排水出口与受纳体的确定都不应影响下游城市或远景规划城市的建设和发展。

城市排水工程规划作为城市规划体系的一部分，应与城市道路、竖向、防洪、河湖水系、给水、绿地系统、环境保护、管线综合、综合管廊、地下空间等规划相协调。城市排水工程规划除应符合城市总体规划的要求外，还应与其他各项专业规划协调一致，如：城市排水工程规划与道路规划、绿地系统规划的竖向衔接；排水工程规划的污水量、污水处理程度和受纳水体及污水出口应与给水工程规划的用水量、再生水的水质、水量和水源地及其保护区相协调；城市排水工程规划的管线应与综合管廊规划相协调；城市排水工程规划的受纳水体与城市水系规划、城市防洪规划相关，应与规划水系的功能和防洪的设计水位相协调，并符合城市环境保护规划的水环境功能区划及环境保护要求和规定。

《城市排水工程规划规范》GB 50318—2017还专门规定，城市建设应根据气候条件、降雨特点、下垫面情况等，因地制宜地推行低影响开发建设模式，削减雨水径流、控制径流污染、调节径流峰值、提高雨水利用率、降低内涝风险。

对于排水工程的规划范围，应与相应层次的城市规划范围一致。城市雨水系统的服务范围，除规划范围外，还应包括其上游汇流区域。城市污水系统的服务范围，除规划范围外，还应兼顾距离污水处理厂较近、地形地势允许的相邻地区，包括乡村或独立居民点。当城市污水处理厂或雨、污水排出口设在城市规划区范围以外时，应将污水处理厂或雨、污水排出口及其连接的排水管渠纳入城市排水工程规划范围。涉及邻近城市时，应进行协调，统一规划。保护城市环境、防治水体污染应从全流域着手。规划城市水体上游的污水应就地处理达标排放，如无此条件，在允许的情况下可接入规划城市进行统一处理。规划城市产生的污水应处理达标后排入水体，但不应影响水体下游的现有城市或远景规划城市的建设和发展，排水工程规划应促进全流域的系统治理和可持续发展。

排水工程规划除了要和本区域的相关用地、基础设施等规划相协调外，还要和邻近区域内的污水和污泥的处理和处置相协调。一个区域的污水系统，可能影响邻近区域，特别是影响下游区域的环境质量，故在确定规划区的处理水平的处置方案时，必须在较大区域内综合考虑。根据排水规划，有几个区域同时或几乎同时修建时，应考虑合并起来处理和处置的可能性，即实现区域排水系统，因为它的经济效益可能更好，但施工期较长，实现较困难。但也要考虑污水再生利用的可能性，适度集中与分散。

在排水工程规划中，应处理好污染源治理与集中处理、污水处理与资源化利用之间的关系。目前我国对污水资源化利用高度重视，未来在开展排水工程规划时，甚至需要首先考虑尽可能加强污水资源化利用。

城市排水工程应全面规划，按近期设计，考虑远期发展扩建的可能。并应根据使用要求和技术经济合理性等因素，对近期工程做出分期建设的安排，排水工程的建设费用很大，分期建设可以更好地节省初期投资，并能更快地发挥工程建设的作用。分期建设应首先建设最急需的工程设施，使它能尽早地服务于最迫切需要的地区和建筑物。

城市排水工程规划时应充分利用现有排水工程。在进行改建和扩建时，应从实际出发，在满足环境保护的要求下，充分利用和发挥其效能，有计划、有步骤地加以改造，使其逐步达到完善和合理化。

我国排水工程规划除依据现行《城市排水工程规划规范》GB 50318外，还应与现行《室外排水设计标准》GB 50014、《城镇雨水调蓄工程技术规范》GB 51174、《城镇内涝防治技术规范》GB 51222、《城市工程管线综合规划规范》GB 50289、《海绵城市建设技术指南——低影响开发雨水系统构建（试行）》等相关标准规范和指南等相协调。在学习和开展具体相关水量计算、系统布置等规划内容时，详见本教材后续有关章节的内容，并参考城镇防洪等相关教学内容。

排水工程规划应注意以下技术衔接：（1）加强排水规划与环保规划的技术衔接。水环境问题的解决既是城市排水规划的任务之一，也是城市环保规划的一项职责。研究水环境问题，进行排水工程规划时必须与环保规划紧密联系、互相协调。加强排水规划与环保规划的技术衔接，需要注意五个关系。一是环保规划所确定的水体环境功能类型和混合区的划分，它将决定污水处理的等级和排放标准。二是环保规划所确定的纳污水体环境容量与污染物排放总量控制指标，它将定量地决定城市排污口污染排放负荷，进而决定污水处理的处理率和处理程度。三是环保规划确定的城市水污染综合防治政策和措施，其中主要是工业污染防治政策和措施。四是环保规划所提出的污水处理率，它为排水规划中污水集中处理率的确定提供了重要的参考，需要相互沟通和配合。五是环保规划所采纳推荐或强制推行的适用污水处理技术，特别是小型分散的污水处理技术，为进行排水体制和排水系统的选择与组合提供了技术支撑和灵活性，它对于一定规划时期难以纳入城市污水集中处理系统的地区的污水处理和水污染控制意义重大。（2）加强排水系统方案的风险评估与经济评价。传统的排水系统方案论证主要集中在技术与经济方面，环保专项规划应提升环境影响分析与评价的深度，以增强规划方案选择的有效性和说服力。长期以来排水设施建设滞后于规划和计划的大量事实表明，必须充分注意规划方案的可行性、实施的风险性，以及建设中的不可预见性，因此，在排水系统方案论证和排水系统规划措施中应增加对规划方案的风险评估。此外，在经济分析中，还应积极关注新的市场经济形势下排水设施投资开放与资本多元化的影响。排水系统规划方案环境评价要从定性走向定量，认真测算不同排水系统方案的污染负荷，分析污染负荷在区域环境容量总量和目标总量控制中的结构与比例、变化幅度，对国家和区域环境建设目标的满足程度；对于重点地域，如采取分散就地处理的地区，还要进行环境敏感性评价；要努力使规划所提出的水污染控制方案更科学。风险评估方面，要充分考虑各方面、各层次的不利情况，及其可能造成的各种影响，分析自然、技术、管理、财务、政策等各类风险，特别是风险的最不利组合，分析其对排水系统整体或某个局部、对排水系统实施的进程和时效所产生的不同程度的影响，这里主要是指对社会的、环境的、功能的和效益的、财务的影响，在此基础上，一方面设计和制订风险防范的政策和措施，另一方面对排水规划方案进行反思和调整，最终选取风险和阻力最小的方案和方向，确保规划的排水系统方案能逐步形成，实现规划目标。

在城镇排水工程规划阶段，所需要收集的资料包括但不限于：规划区域概况，包括城镇概况（城镇区位、历史发展沿革、人口和社会经济、城市化发展、自然地理、地形地貌、气象水文、水系水资源、水环境水生态、地质和灾害等）；城镇给水和排水现状；城镇相关涉水规划；城镇相关规划，包括城镇各层次已编制的社会经济发展规划、总体规划（国土空间规划）、水功能区规划、流域水污染防治规划等上位规划，和道路、给水、排水和污水处理与再生利用、污泥处理处置、防洪、河湖水系、绿地系统、环境保护、管线综合、综合管廊、地下空间、景观等前述的需协调的相关专业和专项规划；自然保护区、历史文化等涉及工程伦理的相关情况；周边涉及污水和污泥资源化利用的相关条件；当地城市规划管理规定、排水和污水处理条例或规定、管材等相应规定、其他有关涉及排水管理政策文件等。对于城市排水现状资料的收集和叙述应较城市排水工程专业规划阶段更为详尽和细致，为规划管道与现状管道的衔接或现状管道及设施的充分利用提供可用、可信、可靠的基本数据，这往往是城市排水工程专业规划中较为薄弱的地方。值得一提的是，现已通过可行性论证的、虽尚未兴建的各单项排水工程设计应纳入现状资料之中予以采用。上述各类规划，特别是各专项规划资料是城镇排水工程专项规划与城镇排水工程专业规划的技术基础，它们将为城镇排水工程专项规划提供全面的技术支撑。例如道路工程专项规划可提供道路工程专业规划中所没有的道路控制高程；环保专项规划将提供纳污水体环境容量参数、水污染排放控制总量指标及水污染综合整治体系规划；城镇防洪专项规划可提供区域防洪排涝技术标准和重要的水文控制参数。需要注意和把握的是，城镇排水工程专项规划与各不同规划的规划时限与范围的对应性、运用上的技术衔接及相互矛盾的协调。

2.6.2　排水工程基本建设程序及其内容

排水工程是现代化人类聚居区和工业企业不可缺少的一项重要设施，是其基本建设的一个重要组成部分，同时也是控制水污染、改善和保护环境的重要措施。

排水工程的设计对象是需要新建、改建或扩建排水工程的城市、工业企业和工业区、小城镇、乡村，其主要任务是规划设计收集、输送、处理和利用污水的工程设施和构筑物，即排水系统的规划与设计。

排水工程的规划与设计是在区域规划以及各级城市国土空间规划和工业企业的建设发展总体规划基础上进行的。因此，排水系统规划与设计的有关基础资料，应以区域规划以及城市和工业企业的规划与设计方案为依据。排水系统的设计规模、设计期限，应根据区域规划以及城市和工业企业规划方案的设计规模和设计期限而定。排水区界是指排水系统设置的边界，它决定于区域、城市和工业企业规划的建筑界限。

排水工程的建设和设计必须按基本建设程序进行。为了加强基本建设的管理，坚持必要的基本建设程序，是保证基本建设工作顺利进行的重要条件。基本建设程序可归纳分为下列几个阶段：

（1）可行性研究阶段：可行性研究是论证基本建设项目在经济上、技术上等方面是否可行。如果论证可行，按照项目隶属关系，由主管部门组织计划、设计等单位，编制设计任务书。

（2）设计阶段：设计单位根据上级有关部门批准的"可研报告"等文件进行设计工作，并编制概（预）算。

（3）组织施工阶段：建设单位采用施工招标或其他形式落实施工工作。

（4）竣工验收交付使用阶段：建设项目建成后，竣工验收交付生产使用是建筑安装施工的最后阶段。未经验收合格的工程，不能交付生产使用。

排水工程设计工作，可分为初步设计和施工图设计。大中型基建项目，一般采用两阶段设计，重大项目和特殊项目，根据需要，可增加技术设计阶段。

参照住房和城乡建设部组织编制的《市政公用工程设计文件编制深度规定》（2013 年版），各阶段主要内容和要求如下。

（1）可行性报告主要内容

概述：包括建设目的和背景、建设的必要性；编制依据（包括：有关立项的文件、方针政策、合同、规划、规范标准、地质评价报告等）；编制范围（包括合同规定的范围、双方约定的内容等）；编制原则。

城市概况：城市历史特点、地理位置、行政区划；城市性质及规模；自然条件（包括：城市地形、城市水系、气象、水文、工程地质等）；城市排水现状及规划；城市水域污染情况等；

方案论证：排水体制、排水系统布局、排放污（雨）水量、排放污水水质、污水处理厂等；

工程方案内容：设计原则、方案比较、工程规模、工艺设计、建筑结构、电气控制、给水排水、供暖通风等；

管理机构、劳动定员及建设进度安排；环境保护；劳动保护、节能、消防；投资估算及经济评价，结论与存在问题。

可行性报告深度应满足设计招标和业主向主管部门送审的要求。2023 年，国家发展改革委研究制定了《政府投资项目可行性研究报告编写通用大纲（2023 年版）》《企业投资项目可行性研究报告编写参考大纲（2023 年版）》和《关于投资项目可行性研究报告编写大纲的说明（2023 年版）》。这些大纲对工程项目可行性研究报告的编制做了新的规定，提出了可行性研究的三个目标：项目建设必要性、项目方案可行性及项目风险可控性，需要重点把握"七个维度"，即需求可靠性、要素保障性、工程可行性、运营有效性、财务合理性、影响可持续即风险管控方案。未来排水工程项目可行性研究报告应根据新版可行性研究报告编制大纲确定具体内容。

（2）初步设计文件

设计说明书：应明确工程规模、建设目的、投资效益、设计原则和标准、选定设计方案、拆迁、征地范围及数量、设计中存在的问题、注意事项及建议等。对采用新工艺、新技术、新材料、新结构、引进国外新技术、新设备或采用国内科研新成果时，应在设计说明书中加以详细说明。

工程概算书：见《市政公用工程设计文件编制深度规定》的相关要求。

设计图纸：包括工艺设计、建筑结构设计、其他专业设计（电气、控制、仪表等）；

主要材料设备表：提出全部工程和分期建设需要的三材、管材及其他主要设备、材料的名称、规格（型号）、数量等（以表格方式列出清单）。

初步设计深度应控制工程投资，满足编制施工图设计、主要设备订货、招标及施工准备的要求。

（3）施工图设计文件应包括说明书、设计图纸、材料设备表（略）、施工图预算（略）。其主要内容为：

设计说明书：初步设计应根据批准的可行性研究包括进行编制，要明确工程规模、建设目的、设计原则标准、设计内容（包括：工艺设计、建筑结构设计、其他专业设计、对照初步设计变更部分的内容、原因、依据等，采用的新技术、新材料的说明）；施工安装注意事项及质量验收要求；运转管理注意事项等。

设计图纸：包括总体布置图、排水管渠、污水处理厂、单体建（构）筑物、供暖通风、电气、仪表与自动控制、机械设计等，应能满足施工、安装、加工及施工预算编制要求。

施工图的设计深度应满足施工招标、施工安装、材料设备订货、非标设备制作，以及工程验收。

修正概算或工程预算。

习　　题

1. 何谓排水系统及排水体制？常规排水体制分几类？其主要构成部分有哪些？各类的优缺点如何？

2. 常规截流式合流制排水系统如何改进？

3. 常规分流制排水系统如何改进？

4. 对于常规截流式合流制、常规分流制合流制、改进式截流式合流制、改进式完全分流制等排水系统，试绘制从排放源头到受纳水体所有可能排水来源在上述排水系统各组成部分的流动和排放过程图。

5. 排水体制选择的原则是什么？我国《室外排水设计标准》GB 50014—2021 对于排水体制选择有何规定？

6. 试说明排水工程的规划设计原则。

7. 排水系统与城市水循环有何关系？试结合图示说明。

第3章 污水管渠系统

污水管道系统是由收集和输送城市污水的管道及其附属构筑物组成的。它的设计是依据批准的当地城镇（地区）总体规划及排水工程规划进行的。设计的主要内容和深度应按照基本建设程序及有关的设计规定、规程确定。通常，污水管道系统的主要设计内容包括：

(1) 设计基础数据（包括设计地区的面积、设计人口数，污水定额，防洪标准等）的确定；

(2) 污水管道系统的平面布置；

(3) 污水管道设计流量计算和水力计算；

(4) 污水管道系统上某些附属构筑物，如污水中途泵站、倒虹管、管桥等的设计计算；

(5) 污水管道在街道横断面上位置的确定；

(6) 绘制污水管道系统平面图和纵剖面图。

3.1 设计资料的调查及设计方案的确定

3.1.1 设计资料的调查

做好污水管道系统的规划设计必须以可靠的资料为依据。设计人员接受设计任务后，需做一系列的准备工作。一般应先了解、研究设计任务书或批准文件的内容，弄清本工程的范围和要求，然后赴现场踏勘，分析、核实、收集、补充有关的基础资料。进行排水工程（包括污水管道系统）设计时，通常需要有以下几方面的基础资料。

1. 有关明确任务的资料

凡进行城镇（地区）的排水工程新建、改建和扩建工程的设计，一般需要了解与本工程有关的城镇（地区）的总体规划以及道路、交通、给水、排水、电力、电信、防洪、环保、燃气、园林绿化等各项专业工程的规划。这样可进一步明确本工程的设计范围、设计期限、设计人口数；拟用的排水体制；污水处置方式；受纳水体的位置及防治污染的要求；各类污水量定额及其主要水质指标；现有雨水、污水管道系统的走向，排出口位置和高程，存在问题；与给水、电力、电信、燃气等工程管线及其他市政设施可能的交叉；工程投资情况等。

2. 有关自然因素方面的资料

(1) 地形图

进行大型排水工程设计时，在项目建议书和可行性研究阶段要求有设计地区和周围25～30km 范围的总地形图，比例尺为 1∶10000～1∶25000，等高线间距 1～5m。中小型排水工程设计，要求有设计地区总平面图，城镇可采用比例尺 1∶5000～1∶10000，等高线间距 1~2.5m，工厂可采用比例尺 1∶500~1∶2000，等高线间距为 0.5~2m。在初步设计和施工图阶段，要求有比例尺 1∶50~1∶1000 的街区平面图，等高线间距 0.5~1m；设置排水管道的沿线带状地形图，比例尺 1∶500~1∶1000；拟建排水泵站和污水处理厂处，管道穿越河流、铁路等障碍物处的地形图要求更加详细，比例尺通常采用 1∶500，等高线间距 0.5~1m。另还需排出口附近河床横断面图。

（2）气象资料

气象资料包括设计地区的气温（平均气温、极端最高气温和最低气温），风向和风速，降雨量资料或当地的雨量公式，日照情况，空气湿度等。

（3）水文资料

水文资料包括接纳污水的河流的流量、流速、水位记录，水面比降，洪水情况和河水水温、水质分析化验资料，城市、工业取水及排污情况，河流利用情况及整治规划情况。

（4）地质资料

地质资料主要包括设计地区的地表组成物质及其承载力，地下水分布及其水位、水质，管道沿线的地质柱状图，当地的地震烈度资料。

3. 有关工程情况的资料

有关工程情况资料包括道路的现状和规划，如道路等级，路面宽度及材料；地面建筑物和地铁、其他地下建筑的位置和高程；给水、排水、电力、电信电缆、燃气等各种地下管线的位置；本地区建筑材料、管道制品、电力供应的情况和价格；建筑、安装单位的等级和装备情况等。

污水管道系统设计所需的资料范围比较广泛，其中有些资料虽然可由建设单位提供，但往往不够完整，个别地方不够准确。为了取得准确、可靠、充分的设计基础资料，设计人员必须到现场进行实地调查踏勘，必要时还应去提供原始资料的气象、水文、勘测等部门查询。将收集到的资料进行整理分析、补充完善。

3.1.2 设计方案的确定

在掌握了较为完整可靠的设计基础资料后，设计人员根据工程的要求和特点，对工程中一些原则性的、涉及面较广的问题提出了不同的解决办法，这样就构成了不同的设计方案。这些方案除满足相同的工程要求外，在技术经济上是互相补充、互相对立的。因此必须对各设计方案深入分析其利弊和产生的各种影响。比如，对城镇（地区）排水工程设计方案的分析中，必然会涉及排水体制的选择问题；接纳工业废水并进行集中处理和处置的可能性问题；污水分散处理或集中处理问题；与给水、防洪等工程协调问题；污水处理程度和污水、污泥处理工艺的选择问题；污水出水口位置与形式选择问题；设计期限的划分与相互衔接的问题等，其涉及面十分广泛且政策性强。又如，对城镇污水管道系统设计方案分析中，会涉及污水管道的布局、走向、长度、断面尺寸、埋设深度、管道材料，与障碍物相交时采用的工程措施，中途泵站的数目与位置等诸多问题。为了使确定的设计方案体现国家有关方针、政策，既技术先进，又切合实际、安全适用，具有良好的环境效益、经济效益和社会效益，对提出的设计方案需进行技术经济比较评价。通常，进行方案比较与评价的步骤和方法有如下几种。

1. 建立方案的技术经济数学模型

建立主要技术经济指标与各种技术经济参数、各种参变数之间的函数关系，也就是通常所说的目标函数及相应的约束条件方程。建模的方法普遍采用传统的数理统计法。由于我国的排水工程，尤其是城市污水处理方面的建设欠账多，有关技术经济资料尚不完善，加之地区差异很大，目前国内建立的技术经济数学模型多数采用标准设计法。各地在实际工作中对已建立的数学模型存在应用上的局限性与适用性。当前在缺少合适的数学模型的情况下，可以凭经验选择合适的参数。

2. 求解技术经济数学模型

这一过程为优化计算的过程。从技术经济角度讲，首先必须选择有代表意义的主要技术经济指标为评价目标，其次正确选择适宜的技术经济参数，以便在最好的技术经济情况下进行优选。由于实际工程的复杂性，有时解技术经济数学模型并不一定完全依靠数学优化方法，而用各种近似计算方法，如图解法、列表法等。

3. 方案的技术经济比较

根据技术经济评价原则和方法，在同等深度下计算出各方案的工程量、投资以及其他技术经济指标，然后进行各方案的技术经济比较。

排水工程设计方案技术经济比较常用的方法有：逐项对比法、综合比较法、综合评分法、两两对比加权评分法等。

4. 综合评价与决策

在上述分析评价的基础上，对各设计方案的技术经济、方针政策、社会效益、环境效益等作出总的评价与决策，以确定最佳方案。综合评价的项目或指标，应根据工程项目的具体情况确定。

以上所述，进行方案比较与评价的步骤只反映了技术经济分析的一般过程，实际上各步之间有时是相互联系的，有时根据问题的性质或者受条件限制时，不一定非要依次逐步进行，而是可以适当省略或者是采取其他办法。比如，可省略建立数学模型与优化计算步骤，根据经验选择适宜的参数。

经过综合比较后所确定的最佳方案即为最终的设计方案。

3.2　污水设计流量的计算

污水管道及其附属构筑物能保证通过的污水最大流量称为污水设计流量。进行污水管道系统设计时常采用最大日最大时流量为设计流量，其单位为"L/s"。合理确定设计流量是污水管道系统设计的主要内容之一，也是做好设计的关键。污水设计流量包括生活污水和工业废水两大类，现分述于下。

3.2.1　污水管渠系统的流量构成

1. 分流制污水系统的旱季设计流量

分流制污水系统的旱季设计流量指晴天时最高日最高时的城镇污水量，包括：综合生活污水量、工业废水设计流量和入渗地下水量。分流制污水系统的旱季设计流量应按式（3-1）计算：

$$Q_{dr} = Q_d + Q_m + Q_u \tag{3-1}$$

式中　Q_{dr}——旱季设计流量（L/s）；

　　　Q_d——设计综合生活污水量（L/s）；

Q_m——设计工业废水量（L/s）；

Q_u——入渗地下水量（L/s），在地下水位较高地区，应予以考虑。

其中，综合生活污水由居民生活污水和公共建筑污水组成。居民生活污水指居民日常生活中洗涤、冲厕、洗澡等产生的污水。公共建筑污水指娱乐场所、宾馆、浴室、商业网点、学校和办公楼等产生的污水。综合生活污水定额应根据当地采用的用水定额，结合建筑内部给排水设施水平确定，可按当地相关用水定额的90％采用，建筑内部给排水设施水平不完善的地区可适当降低。

设计工业废水量应根据工业企业工艺特点确定，工业企业的生活污水量应符合现行国家标准《建筑给水排水设计标准》GB 50015 的有关规定。工业废水量变化系数应根据工艺特点和工作班次确定。

入渗地下水量应根据地下水位情况和管渠性质经测算后研究确定。入渗地下水量宜根据实际测定资料确定，一般按单位管长和管径的入渗地下水量计，也可按平均日综合生活污水和工业废水总量的10％～15％计，还可按每天每单位服务面积入渗的地下水量计。中国市政工程中南设计研究院和广州市市政园林局测定过管径为1000～1350mm的新铺钢筋混凝土管入渗地下水量，结果为地下水位高于管底3.2m，入渗量为94m³/(km·d)；地下水位高于管底4.2m，入渗量为196m³/(km·d)；地下水位高于管底6m，入渗量为800m³/(km·d)；地下水位高于管底6.9m，入渗量为1850m³/(km·d)。上海某泵站冬夏两次测定，冬季为3800m³/(km²·d)，夏季为6300m³/(km²·d)；英国《污水处理厂》BS EN 12255 建议按观测现有管道的夜间流量进行估算；德国水协 DWA 标准规定入渗水量不大于 0.15L/(hm²·s)，如大于则应采取措施减少入渗；美国按 0.01～1.0m³/(d·mm-km)（mm 为管径，km 为管长）计，或按0.2～28m³/(hm²·d) 计。

2. 分流制污水系统的雨季设计流量

初期雨水受污染程度较高，鉴于保护水环境的要求，控制径流污染，将一部分污染较大的雨水径流纳入污水系统，进入污水处理厂处理是合理的。

分流制截流雨水量应根据受纳水体的环境容量、雨水受污染情况、源头减排设施规模和排水区域大小等因素确定。截流雨水量应根据受纳水体的环境容量，雨水受污染情况等因素确定。例如，英国南方水务的暴雨溢流控制量中，分流制截流雨水量按 2 倍旱流污水量确定。

分流制污水管道应按旱季流量设计，应按雨季设计流量校核，校核时可采用满管（充满度＝1）。

3.2.2 设计综合生活污水量

设计综合生活污水量按式（3-2）计算：

$$Q_d = \frac{n \cdot N \cdot K_z}{24 \times 3600} \qquad (3-2)$$

式中 Q_d——设计综合生活污水量（L/s）；

　　n——居民生活污水定额（平均日）[L/(人·d)]；

　　N——设计人口数（人）；

　　K_z——综合生活污水量变化系数。

1. 生活污水定额

综合生活污水定额应根据当地采用的用水定额，结合建筑内部给排水设施水平确定，可按当地相关用水定额的 90％用。

2. 设计人口数

设计人口数指污水排水系统设计期限终期的规划人口数，是计算污水设计流量的基本数据。该值是由城镇（地区）的总体规划确定的。由于城镇性质或规模不同，城市工业、仓储、交通运输、生活居住用地分别占城镇总用地的比例和指标有所不同。因此，在计算污水管道服务的设计人口时，常用人口密度与服务面积相乘得到。

人口密度表示人口分布的情况是指住在单位面积上的人口数，以"人/hm²"表示。若人口密度所用的地区面积包括街道、公园、运动场、水体等在内时，该人口密度称作总人口密度。若所用的面积只是街区内的建筑面积时，该人口密度称作街区人口密度。在规划或初步设计时，计算污水量是根据总人口密度计算。而在技术设计或施工图设计时，一般采用街区人口密度计算。

3. 综合生活污水量总变化系数

综合生活污水量总变化系数指最高日最高时污水量与平均日平均时污水量的比值，可根据当地实际综合生活污水量变化资料确定。无测定资料时，新建项目可按表 3-1 的规定取值；改、扩建项目可根据实际条件，经实际流量分析后确定，也可按表 3-1 的规定，分期扩建，逐步提高。

综合生活污水量总变化系数 K_z 表 3-1

平均日量(L/s)	5	15	40	70	100	200	500	≥1000
变化系数	2.7	2.4	2.1	2.0	1.9	1.8	1.6	1.5

注：当污水平均日流量为中间数值时，变化系数可用内插法求得。

3.2.3 设计工业废水量

设计工业废水量包括工业企业生活污水量及淋浴污水和工业生产废水量两部分之和，即

$$Q_m = Q_{21} + Q_{22}$$

式中　Q_m——设计工业废水量（L/s）。

（1）工业企业生活污水及淋浴污水的设计流量按式（3-3）计算：

$$Q_{21} = \frac{A_1 B_1 K_1 + A_2 B_2 K_2}{3600T} + \frac{C_1 D_1 + C_2 D_2}{3600} \tag{3-3}$$

式中　Q_{21}——工业企业生活污水及淋浴污水设计流量（L/s）；

A_1——一般车间最大班职工人数（人）；

A_2——热车间最大班职工人数（人）；

B_1——一般车间职工生活污水定额，以 25［L/(人·班)］计；

B_2——热车间职工生活污水定额，以 35［L/(人·班)］计；

K_1——一般车间生活污水量时变化系数，以 3.0 计；

K_2——热车间生活污水量时变化系数，以 2.5 计；

C_1——一般车间最大班使用淋浴的职工人数（人）；

C_2——热车间最大班使用淋浴的职工人数（人）；

D_1——一般车间的淋浴污水定额，以 40 $[L/(\text{人} \cdot \text{班})]$ 计；

D_2——高温、污染严重车间的淋浴污水定额，以 60 $[L/(\text{人} \cdot \text{班})]$ 计；

T——每班工作时数（h）。

淋浴时间以 60min 计。

（2）工业生产废水设计流量

工业生产废水设计流量按式（3-4）计算：

$$Q_{22} = \frac{m \cdot M \cdot K'}{3600T} \tag{3-4}$$

式中　Q_{22}——工业生产废水设计流量（L/s）；

$\quad\quad m$——生产过程中每单位产品的废水量（L/单位产品）；

$\quad\quad M$——产品的平均日产量；

$\quad\quad T$——每日生产时数（h）；

$\quad\quad K'$——变化系数。

生产单位产品或加工单位数量原料所排出的平均废水量，也称作生产过程中单位产品的废水量定额。工业企业的工业废水量随各行业类型、采用的原材料、生产工艺特点和管理水平等有很大差异。近年来，随着国家对水资源开发利用和保护的日益重视，有关部门正在制定各工业的工业用水量等标准，排水工程设计时应与之协调。《污水综合排放标准》GB 8978—1996 对矿山工业、焦化企业（煤气厂）、有色金属冶炼及金属加工、石油炼制工业、合成洗涤剂工业、合成脂肪酸工业、湿法生产纤维板工业、制糖工业、皮革工业、发酵、酿造工业、铬盐工业、硫酸工业（水洗法）、苎麻脱胶工业、粘胶纤维工业（单纯纤维）、铁路货车洗刷、电影洗片、石油沥青工业等部分行业规定了最高允许排水量或最低允许水重复利用率。在排水工程设计时，可根据工业企业的类别，生产工艺特点等情况，按有关规定选用工业废水量定额。

在不同的工业企业中，工业废水的排出情况很不一致。某些工厂的工业废水是均匀排出的，但很多工厂废水排出情况变化很大，甚至一些个别车间的废水也可能在短时间内一次排放。因而工业废水量的变化取决于工厂的性质和生产工艺过程。工业废水量的日变化一般较少，其日变化系数为 1。时变化系数可实测，表 3-2 列出某印染厂废水量最大一天中每小时流量的实测值。

从实测资料看出，最大时废水流量为 412.28m³，发生在 8～9h。变化系数 $K_h = \frac{412.28}{263.81} = 1.57$。

以时间为横坐标，每小时流量占总流量的百分数为纵坐标，用表 3-2 的数据绘制成废水流量变化图，见图 3-1。

某些工业废水量的时变化系数可供参考值如下：冶金工业 1.0～1.1；化学工业 1.3～1.5；纺织工业 1.5～2.0；食品工业 1.5～2.0；皮革工业 1.5～2.0；造纸工业 1.3～1.8。

3.2.4　地下水渗入量

在地下水位较高地区，因当地土质、管道及接口材料，施工质量等因素的影响，一般均存在地下水渗入现象，设计污水管道系统时宜适当考虑地下水渗入量。地下水渗入量 Q_u

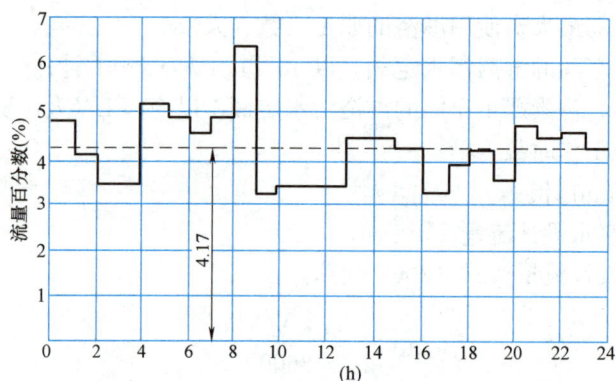

图 3-1　某印染厂废水流量变化

每小时废水流量的实测值

表 3-2

| 时间(h) | 流量(m³) | | | | |
| | 排出口 | | | 总出口 | |
	1 号	2 号	3 号	流量	%
0～1	114.64	182.05	5.86	302.55	4.80
1～2	75.57	173.62	5.41	254.60	4.02
2～3	40.35	165.45	12.25	218.05	3.46
3～4	43.92	165.45	10.62	219.99	3.48
4～5	135.04	190.70	9.12	334.86	5.26
5～6	64.57	237.64	6.53	308.74	4.86
6～7	121.23	157.50	7.77	286.50	4.50
7～8	121.23	182.05	7.77	311.05	4.90
8～9	157.50	247.77	7.01	412.28	6.50
9～10	45.24	147.79	6.48	201.11	3.18
10～11	40.35	160.70	5.41	206.46	3.27
11～12	41.05	160.70	5.41	207.16	3.28
12～13	36.99	163.84	5.41	206.24	3.26
13～14	45.39	227.76	6.53	279.68	4.40
14～15	69.28	199.60	5.41	274.29	4.34
15～16	20.14	239.84	6.08	266.06	4.20
16～17	30.17	157.50	6.53	194.74	3.07
17～18	85.72	149.79	9.12	244.63	3.87
18～19	79.56	173.62	7.77	260.95	4.14
19～20	60.06	157.50	6.53	224.09	3.56
20～21	74.20	218.29	7.77	300.26	4.76
21～22	74.20	190.70	9.12	274.02	4.35
22～23	55.74	218.29	8.55	282.58	4.44
23～24	45.39	208.74	6.53	260.66	4.12
合计	1678.07	4478.89	174.59	6331.55	100.00
平均	69.92	186.62	7.27	263.81	4.17

一般以单位管道延长米或单位服务面积公顷计算。日本规程规定采用经验数据：每人每日最大污水量的 10%～20%。

3.2.5　城市污水设计总流量计算

城市排水系统的设计规模应根据排水系统的规划和普及程度合理确定。

城市污水总的设计流量是综合生活污水、设计工业废水量二部分之和。在地下水位较高地区，还应加入地下水渗入量。因此，城市污水设计总流量在旱季时，污水设计流量为：

$$Q_{dr}=Q_d+Q_m$$

当地下水位较高时：

$$Q=Q_d+Q_m+Q_u \tag{3-5}$$

式中　Q_u——入渗地下水量（L/s）。

校核时式（3-5）等式右侧还应加上截流雨水量。

上述求污水总设计流量的方法，是假定排出的各种污水，都在同一时间内出现最大流量的。污水管道设计是采用这种简单累加法来计算流量的。但在设计污水泵站和污水处理厂时，如果也采用各项污水最大时流量之和作为设计依据，将不经济。因为各种污水最大时流量同时发生的可能性较少，各种污水流量汇合时，可能互相调节，而使流量高峰降低。因此，为了正确地、合理地决定污水泵站和污水处理厂各处理构筑物的最大污水设计流量，就必须考虑各种污水流量的逐时变化。即知道一天中各种污水每小时的流量，然后将相同小时的各种流量相加，求出一日中流量的逐时变化，取最大时流量作为总设计流量。按这种综合流量计算法求得的最大污水量，作为污水泵站和污水处理厂处理构筑物的设计流量，是比较经济合理的，但往往由于缺乏污水量逐时变化资料而使用不便。

城镇污水系统的建设规模应满足旱季设计流量和雨季设计流量的收集和处理要求。旱季设计流量应根据城镇供水量和综合生活变化系数确定，地下水水位较高时，还应考虑入渗地下水量，雨季设计流量应在旱季设计流量的基础上，增加截流雨水量。

当设计污水管道系统时，应分别列表计算各居民生活污水、工业废水设计流量，然后得出污水设计流量综合表。某城镇生活污水、生产污水、城镇污水总量的综合计算及工厂内生活污水及淋浴污水设计流量的计算见表3-3～表3-6。

城镇居住区生活污水设计流量计算表　　　　　　　　　　　表 3-3

居住区名称	排水流域编号	居住区面积（hm²）[①]	人口密度（人/hm²）	居民人数（人）	生活污水定额[L/(人·d)]	平均污水量			总变化系数（K_z）	设计流量	
						(m³/d)	(m³/h)	(L/s)		(m³/h)	(L/s)
旧城区	Ⅰ	61.49	520	31964	100	3196.4	133.18	37	1.81	241.06	66.97
文教区	Ⅱ	41.19	440	18436	140	2581.04	107.54	29.87	1.86	200.02	55.56
工业区	Ⅲ	52.85	480	25363	120	3044.16	126.84	35.23	1.82	231.08	64.19
合计	—	155.51	—	75768	—	8821.60	367.56	102.10	1.62	595.44[②]	165.40[②]

① 1hm² = 10000m²。

② 此两项合计数字不是直接总计，而是合计平均流量与相对应的总变化系数的乘积。

城镇中生产污水设计流量计算表　　　　　　　　　　　表 3-4

工厂名称	班数	每班时数（h）	单位产品（lt）	日产量（t）	单位产品废水量（m³/t）	平均流量			总变化系数	设计流量	
						(m³/d)	(m³/h)	(L/s)		(m³/h)	(L/s)
酿酒厂	3	8	酒	15	18.6	279	11.63	3.23	3	34.89	9.69
肉类加工厂	3	8	牲畜	162	15	2430	101.25	28.13	1.7	172.13	47.82
造纸厂	3	8	白纸	12	150	1800	75	20.83	1.45	108.75	30.20
皮革厂	3	8	皮革	34	75	2550	106.25	29.51	1.4	148.75	41.31
印染厂	3	8	布	36	150	5400	225	62.5	1.42	319.5	88.75
合计						12459	519.13	144.2	—	784.02	217.77

城镇污水总流量综合表　　表3-5

排水工程对象	平均日污水流量(m³/d)		最大时污水流量(m³/h)		设计流量(L/s)	
	生活污水	进入城镇污水管道的生产污水	生活污水	进入城镇污水管道的生产污水	生活污水	进入城镇污水管道的生产污水
居住区	8821.60	—	595.44		165.40	
工厂	368.90	12459	87.49	784.02	24.26	217.77
合计	9190.50	12459	682.93	784.02	189.66	217.77
总计	Q_{vd}=21649.5		Q_{maxh}=1466.95		Q_{maxs}=407.43	

注：Q_{vd}——平均日流量，Q_{maxh}——最大时流量，Q_{maxs}——最大平均流量。

各工厂生活污水及淋浴污水设计流量计算表　　表3-6

车间名称	班数	每班时数(h)	生活污水								淋浴污水						合计		
			职工人数 日(人)	职工人数 最大班(人)	污水量标准(L)	日流量(m³)	最大班流量(m³)	时变化系数(K_h)	最大时流量(m³)	最大秒流量(L)	使用淋浴的职工人数 日(人)	使用淋浴的职工人数 最大班(人)	污水量标准(L)	日流量(m³)	最大时流量(m³)	最大秒流量(L)	日流量(m³)	最大时流量(m³)	最大秒流量(L)
酿酒厂	3	8	418	156	35	14.63	5.46	2.5	1.71	0.47	292	109	60	17.52	6.54	1.82	32.15	8.25	2.29
			256	108	25	6.40	2.70	3.0	1.01	0.28	89	38	40	3.56	1.52	0.42	9.96	2.53	0.70
肉类加工厂	3	8	520	168	35	18.20	5.88	2.5	1.84	0.51	364	116	60	21.84	6.96	1.93	40.04	8.8	2.49
			234	92	25	5.85	2.33	3.0	0.87	0.24	90	35	40	3.6	1.40	0.39	11.94	2.27	0.63
造纸厂	3	8	440	150	35	15.40	5.25	2.5	1.64	0.46	300	100	60	18.00	6.30	1.75	33.40	7.94	2.21
			422	145	25	10.55	3.63	3.0	1.36	0.38	148	50	40	5.92	2.00	0.56	16.47	3.36	0.94
皮革厂	3	8	792	274	35	27.72	9.50	2.5	2.99	0.83	440	156	60	26.40	9.36	2.6	54.12	12.35	3.43
			864	324	25	21.60	8.10	3.0	3.04	0.84	372	80	40	14.88	3.20	0.89	36.48	6.24	1.64
印染厂	3	8	1330	450	35	46.55	15.75	2.5	4.92	1.37	930	315	60	55.80	18.9	5.25	102.35	23.82	6.62
			1390	470	25	9.75	11.75	3.0	4.41	1.22	556	188	40	22.24	7.52	2.09	31.99	11.93	3.31
合计	—	—	—	—	—	176.65	70.44	—	23.79	6.6	—	—	—	189.76	63.7	17.7	368.9	87.49	24.26

　　鉴于保护水环境的要求，控制径流污染，将一部分雨水径流纳入污水系统，进入污水处理厂处理，雨季设计流量指分流制的旱季设计流量和截流雨水量的总和。合流制的雨季设计流量就是截流后的合流污水量，污水管道应在雨季设计流量下采用满管流校检。

3.3　污水管道的水力计算

　　污水管道的水力计算包括坡度、粗糙系数、设计充满度、流量、流速。目前可采用成熟的针对给排水设计师打造的水力计算工具，这些工具嵌套在 AutoCAD 绘图软件中，可以根据流量提供各种材质管道的管径、流速、坡度、充满度等参数的计算，部分软件还可以生成 Excel 计算表格和文本计算书，极大地提高了绘图人员排水设计的效率。

3.3.1　污水管道中污水流动的特点

　　污水由支管流入干管，由干管流入主干管，由主干管流入污水处理厂，管道由小到大，分布类似河流，呈树枝状，与给水管网的环流贯通情况完全不同。污水在管道中一般是靠管道两端的水面高差从高向低处流动。在大多数情况，管道内部是不承受压力的，即靠重力流动。

　　流入污水管道的污水中含有一定数量的有机物和无机物，其中相对密度小的漂浮在水面并随污水漂流；相对密度较大的分布在水流断面上并呈悬浮状态流动；相对密度最大的沿着管底移动或淤积在管壁上。这种情况与清水的流动略有不同。但总的说来，污水中水分一般在99%以上，所含悬浮物质的比例极少，因此可假定污水的流动按照一般液体流动的规律，并假定管道内水流是均匀流。

　　但在污水管道中实测流速的结果表明管内的流速是有变化的。这主要是因为管道中水流流经转弯、交叉、变径、变坡、跌水等地点时水流状态发生改变，流速也就不断变化，可能流量也在变化，因此在上述条件下污水管道内水流不是均匀流。但在除上述情况外的直线管段上，当流量没有很大变化又无沉淀物时，管内污水的水力要素（速度、压强、密度等）均不随时间变化，可视为恒定流（Steady flow），且管道的断面形状、尺寸不变，流线为相互平行的直线，其流动状态可视为均匀流（Uniform flow）。如果在设计与施工中，注意改善管道的水力条件，则可使管内水流尽可能接近均匀流。

3.3.2　水力计算的基本公式

　　污水管道水力计算的目的，在于合理地、经济地选择管道断面尺寸、坡度和埋深。由于这种计算是根据水力学规律，所以称作管道的水力计算。根据前面所述，如果在设计与施工中注意改善管道的水力条件，可使管内污水的流动状态尽可能地接近均匀流（图3-2），以及变速流公式计算的复杂性和污水流动的变化不定，即使采用变速流公式计算也很难保证精确。因此，为了简化计算工作，目前在排水管道的水力计算中仍采用均匀流公式。在恒定流条件下，排水管渠有压或无压均匀流公式（3-6）和式（3-10）为：

　　流量公式

$$Q = A \cdot v \qquad (3\text{-}6)$$

　　流速公式

$$v = C \cdot \sqrt{R \cdot I} \qquad (3\text{-}7)$$

图 3-2　均匀流管段示意

式中　Q——流量（m^3/s）；

　　　A——过水断面面积（m^2）；

　　　v——流速（m/s）；

　　　R——水力半径（过水断面面积与湿周的比值）（m）；

　　　I——水力坡度（等于水面坡度，也等于管底坡度）；

　　　C——流速系数或称谢才系数。

C值一般按曼宁公式计算，即：

$$C = \frac{1}{n} \cdot R^{\frac{1}{6}} \qquad (3\text{-}8)$$

将公式（3-8）代入式（3-7）和式（3-6），得：

$$v = \frac{1}{n} \cdot R^{\frac{2}{3}} \cdot I^{\frac{1}{2}} \qquad (3\text{-}9)$$

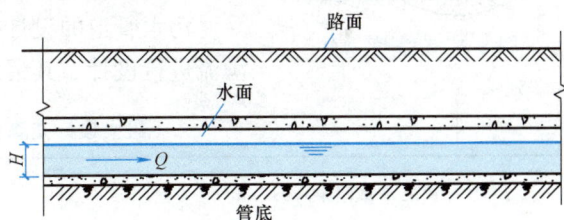

$$Q = \frac{1}{n} \cdot A \cdot R^{\frac{2}{3}} \cdot I^{\frac{1}{2}} \qquad (3\text{-}10)$$

式中　n——管壁粗糙系数。该值根据管渠材料而定，见表3-7。

排水管渠粗糙系数　　　　　　表 3-7

管渠类别	粗糙系数 n	管渠类别	粗糙系数 n
混凝土管、钢筋混凝土管、水泥砂浆抹面渠道	0.013～0.014	土明渠 （包括带草皮）	0.025～0.030
水泥砂浆内衬球墨铸铁管	0.011～0.012	干砌块石渠道	0.020～0.025
石棉水泥管、钢管	0.012	浆砌块石渠道	0.017
UPVC管、PE管、玻璃钢管	0.009～0.010	浆砌块渠道	0.015

3.3.3 污水管道水力计算的设计参数

从水力计算公式（3-6）和式（3-7）可知，设计流量与设计流速及过水断面积有关，而流速则是管壁粗糙系数、水力半径和水力坡度的函数。为了保证污水管道的正常运行，在《室外排水设计标准》GB 50014—2021 中对这些因素作了规定，在污水管道进行水力计算时应予以遵守。

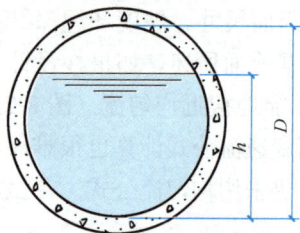

图 3-3　充满度示意

1. 设计充满度

在设计流量下，污水在管道中的水深 h 和管道直径 D 的比值称为设计充满度（或水深比），见图3-3。当 $\frac{h}{D}=1$ 时称为满流；$\frac{h}{D}<1$ 时称为不满流。

污水管道的设计有按满流和不满流两种方法。我国按不满流进行设计，其最大设计充满度的规定见表3-8。

最大设计充满度　　　　　　表 3-8

管径 D 或暗渠高 H(mm)	最大设计充满度 $\left(\frac{h}{D} \text{ 或 } \frac{h}{H}\right)$
200～300	0.55
350～450	0.65
500～900	0.70
≥1000	0.75

在计算污水管道充满度时，不包括淋浴或短时间内突然增加的污水量，但当管径小于或等于300mm时，应按满流复核。这样规定的原因是：

（1）污水流量时刻在变化，很难精确计算，而且雨水或地下水可能通过检查井盖或管道接口渗入污水管道。因此，有必要保留一部分管道断面，为未预见水量的增长留有余地，避免污水溢出妨碍环境卫生。

（2）污水管道内沉积的污泥可能分解析出一些有害气体。此外，污水中如含有汽油、苯、石油等易燃液体时，可能形成爆炸性气体。故需留出适当的空间，以利管道的通风，排除有害气体，对防止管道爆炸有良好效果。

（3）便于管道的疏通和维护管理。

2. 设计流速

和设计流量、设计充满度相应的水流平均速度叫作设计流速。污水在管内流动缓慢时，污水中所含杂质可能下沉，产生淤积；当污水流速增大时，可能产生冲刷现象，甚至损坏管道。为了防止管道中产生淤积或冲刷，设计流速不宜过小或过大，应在最大和最小设计流速范围之内。

最小设计流速是保证管道内不致发生淤积的流速。这一最低的限值与污水中所含悬浮物的成分和粒度有关；与管道的水力半径，管壁的粗糙系数有关。从实际运行情况看，流速是防止管道中污水所含悬浮物沉淀的重要因素，但不是唯一的因素。引起污水中悬浮物沉淀的决定因素是充满度，即水深。一般小管道水量变化大，水深变小时就容易产生沉淀。大管道水量大、动量大，水深变化小，不易产生沉淀。因此不需要按管径大小分别规定最小设计流速。根据国内污水管道实际运行情况的观测数据并参考国外经验，污水管道的最小设计流速定为 0.6m/s。含有金属、矿物固体或重油杂质的生产污水管道，其最小设计流速宜适当加大，其值要根据试验或运行经验确定。

最大设计流速是保证管道不被冲刷损坏的流速。该值与管道材料有关，通常，金属管道的最大设计流速为 10m/s，非金属管道的最大设计流速为 5m/s。

3. 最小管径

一般在污水管道系统的上游部分，设计污水流量很小，若根据流量计算，则管径会很小。根据养护经验证明，管径过小极易堵塞，比如 150mm 支管的堵塞次数，有时达到 200mm 支管堵塞次数的两倍，使养护管道的费用增加。而 200mm 与 150mm 管道在同样埋深下，施工费用相差不多。此外，因采用较大的管径，可选用较小的坡度，使管道埋深减小。因此，为了养护工作的方便，常规定一个允许的最小管径。在街区和厂区内最小管径为 200mm，在街道下为 300mm。在进行管道水力计算时，上游管段由于服务的排水面积小，因而设计流量小，按此流量计算得出的管径小于最小管径，此时就采用最小管径值。因此，一般可根据最小管径在最小设计流速和最大充满度情况下能通过的最大流量值，从而进一步估算出设计管段服务的排水面积。若设计管段服务的排水面积小于此值，即直接采用最小管径和相应的最小坡度而不再进行水力计算。这种管段称为不计算管段。在这些管段中，当有适当的冲洗水源时，可考虑设置冲洗井。

4. 最小设计坡度

在污水管道系统设计时，通常使管道埋设坡度与设计地区的地面坡度基本一致，但管道坡度造成的流速应等于或大于最小设计流速，以防止管道内产生沉淀。这一点在地势平坦或管道走向与地面坡度相反时尤为重要。因此，将相应于管内流速为最小设计流速时的管道坡度叫作最小设计坡度。

从水力计算公式（3-9）看出，设计坡度与设计流速的平方成正比，与水力半径的 $\frac{4}{3}$ 次方成反比。由于水力半径是过水断面积与湿周的比值，因此不同管径的污水管道应有不同的最小坡度。管径相同的管道，因充满度不同，其最小坡度也不同。当在给定设计充满度条件下，管径越大，相应的最小设计坡度值也就越小。所以只需规定最小管径的最小设计坡度值即可。如管径为 300mm 时最小设计坡度：塑料管为 0.002，其他管材为 0.003。

在给定管径和坡度的圆形管道中，满流与半满流运行时的流速是相等的，处于满流与半满流之间的理论流速则略大一些，而随着水深降至半满流以下，则其流速逐渐下降，详见表3-9。故在确定最小管径的最小坡度时采用的设计充满度为0.5。排水管道的最小管径和相应最小设计坡度，宜按表3-10的规定取值。

圆形管道的水力因素　　　　　　表3-9

充满度	面积	水力半径		流速	流量
h/D	ω'/ω	R'/R	$(R'/R)^{\frac{1}{2}}$	v'/v	Q'/Q
1.00	1.000	1.000	1.000	1.000	1.000
0.90	0.949	1.190	1.030	1.123	1.065
0.80	0.856	1.214	1.033	1.139	0.976
0.70	0.746	1.183	1.029	1.119	0.835
0.60	0.625	1.110	1.018	1.072	0.671
0.50	0.500	1.000	1.000	1.000	0.500
0.40	0.374	0.856	0.974	0.902	0.337
0.30	0.253	0.635	0.939	0.777	0.196
0.20	0.144	0.485	0.886	0.618	0.080
0.10	0.052	0.255	0.796	0.403	0.021

最小管径和相应最小设计坡度　　　　　　表3-10

管 道 类 别	最小管径(mm)	相应最小设计坡度
污水管、合流管	300	0.003
雨水管	300	塑料管 0.002,其他管 0.003
雨水口连接管	200	0.01
压力输泥管	150	—
重力输泥管	200	0.01

3.3.4　污水管道埋设深度

通常，污水管网占污水工程总投资的50%～75%，而构成污水管道造价的挖填沟槽，沟槽支撑，湿土排水，管道基础，管道铺设各部分的比例，与管道的埋设深度及开槽支撑方式有很大关系。在实际工程中，同一直径的管道，采用的管材、接口和基础形式均相同，因其埋设深度不同，管道单位长度的工程费用相差较大。因此，合理地确定管道埋深对于降低工程造价是十分重要的。在土质较差、地下水位较高的地区，若能设法减小管道埋深，对于降低工程造价尤为明显。

管道埋设深度有两个意义：

(1) 覆土厚度——指管道外壁顶部到地面的距离（图3-4）；

(2) 埋设深度——指管道内壁底到地面的距离（图3-4）。

这两个数值都能说明管道的埋深情况。为了降低造价，缩短施工期，管道埋设深度越小越好。但覆土厚度应有一个最小的限值，否则就不能满足安全上的要求。这个最小限值称为最小覆土厚度。

污水管道的最小覆土厚度，一般应满足下述三个因素的要求。

1. 必须防止管道内污水冰冻和因土壤冻胀而损坏管道

我国东北、西北、华北及内蒙古的部分地区气候比较寒冷，属于季节性冻土区。土壤冰冻深主要受气温和冻结期长短的影响，如海拉尔区最低气温−28.5℃，土壤冰冻深达

3.2m。当然，同一城市又会因地面覆盖的土壤种类不同以及阳面还是阴面、市区还是郊区的不同，冰冻深度会有所差别。

冰冻层内污水管道埋设深度或覆土厚度，应根据流量、水温、水流情况和敷设位置等因素确定。由于污水水温较高，即使在冬季，污水温度也不会低于 4℃。比如，根据东北几个寒冷城市冬季污水管道情况的调查资料，满洲里市、齐齐哈尔市、哈尔滨市的出厂污水管水温，经多年实测为 4～15℃。齐齐哈尔市的街道污水管水温平均为 5℃，一些测点的水温高达 8～9℃。最寒冷的满洲里市和海拉尔区的污水管道出口水温，在一月份实测为 7～9℃。此外，污水管道按一定的坡度敷设，管内污水具有一定的流速，经常保持一定的流量不断地流动。因此，污水在管道内是不会冰冻的，管道周围的泥土也不冰冻。因此没有必要把整个污水管道都埋在土壤冰冻线以下。但如果将管道全部埋在冰冻线以上，则会因土壤冰冻膨胀可能损坏管道基础，从而损坏管道。

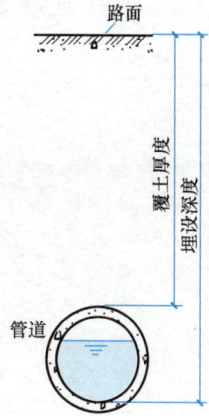

图 3-4　覆土厚度和埋设深度

据国内有关地区经验，无保温措施的生活污水管道或水温与生活污水接近的工业废水管道，管底可埋设在冰冻线以上 0.15m。有保温措施或水温较高的管道，管底在冰冻线以上的距离可以加大，其数值应根据该地区或条件相似地区的经验确定。

2. 必须防止管壁因地面荷载而受到破坏

埋设在地面下的污水管道承受着覆盖其上的土壤静荷载和地面上车辆运行产生的动荷载。为了防止管道因外部荷载影响而损坏，首先要注意管材质量，另外必须保证管道有一定的覆土厚度。因为车辆运行对管道产生的动荷载，其垂直压力随着深度增加而向管道两侧传递，最后只有一部分集中的轮压力传递到地下管道上。从这一因素考虑并结合各地埋管经验，车行道下污水管最小覆土厚度不宜小于 0.7m。非车行道下的污水管道若能满足管道衔接的要求以及无动荷载的影响，其最小覆土厚度值也可适当减小。

3. 必须满足街区污水连接管衔接的要求

城市住宅、公共建筑内产生的污水要能顺畅排入街道污水管网，就必须保证街道污水管网起点的埋深大于或等于街区污水管终点的埋深。而街区污水管起点的埋深又必须大于或等于建筑物污水出户管的埋深。这对于确定在气候温暖又地势平坦地区街道管网起点的最小埋深或覆土厚度是很重要的因素。从安装技术方面考虑，要使建筑物首层卫生设备的污水能顺利排出，污水出户管的最小埋深一般采用 0.5～0.7m，所以街坊污水管道起点最小埋深也应有 0.7m。根据街区污水管道起点最小埋深值，可根据图 3-5 和公式（3-11）式计算出街道管网起点的最小埋设深度。

$$H = h + I \cdot L + Z_1 - Z_2 + \Delta h \tag{3-11}$$

式中　H——街道污水管网起点的最小埋深（m）；

　　　h——街区污水管起点的最小埋深（m）；

　　　Z_1——街道污水管起点检查井处地面标高（m）；

　　　Z_2——街区污水管起点检查井处地面标高（m）；

　　　I——街区污水管和连接支管的坡度；

　　　L——街区污水管和连接支管的总长度（m）；

Δh——连接支管与街道污水管的管内底高差（m）。

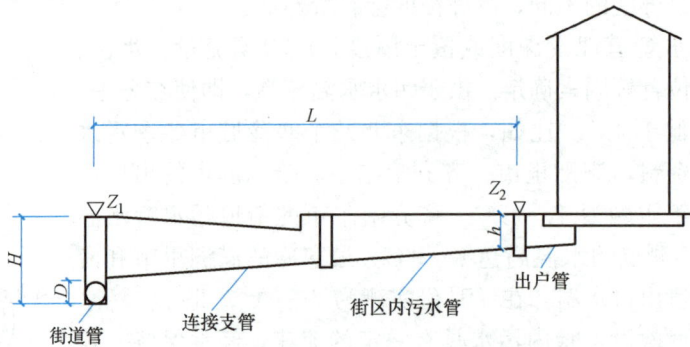

图 3-5 街道污水管最小埋深示意

对每一个具体管道，从上述三个不同的因素出发，可以得到三个不同的管底埋深或管顶覆土厚度值，这三个数值中的最大值就是这一管道的允许最小覆土厚度或最小埋设深度。

除考虑管道的最小埋深外，还应考虑最大埋深问题。污水在管道中依靠重力从高处流向低处。当管道的坡度大于地面坡度时，管道的埋深就越来越大，尤其在地形平坦的地区更为突出。埋深越大，则造价越高，施工期也越长。管道埋深允许的最大值称为最大允许埋深。该值的确定应根据技术经济指标及施工方法而定，一般在干燥土壤中，最大埋深不超过 8m；在多水、流砂、石灰岩地层中，一般不超过 5m。

3.3.5 污水管道水力计算方法

在进行污水管道水力计算时，通常污水设计流量为已知值，需要确定管道的断面尺寸和敷设坡度。为使水力计算获得较为满意的结果，必须认真分析设计地区的地形等条件，并充分考虑水力计算设计数据的有关规定，所选择的管道断面尺寸，必须要在规定的设计充满度和设计流速的情况下，能够排泄设计流量。管道坡度应参照地面坡度和最小坡度的规定确定。一方面要使管道尽可能与地面坡度平行敷设，这样可不增大埋深；另一方面管道坡度又不能小于最小设计坡度的规定，以免管道内流速达不到最小设计流速而产生淤积；当然也应避免若管道坡度太大而使流速大于最大设计流速，也会导致管壁受冲刷。

在具体计算中，已知设计流量 Q 及管道粗糙系数 n，需要求管径 D、水力半径 R、充满度 h/D、管道坡度 I 和流速 v。在两个方程式［式（3-6）、式（3-9）］中，有 5 个未知数，因此必须先假定 3 个求其他 2 个，这样的数学计算极为复杂。为了简化计算，常采用水力计算图（见附图 3-2）。

这种将流量、管径、坡度、流速，充满度、粗糙系数各水力因素之间关系绘制成的水力计算图使用较为方便。对每一张图表而言，D 和 n 是已知数，图上的曲线表示 Q、v、I、h/D 之间的关系（图 3-6）。这 4 个因素中，只要知道 2 个就可以查出其他 2 个。现举例说明这些图的用法。

【例 3-1】 已知 $n=0.014$、$D=300\text{mm}$、$I=0.004$、$Q=30\text{L/s}$，求 v 和 h/D。

【解】 采用 $D=300\text{mm}$ 的那一张图（见附录 3）。

在这张图上有 4 组线条：竖线条表示流量，横线条表示水力坡度，从左向右下倾的斜线表示流速，从右向左下倾的斜线表示充满度。每条线上的数目字代表相应数量的值。

先在纵轴上找到 0.004，从而找出代表 $I=0.004$ 的横线。从横轴上找出代表 $Q=30\text{L/s}$ 的那条竖线，两条线相交得一点。这一点落在代表流速 v 为 0.8m/s 与 0.85m/s 两条斜线之间，估计 $v=0.82\text{m/s}$；落在 h/D 为 0.5 与 0.55 两条斜线之间，估计 $h/D=0.52$。

【例 3-2】　已知 $n=0.014$、$D=400\text{mm}$、$Q=41\text{L/s}$、$v=0.9\text{m/s}$，求 I 和 h/D。

【解】　采用 $D=400\text{mm}$ 那一张图（附录 3）。

找出 $Q=41\text{L/s}$ 的那条竖线和 $v=0.9\text{m/s}$ 的那条斜线。这两线的交点落在代表 $I=0.0043$ 的那条横线上，$I=0.0043$；落在 h/D 为 0.35 与 0.4 两条斜线之间，估计 $h/D=0.39$。

【例 3-3】　已知 $n=0.014$、$Q=32\text{L/s}$、$D=300\text{mm}$，$h/D=0.55$，求 v 和 I。

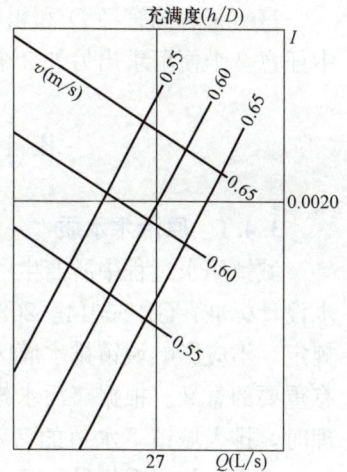

图 3-6　水力计算示意图

【解】　采用 $D=300\text{mm}$ 那一张图（附录 2-2 附图 3）。

在图中找出 $Q=32\text{L/s}$ 的那条竖线和 $h/D=0.55$ 的那条斜线。两线相交的交点落在 I 为 0.0038 那条横线上，$I=0.0038$；落在 v 为 0.8m/s 与 0.85m/s 两条斜线之间，估计 $v=0.81\text{m/s}$。

也可采用水力计算表进行计算。表 3-11 为摘录的圆形管道（不满流，$n=0.014$）D 为 300mm 水力计算表的部分数据。

圆形断面 $D=300\text{mm}$　　　　　　　　　　　　　　　　　表 3-11

$\dfrac{h}{D}$	1‰									
	2.5		3.0		4.0		5.0		6.0	
	Q	v	Q	v	Q	v	Q	v	Q	v
0.10	0.94	0.25	1.03	0.28	1.19	0.32	1.33	0.36	1.45	0.39
0.15	2.18	0.33	2.39	0.36	2.76	0.42	3.09	0.46	3.38	0.51
0.20	3.93	0.39	4.31	0.43	4.97	0.49	5.56	0.55	6.09	0.61
0.25	6.15	0.45	6.74	0.49	7.78	0.56	8.70	0.63	9.53	0.69
0.30	8.79	0.49	9.63	0.54	11.12	0.62	12.43	0.70	13.62	0.76
0.35	11.81	0.54	12.93	0.59	14.93	0.68	16.69	0.75	18.29	0.83
0.40	15.13	0.57	16.57	0.63	19.14	0.72	21.40	0.81	23.44	0.89
0.45	18.70	0.61	20.49	0.66	23.65	0.77	26.45	0.86	28.97	0.94
0.50	22.45	0.64	24.59	0.70	28.39	0.80	31.75	0.90	34.78	0.98
0.55	26.30	0.66	28.81	0.72	33.26	0.84	37.19	0.93	40.74	1.02
0.60	30.16	0.68	33.04	0.75	38.15	0.86	42.66	0.96	46.73	1.06
0.65	33.69	0.70	37.20	0.76	42.96	0.88	48.03	0.99	52.61	1.08
0.70	37.59	0.71	41.18	0.78	47.55	0.90	53.16	1.01	58.23	1.10
0.75	40.94	0.72	44.85	0.79	51.79	0.91	57.90	1.02	63.42	1.12
0.80	43.89	0.72	48.07	0.79	55.51	0.92	62.06	1.02	67.99	1.12
0.85	46.26	0.72	50.68	0.79	58.52	0.91	65.43	1.02	71.67	1.12
0.90	47.85	0.71	52.42	0.78	60.53	0.90	67.67	1.01	74.13	1.11
0.95	48.24	0.70	52.85	0.76	61.02	0.88	68.22	0.98	74.74	1.08
1.00	44.90	0.64	49.18	0.70	56.79	0.80	63.49	0.90	69.55	0.98

每一张表的管径 D 和粗糙系数 n 是已知的，表中 Q、v、h/D、I 4 个因素，知道其中任意 2 个便可求出另外 2 个。

3.4 污水管渠系统的水质变化

3.4.1 原污水水质

城镇用水过程中所产生的污水（如生活污水、工业污水）应纳入污水系统。《室外排水设计标准》GB 50014—2021 规定排入城镇污水管网的污水水质须符合国家现行标准的规定，不应影响城镇排水灌区和污水处理厂等的正常运行。因而，讨论污水的原水水质具有重要的意义。根据《污水排入城镇下水道水质标准》GB/T 31962—2015，采用二级处理时，排入城镇下水道的污水水质应符合 B 级规定：即五日生化需氧量（BOD_5）小于 350mg/L，化学需氧量（COD_{cr}）小于 500mg/L，氨氮（以 N 计）小于 45mg/L，总氮（以 N 计）小于 70mg/L，总磷（以 P 计）小于 8mg/L。

原污水水质受到城镇生活污水及工业废水污染物产生量影响。城镇生活污水污染物产生量可按照生活污水产生量和产污浓度系数按式（3-12）计算。

$$Q_p = V_w \cdot K_w / 100 \tag{3-12}$$

式中　Q_p——污染物产生总量（t）；

　　　V_w——污水排放量（万 t）；

　　　K_w——产污浓度系数，为生活污水平均浓度（mg/L）。

产污浓度系数为生活污水平均浓度，可由《排放源统计调查产排污核算方法和系数手册》（2021 生态环境部标准）（以下简称《手册》）查询确定。由于工业污水排放种类繁杂，工业源污染物排放量因工业种类差异而不同，其污染物排放量可参考《手册》相关公式及系数核算。

应当说明，当无调查资料时，根据《室外排水设计标准》GB 50014—2021，原污水水质可采用：

1) 生活污水的五日生化需氧量可按 40～60g/（人·d）计算；

2) 生活污水的悬浮固体量可按 40～70g/（人·d）计算；

3) 生活污水的总氮量可按 8～12g/（人·d）计算；

4) 生活污水的总磷量可按 0.9～2.5g（人·d）计算。

3.4.2 污水管渠系统中的污染物沿程变化特点

原污水流经管渠系统到达污水处理厂，其中污染物的含量和组成均会发生变化。污水管网外来水入侵、管网污水收集率、市政用水量（用水效率）和污水管渠系统自身对污染物具有消减作用等因素在很大程度上会影响污水管渠系统内水质特征。其中，污水管渠系统自身对污染物的削减作用主要包括污染物的物理沉积和微生物转化。由于污水中含有大量颗粒态的有机物，沉积作用对污染物去除的贡献不容忽视。很多老旧城区污水管道坡降小，加上管道沉降，造成反坡现象，污水在管道流速偏低甚至长期积水，颗粒在沉积过程中会携带较多有机污染物质沉淀，导致通过管网进入污水处理厂的多是污水的上清液，污染物浓度偏低。而污水在长时间、长距离的输送条件下，微生物降解对污染物浓度变化的作用同样不可忽视。

从污染物组成成分变化来看，由于管网中物理沉积和微生物转化作用，原污水中大约6％～32％的 COD 会在输送过程中损失。损失的 COD 主要用于管道微生物膜的生长和温室气体的生成（如甲烷）。在总氮方面，原污水中氮主要来自生活和工业生产过程中所排放的蛋白质、尿液和其他含氮化合物。在管网传输过程中，由于管网的厌氧环境，污水中硝酸盐和亚硝酸盐类污染物容易被反硝化去除，因而浓度很低。与之相反，氨类污染物含量不易被进一步转化，保持相对稳定或者呈增加的趋势。原污水中含硫污染物在管网系统厌氧的环境下，通过硫酸盐还原菌的还原，逐步转化成硫化氢。长期以来，硫化氢的产生和排放一直被认为是污水管道系统腐蚀和气味问题的主要原因。

3.4.3 污水管渠系统污染物变化动力学

为合理设计和管理污水管渠，有必要了解污染物在污水管渠系统中的分布及变化情况，这些信息可由污水管渠系统的水质模型提供。水质模型可以给出污染物浓度随时间的变化，因此可以用于评估污染控制方案，例如溢流污染控制。目前已有基于物理过程的确定性水质模型，然而受到很多限制并未在排水工程中得到广泛的应用。此外，由于污水管渠中的物理化学过程过于复杂，未来详尽水质模型的建立可能会借助机器学习等工具，而不是完全基于确定性的物理化学过程。污水管渠系统污染物变化过程中模拟的水质参数主要包括悬浮固体、BOD 或 COD、氨氮等。污染物一旦进入排水管渠系统可能会随着水流移动、沉积或转化。其中，污染物随水流的移动和沉积主要是物理过程，沉积后的污染物随后也可能会被重新悬浮转移（通常由于流量的增加）。而污染物的转化则主要是微生物参与的生物化学过程。

（1）污染物的传输

1）平流/扩散

平流即是指污染物在污水管渠系统中随水流的定向传输过程，而扩散是指由于随机运动引起的污染物迁移过程。污染物的平流过程可以通过式（3-13）表示，该式表示污染物以平均流速随污水流动的过程，并没有考虑污染物的扩散过程。而式（3-14）则根据 Fick 定律加入了污染物相对于平均流速的扩散过程。一般污水管渠系统中污染物随污水的传输主要以平均流速流动为主，因此可以根据实际情况选择考虑扩散过程与否。

$$\frac{\partial c}{\partial t} + v\,\frac{\partial c}{\partial x} = 0 \tag{3-13}$$

$$\frac{\partial c}{\partial t} + v\,\frac{\partial c}{\partial x} = \frac{\partial}{\partial x}\left[D\,\frac{\partial c}{\partial x}\right] \tag{3-14}$$

式中　x——距离（m）；

　　　t——时间（s）；

　　　c——污染物浓度（kg/m³）；

　　　v——平均流速（m/s）；

　　　D——扩散系数。

2）沉积物传输

通过平流和扩散传输的污染物可能是溶解态或悬浮态的。溶解态的污染物一般不受流动状态的影响，它们可能会通过生化过程转化。然而，悬浮污染物可能会受到流动状态的影响。在小流量时，它们可能集中靠近在沉积物附近或在沉积物中。而在流量较高时，它们可能会被再次冲起。其中，较大、较重的固体可能很少形成悬浮状态，但可以通过推移质的形式传输。

（2）污染物的转化

在重力流污水管道中，主要的污染物转化过程发生在大气、污水本身、管壁上附着的生物膜和沉积物内或之间（见图3-7）。在压力流污水管道中，没有大气相，生物膜分布在管道周边。

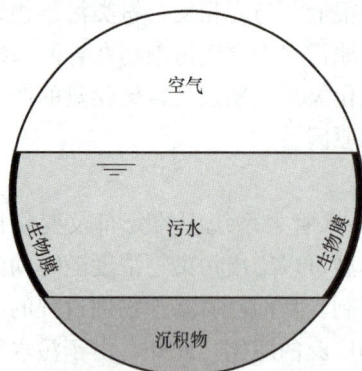
图 3-7　污水管道截面示意图

污染物的转化主要是由微生物引起的生物降解相关的过程，这些微生物会以生物膜的形式出现在管壁上，或者悬浮在污水水体中。在较小的管道中管壁附着的生物膜的影响更大，而在较大的管道中的悬浮生物量影响更大。微生物转化中的很多生化反应是好氧过程，需要有足够的溶解氧（DO）含量。因此，可以对代表有机物质的 BOD 或 COD 以及代表污水状态的DO 等参数进行模拟，而相应参数的变化过程可以通过简化的降解表达式，或者借鉴河流、污水处理厂水质模型进行模拟。

3.4.4　污水管渠系统末端的水质

前文所述的外水入渗等稀释、颗粒有机物沉积、和微生物转化等作用过程会造成通过管网进入污水处理厂的进水中污染物浓度偏低，导致污水处理厂实际进水水质低于设计水质，污水处理厂的污染物削减能力大打折扣。面对这些挑战，住房和城乡建设部、生态环境部 5 部门印发的《深入打好城市黑臭水体治理攻坚战实施方案》中提到，到 2025 年，进水 BODs 浓度高于 100mg/L 的城市生活污水处理厂规模占比达 90% 以上。因此，须针对上述作用过程，积极采取管网升级改造、提高管网收集率、优化运管效能、强化排水执法监督等方式改善污水管渠系统末端水质。例如，《室外排水设计标准》GB 50014—2021 中提到城镇已建有污水收集和集中处理设施时，分流制排水系统不应设置化粪池，从而提高污水有机物浓度。《“十四五”城镇污水处理及资源化利用发展规划》提出污水管网、雨污合流制管网诊断修复更新，循序推进管网错接混接漏接改造，提升污水收集效能。

3.5　污水管渠系统设计

3.5.1　污水管渠系统设计内容与步骤

污水管渠系统设计内容主要分为初步设计与施工图设计。

初步设计的内容一般应包括污水管渠系统设计指导思想、设计原则等设计依据材料；管渠系统建设规模、总平面布置和内外交通、外部协作条件等工程资料；主要排污设备选型及配置、总图，主要材料用量，综合利用措施，生产组织和劳动定员，各项技术经济指标、建设工期和进度安排、总概算等施工材料；附件、附表、附图，包括设计依据的文件批文，各项协议批文，主要设备、材料明细表等说明。

施工图设计的内容主要包括污水管渠系统工程安装、施工所需的全部图纸，重要施工、安装部位和生产环节的施工操作说明，污水管渠施工图设计说明，预算书，设备与材料明细表。在施工总图（平、剖面图）上应有污水管线及设备各部分的布置以及它们的相互配合、管线标高、管道外形尺寸、坐标；排污设备和标准件清单等。在施工详图上应设计非标准详图，排污设备安装及工艺详图，连接、结构断面图，材料明细表及编制预算等。

污水管渠系统设计步骤如下：

（1）设计资料的调查：包括①设计依据材料：设计委托书；有关的法令、法规、制度；设计标准规范等相关文件；②自然资料：地形资料（包括地形图、等高线图等）；气象资料（包括气温、风向、降雨量等）；水文资料（包括受纳水体流量、流速、洪水位等）；地质资料（包括地下水位、地基承载力、地震等级等）；③工程资料：城市的总体规划及其他基础设施情况，如道路、通信、供水、供电、燃气等市政规划图。

（2）排水区域划定：在适当比例的、并绘有规划总图的地形图上，按地形并结合排水规划布置管道系统，划定排水区域。

（3）（平面布置）：根据管道综合布置，确定干支线在道路（或规划路）横断面和平面上的位置，确定井位及每一管段长度，并绘制平面图。

（4）高程确定：根据地形、干支管和一切交叉管线的现状和规划高程，确定起点、出口和中间各控制点的高程。

（5）管线参数确定：根据规划确定的人口、污水量定额等标准，结合管道内水质特点与水流特点，确定排水管道的设计流量、设计充满度、设计流速、最小管径、最小设计坡度、埋深等关键参数。

（6）水力计算：进行水力计算，确定管道断面、纵坡及高程，并绘制纵断面图。

（7）经济核算：结合当地实际情况核算排水系统建设经济成本，并对多种方案进行技术经济比较。

3.5.2　确定排水区界和划分排水流域

排水区界是污水排水系统设置的界限。它是根据城镇总体规划决定的。凡是采用完善卫生设备的建筑区都应设置污水管道。

在排水区界内，根据地形及城镇（地区）的竖向规划，划分排水流域。一般在丘陵及地形起伏的地区，可按等高线划出分水线，通常分水线与流域分界线基本一致。在地形平坦无显著分水线的地区，可依据面积的大小划分，使各相邻流域的管道系统能合理分担排水面积，使干管在最大合理埋深情况下，流域内绝大部分污水能以自流方式接入。每一个排水流域往往有1个或1个以上的干管，根据流域地势标明水流方向和污水需要抽升的地区。

某市排水流域划分情况见图3-8。该市被河流分隔为4个区域，根据自然地形，可划分为4个独立的排水流域。每个排水流域内有1条或1条以上的污水干管，Ⅰ、Ⅲ两区形成河北排水区，Ⅱ、Ⅳ两区为河南排水区，南北两区污水进入各区污水处理厂，经处理后排入河流。

3.5.3　管道定线和平面布置的组合

在城镇（地区）总平面图上确定污水管道的位置和走向，称污水管道系统的定线。正确的定线是合理的、经济地设计污水管道系统的先决条件，是污水管道系统设计的重要环

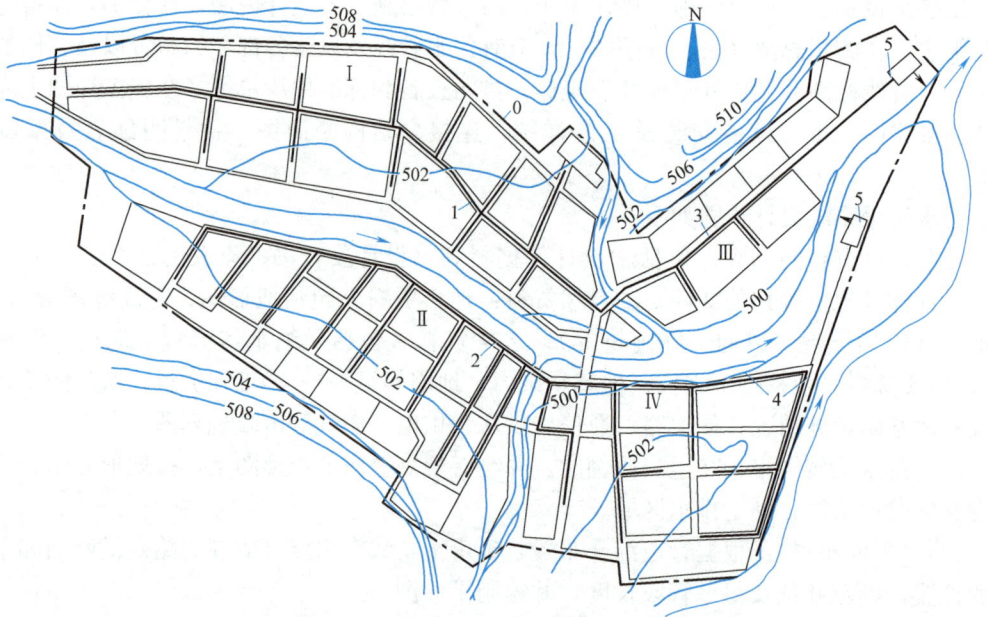

图 3-8　某市污水排水系统平面

0—排水区界；Ⅰ、Ⅱ、Ⅲ、Ⅳ—排水流域编号；

1、2、3、4—各排水流域干管；5—污水处理厂

节。管道定线一般按主干管、干管、支管顺序依次进行。定线应遵循的主要原则是：应尽可能地在管线较短和埋深较小的情况下，让最大区域的污水能自流排出。为了实现这一原则，在定线时必须很好地研究各种条件，使拟定的路线能因地制宜地利用其有利因素而避免不利因素。定线时通常考虑的几个因素是：地形和用地布局；排水体制和线路数目；污水处理厂和出水口位置；水文地质条件；道路宽度；地下管线及构筑物的位置；工业企业和产生大量污水的建筑物的分布情况。

在一定条件下，地形一般是影响管道定线的主要因素。定线时应充分利用地形，使管道的走向符合地形趋势，一般宜顺坡排水。在整个排水区域较低的地方，例如集水线或河岸低处敷设主干管及干管，这样便于支管的污水自流接入，而横支管的坡度尽可能与地面坡度一致。在地形平坦地区，应避免小流量的横支管长距离平行于等高线敷设，让其尽早接入干管。宜使干管与等高线垂直，主干管与等高线平行敷设（见图 2-12b）。由于主干管管径较大，保持最小流速所需坡度小，其走向与等高线平行是合理的。当地形倾向河道的坡度很大时，主干管与等高线垂直，干管与等高线平行（见图 2-12c），这种布置虽然主干管的坡度较大，但可设置为数不多的跌水井，而使干管的水力条件得到改善。有时，由于地形的原因还可以布置成几个独立的排水系统。例如，由于地形中间隆起而布置成两个排水系统，或由于地面高程有较大差异而布置成高低区两个排水系统。

污水管道中的水流靠重力流动，因此管道必须具有坡度。在地形平坦地区，管线虽然不长，埋深亦会增加很快，当埋深超过一定限值时，需设泵站抽升污水。这样便会增加基建投资和常年运转管理费用，是不利的。但不建泵站而过多地增加管道埋深，不但施工困难大而且造价也很高。因此，在管道定线时需作方案比较，选择最适当的定线位置，使之

64

既能尽量减小埋深，又可少建泵站。

　　污水支管的平面布置取决于地形及街区建筑特征，并应便于用户接管排水。常用的三种形式：①低边式。当街区面积不太大，街区污水管网可采用集中出水方式时，街道支管敷设在服务街区较低侧的街道下，见图3-9（a），称为低边式布置。②周边式。当街区面积较大且地势平坦时，宜在街区四周的街道敷设污水支管，见图3-9（b）。建筑物的污水排出管可与街道支管连接，称为周边式布置。③穿坊式。街区已按规划确定，街区内污水管网按各建筑的需要设计，组成一个系统，再穿过其他街区并与所穿街区的污水管网相连，见图3-9（c），称为穿坊式布置。

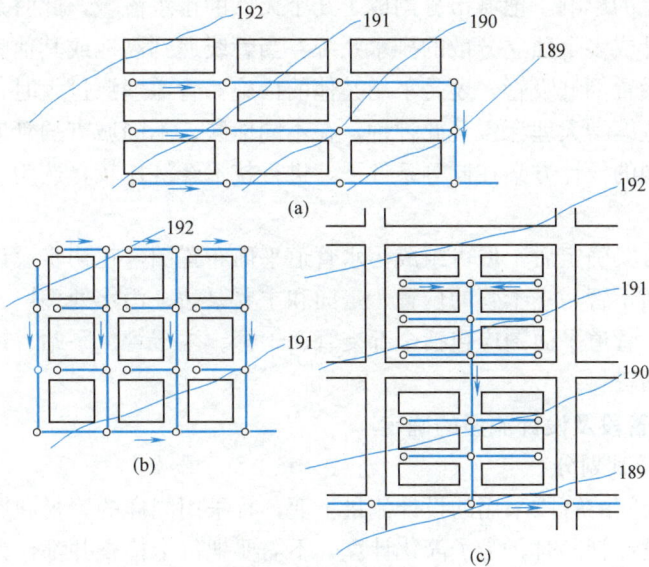

图3-9　污水支管的布置形式

（a）低边式；（b）周边式；（c）穿坊式

　　污水主干管的走向取决于污水处理厂和出水口的位置。因此，污水处理厂和出水口的数目与布设位置，将影响主干管的数目和走向。例如，在大城市或地形复杂的城市，可能要建几个污水处理厂分别处理与利用污水，这就需要敷设几条主干管。在小城市或地形倾向一方的城市，通常只设一个污水处理厂，则只需敷设一条主干管。若相邻城市联合建造区域污水处理厂，则需相应的建造区域污水管道系统。

　　采用的排水体制也影响管道定线。分流制系统一般有两个或两个以上的管道系统，定线时必须在平面和高程上互相配合。采用合流制时要确定截流干管及溢流井的正确位置。若采用混合体制，则在定线时应考虑两种体制管道的连接方式。

　　考虑地质条件，地下构筑物以及其他障碍物对管道定线的影响，应将管道，特别是主干管布置在坚硬密实的土壤中，尽量避免或减少管道穿越高地，基岩浅露地带，或基质土壤不良地带，尽量避免或减少与河道、山谷、铁路及各种地下构筑物交叉，以降低施工费用，缩短工期及减少日后养护工作的困难。管道定线时，若管道必须经过高地，可采用隧洞或设提升泵站；若须经过土壤不良地段，应根据具体情况采取不同的处理措施，以保证地基与基础有足够的承载能力。当污水管道无法避开铁路、河流、地铁或其他地下建

（构）筑物时，管道最好垂直穿过障碍物，并根据具体情况采用倒虹管、管桥或其他工程设施。

管道定线时还需考虑街道宽度及交通情况。污水干管一般不宜敷设在交通繁忙而狭窄的街道下。若街道宽度超过40m时，为了减少连接支管的数目和减少与其他地下管线的交叉，可考虑设置两条平行的污水管道。

为了增大上游干管的直径，减小敷设坡度，以致能减少整个管道系统的埋深。将产生大流量污水的工厂或公共建筑物的污水排出口接入污水干管起端是有利的。

管道定线，不论在整个城市或局部地区都可能形成几个不同的布置方案。比如，常遇到由于地形或河流的影响，把城市分割成了几个天然的排水流域，此时是设计一个集中的排水系统还是设计成多个独立分散的排水系统？当管线遇到高地或其他障碍物时，是绕行或设置泵站，或设置倒虹吸管，还是采用其他的措施？管道埋深过大时，是设置中途泵站将管位提高还是继续增大埋深？凡此种种，在不同地区，不同城市的管道定线中都可能出现。因此应对不同的设计方案在同等条件下，进行技术经济比较，选用一个最好的管道定线方案。

管道系统的方案确定后，便可组成污水管道平面布置图。在初步设计时，污水管道系统的总平面图包括干管、主干管的位置、走向和主要泵站、污水处理厂、出水口等的位置等。技术设计时，管道平面图应包括全部支管、干管、主干管、泵站、污水处理厂、出水口等的具体位置和资料。

3.5.4 设计管段及设计流量的确定

1. 设计管段及其划分

两个检查井之间的管段采用的设计流量不变，且采用同样的管径和坡度，称它为设计管段。但在划分设计管段时，为了简化计算，不需要把每个检查井都作为设计管段的起讫点。因为在直线管段上，为了疏通管道，需在一定距离处设置检查井。估计可以采用同样管径和坡度的连续管段，就可以划作一个设计管段。根据管道平面布置图，凡有集中流量进入，有旁侧管道接入的检查井均可作为设计管段的起讫点。设计管段的起讫点应编上号码。

2. 设计管段的设计流量

每一设计管段的污水设计流量可能包括以下几种流量（图3-10）。

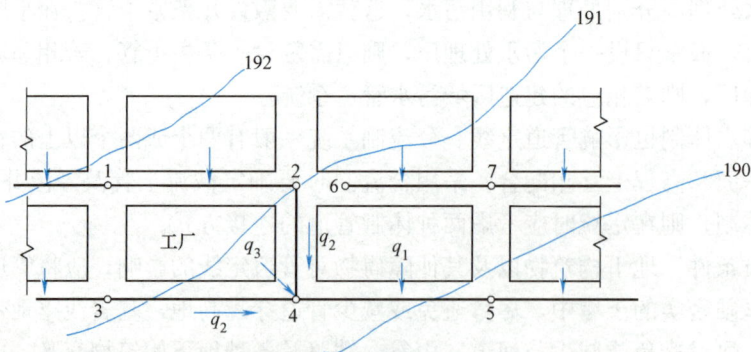

图3-10　设计管段的设计流量

（1）本段流量 q_1——从管段沿线街坊流来的污水量；
（2）转输流量 q_2——从上游管段和旁侧管段流来的污水量；

（3）集中流量 q_3——从工业企业或其他大型公共建筑物流来的污水量。

对于某一设计管段而言，本段流量沿线是变化的，即从管段起点的零增加到终点的全部流量，但为了计算的方便和安全，通常假定本段流量集中在起点进入设计管段。它接受本管段服务地区的全部污水流量。

本段流量可用式（3-15）计算：

$$q_1 = F \cdot q_0 \cdot K_z \tag{3-15}$$

式中 q_1——设计管段的本段流量（L/s）；

F——设计管段服务的街区面积（hm²）；

K_z——生活污水量总变化系数；

q_0——单位面积的本段平均流量，即比流量 [L/(s·hm²)]。可用下式求得：

$$q_0 = \frac{n \cdot p}{86400}$$

式中 n——居住区生活污水定额 [L/(人·d)]；

p——人口密度（人/hm²）。

从上游管段和旁侧管段流来的平均流量以及集中流量对这一管段是不变的。

初步设计时，只计算干管和主干管的流量。技术设计时，应计算全部管道的流量。

3.5.5 污水管道的衔接

污水管道在管径、坡度、高程、方向发生变化及支管接入的地方都需要设置检查井。在设计时必须考虑在检查井内上下游管道衔接时的高程关系问题。管道在衔接时应遵循两个原则：

（1）尽可能提高下游管段的高程，以减少管道埋深，降低造价；

（2）避免上游管段中形成回水而造成淤积。

管道衔接的方法，通常有水面平接和管顶平接两种，见图 3-11。

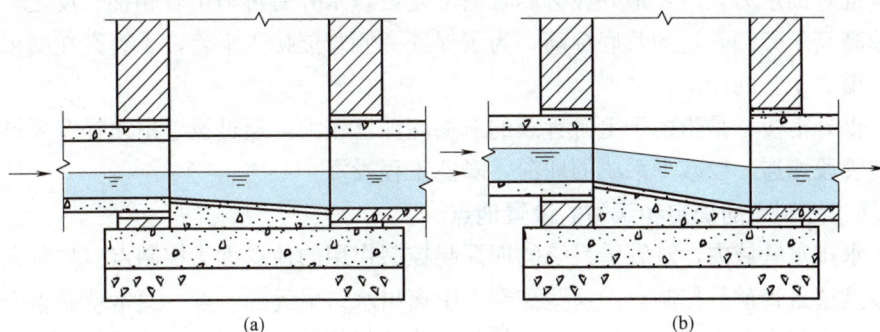

图 3-11 污水管道的衔接
（a）水面平接；（b）管顶平接

水面平接是指在水力计算中，使上游管段终端和下游管段起端在指定的设计充满度下的水面相平，即上游管段终端与下游管段起端的水面标高相同。由于上游管段中的水面变化较大，水面平接时在上游管段内的实际水面标高有可能低于下游管段的实际水面标高，因此，在上游管段中易形成回水。

管顶平接是指在水力计算中，使上游管段终端和下游管段起端的管顶标高相同。采用管顶平接时，在上述情况下就不至于在上游管段产生回水，但下游管段的埋深将增加。这对于平坦地区或设置较深的管道，有时是不适宜的。这时为了尽可能减少埋深，而采用水面平接的方法。

此外，还有两类特殊的衔接方式：跌水衔接和提升衔接。

（1）跌水衔接：当管道敷设地区的地面坡度很大时，为了调整管内流速所采用的管道坡度将会小于地面坡度，为了保证下游管段的最小覆土厚度和减少上游管段的埋深，可根据地面坡度采用跌水衔接，见图 3-12。

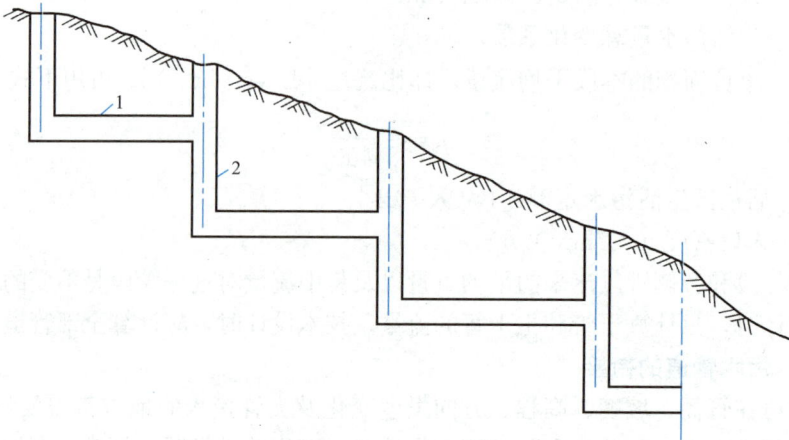

图 3-12　管段跌水衔接
1—管段；2—跌水井

在旁侧管道与干管交汇处，若旁侧管道的管底标高比干管的管底标高大很多时，为保证干管有良好的水力条件，最好在旁侧管道上先设跌水井后再与干管相接。反之，若干管的管底标高高于旁侧管道的管底标高，为了保证旁侧管能接入干管，干管则在交汇处需设跌水井，增大干管的埋深。

（2）提升衔接：是指由于上游管段的末端埋深已较大，通过设置中途提升泵站，提升后与下游管段相连，以减少系统的埋深，降低工程投资。

3.5.6　控制点的确定和泵站的设置地点

在污水排水区域内，对管道系统的埋深起控制作用的地点称为控制点。如各条管道的起点大多是这条管道的控制点。这些控制点中离出水口最远的一点，通常就是整个系统的控制点。具有相当深度的工厂排出口或某些低洼地区的管道起点，也可能成为整个管道系统的控制点。这些控制点的管道埋深，影响整个污水管道系统的埋深。

确定控制点的标高，一方面，应根据城市的竖向规划，保证排水区域内各点的污水都能够排出，并考虑发展，在埋深上适当留有余地。另一方面，不能因照顾个别控制点而增加整个管道系统的埋深。对此通常采取一些措施，例如，加强管材强度；填土提高地面高程以保证最小覆土厚度；设置泵站提高管位等方法，减小控制点管道的埋深，从而减小整个管道系统的埋深，降低工程造价。

在排水管道系统中，由于地形条件等因素的影响，通常可能需设置中途泵站，局部泵站和终点泵站。当管道埋深接近最大埋深时，为提高下游管道的管位而设置的泵站，称为中途泵站，见图 3-13（a）。若是将低洼地区的污水抽升到地势较高地区管道中；或是将高层建筑地下室、地铁、其他地下建筑的污水抽送到附近管道系统所设置的泵站称局部泵站，见图 3-13（b）。此外，污水管道系统终点的埋深通常很大，而污水处理厂的处理后出水因受纳水体水位的限制，处理构筑物一般埋深很浅或设置在地面上，因此需设置泵站将污水抽升至第一个处理构筑物，这类泵站称为终点泵站或总泵站，见图 3-13（c）。

泵站设置的具体位置应考虑环境卫生、地质、电源和施工条件等因素，并应征询规划、环保、城建等部门的意见。

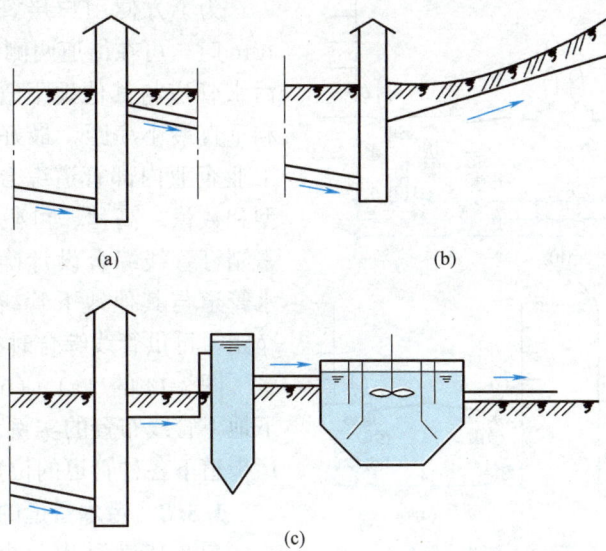

图 3-13　污水泵站的设置地点
（a）中途泵站；（b）局部泵站；（c）终点泵站

3.5.7　污水管道在街道上的位置

在城市道路下，有许多管线工程，如给水管、污水管、燃气管、热力管、雨水管、电力电缆、电信电缆等。在工厂的道路下，管线工程的种类会更多。此外，在道路下还可能有地铁、地下人行横道、工业用隧道等地下设施。为了合理安排其在空间的位置，必须在各单项管线工程规划的基础上，进行综合规划，统筹安排，以利施工和日后的维护管理。

由于污水管道为重力流管道，管道（尤其是干管和主干管）的埋设深度较其他管线大，且有很多连接支管，若管线位置安排不当，将会造成施工和维修的困难。加之污水管道难免渗漏、损坏，从而会对附近建筑物、构筑物的基础造成危害或污染生活饮用水。因此污水管道与建筑物间应有一定距离，当其与生活给水管道相交时，应敷设在生活给水管道下面。

进行管线综合规划时，所有地下管线应尽量布置在人行道、非机动车道和绿带下，只有在不得已时，才考虑将埋深大，修理次数较少的污水、雨水管布置在机动车道下。管线布置的顺序一般是，从建筑红线向道路中心线方向为：电力电缆→电信电缆→燃气管道→热力管道→给水管道→污水管道→雨水管道。若各种管线布置发生矛盾时，处理的原则

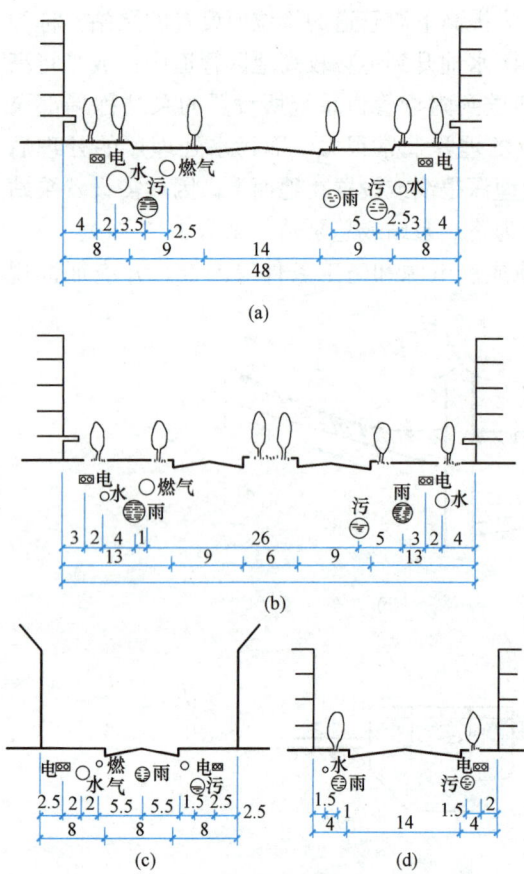

(a)

(b)

(c)   (d)

图 3-14　街道地下管线的布置（单位：m）

是，新建让已建的，临时让永久的，小管让大管，压力管让重力流管，可弯让不可弯的，检修次数少的让检修次数多的。

在地下设施拥挤的地区或车运极为繁忙的街道下，把污水管道与其他管线集中安置在隧道中是比较合适的，但雨水管道一般不设在隧道中，而是与隧道平行敷设。

为了方便用户接管，当路面宽度大于40m时，可在街道两侧各设一条污水管道。污水管道与其他地下管线或构筑物的水平和垂直最小净距，最好由城市规划部门或工业企业内部管道综合部门根据其管线类型和数量、高程、可敷设管线的位置等因素制订管线综合设计确定。附录4所列排水管道与其他地下管线（构筑物）的最小净距，可供管线综合时参考。

图3-14的（a）、（b）、（d）为城市街道下地下管线布置的实例。图3-14（c）为工厂街道下各种管道的位置图。

3.5.8　污水管道的设计计算举例

图3-15为某市一个小区的平面图。居住区人口密度为350人/hm²，居民生活污水定额为120L/（人·d）。火车站和公共浴室的设计污水量分别为3L/s和4L/s。工厂甲

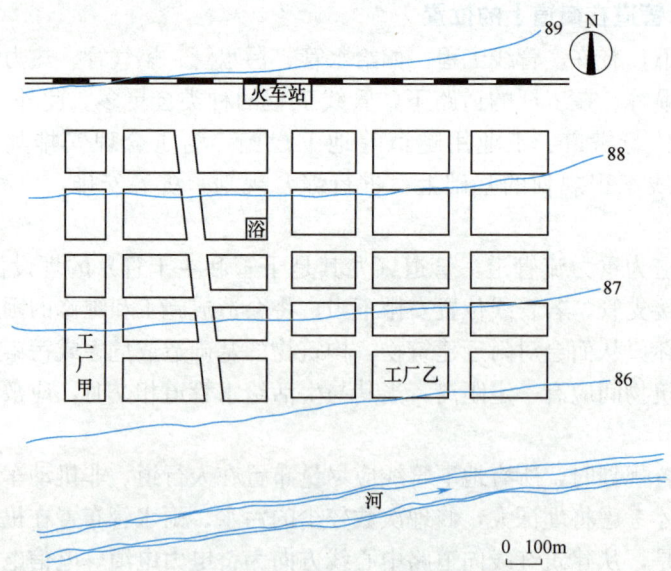

图 3-15　某市一小区平面图

和工厂乙的工业废水设计流量分别为 25L/s 与 6L/s。生活污水及经过局部处理后的工业废水全部送至污水处理厂处理。工厂甲废水排出口的管底埋深为 2m。

设计方法和步骤如下:

1. 在小区平面图上布置污水管道

从小区平面图可知该区地势自北向南倾斜,坡度较小,无明显分水线、可划分为一个排水流域。街道支管布置在街区地势较低一侧的道路下,干管基本上与等高线垂直布置,主干管则沿小区南面河岸布置,基本与等高线平行。整个管道系统呈截流式形式布置,如图 3-16 所示。

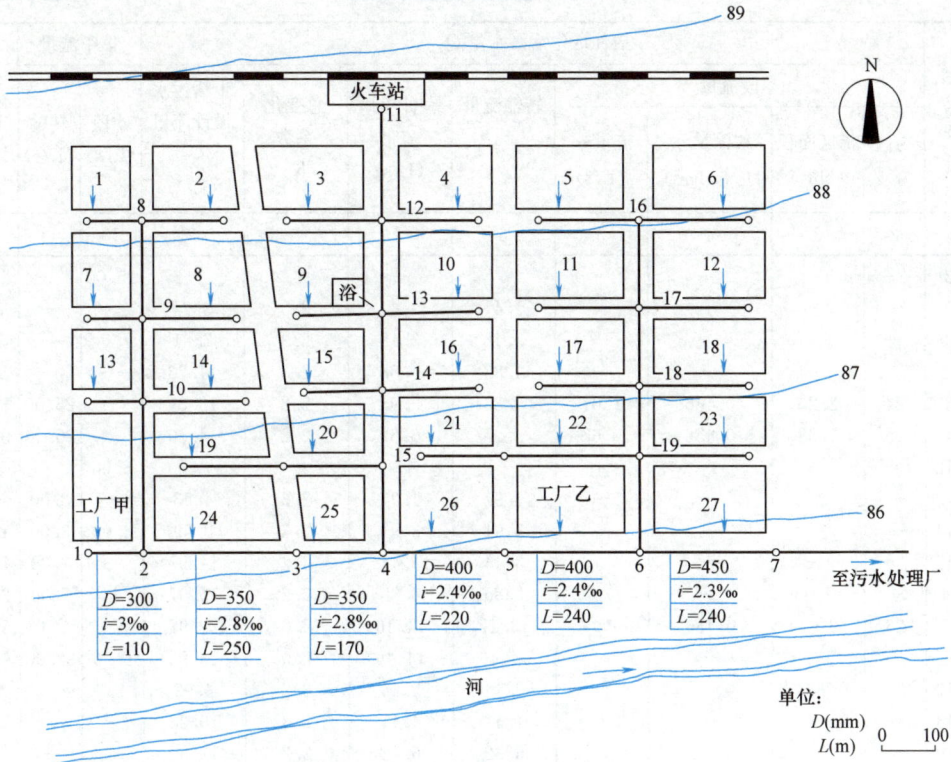

图 3-16 某小区污水管道平面布置(初步设计)

2. 街区编号并计算其面积

将各街区编上号码,并按各街区的平面范围计算它们的面积,列入表 3-12 中。用箭头标出各街区污水排出的方向。

街区面积　　　　　　　　　　　　　　　　表 3-12

街区编号	1	2	3	4	5	6	7	8	9	10	11
街区面积(hm²)	1.21	1.70	2.08	1.98	2.20	2.20	1.43	2.21	1.96	2.04	2.40
街区编号	12	13	14	15	16	17	18	19	20	21	22
街区面积(hm²)	2.40	1.21	2.28	1.45	1.70	2.00	1.80	1.66	1.23	1.53	1.71
街区编号	23	24	25	26	27						
街区面积(hm²)	1.80	2.20	1.38	2.04	2.40						

3. 划分设计管段，计算设计流量

根据设计管段的定义和划分方法，将各干管和主干管中有本段流量进入的点（一般定为街区两端）、集中流量及旁侧支管进入的点，作为设计管段的起讫点的检查井并编上号码。例如，本例的主干管长1200余米，根据设计流量变化的情况，可划分为1～2、2～3、3～4、4～5、5～6、6～7六个设计管段。

各设计管段的设计流量应列表进行计算。在初步设计中只计算干管和主干管的设计流量，见表3-13。

污水干管设计流量计算表　　　　　　　　　　　　表3-13

管段编号	居住区生活污水量 Q_1							生活污水设计流量 Q_1 (L/s)	集中流量		设计流量 (L/s)
	本段流量				转输流量 q_2 (L/s)	合计平均流量 (L/s)	总变化系数 K_z		本段 (L/s)	转输 (L/s)	
	街区编号	街区面积 (hm²)	比流量 q_0 [L/(s·hm²)]	流量 q_1 (L/s)							
1	2	3	4	5	6	7	8	9	10	11	12
1～2	—	—	—	—	—	—	—	—	25.00	—	25.00
8～9	—	—	—	—	1.41	1.41	2.3	3.24	—	—	3.24
9～10	—	—	—	—	3.18	3.18	2.3	7.31	—	—	7.31
10～2	—	—	—	—	4.83	4.88	2.3	11.23	—	—	11.23
2～3	24	2.20	0.486	1.07	4.88	5.95	2.2	13.09	—	25.00	38.09
3～4	25	1.38	0.486	0.67	5.95	6.62	2.2	14.56	—	25.00	39.56
11～12	—	—	—	—	—	—	—	—	3.00	—	3.00
12～13	—	—	—	—	1.97	1.97	2.3	4.53	—	3.00	7.53
13～14	—	—	—	—	3.91	3.91	2.3	8.99	4.00	3.00	15.99
14～15	—	—	—	—	5.44	5.44	2.2	11.97	—	7.00	18.97
15～4	—	—	—	—	6.85	6.85	2.2	15.07	—	7.00	22.07
4～5	26	2.04	0.486	0.99	13.47	14.46	2.0	28.92	—	32.00	60.92
5～6	—	—	—	—	14.46	14.46	2.0	28.92	6.00	32.00	66.92
16～17	—	—	—	—	2.14	2.14	2.3	4.92	—	—	4.92
17～18	—	—	—	—	4.47	4.47	2.3	10.28	—	—	10.28
18～19	—	—	—	—	6.32	6.32	2.2	13.90	—	—	13.90
19～6	—	—	—	—	8.77	8.77	2.1	18.42	—	—	18.42
6～7	27	2.40	0.486	1.17	23.23	24.40	1.9	46.36	—	38.00	84.36

本例中，居住区人口密度为350人/hm²，居民生活污水定额为120L/(人·d)，则每hm²街区面积的生活污水平均流量（比流量）为：

$$q_0 = \frac{350 \times 120}{86400} = 0.486 L/(s \cdot hm^2)$$

本例中有4个集中流量，在检查井1、5、11、13分别进入管道，相应的设计流量为25L/s、6L/s、3L/s、4L/s。

见图3-16和表3-13，设计管段1～2为主干管的起始管段，只有集中流量（工厂甲经处理后排出的工业废水）25L/s流入，故设计流量为25L/s。设计管段2～3除转输管段1～2的集中流量25L/s外，还有本段流量 q_1 和转输流量 q_2 流入。该管段接纳街区24的污水，其面积为2.2hm²（见街区面积表），故本段流量 $q_1 = q_0 \cdot F = 0.486 \times 2.2 = 1.07 L/$

s；该管段的转输流量是从旁侧管段 8～9～10～2 流来的生活污水平均流量，其值为 $q_2 = q_0 \cdot F = 0.486 \times (1.21 + 1.70 + 1.43 + 2.21 + 1.21 + 2.28) = 0.486 \times 10.04 = 4.88 \text{L/s}$。合计平均流量 $q_1 + q_2 = 1.07 + 4.88 = 5.95 \text{L/s}$。查表 3-1，$K_z = 2.2$。该管段的生活污水设计流量 $Q_1 = 5.95 \times 2.2 = 13.09 \text{L/s}$。总计设计流量 $Q = 13.09 + 25 = 38.09 \text{L/s}$。

其余管段的设计流量计算方法相同。

4. 水力计算

在确定设计流量后，便可以从上游管段开始依次进行主干管各设计管段的水力计算。一般常列表进行计算，见表 3-14。水力计算步骤如下：

（1）从管道平面布置图上量出每一设计管段的长度，列入表 3-14 第 2 项。

（2）将各设计管段的设计流量列入表中第 3 项。设计管段起讫点检查井处的地面标高列入表中第 10、11 项。

（3）计算每一设计管段的地面坡度$\left(\text{地面坡度} = \dfrac{\text{地面高差}}{\text{距离}}\right)$，作为确定管道坡度时参考。例如，管段 1～2 的地面坡度 $= \dfrac{86.20 - 86.10}{110} = 0.0009$。

（4）确定起始管段的管径以及设计流速 v，设计坡度 I，设计充满度 h/D。首先拟采用最小管径 300mm，即查附录 2-2 附图 3。在这张计算图中，管径 D 和管道粗糙系数 n 为已知，其余 4 个水力因素只要知道 2 个即可求出另外 2 个。现已知设计流量，另 1 个可根据水力计算设计数据的规定设定。本例中由于管段的地面坡度很小，为不使整个管道系统的埋深过大，宜采用最小设计坡度为设定数据。相应于 300mm 管径的最小设计坡度为 0.003。当 $Q = 25 \text{L/s}$，$I = 0.003$ 时，查表得出 $v = 0.7 \text{m/s}$（大于最小设计流速 0.6m/s），$h/D = 0.51$（小于最大设计充满度 0.55），计算数据符合规范要求。将所确定的管径 D、坡度 I、流速 v、充满度 h/D 分别列入表 3-14 的第 4、5、6、7 项。

污水主干管水力计算表 表 3-14

管段编号	管道长度 L (m)	设计流量 Q (L/s)	管径 D (mm)	坡度 I	流速 v (m/s)	充满度		降落量 $I \cdot L$ (m)	标高 (m)						埋设深度 (m)	
						$\dfrac{h}{D}$	h (m)		地面		水面		管内底			
									上端	下端	上端	下端	上端	下端	上端	下端
1	2	3	4	5	6	7	8	9	10	11	12	13	14	15	16	17
1～2	110	25.00	300	0.0030	0.70	0.51	0.153	0.330	86.20	86.10	84.353	84.023	84.200	83.870	2.00	2.23
2～3	250	38.09	350	0.0028	0.75	0.52	0.182	0.700	86.10	86.05	84.002	83.302	83.820	83.120	2.28	2.93
3～4	170	39.56	350	0.0028	0.75	0.53	0.186	0.476	86.05	86.00	83.302	82.826	83.116	82.640	2.93	3.36
4～5	220	60.92	400	0.0024	0.80	0.58	0.232	0.528	86.00	85.90	82.822	82.294	82.590	82.062	3.41	3.84
5～6	240	66.92	400	0.0024	0.82	0.62	0.248	0.576	85.90	85.80	82.294	81.718	82.046	81.470	3.85	4.33
6～7	240	84.36	450	0.0023	0.85	0.60	0.270	0.552	85.80	85.70	81.690	81.138	81.420	80.868	4.38	4.83

注：管内底标高计算至小数后 3 位，埋设深度计算至小数后 2 位。

（5）确定其他管段的管径 D、设计流速 v、设计充满度 h/D 和管道坡度 I。通常随着设计流量的增加，下一个管段的管径一般会增大一级或两级（50mm 为一级），或者保持不变，这样便可根据流量的变化情况确定管径。然后可根据设计流速随着设计流量的增大而逐段增大或保持不变的规律设定设计流速。根据 Q 和 v 即可在确定 D 的那张水力计算图或表中查出相应的 h/D 和 I 值，若 h/D 和 I 值符合设计规范的要求，说明水力计算合理，将计算结果填入表 3-14 相应的项中。在水力计算中，由于 Q、v、h/D、I、D 各水力因素之间存在相互制约的关系，因此在查水力计算图或表时实际存在一个试算过程。

（6）计算各管段上端、下端的水面、管底标高及其埋设深度：

1）根据设计管段长度和管道坡度求降落量。如管段 1~2 的降落量为 $I \cdot L = 0.003 \times 110 = 0.33\text{m}$，列入表中第 9 项。

2）根据管径和充满度求管段的水深。如管段 1~2 的水深为 $h = D \cdot h/D = 0.3 \times 0.51 = 0.153\text{m}$，列入表中第 8 项。

3）确定管网系统的控制点。本例中离污水处理厂最远的干管起点有 8、11、16 及工厂出水口 1 点，这些点都可能成为管道系统的控制点。8、11、16 三点的埋深可用最小覆土厚度的限值确定，因此至南地面坡度约 0.0035，可取干管坡度与地面坡度近似，因此干管埋深不会增加太多，整个管线上又无个别低洼点，故 8、11、16 三点的埋深不能控制整个主干管的埋设深度。对主干管埋深起决定作用的控制点则是 1 点。

1 点是主干管的起始点，它的埋设深度受工厂排出口埋深的控制，定为 2.0m，将该值列入表中第 16 项。

4）求设计管段上、下端的管内底标高，水面标高及埋设深度。

1 点的管内底标高等于 1 点的地面标高减 1 点的埋深，为 $86.200 - 2.000 = 84.200\text{m}$，列入表中第 14 项。

2 点的管内底标高等于 1 点管内底标高减降落量，为 $84.200 - 0.330 = 83.870\text{m}$，列入表中第 15 项。

2 点的埋设深度等于 2 点的地面标高减 2 点的管内底标高，为 $86.100 - 83.870 = 2.230\text{m}$，列入表中第 17 项。

管段上下端水面标高等于相应点的管内底标高加水深。如管段 1~2 中 1 点的水面标高为 $84.200 + 0.153 = 84.353\text{m}$，列入表中第 12 项。2 点的水面标高为 $83.870 + 0.153 = 84.023$（m）列入表中第 13 项。

根据管段在检查井处采用的衔接方法，可确定下游管段的管内底标高。例如，管段 1~2 与管段 2~3 的管径不同，采用管顶平接。即管段 1~2 中的 2 点与管段 2~3 中的 2 点的管顶标高应相同。所以管段 2~3 中的 2 点的管内底标高为 $83.870 + 0.300 - 0.350 = 83.820\text{m}$。求出 2 点的管内底标高后，按照前面讲的方法即可求出 3 点的管内底标高，2、3 点的水面标高及埋设深度。又如管段 2~3 与管段 3~4 管径相同，可采用水面平接。即管段 2~3 与管段 3~4 中的 3 点的水面标高相同。然后用 3 点的水面标高减去降落量，求得 4 点的水面标高。将 3、4 点的水面标高减去水深求出相应点的管底标高。进一步求出 3、4 点的埋深。

（7）进行管道水力计算时，应注意的问题：

1）必须细致研究管道系统的控制点。这些控制点常位于本区的最远或最低处，它们的埋深控制该地区污水管道的最小埋深。各条管道的起点、低洼地区的个别街坊和污水出口较深的工业企业或公共建筑都是研究控制点的对象。

2）必须细致研究管道敷设坡度与管线经过地段的地面坡度之间的关系。使确定的管道坡度，在保证最小设计流速的前提下，又不使管道的埋深过大，以及便于支管的接入。

3）水力计算自上游依次向下游管段进行，一般情况下，随着设计流量逐段增加，设计流速也应相应增加。如流量保持不变，流速不应减小。只有在管道坡度由大骤然变小的情况下，设计流速才允许减小。另外，随着设计流量逐段增加，设计管径也应逐段增大，但当管道坡度骤然增大时，下游管段的管径可以减小，但缩小不得超过50～100mm。

4）在地面坡度太大的地区，为了减小管内水流速度，防止管壁被冲刷，管道坡度往往需要小于地面坡度。这就有可能使下游管段的覆土厚度无法满足最小限值的要求，甚至超出地面，因此在适当的点可设置跌水井，管段之间采用跌水连接。跌水井的构造详见第6章。

5）水流通过检查井时，常引起局部水头损失。为了尽量降低这项损失，检查井底部在直线管道上要严格采用直线，在管道转弯处要采用匀称的曲线。通常直线检查井可不考虑局部损失。

6）在旁侧管与干管的连接点处，要考虑干管的已定埋深是否允许旁侧管接入。若连接处旁侧管的埋深大于干管埋深，则需在连接处的干管上设置跌水井，以使旁侧管能接入干管。若连接处旁侧管的管底标高比干管的管底标高高出许多，为使干管有较好的水力条件，需在连接处前的旁侧管上设置跌水井。

3.6 污水管渠系统图纸绘制

3.6.1 绘制管道平面图和纵剖面图

污水管道平面图和纵剖面图的绘制方法见第3.6.2节。本例题的设计深度仅为初步设计，因此，在水力计算结束后将计算所得的管径、坡度等数据标注在图3-16上，该图即是本例题的管道平面图。

在进行水力计算的同时，绘制主干管的纵剖面图，本例题主干管的纵剖面图见图3-17。

3.6.2 污水管道平面图和纵剖面图的绘制方法

污水管道的平面图和纵剖面图，是污水管道设计的主要图纸。根据设计阶段的不同，图纸表现的深度亦有所不同。

初步设计阶段的管道平面图就是管道总体布置图。通常采用的比例尺（1∶5000）～（1∶10000），图上有地形、地物、河流、风玫瑰或指北针等。已有和设计的污水管道用粗线条表示，在管线上画出设计管段起讫点的检查井并编上号码，标出各设计管段的服务面积，可能设置的中途泵站，倒虹管或其他的特殊构筑物，污水处理厂，出水口等。初步设计的管道平面图上还应将主干管各设计管段的长度、管径和坡度在图上注明。此外，图上应有管道的主要工程项目表和说明。

施工图阶段的管道平面图比例尺常用（1∶1000）～（1∶5000），图上内容基本同初步设计，而要求更为详细确切。要求标明检查井的准确位置及污水管道与其他地下管线或构筑物交叉点的具体位置、高程，居住区街坊连接管或工厂废水排出管接入干管或主干管的准确位置和高程。图上还应有图例、主要工程项目表和施工说明。图3-18（a）为扩大初步设计阶段的一部分管道平面图。

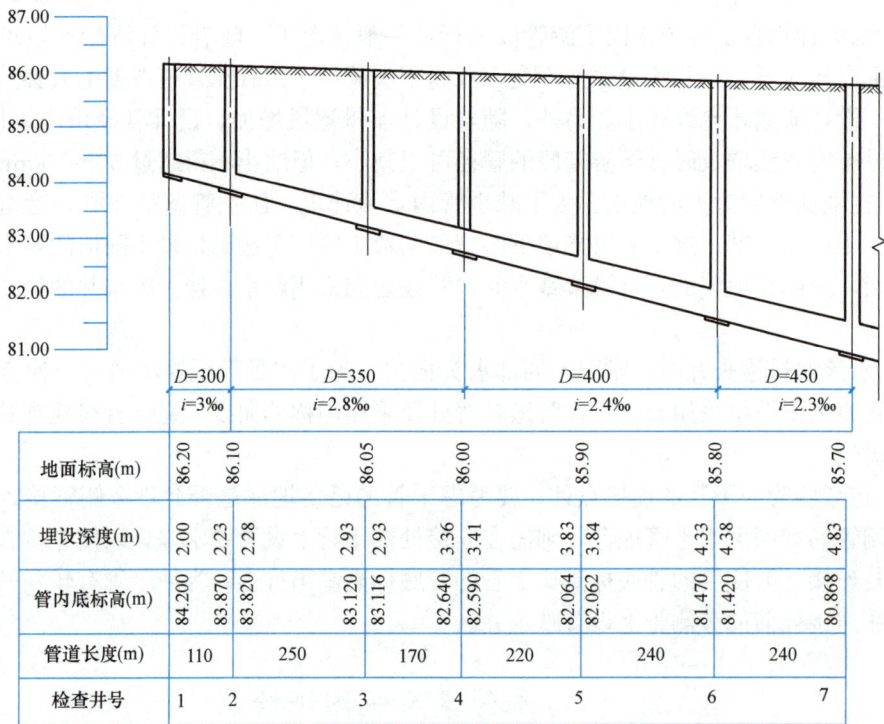

	D=300 i=3‰		D=350 i=2.8‰		D=400 i=2.4‰		D=450 i=2.3‰	
地面标高(m)	86.20	86.10	86.05	86.00	85.90	85.80	85.70	
埋设深度(m)	2.00	2.23 2.28	2.93 2.93	3.36 3.41	3.83 3.84	4.33 4.38	4.83	
管内底标高(m)	84.200	83.870 83.820	83.120 83.116	82.640 82.590	82.064 82.062	81.470 81.420	80.868	
管道长度(m)	110	250	170	220	240	240		
检查井号	1	2	3	4	5	6	7	

图 3-17　主干管纵剖面

污水管道的纵剖面图反映管道沿线的高程位置，它是和平面图相对应的，图上用单线条表示原地面高程线和设计地面高程线，用双线条表示管道高程线，用双竖线表示检查井。图中还应标出沿线支管接入处的位置、管径、高程；与其他地下管线、构筑物或障碍物交叉点的位置和高程；沿线地质钻孔位置和地质情况等。在剖面图的下方有一表格，表中列有检查井号、管道长度、管径、坡度、地面高程、管内底高程、埋深、管道材料、接口形式、基础类型。有时也将流量、流速、充满度等数据注明。采用比例尺，一般横向（1：500）～（1：2000）；纵向（1：50）～（1：200）。对工程量较小，地形、地物较简单的污水管道工程亦可不绘制纵剖面图，只需将管道的管径、坡度、管长、检查井的高程以及交叉点等注明在平面图上即可。图 3-18（a）为与图 3-18（b）对应的管道的纵剖面图。

3.6.3　计算机绘图简介

计算机绘图是以计算机为辅助工具，来实现图形的存储与处理、显示与输出的一项技术。用户可使用高级语言及其中的绘图函数或语句，编写成绘图程序输入计算机，然后由计算机处理程序，输出图形。如 BASIC、FORTRAN、C++等。更为普遍的是，用户使用绘图软件，根据其功能及所要求的操作指令，进行交互式绘图，经计算机处理后输出图形，如 AutoCAD、Pro/E、Inventor 等。AutoCAD 的概念、使用、结构、绘图功能，如画点（Point）、画线（Line）、图块处理、尺寸标注等在给排水科学与工程专业绘图过程中已得到广泛应用。现行的给排水软件主要是在 AutoCAD 平台上开发研制的，这些软件都具有计算机辅助设计给水排水管网计算、自动生成图形等功能。

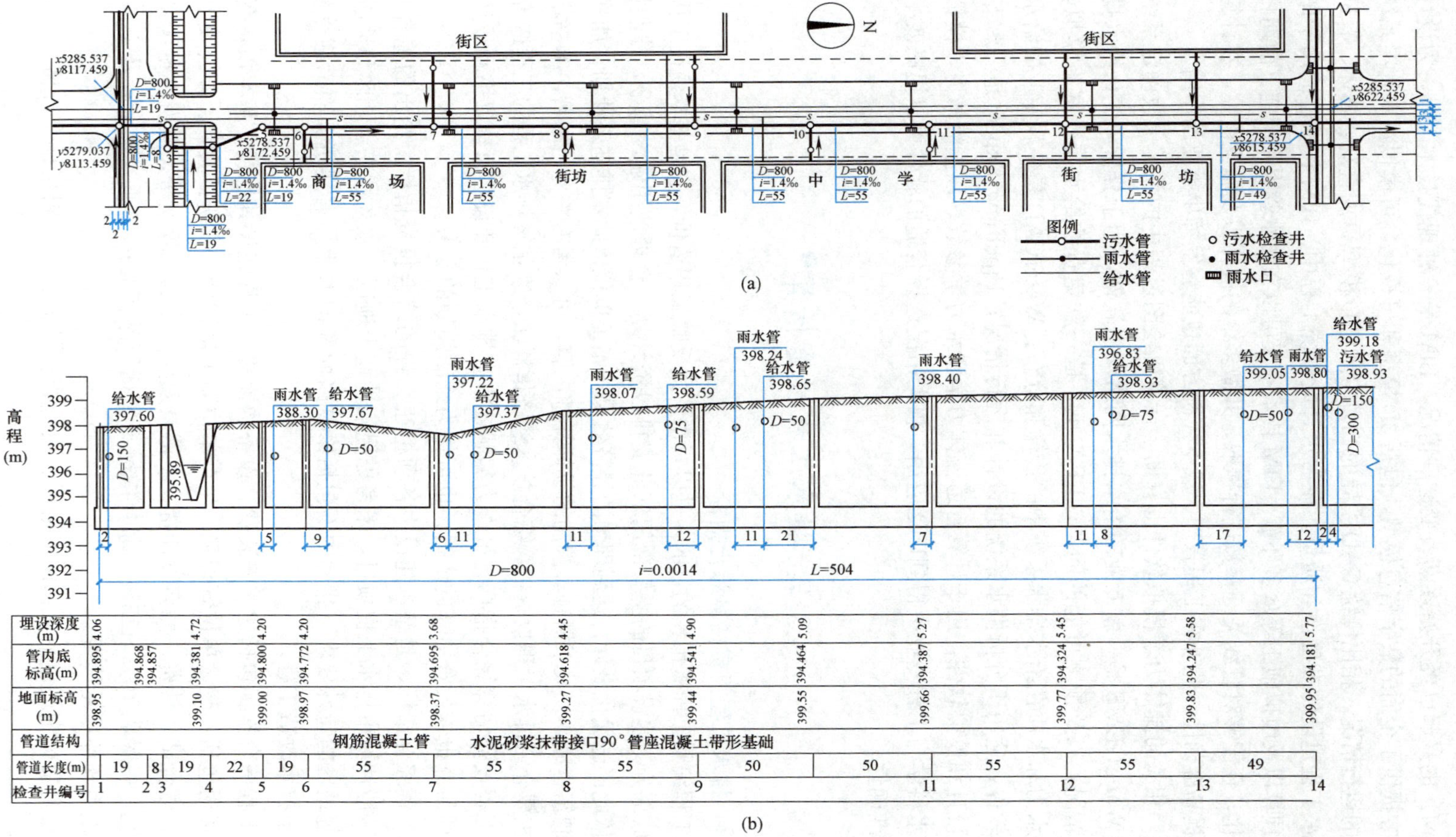

图 3-18 污水管道平、剖面图（扩大初步设计）

在市政行业中，CAD已经成为必不可少的工具。然而，随着行业的发展，建筑信息模型（BIM）的兴起已经开始逐渐改变这一情况。BIM是一种现代技术工具，为设计师和所有相关方提供了全面的数字信息模型，包括3D模型和可视化，可模拟污水管渠系统在实际场景下的运行情况。相比传统CAD主导的2D图纸，3D模型更加直观、具体，有助于提高城市排水工程建设的准确性和质量。在污水管渠系统工程中，BIM技术可应用于图纸识别、工程预算以及虚拟施工等众多环节。BIM技术不仅可以在污水管渠系统施工前期将施工效果可视化，还能够对管线关键参数进行提取，并做多维的模拟以及施工监控，在计算结果方面可以提高准确性，此外在工程管理、成本控制方面也能够发挥出重要的作用。

此外，相关的流体力学模拟软件也有助于计算机绘图过程中的关键参数确定系统模型建立。如WaterGEMS是一款专业的给水排水网络模拟软件，用于分析和优化给水排水系统的运行情况，以及预测可能的问题；EPANET是一款免费的给水排水网络模拟软件，用于分析水力和水质在给水排水系统中的传输和分布；WaterCAD是一款专业的给水排水系统模拟软件，适用于分析供水系统的设计和运行情况；PipeFlow Expert是一款专业的给水排水设计和模拟软件，用于计算管道流体力学和水力学参数。以上流体力学模拟软件都在给排水科学与工程专业中得到广泛应用，根据情况选择合适的软件可以提高效率并确保设计的准确性。

3.7 排水工程投资估算[1]

3.7.1 排水工程投资估算综合指标

排水工程编制工程概预算的目的，是以货币形式反映工程造价，它是基本建设工作中一项重要组成部分。建设项目的主管部门依此安排投资计划，合理使用建设基金，控制投资；设计单位依此促进优化设计，达到理想的经济效果；施工单位依此安排施工计划，加强经济核算，控制工程成本。关于概预算编制的具体详细内容，可参考有关专门书籍，本书不作介绍。本节主要介绍排水工程投资估算综合技术经济指标法，来估算排水工程的工程造价。

排水工程投资估算综合指标，可作为编制或审查排水工程建设项目建议书和设计任务书或可行性研究报告投资估算的依据，也可作为编制规划的参考。

排水工程综合指标，是基本建设中各项枢纽工程的综合投资指标。给出的综合指标，只适用于一般性城市排水工程项目，未考虑湿陷性黄土地区、永久性冻土地区和地质情况十分复杂等地区的特殊要求。指标中不包括修复路面和旧城市原有建筑加固措施等费用，也不适用于技术改造工程。

厂站工程综合指标包括建筑安装费、设备购置费、工程建设其他费、基本预备费。指标中其他费用包括：建设单位管理费、生产单位职工培训费、科研试验费、办公及生活家具购置费、联合试运转费、勘察设计费、工器具及生产家具购置费等。其费率见国家及地方相关规定，一般取10%~15%。综合指标不包括厂站工程的三通一平工程及土地征用安置费，租用及各项赔偿费。

综合投资指标中还包括了：设备指标、用地指标及人工、材料指标、机械台班指标。

---

[1] 本节主要参考《市政工程投资估算指标》（第四册排水工程）（2008年中国计划出版社）编写。

综合投资指标是基本建设中的单位投资费用。

设备指标是按主要设备的功率计算（不包括备用设备）；用地指标是按生产所必需的土地面积，不包括预留远期发展及卫生防护地带用地；人工指标是指基本建设所需的实耗工日，即预算定额中规定的人工工日数；材料指标是按预算定额用量计算；机械台班指标是按照使用的主要机械台班次计量。

3.7.2 排水工程投资估算方法

根据综合指标估算排水工程工程造价时，其计算办法如下：

（1）排水工程综合指标：一般分为 3 种。

1）污水工程综合指标，其中分污水管道（见附录 5-1）和污水处理厂（见附录 5-4）。污水处理厂的结构标准：构筑物及生产性建筑物为钢筋混凝土结构，辅助性建筑物及非生产性建筑物以混合结构为主、钢筋混凝土结构为辅。

2）雨水管（渠）综合指标（见附录 5-2）。

3）排水泵站综合指标，其中分污水泵站和雨水泵站（见附录 5-3）。

（2）指标的计算单位：污水处理厂工程指标单位以设计平均日污水量（m^3/d）计算；雨水工程以泄水面积（hm^2）计算；污、雨水泵站以设计最高时水量（L/s）计算；排水管、渠道工程由于长度不同时对投资影响较大，故以水量、长度综合指标计算 $[m^3/(d \cdot km)]$，各段水量不同时应分段计算。

（3）综合指标的数值：上限一般适用于工程地质条件较差、地形起伏变化较复杂、技术要求较高、施工条件差等情况；下限适用于工程比较简易、地质条件较好、地形变化不大、技术要求不高及施工条件较好的情况。

（4）指标调价：系按北京地区 2004 年工料预算价格及费率标准编制的，各地在选用指标时必须根据当地物价进行价差调整，不得直接套用。

思 考 题

1. 什么叫居民生活污水定额？其值应如何确定？

2. 什么叫污水量的日变化、时变化、总变化系数？居住区生活污水量总变化系数为什么随污水平均日流量的增大而减小？

3. 通常采用什么方法计算城市污水设计总流量？这种计算方法有何优缺点？

4. 污水管道中的水流是否为均匀流？污水管道的水力计算为什么仍采用均匀流公式？

5. 在污水管道进行水力计算时，为什么要对设计充满度、设计流速、最小管径和最小设计坡度作出规定？是如何规定的？

6. 污水管道的覆土厚度和埋设深度是否为同一含义？污水管道设计时为什么要限定覆土厚度的最小值？

7. 污水管道定线的一般原则和方法是什么？

8. 何谓污水管道系统的控制点？通常情况下应如何确定其控制点的高程？

9. 当污水管道的埋设深度已接近最大允许埋深而管道仍需继续向前埋设时，一般应采取什么措施？

10. 什么叫设计管段？如何划分设计管段？每一设计管段的设计流量可能包括哪几部分？

11. 污水设计管段之间有哪些衔接方法？衔接时应注意些什么问题？

12. 试归纳总结污水管道水力计算的方法步骤，水力计算的目的是什么？水力计算要注意些什么问题？

习 题

1. 某肉类联合加工厂每天宰杀活牲畜 258t，废水量定额 8.2m³/t 活畜，总变化系数 1.8，三班制生产，每班 8h。最大班职工人数 560 人，其中在高温及污染严重车间工作的职工占总数的 50%，使用淋浴人数按 85% 计，其余 50% 的职工在一般车间工作，使用淋浴人数按 40% 计。工厂居住区面积 9.5hm²，人口密度 580 人/hm²，生活污水定额 160L/(人·d)，各种污水由管道汇集送至污水处理站，试计算该厂的最大时污水设计流量。

2. 图 3-19 为某工厂工业废水干管平面图，图上注明各废水排出口的位置，设计流量以及各设计管段的长度，检查井处的地面标高。排出口 1 的管底标高为 218.9m，其余各排出口的埋深均不得小于1.6m。该地区土壤无冰冻。要求列表进行干管的水力计算，并将计算结果标注在平面图上。

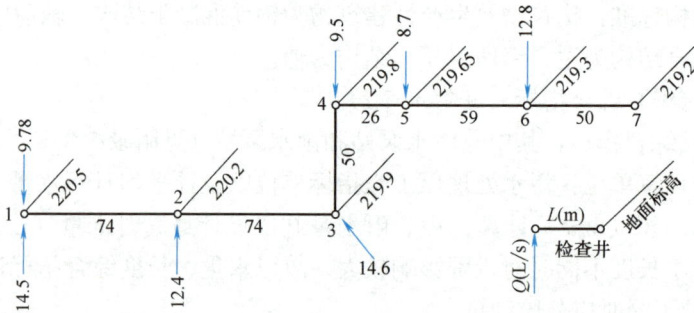

图 3-19　某工厂工业废水干管平面

3. 试根据图 3-20 所示的小区平面图，布置污水管道，并从工厂接管点至污水处理厂进行管段的水力计算，绘出管道平面图和纵断面图。已知：

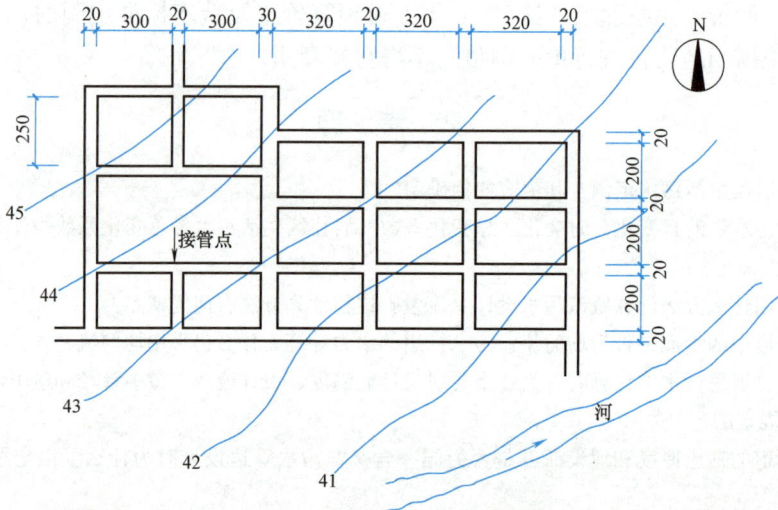

图 3-20　小区平面图（单位：m）

(1) 人口密度为 400 人/hm²；

(2) 生活污水定额 140L/(人·d)；

(3) 工厂的生活污水和淋浴污水设计流量分别为 8.24L/s 和 6.84L/s，生产污水设计流量为 26.4L/s，工厂排出口地面标高为 43.5m，管底埋深不小于 2m，土壤冰冻深为 0.8m；

(4) 沿河岸堤坝顶标高 40m。

第 4 章　雨水管渠系统

我国地域广阔，气候差异大，年降雨量分布很不均匀，大体上从东南沿海的年平均 1600mm 向西北内陆递减至 200mm 以下。长江以南地区，雨量充沛，年降雨量均在 1000mm 以上。但是全年雨水的绝大部分多集中在夏季降落，且常有大雨或暴雨，从而在极短时间内形成大量的地面径流，若不能及时地进行排除，便会造成巨大的内涝危害。

雨水管渠系统是由雨水口、雨水管渠、检查井、出水口等构筑物所组成的一整套工程设施。雨水管渠系统的任务就是及时地汇集，并排除暴雨形成的地面径流，防止城市居住区与工业企业受淹，以保障城市人民的生命安全和生活生产的正常秩序。

在雨水管渠系统中，管渠是主要的组成部分。所以合理、经济地进行雨水管渠设计具有很重要的意义。

雨水管渠设计的主要内容包括：

（1）确定当地暴雨强度公式；

（2）划分排水流域，进行雨水管渠的定线，确定可能设置的调蓄池、泵站位置；

（3）根据当地气象与地理条件，工程要求等确定设计参数；

（4）计算设计流量和进行水力计算，确定每一设计管段的断面尺寸、坡度、管底标高及埋深；

（5）绘制管渠平面图及纵剖面图。

4.1　雨量分析与暴雨强度公式

任何一场暴雨都可用自记雨量计记录中的两个基本数值（降雨量和降雨历时）表示其降雨过程。通过对降雨过程的多年（一般具有 20 年以上）资料的统计和分析，找出表示暴雨特征的降雨历时、暴雨强度与降雨重现期之间的相互关系，作为雨水管渠设计的依据。这就是雨量分析的目的。

4.1.1　雨量分析的几个要素

本课程将着重分析降雨量、降雨历时、暴雨强度、降雨面积、降雨频率和重现期之间的相互关系及其应用。

1. 降雨量（rainfall）

降雨量是指降雨的绝对量，即降雨深度。用 H 表示，单位以"mm"计。也可用单位面积上的降雨体积（L/hm²）表示。在研究降雨量时，很少以一场雨为对象，而常以单位时间表示。

年平均降雨量：指多年观测所得的各年降雨量的平均值。

月平均降雨量：指多年观测所得的各月降雨量的平均值。

年最大日降雨量：指多年观测所得的一年中降雨量最大一日的绝对量。

2. 降雨历时（duration of rainfall）

降雨历时是指连续降雨的时段，可以指一场雨全部降雨的时间，也可以指降雨过程中个别的连续时段。

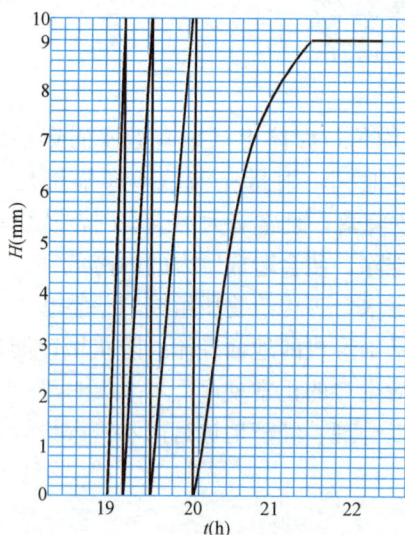

图 4-1　自记雨量记录

用 t 表示，以"min"或"h"计，从自记雨量记录纸（见图 4-1）上读得。

3. 暴雨强度（rainfall intensity）

暴雨强度是指某一连续降雨时段内的平均降雨量，即单位时间的平均降雨深度，用 i 表示。

$$i = \frac{H}{t}(\text{mm/min})$$

在工程上，常用单位时间内单位面积上的降雨体积 q $[\text{L}/(\text{s} \cdot \text{hm}^2)]$[1] 表示。$q$ 与 i 之间的换算关系是将每分钟的降雨深度换算成每公顷面积上每秒钟的降雨体积，即：

$$q = \frac{10000 \times 1000i}{1000 \times 60} = 167i$$

式中　q——暴雨强度 $[\text{L}/(\text{s} \cdot \text{hm}^2)]$；

167——换算系数。

暴雨强度是描述暴雨特征的重要指标，也是决定雨水设计流量的主要因素。所以有必要研究暴雨强度与降雨历时之间的关系。在一场暴雨中，暴雨强度是随降雨历时变化的。如果所取历时长，则与这个历时对应的暴雨强度将小于短历时对应的暴雨强度。在推求暴雨强度公式时，降雨历时常采用 5min、10min、15min、20min、30min、45min、60min、90min、120min、150min、180min 11 个时段。另外从图 4-1 可知，自记雨量曲线实际上是降雨量累积曲线。曲线上任一点的斜率表示降雨过程中任一瞬时的强度，称为瞬时暴雨强度。由于曲线上各点的斜率是变化的，表明暴雨强度是变化的。曲线越陡，暴雨强度越大。因此，在分析暴雨资料时，必须选用对应各降雨历时的最陡那段曲线，即最大降雨量。但由于在各降雨历时内每个时刻的暴雨强度也是不同的，因此计算出的各历时的暴雨强度称为最大平均暴雨强度。表 4-1 所列最大平均暴雨强度是根据图 4-1 整理的结果。

4. 降雨面积和汇水面积（rainfall area，catchment area）

降雨面积是指降雨所笼罩的面积，汇水面积是指雨水管渠汇集雨水的面积。用 F 表示，以"hm^2"或"km^2"计。

任一场暴雨在降雨面积上各点的暴雨强度是不相等的，就是说，降雨是非均匀分布的。但城镇或工厂的雨水管渠或排洪沟汇水面积较小，一般小于 100km^2，最远点的集水时间不至超过 60min 到 120min。在这种小汇水面积上降雨不均匀分布的影响较小。因此，可假定降雨在整个小汇水面积内是均匀分布，即在降雨面积内各点的 i 相等。从而可以认为，自记雨量计所测得的点雨量资料可以代表整个小汇水面积的面雨量资料，即不考虑降雨在面积上的不均匀性。

---

[1]　$1\text{hm}^2 = 10000\text{m}^2$。

降雨历时 t(min)	降雨量 H(mm)	暴雨强度 i(mm/min)	所选时段	
			起	止
5	6.0	1.20	19：07	19：12
10	10.2	1.02	19：04	19：14
15	12.3	0.82	19：04	19：19
20	15.5	0.78	19：04	19：24
30	20.2	0.67	19：04	19：34
45	24.8	0.55	19：04	19：49
60	29.5	0.49	19：04	20：04
90	34.8	0.39	19：04	20：34
120	37.9	0.32	19：04	21：04

5. 降雨的频率和重现期

我们通常只研究自然现象中的必然规律，而概率论与数理统计学则研究自然现象的偶然性。在一定条件下可能发生，也可能不发生，或按另外的样子发生的事情，叫作偶然事件。例如，每年夏季降雨最多这一现象几乎在大多数地方都存在，但对未来长期气象情势作出正确预报尚有困难时，具体到某地究竟降多大的雨，只能看成是偶然事件。通过大量观测知道，偶然事件也有一定的规律性，例如，通过观测可知，特大的雨和特小的雨一般出现的次数很少，即出现的可能性小。这样就可以利用长期观测的资料，用统计方法对未来的情况作出估计，找出偶然事件变化的规律，作为工程设计的依据。

（1）暴雨强度的频率（rainfall frequency）

某一大小的暴雨强度出现的可能性，和水文现象中的其他特征值一样，一般不是预知的。因此，需通过对以往大量观测资料的统计分析，计算其发生的频率去推论今后发生的可能性。某特定值暴雨强度的频率是指等于或大于该值的暴雨强度出现的次数 m 与观测资料总项数 n 之比的百分数，即 $P_n = \dfrac{m}{n} \times 100\%$。

观测资料总项数 n 为降雨观测资料的年数 N 与每年选入的平均雨样数 M 的乘积。若每年只选一个雨样（年最大值法选样），则 $n = N$。$P_n = \dfrac{m}{N} \times 100\%$，称为年频率式。若平均每年选入 M 个雨样数（一年多次法选样），则 $n = NM$，$P_n = \dfrac{m}{NM} \times 100\%$ 称为次频率式。从公式可知，频率小的暴雨强度出现的可能性小，反之则大。

这一定义的基础是假定降雨观测资料年限非常长，可代表降雨的整个历史过程。但实际上是不可能的，实际上只能取得一定年限内有限的暴雨强度值，因而 n 是有限的。因此，按上面公式计算得出的暴雨强度的频率，只能反映一定时期内的经验，不能反映整个降雨的规律，故称为经验频率。从公式看出，对最末项暴雨强度来说，其频率 $P_n = 100\%$，这显然是不合理的，因为无论所取资料年限有多长，终不能代表整个降雨的历史过程，现在观测资料中的极小值，就不是整个历史过程的极小值。因此，水文计算常采用公式 $P_n = \dfrac{m}{N+1} \times 100\%$ 计算年频率，用公式 $P_n = \dfrac{m}{NM+1} \times 100\%$ 计算次频率。如果观测资料的年限越长，经验频率出现的误差也就越小。

《室外排水设计标准》GB 50014—2021 规定，在编制暴雨强度公式时必须具有 20 年以上自记雨量记录。在自记雨量记录纸上，按降雨历时为 5min、10min、15min、20min、30min、45min、60min、90min、120min、150min、180min，每年选择 6～8 场最大暴雨记录，计算暴雨强度 i 值。将历年各历时的暴雨强度按大小次序排列，并不论年次选择年数的 3～4 倍的最大值作为统计的基础资料。例如，某市有 30 年自记雨量记录。按规定，每年选择了各历时的最大暴雨强度值 6～8 个，然后将历年各历时的暴雨强度不论年次而按大小排列，最后选取了资料年数 4 倍共 120 组各历时的暴雨强度排列成表 4-2。根据公式 $P_n = \dfrac{m}{NM+1} \times 100\%$ 计算各强度组的经验频率。式中的 m 为各强度组的序号数，也就是等于或大于该强度组的暴雨强度出现的次数。NM 值为参与统计的暴雨强度的序号总数，本例的序号总数 NM 为 120。

（2）暴雨强度的重现期（return period rainfall）

频率这个名词比较抽象，为了通俗起见，往往用重现期等效地代替频率一词。

某特定值暴雨强度的重现期是指等于或大于该值的暴雨强度可能出现一次的平均间隔时间，单位用年（a）表示。重现期 P 与频率互为倒数，即：$P = \dfrac{1}{P_n}$。

按年最大值法选样时，第 m 项暴雨强度组的重现期为其经验频率的倒数，即重现期 $P = \dfrac{1}{P_n} = \dfrac{N+1}{m}$（a）。按一年多次法选样时，第 m 项暴雨强度组的重现期 $P = \dfrac{NM+1}{m}$（a）。

某市 1953～1983 年各历时暴雨强度统计表　　　　　　　　　　　表 4-2

序号	t(min)									经验频率 P_n(%)
	5	10	15	20	30	45	60	90	120	
1	3.82	2.82	2.28	2.18	1.71	1.48	1.38	1.08	0.97	0.83
2	3.60	2.80	2.18	2.11	1.67	1.38	1.37	1.08	0.97	1.65
3	3.40	2.66	2.04	1.80	1.64	1.36	1.30	1.07	0.91	2.48
4	3.20	2.50	1.95	1.75	1.62	1.33	1.24	1.06	0.86	3.31
5	3.02	2.21	1.93	1.75	1.55	1.29	1.23	0.93	0.79	4.13
6	2.92	2.19	1.93	1.65	1.45	1.25	1.18	0.92	0.78	4.96
7	2.80	2.17	1.88	1.65	1.45	1.22	1.05	0.90	0.77	5.79
8	2.60	2.12	1.87	1.63	1.43	1.18	1.01	0.80	0.75	6.61
9	2.60	2.11	1.85	1.63	1.43	1.14	1.00	0.77	0.73	7.44
10	2.60	2.09	1.83	1.61	1.43	1.11	0.99	0.76	0.72	8.26
11	2.58	2.08	1.80	1.60	1.33	1.11	0.99	0.76	0.61	9.09
12	2.56	2.00	1.76	1.60	1.32	1.10	0.99	0.76	0.61	9.92
13	2.56	1.96	1.73	1.53	1.31	1.08	0.98	0.74	0.60	10.74
14	2.54	1.96	1.71	1.52	1.27	1.07	0.98	0.71	0.59	11.57
15	2.50	1.95	1.65	1.48	1.26	1.02	0.96	0.70	0.58	17.40
16	2.40	1.94	1.60	1.47	1.25	1.02	0.95	0.69	0.58	13.22
17	2.40	1.94	1.60	1.45	1.23	1.02	0.95	0.69	0.57	14.05
18	2.34	1.92	1.58	1.44	1.23	0.99	0.91	0.67	0.57	14.88
19	2.26	1.92	1.56	1.43	1.22	0.97	0.89	0.67	0.57	15.70
20	2.20	1.90	1.53	1.40	1.20	0.96	0.89	0.66	0.54	16.53
21	2.12	1.90	1.53	1.38	1.17	0.96	0.88	0.64	0.53	17.36
22	2.06	1.83	1.51	1.38	1.15	0.95	0.86	0.64	0.53	18.18

序号	t（min）									经验频率 P_n（%）
	5	10	15	20	30	45	60	90	120	
23	2.04	1.81	1.51	1.36	1.15	0.94	0.85	0.63	0.53	19.00
24	2.02	1.79	1.50	1.36	1.15	0.94	0.83	0.63	0.53	19.53
25	2.02	1.79	1.50	1.36	1.15	0.93	0.83	0.63	0.53	20.66
26	2.00	1.78	1.49	1.35	1.12	0.92	0.83	0.61	0.53	21.49
27	2.00	1.74	1.47	1.34	1.12	0.91	0.81	0.61	0.52	22.31
28	2.00	1.67	1.45	1.31	1.11	0.91	0.80	0.61	0.52	23.14
29	2.00	1.66	1.43	1.31	1.11	0.90	0.78	0.60	0.51	23.97
30	2.00	1.65	1.40	1.27	1.11	0.90	0.78	0.59	0.50	24.79
31	2.00	1.60	1.38	1.26	1.10	0.90	0.77	0.59	0.50	25.62
⋮	⋮	⋮	⋮	⋮	⋮	⋮	⋮	⋮	⋮	⋮
58	1.60	1.35	1.13	0.99	0.88	0.70	0.61	0.48	0.40	47.93
59	1.60	1.32	1.13	0.99	0.86	0.70	0.60	0.47	0.40	48.76
60	1.60	1.30	1.13	0.99	0.85	0.68	0.60	0.47	0.40	49.59
⋮	⋮	⋮	⋮	⋮	⋮	⋮	⋮	⋮	⋮	⋮
90	1.24	1.06	0.92	0.84	0.70	0.58	0.51	0.40	0.34	74.38
91	1.24	1.05	0.90	0.83	0.69	0.58	0.50	0.40	0.34	75.21
⋮	⋮	⋮	⋮	⋮	⋮	⋮	⋮	⋮	⋮	⋮
118	1.10	0.95	0.77	0.71	0.61	0.50	0.44	0.33	0.28	97.52
119	1.08	0.95	0.77	0.70	0.60	0.50	0.44	0.33	0.28	98.35
120	1.08	0.94	0.76	0.70	0.60	0.50	0.44	0.33	0.27	99.17

按一年多次法选样统计暴雨强度时，一般可根据所要求的重现期，按上述公式算出该重现期的暴雨强度组的序号数 m。表 3-2 统计资料中，相应于重现期 30 年、15 年、10 年、5 年、3 年、2 年、1 年、0.5 年的暴雨强度组分别排列在表中的第 1、第 2、第 3、第 6、第 10、第 15、第 30、第 60 项。

4.1.2 暴雨强度公式

暴雨强度公式是在各地自记雨量记录分析整理的基础上，按一定的方法推求出来的。推求的方法参见附录 6-1。具体实例可参见《给水排水设计手册》第 5 册有关部分。暴雨强度公式是暴雨强度 i（或 q）、降雨历时 t、重现期 P 三者间关系的数学表达式，是设计雨水管渠的依据。我国常用的暴雨强度公式形式为：

$$q = \frac{167A_1(1+c\lg P)}{(t+b)^n} \qquad (4-1)$$

式中　　q——设计暴雨强度 $[L/(s \cdot hm^2)]$；

　　　　P——设计重现期（a）；

　　　　t——降雨历时（min）；

A_1，c，b，n——地方参数，根据统计方法进行计算确定。

具有 20 年以上自动雨量记录的地区，排水系统设计暴雨强度公式，应采用年最大值法，见式（4-2）和式（4-3）。

当 $b=0$ 时，

$$q = \frac{167A_1(1+c\lg P)}{t^n} \qquad (4-2)$$

当 $n=1$ 时，

$$q = \frac{167A_1(1+c\lg P)}{t+b} \qquad (4-3)$$

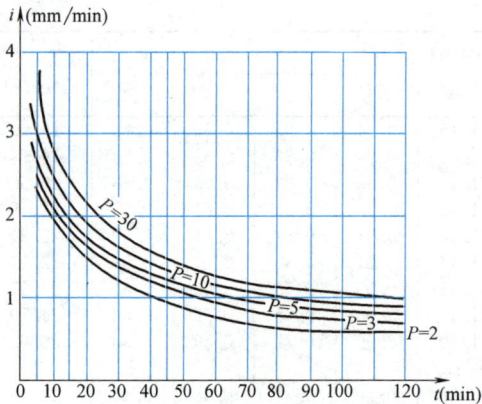

图 4-2　暴雨强度曲线

附录 7 收录了我国若干城市的暴雨强度公式，可供计算雨水管渠设计流量时选用。目前我国尚有一些城镇无暴雨强度公式，当这些城镇需设计雨水管渠时，可选用附近地区城市暴雨强度公式。或在当地气象台站收集自记雨量记录（一般不少于 20 年），按前述暴雨资料整理方法，最后得出如表 4-2 所示的该地各历时暴雨强度统计表，然后计算出各序号强度组的重现期。有了这一基础资料，可在普通坐标纸或对数坐标纸上作图。方法是以降雨历时 t 为横坐标，暴雨强度 i（或 q）为纵坐标，将所选用的几个重现期的各历时的暴雨强度值点出，然后将重现期相同的各历时的暴雨强度 i_5、i_{10}、i_{15}、i_{20}、i_{30}、i_{45}、i_{60}、i_{90}、i_{120} 各点连成光滑的曲线。这些曲线表示暴雨强度 i、降雨历时 t 和重现期 P 三者之间的关系，称为暴雨强度曲线。每一条曲线上各历时对应的暴雨强度的重现期相同。图 4-2 的暴雨强度曲线就是根据表 4-2 的资料绘制的。这种经验频率强度曲线精度虽不太高，但方法简单，用于重现期要求不高的雨水管渠的设计，使用也较为方便。

目前我国各地已积累了完整的自动雨量记录资料，可采用数理统计法计算确定暴雨强度公式。水文统计学的取样方法有年最大值法和非年最大值法两类，国际上的发展趋势是采用年最大值法。日本在具有 20 年以上雨量记录的地区采用年最大值法，在不足 20 年雨量记录的地区采用非年最大值法，年多个样法是非年最大值法中的一种。由于以前国内自记雨量资料不多，因此多采用年多个样法。现在我国许多地区已具有 40 年以上的自记雨量资料，具备采用年最大值法的条件。所以，规定具有 20 年以上自动雨量记录的地区，应采用年最大值法。

4.2　雨水管渠设计流量的确定

雨水设计流量是确定雨水管渠断面尺寸的重要依据。城镇和工厂中排除雨水的管渠，由于汇集雨水径流的面积较小，所以可采用小汇水面积上其他排水构筑物计算设计流量的推理公式来计算雨水管渠的设计流量。

4.2.1　雨水管渠设计流量计算公式

雨水设计流量按式（4-4）计算：

$$Q = \psi q F \tag{4-4}$$

式中　Q——雨水设计流量（L/s）；

　　　　ψ——径流系数，其数值小于 1；

　　　　F——汇水面积（hm^2）；

　　　　q——设计暴雨强度 $[L/(s \cdot hm^2)]$。

式（4-4）是根据一定的假设条件，由雨水径流成因加以推导而得出的，是半经验半理论的公式，通常称为推理公式。该公式用于小流域面积计算暴雨设计流量，已有一百多年的历史，至今仍被国内外广泛使用。

1. 地面点上产流过程

降雨发生后，部分雨水首先被植物截留。在地面开始受雨时，因地面比较干燥，雨水渗入土壤的入渗率（单位时间内雨水的入渗量）较大，而降雨起始时的强度还小于入渗率，这时雨水被地面全部吸收。随着降雨时间的增长，当降雨强度大于入渗率后，地面开始产生余水，待余水积满洼地后，这时部分余水产生积水深度，部分余水产生地面径流（称为产流）。在降雨强度增至最大时相应产生的余水率亦最大。此后随着降雨强度的逐渐减小，余水率亦逐渐减小，当降雨强度降至与入渗率相等时，余水现象停止。但这时有地面积水存在，故仍产生径流，入渗率仍按地面入渗能力渗漏，直至地面积水消失，径流才终止，而后洼地积水逐渐渗完。渗完积水后，地面实际渗水率将按降雨强度渗漏，直到雨终。以上过程可用图 4-3 表示。

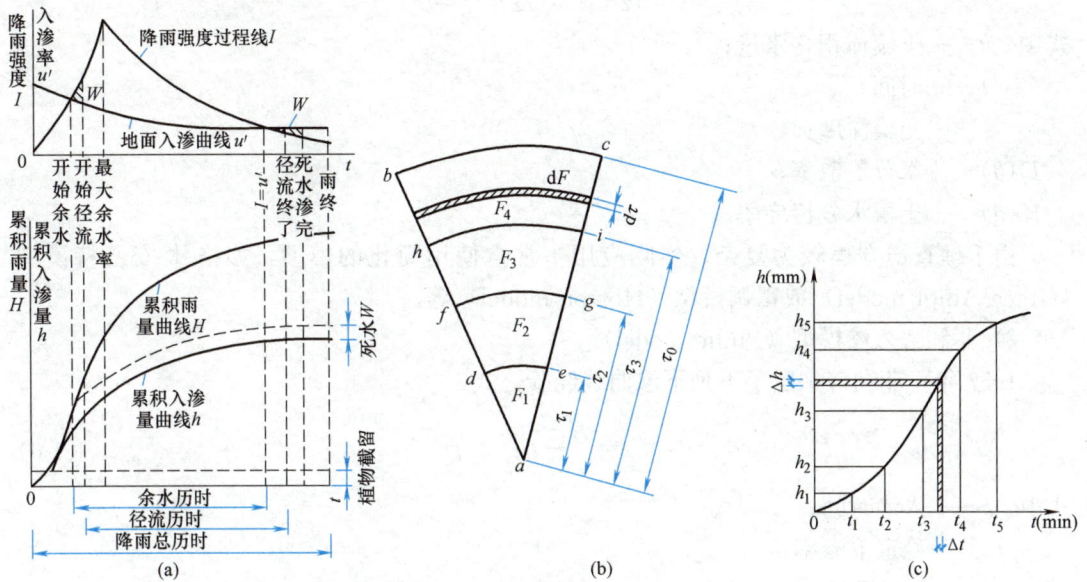

图 4-3　降雨-产流—汇流过程示意图

（a）地面点上产流过程；（b）流域汇流过程示意；（c）降雨过程曲线

2. 入渗

入渗是研究水分从孔隙介质表面进入孔隙介质内部的过程的学科。孔隙介质包括土壤、岩石等各种多孔介质和裂隙介质。入渗过程研究对农业生产、水土保持、环境保护和水资源管理等方面具有重要意义。

影响入渗的因素有很多，主要包括土壤特性（如土壤类型、土壤结构、土壤湿度等）、土地利用方式（如耕地、草地和森林等）、植被覆盖（如植被种类、植被密度和植被生长状况等）和降雨特性（如降雨量、降雨强度和降雨持续时间等）。

（1）入渗速率：是指单位时间内水分进入土壤的量，通常以 mm/h 表示。入渗速率受到土壤类型、土壤结构、土壤湿度、土地利用方式、植被覆盖和降雨强度等因素的影响。

（2）入渗容量：是指土壤在特定时间内能够吸收的最大水量。入渗容量受到土壤类型、土壤湿度、土地利用方式和降雨强度等因素的影响。了解入渗容量有助于制定合理的水资源管理策略，防止水土流失和洪水灾害。

（3）非饱和入渗：是指土壤未达到饱和状态时的水流入渗过程。在这种情况下，土壤孔隙中同时存在空气和水。非饱和入渗主要关注土壤水分的动态变化，以及水分如何在土壤孔隙中移动。非饱和入渗的理论模型通常包括理查德方程（Richard's equation）、菲利普斯入渗模型（Philip model）、格林-安普特模型（Green-Ampt model）、霍顿模型（Horton model）、科斯加科夫模型（Kostiakov model）等，这些模型可以用来预测不同条件下的入渗速率。

1）理查德方程（Richard's equation）

这是一个非线性微分方程，描述了土壤水分随时间和深度的变化。

$$\frac{\partial \theta}{\partial t} = \frac{\partial}{\partial z}\left(D(\theta)\frac{\partial \theta}{\partial z}\right) + \frac{\partial K(\theta)}{\partial z} \tag{4-5}$$

式中　θ——土壤体积含水量；

　　　t——时间；

　　　z——土壤深度；

　　$D(\theta)$——水分扩散率；

　　$K(\theta)$——土壤水分传导率。

由于理查德方程较为复杂，实际应用中常常使用简化的模型，如格林-安普特模型（Green-Ampt model）或霍顿模型（Horton model）等。

2）菲利普入渗模型（Philip model）

1957年，菲利普拟定了下列下渗曲线经验公式：

$$f_P = \sqrt{\frac{a}{2}}\, t^{-\frac{1}{2}} + f_c \tag{4-6}$$

式中　t——入渗时间；

　　　f_c——稳定下渗率；

　　　a——经验系数。

该模型基于扩散理论，考虑了土壤湿润锋（湿润带与原来的干土交界面）的移动和土壤水分含量的变化，适用于初始阶段和过渡阶段的入渗过程，特别是在土壤湿润程度不均匀或土壤结构复杂的情况下。

3）格林-安普特模型（Green-Ampt model）

1911年，格林、安普特以毛细管理论为基础，提出了具有相同初始含水量的均质土壤下渗方程。Green-Ampt入渗模型的特点是对下垫面是否存在积水两种情况采用不同的计算方式。当地面没有积水时，降雨全部下渗；当渗透率小于或等于降雨强度时，采用Green-Ampt公式计算下渗量：

$$f = K_{sl}\frac{h_0 + h_f + z_f}{z_f} \tag{4-7}$$

式中　f——入渗率（cm/min）；

　　K_{sl}——土壤饱和导水率（cm/min），主要取决于土壤封闭空气对入渗的影响程度；

　　　h_0——土壤表面积水深度（cm）；

h_f——湿润锋面吸力（cm）；

z_f——概化的湿润锋深度（cm）。

概化湿润锋深度可根据累计入渗量确定：

$$I = (\theta_n - \theta_0) z_f \tag{4-8}$$

式中　I——累计入渗量（cm）；

θ_n——土壤饱和含水量（cm^3/cm^3）；

θ_0——土壤初始含水量（cm^3/cm^3）；

z_f——概化的湿润锋深度（cm）。

格林-安普特模型对土壤资料的要求很高。

4）霍顿模型（Horton model）

1932年，霍顿在研究降雨产流时，假设入渗速率随时间的变化呈指数衰减，最终达到一个稳定值，即著名的下渗经验公式：

$$f_P = f_c + (f_0 - f_c)e^{-kt} \tag{4-9}$$

式中　f_0——初始下渗容量；

f_c——稳定下渗率；

k——经验参数。

霍顿模型（Horton model）适用于大多数土壤类型，特别是在土壤结构较为均匀、土地利用方式变化不大的情况下。

5）科斯加科夫模型（Kostiakov model）

1931年，苏联学者科斯加科夫给出了下列形式的下渗曲线经验公式：

$$f_P = \sqrt{\frac{a}{2}} t^{-\frac{1}{2}} \tag{4-10}$$

式中　a——经验系数；

t——入渗时间。

该公式是一个经验公式，形式简单，但参数需要通过实验数据来确定，适用于简单的土壤类型和降雨条件，特别是在需要快速估算入渗能力时。

6）SCS-CN模型

SCS-CN模型是美国农业部水土保持局（USDA-SCS）对不同地区小流域降雨径流资料经过多年分析研究得出的一个经验模型。这种方法假设土壤的总渗入能力来自土壤的表格化曲线数。总渗入能力作为累积降雨和剩余渗入能力的函数，在降雨事件过程中会随着时间不断下降。曲线数入渗模型需要确定并输入的参数为曲线数和彻底排干完全饱和土壤中的水所需要的时间。

Victor Mockus于1949年提出了基于土壤、土地利用、前期降水、暴雨过程以及年均温度对无观测流域的地表径流进行预测，将降雨-径流关系表达为以下形式：

$$PE = \frac{(P - I_a)^2}{(P - I_a + S)} \tag{4-11}$$

式中　PE——累积有效降雨量（mm）；

P——累积降雨量（mm）；

I_a——初始损失（mm）；

S——流域最大可能滞留量（mm）。

在 SCS 模型中，I_a 与 S 之间的关系常采用经验公式近似确定：

$$I_a = 0.2S \tag{4-12}$$

故又可以转换成：

$$PE = \frac{(P - 0.2S)^2}{(P + 0.8S)} \tag{4-13}$$

由于只反映了流域下垫面状况而不反映降雨过程，因此该模型只适用于大流域。

（4）饱和入渗（饱和渗透）：是指土壤孔隙全部被水分填满后，水分以稳定速率通过土壤孔隙的现象。法国工程师达西（Henri Darcy）在分析大量实验结果的基础上于 1856 年总结出了入渗水头损失与入渗速率、流量之间的基本关系，即达西定律（Darcy's law）：

$$v = K_s \cdot i \tag{4-14}$$

式中　v——饱和入渗速率；

　　K_s——渗透系数（土壤饱和时的水分传导能力）；

　　i——水力坡度（单位管道长度上的水头损失）。

在实际应用中，渗透系数 K_s 可采用经验估算法确定，也可通过实验室渗透试验或现场渗透试验来测定，此外，还可参考有关规范和已建工程的资料确定 K_s 值。饱和入渗速率可通过渗透仪进行测量。

各类土壤的渗透系数 K_s 参考值见表 4-3。

水在土壤中的渗透系数概值　　　　　　　　　　　　　　　　　表 4-3

土壤类型	渗透系数 K_s(cm/s)	土壤类型	渗透系数 K_s(cm/s)
黏土	6×10^{-6}	粉质黏土	$6 \times 10^{-6} \sim 1 \times 10^{-4}$
黄土	$(3 \sim 6) \times 10^{-4}$	卵石	$(1 \sim 6) \times 10^{-1}$
细砂	$6 \times 10^{-6} \sim 1 \times 10^{-3}$	粗砂	$(2 \sim 6) \times 10^{-2}$

实验表明，随着入渗速率的增大，饱和入渗速率与水力坡度的线性关系将不再成立，达西定律是有一定的适用范围的。根据实验，达西定律的适用范围是：

$$Re \leqslant 1 \sim 10$$

式中　Re——雷诺数。

3. 流域上汇流过程

汇流过程是指子汇水面积的净雨（区域内降水量扣除入渗量，不透水区域需再扣除蒸发量）汇集到出水口。

SWMM 模型将每一个子汇水面积内的不同表面处理为非线性水库来进行地表径流汇流的非线性演算，通过联立求解连续性方程和曼宁公式得到每个时间步长 Δt 末的瞬时出流量，从而描述整个汇流过程。

$$\frac{\partial d}{dt} = i - e - f - q \tag{4-15}$$

式中　d——水深（m）；

　　i——降雨＋融雪速率（m/s）；

　　e——表面蒸发速率（m/s）；

f——下渗速率（m/s）；

q——径流量（m/s）；

t——时间（s）；

$$Q = L\frac{1.49}{n}(d-d_{\mathrm{p}})^{5/3} \cdot S^{1/2} \tag{4-16}$$

式中　Q——径流容积流量（$\mathrm{m^3/s}$）；

　　　L——汇水区特征宽度（m）；

　　　S——汇水区平均坡度（m/m）；可利用数字高程模型（DEM）并借助 ArcGIS 进行精确计算。

　　　d_{p}——洼蓄深度（m）；不透水地表取 $1.27\sim2.54\mathrm{mm}$，草坪取 $2.54\sim5.08\mathrm{mm}$，牧场取 $5.08\mathrm{mm}$，森林凋落物取 $7.62\mathrm{mm}$；

　　　n——透水区和不透水区地表漫流的曼宁系数。

对方程（4-15）、方程（4-16）用有限差分法求解得到方程（4-17）：

$$\frac{d_2-d_1}{\Delta t} = i - \frac{1.49L}{A \cdot n}S^{1/2} \cdot \left[d_1 + \frac{1}{2}(d_2-d_1)-d_{\mathrm{p}}\right]^{5/3} \tag{4-17}$$

式中　Δt——时间步长（s）；

　　　A——汇水区面积（$\mathrm{m^2}$）；

　　　d_1——Δt 内水深的初始值（m）；

　　　d_2——Δt 内水深的终值（m）。

方程（4-17）可采用 Newton—Raphson 迭代法求解，得到 d_2，代入公式（4-17）可得 Δt 末的瞬时出流量。

4. 流域上汇流过程

流域中各地面点上产生的径流沿着坡面汇流至低处，通过沟、溪汇入江河。在城市中，雨水径流由地面流至雨水口，经雨水管渠最后汇入江河。通常将雨水径流从流域的最远点流到出口断面的时间称为流域的集流时间或集水时间。

讨论：

(1) 何谓径流量？由图 4-3（a）可以得到，某时刻的降雨量与植物截留量、地面入渗量、洼蓄量的差值，就是该时刻的径流量，即径流量 ＝ 降雨量－截留雨水量－入渗雨水量－洼蓄雨水量。由上分析可知，在降雨强度一定的情况下，影响某时刻径流量大小的因素有：截留雨量、入渗雨量和洼蓄雨量。

(2) 降低径流量的途径。由上可知，如果我们采取某种工程措施，增加截留雨水量、增加入渗雨水量和洼蓄雨水量，就可降低径流量。

课后，同学们可根据图 4-3（a），试做出径流过程曲线图。并结合 4.8 节，思考采取何种措施，以降低径流量，以及降低径流量的目的与意义。

图 4-3（b）所示一块扇形流域汇水面积，其边界线是 ab、ac 和 bc 弧，a 点为集流点（如雨水口，管渠上某一断面）。假定汇水面积内地面坡度均等，则以 a 点为圆心所划的圆弧线 de，fg，hi，…，bc 称为等流时线，每条等流时线上各点的雨水径流流达 a 点的时间是相等的，它们分别为 τ_1，τ_2，τ_3，…，τ_0，流域边缘线 bc 上各点的雨水径流流达 a 点的时间 τ_0 称为这块汇水面积的集流时间或集水时间。

在地面点上降雨产生径流开始后不久，在 a 点所汇集的流量仅来自靠近 a 点的小块面积上的雨水，离 a 点较远的面积上的雨水此时仅流至中途。随着降雨历时的增长，在 a

点汇集的流量中的汇水面积不断增加，当流域最边缘线上的雨水流达集流点 a 时，在 a 点汇集的流量中的汇水面积扩大到整个流域，即流域全部面积参与径流，此时集流点 a 产生最大流量。也就是说，相应于流域集流时间的全流域面积径流产生最大径流量。

由于各不同等流时线上的雨水流达 a 点的时间不等，那么同时降落在各条等流时线 τ_1，τ_2，τ_3，…，τ_0 上的雨水不可能同时流达 a 点。反之，各条等流时线上同时流达 a 点的雨水，并不是同时降落的。如来自 a 点附近的雨水是 x 时降落的，则来自流域边缘的雨水是（$x-\tau_0$）时降落的，因此，全流域径流在集流点出现的流量来自 τ_0 时段内的降雨量。

从公式（4-4）可知，雨水管道的设计流量 Q 随径流系数 ψ、汇水面积 F 和设计暴雨强度 q 而变化。为了简化叙述，假定径流系数 ψ 为 1。从前述可知，当在全流域产生径流之前，随着集水时间增加，集流点的汇水面积随之增加，直至增加到全部面积。而设计降雨强度 $q\left(q=\dfrac{167A_1\ (1+c\lg P)}{(t+b)^n}\right)$ 一般和降雨历时成反比，随降雨历时的增长而降低。因此，集流点在什么时间所承受的雨水量是最大值，是设计雨水管道需要研究的重要问题。

城市及工业区雨水管道的汇水面积比较小，可以不考虑降雨面积的影响。关键问题在于降雨强度和降雨历时两者的关系。也就是要在较小面积内，采用降雨强度 q 和降雨历时 t 都是尽量大的降雨，作为雨水管道的设计流量。在设计中采用的降雨历时等于汇水面积最远点雨水流达集流点的集流时间，因此，设计暴雨强度 q、降雨历时 t、汇水面积 F 都是相应的极限值，这便是雨水管道设计的极限强度理论。根据这个理论来确定设计流量的最大值，作为雨水管道设计的依据。

极限强度法，即承认降雨强度随降雨历时的增长而减小的规律性，同时认为汇水面积的增长与降雨历时成正比，而且汇水面积随降雨历时的增长较降雨强度随降雨历时增长而减小的速度更快。因此，如果降雨历时 t 小于流域的集流时间 τ_0 时，显然仅只有一部分面积参与径流，根据面积增长较降雨强度减小的速度更快，因而得出的雨水径流量小于最大径流量。如果降雨历时 t 大于集流时间 τ_0，流域全部面积已参与汇流，面积不能再增长，而降雨强度则随降雨历时的增长而减小，径流量也随之由最大逐渐减小。因此只有当降雨历时等于集流时间时，全面积参与径流，产生最大径流量。所以雨水管渠的设计流量可用全部汇水面积 F 乘以流域的集流时间 τ_0 时的暴雨强度 q 及地面平均径流系数 Ψ（假定全流域汇水面积采用同一径流系数）得到。

根据以上的分析，雨水管道设计的极限强度理论包括两部分内容：（1）当汇水面积上最远点的雨水流达集流点时，全面积产生汇流，雨水管道的设计流量最大；（2）当降雨历时等于汇水面积上最远点的雨水流达集流点的集流时间时，雨水管道需要排除的雨水量最大。

5. 公式推导

假定：降雨在整个汇水面积上的分布是均匀的，降雨强度在选定的降雨时段内均匀不变；汇水面积随集流时间增长的速度为常数。

公式推导中，为简化叙述，假定径流系数 $\Psi=1$，即降落到地面的雨水全部形成径流。

由图 4-3（b）知，汇水面积上各等流时线上雨水的集流时间分别为 τ_1，τ_2，τ_3，…，

τ_0，τ_0 为汇水面积上最远点雨水流至集流点的集流时间。图 4-3（c）表示降雨过程线，t 为降雨历时。

假定 $t \geqslant \tau_0$

当 $t=0$ 时，降雨尚未开始，不发生径流。在降雨开始后的第一时段末 t_1，降雨量为 $h_1-0=\Delta h_1$，Δh_1 在汇水面积上产生的径流只有靠近集流点 a 的 F_1 面积上的那部分才能流达 a 点，集流时间为 τ_1，其雨水量为：

$$W_1 = \Delta h_1 F_1$$

在降雨的第 2 时段末 t_2，第一时段（t_1-0）降落在 F_2 面积上的雨水和第 2 时段（t_2-t_1）降落在 F_1 面积上的雨水同时流达 a 点，集流时间为 τ_2，其雨水量为：

$$W_2 = \Delta h_1 F_2 + (h_2-h_1)F_1 = \Delta h_1 F_2 + \Delta h_2 F_1$$

在降雨的第 3 时段末 t_3，第一时段降落在 F_3 面积上的雨水和第二时段降落在 F_2 面积上的雨水和第 3 时段（t_3-t_2）降落在 F_1 面积上的雨水同时流达 a 点集流时间为 τ_3，其雨水量为：

$$W_3 = \Delta h_1 F_3 + \Delta h_2 F_2 + (h_3-h_2)F_1 = \Delta h_1 F_3 + \Delta h_2 F_2 + \Delta h_3 F_1$$

同理，在第 T 时段末流达 a 点的雨水量为：

$$W_T = \Delta h_1 F_T + \Delta h_2 F_{T-1} + \cdots + \Delta h_T F_1 = \sum_{t=0}^{T} \Delta h_t F_{T-t+1}$$

当 $t=T=\tau_0$ 时，全面积产生径流，集流点的雨水量最大，即为降雨时段 t 内总的降雨量 h 与整个汇水面积 F 的乘积。

在 T 时段末任一时段 $\Delta \tau$ 流到集流点的雨水径流量为：

$$Q_T = \Delta h_t \frac{F_{T-t+1}}{\Delta \tau}$$

如果 $\Delta \tau \rightarrow 0$，$Q_T$ 代表那一瞬间的流量。

从图 4-3（c）的降雨过程线可知，Δh 是在 Δt 内降雨量的增值。当 $\Delta t \rightarrow 0$ 时，Δh 将表示瞬时降雨强度 $I = \underset{\Delta t \rightarrow 0}{\text{Lim}} \dfrac{\Delta h}{\Delta t} = \dfrac{\mathrm{d}h}{\mathrm{d}t} = \dfrac{\mathrm{d}}{\mathrm{d}t}\left[\dfrac{A}{(t+b)^n} \cdot t\right] = (1-n)\dfrac{A}{(t+b)^n} + \dfrac{nAb}{(t+b)^{n+1}}$

从图 4-3（b）的汇水面积径流过程可知，ΔF 是在时段 $\Delta \tau$ 内汇水面积的增值。当 $\Delta \tau \rightarrow 0$ 时，ΔF 将等于面积增长速度 $f = \text{Lim}\dfrac{F_{T-t+1}}{\Delta \tau}$。因此，某一瞬间的流量 $\mathrm{d}Q = I\mathrm{d}t \cdot f$。$T$ 时段的总流量为：

$$Q_T = \int_0^T \mathrm{d}Q = \int_0^T I\mathrm{d}t \cdot f \tag{4-18}$$

根据假定 f 为常数$\left(f=\dfrac{F}{\tau_0}\right)$，所以

$$Q_T = f\int_0^T I\mathrm{d}t$$

而 $\int_0^T I\mathrm{d}t$ 为降雨历时 $t=T$ 时段的总降雨量 h。由于雨水管道所研究的暴雨强度 i 是指在一定重现期下，各不同降雨历时的最大平均暴雨强度，因而 $\int_0^T I\mathrm{d}t$ 也就成为相应于各不同降雨历时 t 内的最大降雨量 $h_{\max}$。

将面积增长速度 $f=\dfrac{F}{\tau_0}$ 代入（4-18）式中，得出 T 时段的最大雨水设计流量：

$$Q_T=\frac{F}{\tau_0}\int_0^T I\,\mathrm{d}t=\frac{F}{\tau_0}h_{max}=F\frac{h_{max}}{\tau_0}=Fi_{max}$$

式中，i_{max} 为 $t=\tau_0$ 时的最大平均暴雨强度。根据假定，在 t 时段内，i_{max} 是均匀不变的。

若以"L/s"表示流量的单位，则 t 时雨水最大流量为：

$$Q_T=167Fi_{max}=Fq_{max}\qquad (\mathrm{L/s}) \tag{4-19}$$

6. 雨水管段的设计流量计算

（1）面积叠加法

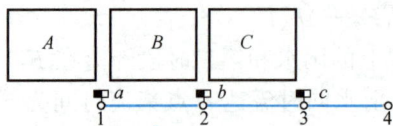

图 4-4　雨水管段设计流量计算

在图 4-4 中，A、B、C 为 3 块互相毗邻的区域，设面积 $F_A=F_B=F_C$，雨水从各块面积上最远点分别流入设计断面 1、2、3 所需的集水时间均为 τ_1（min）。并假设：

① 汇水面积随降雨历时的增加而均匀地增加；

② 降雨历时 t 等于或大于汇水面积最远点的雨水流达设计断面的集水时间 τ；

③ 径流系数 ψ 为确定值，为讨论方便假定其值等于 1。

1）管段 1～2 的雨水设计流量

该管段是收集汇水面积 F_A 的雨水，当降雨开始时，只有邻近雨水口 a 面积的雨水能流入雨水口进入 1 断面；降雨继续不停，就有越来越大的 F_A 面积上的雨水逐渐流达 1 断面，管段 1～2 内流量逐渐增加，这时 Q 将随 F_A 的增加而增大，直到 $t=\tau_1$ 时，F_A 全部面积的雨水均已流到 1 断面，这时管段 1～2 内流量达最大值。

若降雨仍继续下去，即 $t>\tau_1$ 时，由于面积已不能再增加，而暴雨强度则随着降雨时间的增加而降低，则管段所排出的流量会比 $t=\tau_1$ 时减少。因此，管段 1～2 的设计流量应为：

$$Q_{1\sim 2}=F_A\cdot q_1\qquad (\mathrm{L/s})$$

式中　q_1——管段 1～2 的设计暴雨强度，即相应于降雨历时 $t=\tau_1$ 的暴雨强度 [L/(s·hm²)]。

2）管段 2～3 的雨水设计流量

同上述，当 $t=\tau_1$ 时，全部 F_B 面积和部分 F_A 面积上的雨水流达 2 断面，管段 2～3 的雨水流量不是最大。只有当 $t=\tau_1+t_{1\sim 2}$ 时，这时 F_A 和 F_B 全部面积上的雨水均流到 2 断面，管段 2～3 的流量达到最大值。

即：

$$Q_{2\sim 3}=(F_A+F_B)\cdot q_2\qquad (\mathrm{L/s})$$

式中　q_2——管段 2～3 的设计暴雨强度，即相应于 $t=\tau_1+t_{1\sim 2}$ 的暴雨强度 [L/(s·hm²)]；

　　　$t_{1\sim 2}$——管段 1～2 的管内雨水流行时间（min）。

3）管段 3～4 的雨水设计流量

同理得到：

$$Q_{3\sim 4}=(F_A+F_B+F_C)\cdot q_3\qquad (\mathrm{L/s})$$

式中　q_3——管段 3～4 的设计暴雨强度，即相应于 $t=\tau_1+t_{1\sim 2}+t_{2\sim 3}$ 的暴雨强度 [L/(s·

94

hm²)]。

这样，面积叠加法雨水设计流量公式的一般形式为：

$$Q = \sum_{i=1}^{n} (F_i q_i) \tag{4-20}$$

由上可知，各设计管段的雨水设计流量等于该管段承担的全部汇水面积和设计暴雨强度的乘积。而各管段的设计暴雨强度则是相应于该管段设计断面的集水时间的暴雨强度。由于各管段的集水时间不同，所以各管段的设计暴雨强度亦不同。

采用推理公式法计算雨水设计流量，应按式（4-4）计算。当汇水面积超过 2km² 时，宜考虑降雨在时空分布的不均匀性和管网汇流过程，采用数学模型法计算雨水设计流量。当有允许排入雨水管道的生产废水排入雨水管道时，应将其水量计算在内。

我国目前采用恒定均匀流推理公式，即用式（4-4）计算雨水设计流量。恒定均匀流推理公式基于以下假设：降雨在整个汇水面积上的分布是均匀的；降雨强度在选定的降雨时段内均匀不变；汇水面积随集流时间增长的速度为常数，因此推理公式适用于较小规模排水系统的计算，当应用于较大规格排水系统的计算时会产生较大误差。随着技术的进步，管渠直径的放大、水泵能力的提高，排水系统汇水流域面积逐步扩大应该修正推理公式的精确度。发达国家已采用数学模型模拟降雨过程，把排水管渠作为一个系统考虑，并用数学模型对管网进行管理。美国一些城市规定的推理公式适用范围分别为：奥斯汀 4km²，芝加哥 0.8km²，纽约 1.6km²，丹佛 6.4km²，且汇流时间小于 10min；欧盟的排水设计规范要求当排水系统面积大于 2km² 或汇流时间大于 15min 时，应采用非恒定流模拟进行城市雨水管网水力计算。在总结国内外资料的基础上，2021 年版《室外排水设计标准》提出当汇水面积超过 2km² 时，雨水设计流量应采用数学模型进行确定。

（2）流量叠加法

1）管段 1~2 的雨水设计流量

分析、计算同面积叠加法。

2）管段 2~3 的雨水设计流量

同样，当 $t = \tau_1$ 时，全部 F_B 面积和部分 F_A 面积上的雨水流达 2 断面，管段 2~3 的雨水流量不是最大。只有当 $t = \tau_1 + t_{1 \sim 2}$ 时，这时 F_A 和 F_B 全部面积上的雨水均流到 2 断面，管段 2~3 的流量达最大值。F_B 面积上产生的流量为 $F_B \cdot q_2$，直接汇到 2 断面，但是，F_A 面积上产生的流量为 $F_A \cdot q_1$，则是通过管段 1~2 汇流到 2 断面的，因而，管段 2~3 的流量为：

$$Q_{2 \sim 3} = F_A q_1 + F_B q_2$$

式中符号含义同上。

如果，按 $Q_{2 \sim 3} = (F_A + F_B) q_2$ 计算，即面积叠加，把 F_A 面积上产生的流量通过管道汇集，看成了通过地面汇集，其相应的暴雨强度采用 q_2，由于暴雨强度随降雨历时而降低，q_2 小于 q_1，计算所得流量 $F_A \cdot q_2$ 小于该面积的最大流量 $F_A \cdot q_1$，设计流量偏小，设计管道不安全。

3）管段 3~4 的雨水设计流量

同理得到：

$$Q_{3 \sim 4} = F_A q_1 + F_B q_2 + F_C q_3$$

式中符号含义同上。

这样，流量叠加法雨水设计流量公式的一般形式为（4-21）：

$$Q_k = \sum_{i=1}^{k}(F_i\psi_i q_i) \qquad (4-21)$$

由上可知，各设计管段的雨水设计流量等于其上游管段转输流量与本管段产生的流量之和，即流量叠加，而各管段的设计暴雨强度则是相应于该管段设计断面的集水时间的暴雨强度。由于各管段的集水时间不同，所以各管段的设计暴雨强度亦不同。

面积叠加法计算雨水设计流量，方法简便，但其所得的设计流量偏小，一般用于雨水管渠的规划设计计算。

4.2.2 径流系数 ψ 的确定

降落在地面上的雨水，一部分被植物和地面的洼地截留，一部分渗入土壤，其余部分沿地面流入雨水管渠，这部分雨水量称作径流量。径流量与降雨量的比值称径流系数 ψ，其值常小于 1。

径流系数的值因汇水面积的地面覆盖情况、地面坡度、地貌、建筑密度的分布、路面铺砌等情况的不同而异。如屋面为不透水材料覆盖，ψ 值大；沥青路面的 ψ 值也大；而非铺砌的土路面 ψ 值就较小。地形坡度大，雨水流动较快，其 ψ 值也大；种植植物的庭园，由于植物本身能截留一部分雨水，其 ψ 值就小等。但影响 ψ 值的主要因素则为地面覆盖种类的透水性。此外，还与降雨历时、暴雨强度及暴雨雨型有关。如降雨历时较长，由于地面渗透损失减小，ψ 就大些；暴雨强度大，其 ψ 值也大；最大强度发生在降雨前期的雨型，前期雨大的，ψ 值也大。

由于影响因素很多，要精确地求定其值是很困难的。目前在雨水管渠设计中，径流系数通常采用按地面覆盖种类确定的经验数值。ψ 值见表 4-4，综合径流系数见表 4-5。

径流系数　　　　　　　　　　　　　　　　　　　表 4-4

地 面 种 类	ψ
各种屋面、混凝土或沥青路面	0.85～0.95
大块石铺砌路面或沥青表面处理的碎石路面	0.55～0.65
级配碎石路面	0.40～0.50
干砌砖石或碎石路面	0.35～0.40
非铺砌路面	0.25～0.35
公园或绿地	0.10～0.20

综合径流系数　　　　　　　　　　　　　　　　表 4-5

区 域 情 况	ψ
城镇建筑密集区	0.60～0.70
城镇建筑较密集区	0.45～0.60
城镇建筑稀疏区	0.20～0.45

通常汇水面积是由各种性质的地面覆盖所组成，随着它们占有的面积比例变化，ψ 值也各异，所以整个汇水面积上的平均径流系数 ψ_{av} 值是按各类地面面积用加权平均法计算而得到，即式（4-22）：

$$\psi_{av} = \frac{\sum F_i \cdot \psi_i}{F} \tag{4-22}$$

F_i——汇水面积上各类地面的面积（hm^2）；

ψ_i——相应于各类地面的径流系数；

F——全部汇水面积（hm^2）。

小区的开发，应体现低影响开发的理念，应在小区内进行源头控制，应严格执行规划控制的综合径流系数，还提出了综合径流系数高于 0.7 的地区应采用渗透、调蓄等措施。径流系数，可按表 4-4 的规定取值，汇水面积的综合径流系数应按地面种类加权平均计算，可按表 4-5 的规定取值，还应核实地面种类的组成和比例的规定，可以采用的方法包括遥感监测、实地勘测等。

【例 4-1】 已知某小区内（系居住区内的典型街区）各类地面的面积 F_i 值见表 4-6。求该小区内的平均径流系数 ψ_{av} 值。

【解】 计算如下：

按表 4-4 定出各类 F_i 的 ψ_i 值，填入表 4-6 中，F 共为 4hm^2。则

$$= \frac{\sum F_i \cdot \psi_i}{F} = \frac{1.2 \times 0.9 + 0.6 \times 0.9 + 0.6 \times 0.4 + 0.8 \times 0.3 + 0.8 \times 0.15}{4}$$

$\psi_{av} = 0.555$

某小区典型街坊各类面积 表 4-6

地面种类	面积 F_i（hm^2）	采用 ψ_i 值
屋面	1.2	0.9
沥青道路及人行道	0.6	0.9
圆石路面	0.6	0.4
非铺砌土路面	0.8	0.3
绿地	0.8	0.15
合计	4	0.555

在设计中，也可采用区域综合径流系数。一般市区的综合径流系数 $\psi = 0.5 \sim 0.8$，郊区的 $\psi = 0.4 \sim 0.6$。我国各地区采用的综合径流系数 ψ 值见表 4-7，《日本下水道设计指南》推荐的综合径流系数参见表 4-8。随着城市化的进程，不透水面积相应增加，为适应这种变化对径流系统值产生的影响，设计时径流系数 ψ 值可取较大值。

国内一些地区采用的综合径流系数 表 4-7

城市	综合径流系数	城市	综合径流系数
北京	0.5～0.7	扬州	0.5～0.8
上海	0.5～0.8	宜昌	0.65～0.8
天津	0.45～0.6	南宁	0.5～0.75
乌兰浩特	0.5	柳州	0.4～0.8
南京	0.5～0.7	深圳	旧城区：0.7～0.8 新城区：0.6～0.7
杭州	0.6～0.8		

区 域 情 况	ψ
空地非常少的商业区或类似的住宅区	0.80
有若干室外作业场等透水地面的工厂或有若干庭院的住宅区	0.65
房产公司住宅区之类的中等住宅区或单户住宅多的地区	0.50
庭院多的高级住宅区或夹有耕地的郊区	0.35

4.2.3 设计重现期 P 的确定

从暴雨强度公式可知,暴雨强度随着重现期的不同而不同。在雨水管渠设计中,若选用较高的设计重现期,计算所得设计暴雨强度大,相应的雨水设计流量大,管渠的断面相应大。这对防止地面积水是有利的,安全性高,但经济上则因管渠设计断面的增大而增加了工程造价;若选用较低的设计重现期,管渠断面可相应减小,这样虽然可以降低工程造价,但可能会经常发生排水不畅、地面积水而影响交通,甚至给城市人民的生活及工业生产造成危害。因此,必须结合我国国情,从技术和经济方面统一考虑。

雨水管渠设计重现期的选用,应根据汇水面积的地区建设性质(广场、干道、厂区、居住区)、城镇类型地形特点、汇水面积和气象特点等因素确定,非中心城区一般选用 2～3a,对于重要干道,立交道路的重要部分,重要地区或短期积水即能引起较严重损失的地区,即中心城区的重要地区采用较高的设计重现期,一般选用 3～10a,并应和道路设计协调。对于特别重要的地区可酌情增加,而且在同一排水系统中也可采用同一设计重现期或不同的设计重现期。

雨水管渠设计重现期规定的选用范围,是根据我国各地目前实际采用的数据,经归纳综合后确定的。我国地域辽阔,各地气候、地形条件及排水设施差异较大。因此,在选用雨水管渠的设计重现期时,必须根据当地的具体条件合理选用。我国部分城市采用的雨水管渠的设计重现期见表 4-9,可供参考。

雨水管渠设计重现期 (a) 表 4-9

城镇类型	中心城区	非中心城区	中心城区的重要地区	中心城区地下通道和下沉式广场等
超大城市和特大城市	3～5	2～3	5～10	30～50
大城市	2～5	2～3	5～10	20～30
中等城市和小城市	2～5	2～3	3～5	10～20

注:1. 表中所列设计重现期适用于采用年最大值法确定的暴雨强度公式;
    2. 雨水管渠按重力流、满管流计算;
    3. 超大城市指城区常住人口在 1000 万以上的城市;特大城市指城区常住人口 500 万以上 1000 万以下的城市;大城市指城区常住人口 100 万以上 500 万以下的城市;中等城市指城区常住人口 50 万以上 100 万以下的城市;小城市指城区常住人口在 50 万以下的城市(以上包括本数,以下不包括本数)。

雨水管渠设计重现期,应根据汇水地区性质、城镇类型、地形特点和气候特征等因素,经技术经济比较后按表 4-8 的规定取值,并应符合下列规定:①经济条件较好,且人口密集、内涝易发的城镇,宜采用规定的上限;②新建地区应按表 4-9 规定执行,既有地区应结合地区改建、道路建设等更新排水系统,并按表 4-8 规定执行;③同一排水系统可采用不同的设计重现期。

我国目前雨水管渠设计重现期与发达国家和地区的对比情况。美国、日本等国在城镇内涝防治设施上投入较大,城镇雨水管渠设计重现期一般采用 5～10a。美国各州还将排水干管系统的设计重现期规定为100a，排水系统的其他设施分别具有不同的设计重现期。日本也将设计重现期不断提高，日本《下水道设施设计指南》（2009年版）中规定，排水系统设计重现期在10年内应提高到10～15a。所以2021年版《室外排水设计标准》提出按照地区性质和城镇类型，并结合地形特点和气候特征等因素，经技术经济比较后，适当提高我国雨水管渠的设计重现期，并与发达国家和地区标准基本一致。

选用表4-9规定值时，还应注意以下两点：

（1）城镇类型：是指人口数量划分为"特大城市"、"大城市"和"中等城市和小城市"。根据住房和城乡建设部编制的《2022年中国城市建设统计年鉴》，城区常住人口超过千万以上的超大城市有8个，城区常住人口大于500万的特大城市有11个，城区常住人口在100万～500万的大城市有287个，城区常住人口在100万以下的中等城市和小城市有457个。

（2）城区类型：分为"中心城区"、"非中心城区"、"中心城区的重要地区"和"中心城区的地下通道和下沉式广场"。其中，中心城区重要地区主要指行政中心、交通枢纽、学校、医院和商业聚集区等。将"中心城区地下通道和下沉式广场等"单独列出，主要是根据我国目前城市发展现状，并参照国外相关标准，以德国、美国为例，德国给水废水和废弃物协会（ATV-DVWK）推荐的设计标准（ATV-A118）中规定：地下铁道/地下通道的设计重现期为5～20a。我国上海市虹桥商务区的规划中，将下沉式广场的设计重现期规定为50a。由于中心城区地下通道和下沉式广场的汇水面积可以控制，且一般不能与城镇内涝防治系统相结合，因此采用的设计重现期应与内涝防治设计重现期相协调。

4.2.4　集水时间 t 的确定

前已说明，只有当降雨历时等于集水时间时，雨水流量为最大。因此，计算雨水设计流量时，通常用汇水面积最远点的雨水流达设计断面的时间 τ 作为设计降雨历时 t。为了与设计降雨历时的表示符号 t 相一致，故在下面叙述中集水时间的符号亦用 t 表示。

对管道的某一设计断面来说，集水时间 t 由地面集水时间 t_1 和管内雨水流行时间 t_2 两部分组成（图4-5）。可用式（4-23）表述如下：

$$t=t_1+t_2 \tag{4-23}$$

式中　t_1——地面集水时间（min）；

t_2——管渠内雨水流行时间（min）。

1. 地面集水时间 t_1 的确定

以图4-5为例。图中 → 表示水流方向。雨水从汇水面积上最远点的房屋屋面分水线 A 点流到雨水口 a 的地面集水时间 t_1 通常是由下列流行路程的时间所组成：

从屋面 A 点沿屋面坡度经屋檐下落到地面散水坡的时间，通常为 $0.3\sim0.5\text{min}$；

从散水坡沿地面坡度流入附近道路边沟的时间；沿道路边沟到雨水口 a 的时间。

地面集水时间受地形坡度、地面铺砌、地面种植情况、水流路程、道路纵坡和宽度等因素的影响，这些因素直接决定着水流沿地面或边沟的速度。此外，也与暴雨强度有关，

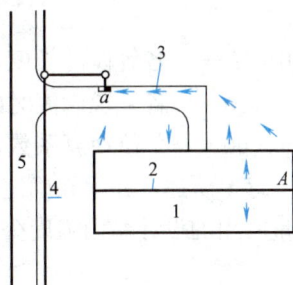

图 4-5　地面集水时间 t_1 示意

1—房屋；2—屋面分水线；
3—道路边沟；4—雨水管；5—道路

因为暴雨强度大，水流时间就短。但在上述各因素中，地面集水时间主要取决于雨水流行距离的长短和地面坡度。

为了寻求地面集水时 t_1 的通用计算方法，不少学者做了大量的研究工作，其研究成果也在有关刊物发表。但在实际的设计工作中，要准确地计算 t_1 值是困难的，故一般不进行计算，而采用经验数值。根据《室外排水设计标准》GB 50014—2021 规定：地面集水距离是决定集水时间长短的主要因素；地面集水距离的合理范围是 50～150m，采用的集水时间为 5～15min。国外常用的 t_1 值见表 4-10。

国外采用的 t_1 值 表 4-10

资料来源	工程情况	t_1(min)
日本下水道设计指针	人口密度大的地区	5
	人口密度小的地区	10
	平均	7
	干线	5
	支线	7～10
美国土木工程学会	全部铺装，下水道完备的密集地区	5
	地面坡度较小的发展区	10～15
	平坦的住宅区	20～30

根据国内资料，地面集水时间采用的数据，大多不经计算。按照经验，一般对在建筑密度较大、地形较陡、雨水口分布较密的地区或街区内设置的雨水暗管，宜采用较小的 t_1 值，可取 $t_1=5～8min$。而在建筑密度较小、汇水面积较大、地形较平坦、雨水口布置较稀疏的地区，地面集水距离决定集水时间的长短，地面集水距离的合理范围：起点井上游地面流行距离以不超过 120～150m 为宜，一般可取 $t_1=10～15min$。

在设计工作中，应结合具体条件恰当地选定。如 t_1 选用过大，将会造成排水不畅，以致使管道上游地面经常积水；选用过小，又将使雨水管渠尺寸加大而增加工程造价。

2. 管渠内雨水流行时间 t_2 的确定

t_2 是指雨水在管渠内的流行时间，即：

$$t_2 = \sum \frac{L}{60v}(\text{min}) \tag{4-24}$$

式中 L——各管段的长度（m）；

v——各管段满流时的水流速度（m/s）；

60——单位换算系数，1min＝60s。

综上所述，在得知确定设计重现期 P、设计降雨历时 t 的方法后，计算雨水管渠设计流量所用的设计暴雨强度公式及流量公式可写成：

$$q = \frac{167A_1(1+c\lg P)}{(t_1+t_2+b)^n} \tag{4-25}$$

$$Q = \frac{167A_1(1+c\lg P)}{(t_1+t_2+b)^n}\psi \cdot F \tag{4-26}$$

或当 $b=0$ 时
$$q=\frac{167A_1(1+c\lg P)}{(t_1+t_2)^n} \qquad (4\text{-}27)$$

$$Q=\frac{167A_1(1+c\lg P)}{(t_1+t_2)^n}\psi\cdot F \qquad (4\text{-}28)$$

或当 $n=1$ 时
$$q=\frac{167A_1(1+c\lg P)}{t_1+t_2+b}F \qquad (4\text{-}29)$$

$$Q=\frac{167A_1(1+c\lg P)}{t_1+t_2+b}\psi\cdot F \qquad (4\text{-}30)$$

式中　　　Q——雨水设计流量（L/s）；

ψ——径流系数，其数值小于 1；

F——汇水面积（hm^2）；

q——设计暴雨强度 $[L/(s\cdot hm^2)]$；

P——设计重现期（a）；

t_1——地面集水时间（min）；

t_2——管渠内雨水流行时间（min）；

A_1、c、b、n——地方参数。

4.2.5　特殊情况雨水设计流量的确定

推理公式的基本假定只是近似的概括，实际上暴雨强度在受雨面积上的分布是不均匀的。它在面积上的分布情况与地形条件，汇水面积形状、降雨历时、降雨中心强度的位置等因素有关。由于雨水管渠的汇水面积较小，地形地貌较为一致，故可按均匀情况计算。对于暴雨强度在时间上的分布，根据国内外大量的实测资料表明，暴雨强度的平均过程是先小、继大、又小的过程，当降雨历时较短时，可近似地看作等强度的过程。当降雨历时较长时，按等强度过程考虑将会产生一定偏差。对于径流面积的增长情况则取决于汇水面积形状和管线布置，一般把矩形的面积增长视为均匀增长。在实际计算中，为简化计算，常把那些面积增长虽不完全均匀，但还不是畸形的面积都当成径流面积均匀增长计算。因此，在一般情况下，按极限强度法计算雨水管渠的设计流量是合理的。但当汇水面积的轮廓形状很不规则，即汇水面积呈畸形增长时（包括几个相距较远的独立区域雨水的交汇）；汇水面积地形坡度变化较大或汇水面积各部分径流系数有显著差异时，就可能发生管道的最大流量不是发生在全部面积参与径流时，而发生在部分面积参与径流时。在设计中也应注意这种特殊情况。现举例说明两个有一定距离的独立排水流域的雨水干管交汇处，最大设计流量计算的一种方法。

【例 4-2】有一条雨水干管接受两个独立排水流域的雨水径流，见图 4-6。图中 F_A 为城市中心区汇水面积，F_B 为城市近郊工业区汇水面积，试求 B 点的设计流量 Q 是多少？

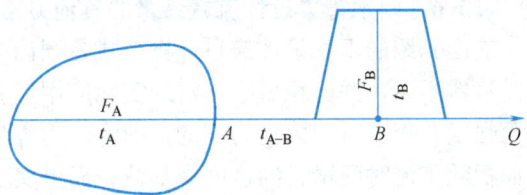

图 4-6　两个独立排水面积雨水汇流示意

已知：（1）$P=2a$ 时的暴雨强度公式为 $q=\dfrac{1625}{(t+4)^{0.57}}$ $[L/(s\cdot hm^2)]$；

（2）径流系数取 $\psi=0.5$；

（3）$F_A = 30hm^2$，$t_A = 25min$；$F_B = 15hm^2$，$t_B = 15min$；雨水管道 AB 的 $t_{A\sim B} = 10min$。

【解】 根据已知条件，F_A 面积上产生的最大流量：$Q_A = \Psi q F = 0.5 \times \dfrac{1652}{(t_A+4)^{0.57}} \cdot$

$F_A = \dfrac{812.5}{(t_A+4)^{0.57}} \cdot F_A$。$F_B$ 面积上产生的最大流量：$Q_B = \dfrac{812.5}{(t_B+4)^{0.57}} \cdot F_B$。$F_A$ 面积上的最大流量流到 B 点的集水时间为 $t_A + t_{A\sim B}$，F_B 面积上的最大流量流到 B 点的集水时间为 t_B。如果 $t_A + t_{A\sim B} = t_B$，则 B 点的最大流量 $Q = Q_A + Q_B$。但 $t_A + t_{A\sim B} \neq t_B$，故 B 点的最大流量可能发生在 F_A 面积或 F_B 面积单独出现最大流量时。据已知条件 $t_A + t_{A\sim B} > t_B$，B 点的最大流量按下面两种情况分别计算。

（1）第一种情况：最大流量可能发生在全部 F_B 面积参与径流时。这时 F_A 中仅部分面积的雨水能流达 B 点参与同时径流，B 点的最大流量为：

$$Q = \dfrac{812.5 F_B}{(t_B+4)^{0.57}} + \dfrac{812.5 F_A'}{(t_B - t_{A\sim B} + 4)^{0.57}}$$

式中 F_A' 为在 $t_B - t_{A\sim B}$ 时间内流到 B 点的 F_A 上的那部分面积。$\dfrac{F_A}{t_A}$ 为 1min 的汇水面积，

所以 $F_A' = \dfrac{F_A}{t_A} \times (t_B - t_{A\sim B}) = \dfrac{30 \times (15-10)}{25} = 6hm^2$。

代入上式得出：

$$Q = \dfrac{812.5 \times 15}{(15+4)^{0.57}} + \dfrac{812.5 \times 6}{(5+4)^{0.57}} = 2275.2 + 1393.3 = 3668.5 L/s$$

（2）第二种情况：最大流量可能发生在全部 F_A 面积参与径流时。这时 F_B 的最大流量已流过 B 点，B 点的最大流量为：

$$Q = \dfrac{812.5 F_A}{(t_A+4)^{0.57}} + \dfrac{812.5 F_B}{(t_A + t_{A\sim B} + 4)^{0.57}} = \dfrac{812.5 \times 30}{(25+4)^{0.57}} + \dfrac{812.5 \times 15}{(25+10+4)^{0.57}}$$

$$= 3575.8 + 1510.1 = 5085.9 L/s$$

按上述两种情况计算的结果，选择其中最大流量 $Q = 5085.9 L/s$ 作为 B 点处所求的设计流量。

有关特殊地区雨水管道最大设计流量的另一些计算方法，国内已有一些研究。本书对这一问题就不再详述，请参见有关资料文献。

4.2.6 雨水管渠设计流量计算的其他方法

前面介绍的雨水设计流量计算公式是国内外广泛采用的推理公式。该公式使用简便，所需资料不多，并已积累了丰富的实际应用经验。但是，由于公式推导的理论基础是假定降雨强度在集流时间内均匀不变，即降雨为等强度过程，假定汇水面积按线性增长，即汇水面积随集流时间增长的速度为常数。而事实上降雨强度是随时间变化的，汇水面积随时间的增长是非线性的。另外，参数选用比较粗糙，如径流系数取值仅考虑了地表的性质。地面集水时间的取值一般也是凭经验。因此在计算雨水管道设计流量时，如未根据汇水面积的形状及特点合理布置管道系统时，计算结果会产生较大误差。

雨水设计流量计算的其他方法有：

1. 推理公式的改进法

结合本地区的气象条件等因素，对推理公式进行补充、改进，使计算结果更符合实际。如目前德国采用的时间系数法和时间径流因子法计算雨水管道的设计径流量，都是在推理公式的基础上产生的。

2. 过程线方法

过程线方法较多，如瞬时单线方法、典型暴雨法、英国运输与道路研究实验室（TR-RL）水文曲线法等。如 TRRL 方法分为两部分，首先第一步假设径流来自城市内不透水面积，并根据指定的暴雨分配过程由等流时线推求径流过程线；其次对第一步得出的过程线进行通过雨水系统的流量演算，从而得出雨水系统出流管的径流过程线。过程线的高峰值一般就作为雨水管道系统的最大径流量。

3. 计算机模型

国外在 20 世纪 70 年代，随着计算机广泛运用和计算机功能的增强，一批城市水文模型得到发展，其中包括非常复杂而详尽的城市径流计算模型。

（1）Wallingford 水文曲线法

这是由英国在 TRRL 程序的基础上发展起来的，包含几种计算程序的方法。其中各程序的名称及功能如下。

1）Wallingford 改进型理论径流公式：主要功能是利用改进后的理论径流公式计算排水管规格及排水量。

2）Wallingford 水文曲线：主要为观测或设计暴雨量，计算排水管规格及建立模拟排水水文图。

3）Wallingford 最优化方法：运用改进后的理论径流公式计算管径、埋深和坡度，以使系统建造费用最低。

4）Wallingford 模拟模型：主要用于模拟流量与时间的变化关系，以观测或设计降雨量。

（2）Illinois 城市排水模拟装置

这种装置运用 TRRL 方法估算径流量、流速，并且为排水系统管道规格的设计提供最佳选择。

（3）暴雨雨水管理模型（SWMM）

此模型是由美国环保局发展的，包括 4 个工作块。"径流块"建立径流水文曲线及计算有关的污染负荷；"传输块"将有关的水文曲线及污染直方图运用于排污管渠及整个排水系统的设计；"贮存/处理块"模拟一些存贮和去除污染物的设施的运行情况；"接收块"模拟研究受纳水体接受从排水系统排出的混合污水后的反应。由于 SWMM 可对整个城市降雨、径流过程进行较为准确的量和质的模拟，并由计算机根据模拟的结果，进行城市的排水规划、管道设计和运行管理，具有功能多、精度高的优点。

4.3　雨水管渠系统的设计和计算

雨水管渠系统设计的基本要求是能通畅地及时地排走城镇或工厂汇水面积内的暴雨径流量。为防止暴雨径流的危害，设计人员应深入现场进行调查研究，踏勘地形，了解排水走向，搜集当地的设计基础资料，作为选择设计方案及设计计算的可靠依据。

4.3.1 雨水管渠系统平面布置的特点

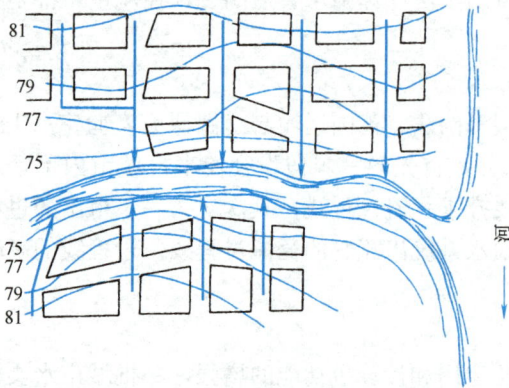

图 4-7　分散出水口式雨水管布置

（1）充分利用地形，就近排入水体。雨水管渠应尽量利用自然地形坡度以最短的距离靠重力流排入附近的池塘、河流、湖泊等水体中，见图 4-7。

一般情况下，当地形坡度变化较大时，雨水干管宜布置在地形较低处或溪谷线上；当地形平坦时，雨水干管宜布置在排水流域的中间，以便于支管接入，尽可能扩大重力流排除雨水的范围。

当管道排入池塘或小河时，由于出水口的构造比较简单，造价不高，因此雨水干管的平面布置宜采用分散出水口式的管道布置形式，且就近排放，管线较短，管径也较小，这在技术上、经济上都是合理的。

但当河流的水位变化很大，管道出口离常水位较远时，出水口的构造比较复杂，造价较高，就不宜采用过多的出水口，这时宜采用相对集中出水口式的管道布置形式，见图 4-8。当地形平坦，且地面平均标高低于河流常年的洪水位标高时，需将管道出口适当集中，在出水口前设雨水泵站，暴雨期间雨水经抽升后排入水体。这时，为尽可能使通过雨水泵站的流量减少到最小，以节省泵站的工程造价和经常运转费用。宜在雨水进泵站前的适当地点设置调节池。

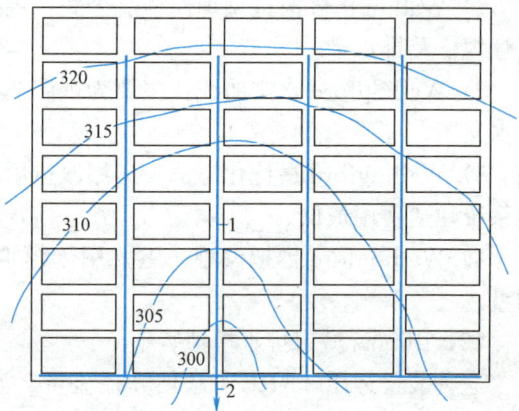

图 4-8　集中出水口式雨水管布置

（2）根据城市规划布置雨水管道。通常，应根据建筑物的分布，道路布置及街区内部的地形等布置雨水管道，使街区内绝大部分雨水以最短距离排入街道低侧的雨水管道。

雨水管道应平行道路布设，且宜布置在人行道或绿化带下，而不宜布置在快车道下，以免积水时，影响交通或维修管道时，破坏路面，若道路宽度大于 40m 时，可考虑在道路两侧分别设置雨水管道。

排水干管的平面和竖向布置应考虑与其他地下构筑物（包括各种管线及地下建筑物等）在相交处相互协调，与其他各种管线（构筑物）在竖向布置上要求的最小净距见附录 4。在有池塘、坑洼的地方，可考虑雨水的调蓄。在有连接条件的地方，应考虑两个管道系统之间的连接。

（3）合理布置雨水口，以保证路面雨水排出通畅。雨水口布置应根据地形及汇水面积确定，一般在道路交叉口的汇水点，低洼地段均应设置雨水口。以便及时收集地面径流，避免因排水不畅形成积水和雨水漫过路口而影响行人安全。道路交叉口处雨水口的布置可参见图4-9。雨水口的构造以及在道路直线段上设置雨水口的距离详见第6章6.4.1节。

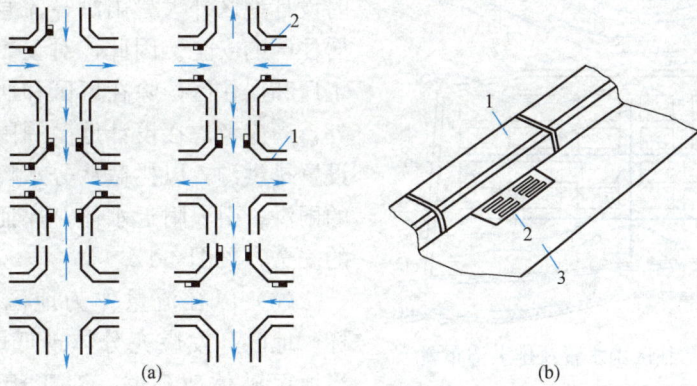

图 4-9　雨水口布置
(a) 道路交叉路口雨水口布置；(b) 雨水口位置
1—路边石；2—雨水口；3—道路路面

（4）雨水管道采用明渠或暗管应结合具体条件确定。在城市市区或工厂内，由于建筑密度较高，交通量较大，雨水管道一般应采用暗管。在地形平坦地区，埋设深度或出水口深度受限制地区，可采用盖板渠排除雨水。从国内一些城市采用盖板渠排除雨水的经验来看，此种方法经济有效。

在城市郊区，当建筑密度较低，交通量较小的地方，可考虑采用明渠，以节省工程费用，降低造价。但明渠容易淤积，滋生蚊蝇，影响环境卫生。

此外，在每条雨水干管的起端，应尽可能采用道路边沟排除路面雨水。这可减少暗管约100~150m长度。这可降低整个管渠工程造价。

雨水暗管和明渠衔接处需采取一定的工程措施，以保证连接处良好的水力条件。通常的做法是：当管道接入明渠时，管道应设置挡土的端墙，连接处的土明渠应加铺砌；铺砌高度不低于设计超高，铺砌长度自管道末端算起3~10m。宜适当跌水，当跌差0.3~2m时，需做45°斜坡，斜坡应加铺砌，其构造尺寸见图4-10。当跌差大于2m时，应按水工构筑物设计。

明渠接入暗管时，除应采取上述措施外，尚应设置格栅，栅条间距采用100~150mm。也宜适当跌水，在跌水前3~5m处即需进行铺砌，其构造尺寸见图4-11。

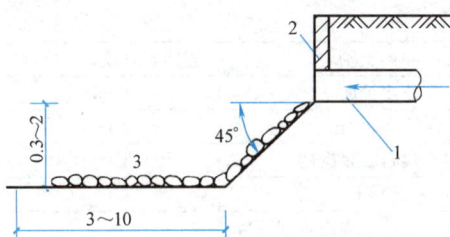

图 4-10　暗管接入明渠（单位：m）
1—暗管；2—挡土墙；3—明渠

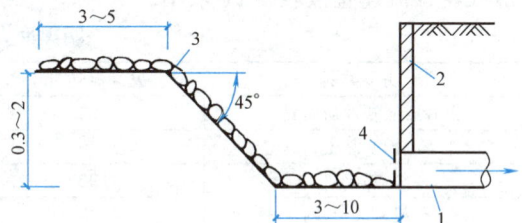

图 4-11　明渠接入暗管（单位：m）
1—暗管；2—挡土墙；3—明渠；4—格栅

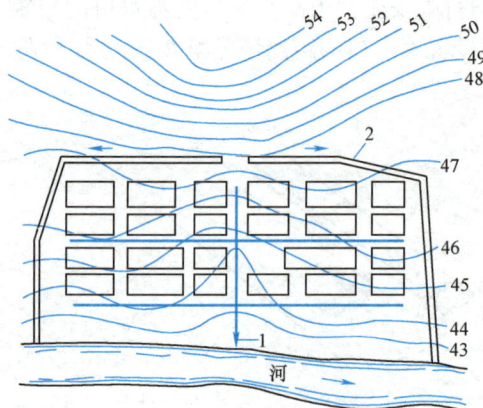

图 4-12 某居住区雨水管及排洪沟布置
1—雨水管；2—排洪沟

（5）设置排洪沟排除设计地区以外的雨洪径流。许多工厂或居住区傍山建设，雨季时设计地区外大量雨洪径流直接威胁工厂和居住区的安全。因此，对于靠近山麓建设的工厂和居住区，除在厂区和居住区设雨水道外，尚应考虑在设计地区周围或超过设计区设置排洪沟，以拦截从分水岭以内排泄下来的雨洪，引入附近水体，保证工厂和居住区的安全，见图 4-12。

（6）以径流量作为地区改建的控制指标。地区开发应充分体现低影响开发理念，当地区整体改建时，对于相同的设计重现期，除应执行规划控制的综合径流系数指标外，还应执行径流量控制指标。《室外排水设计标准》GB 50014—2021 规定整体改建地区应采取措施，确保改建后的径流量不超过原有径流量。可采取的综合措施包括建设下凹式绿地，设置植草沟、渗透池等，人行道、停车场、广场和小区道路等可采用渗透性路面，促进雨水下渗，既达到雨水资源综合利用的目的，又不增加径流量。

4.3.2　雨水管渠水力计算的设计参数

为保证雨水管渠正常工作，避免发生淤积，冲刷等现象，对雨水管渠水力计算的基本参数作如下的技术规定。

1. 设计充满度

雨水中主要含有泥砂等无机物质，不同于污水的性质，加以暴雨径流量大，而相应较高设计重现期的暴雨强度的降雨历时一般不会很长。故管道设计充满度按满流考虑，即 $h/D=1$。明渠则应有等于或大于 0.2m 的超高。待道路边沟应有等于或大于 0.03m 的超高。

2. 设计流速

为避免雨水所挟带的泥砂等无机物质在管渠内沉淀下来而堵塞管道，雨水管渠的最小设计流速应大于污水管道，雨水管、合流管在满流时，管道内最小设计流速为 0.75m/s；明渠内最小设计流速为 0.40m/s。

为防止管壁受到冲刷而损坏，影响及时排水，对雨水管渠的最大设计流速规定为：金属管最大流速为 10m/s；非金属管最大流速为 5m/s；明渠中水流深度为 0.4～1.0m 时，最大设计流速宜按表 4-11 采用。

明渠最大设计流速　　　　　　　　　　　　　　　　表 4-11

明渠类别	最大设计流速(m/s)	明渠类别	最大设计流速(m/s)
粗砂或低塑性粉质黏土	0.80	草皮护面	1.60
粉质黏土	1.00	干砌块石	2.00
黏土	1.20	浆砌块石或浆砌砖	3.00
石灰岩及中砂岩	4.00	混凝土	4.00

注：h 为水流深度，当水流深度 h 在 0.4～1.0m 范围以外时，表列流速应乘以下列系数：

$h<0.4$m，系数 0.85；

2.0m$>h>1$m，系数 1.25；

$h\geqslant2$m，系数 1.40。

因此，管渠设计流速应在最小流速与最大流速范围内。

3. 最小管径和最小设计坡度

雨水管道的最小管径为 300mm，相应的最小坡度：塑料管为 0.002，其他管为 0.003。雨水口连接管最小管径为 200mm，相应的最小设计坡度为 0.01。

4. 最小埋深与最大埋深

具体规定同污水管道。

4.3.3 雨水管渠水力计算的方法

雨水管渠水力计算仍按均匀流考虑，其水力计算公式与污水管道相同，见公式（3-9）、式（3-10），但按满流即 $h/D=1$ 计算。在实际计算中，通常采用根据公式制成的水力计算图（见附图 3-13）或水力计算表（表 4-12）。

钢筋混凝土圆管水力计算表（满流）D＝300mm n＝0.013   表 4-12

$I(‰)$	$v(m/s)$	$Q(L/s)$	$I(‰)$	$v(m/s)$	$Q(L/s)$	$I(‰)$	$v(m/s)$	$Q(L/s)$
0.6	0.335	23.68	4.9	0.958	67.72	9.2	1.312	92.75
0.7	0.362	25.59	5.0	0.967	68.36	9.3	1.319	93.24
0.8	0.387	27.36	5.1	0.977	69.06	9.4	1.326	93.73
0.9	0.410	28.98	5.2	0.987	69.77	9.5	1.333	94.23
1.0	0.433	30.61	5.3	0.996	70.41	9.6	1.340	94.72
1.1	0.454	32.09	5.4	1.005	71.04	9.7	1.347	95.22
1.2	0.474	33.51	5.5	1.015	71.75	9.8	1.354	95.71
1.3	0.493	34.85	5.6	1.024	72.39	9.9	1.361	96.21
1.4	0.512	36.19	5.7	1.033	73.02	10.0	1.368	96.70
1.5	0.530	37.47	5.8	1.042	73.66	11	1.435	101.44
1.6	0.547	38.67	5.9	1.051	74.30	12	1.499	105.96
1.7	0.564	39.87	6.0	1.060	74.93	13	1.560	110.28
1.8	0.580	41.00	6.1	1.068	75.50	14	1.619	114.45
1.9	0.596	42.13	6.2	1.077	76.13	15	1.675	118.41
2.0	0.612	43.26	6.3	1.086	76.77	16	1.730	122.29
2.1	0.627	44.32	6.4	1.094	77.33	17	1.784	126.11
2.2	0.642	45.38	6.5	1.103	77.97	18	1.835	129.72
2.3	0.656	46.37	6.6	1.111	78.54	19	1.886	133.32
2.4	0.670	47.36	6.7	1.120	79.17	20	1.935	136.79
2.5	0.684	48.35	6.8	1.128	79.74	21	1.982	140.11
2.6	0.698	49.34	6.9	1.136	80.30	22	2.029	143.43
2.7	0.711	50.26	7.0	1.145	80.94	23	2.075	146.68
2.8	0.724	51.18	7.1	1.153	81.51	24	2.119	149.79
2.9	0.737	52.10	7.2	1.161	82.07	25	2.163	152.90
3.0	0.749	52.95	7.3	1.169	82.64	26	2.206	155.94
3.1	0.762	53.87	7.4	1.177	83.20	27	2.248	158.01
3.2	0.774	54.71	7.5	1.185	88.77	28	2.289	161.81
3.3	0.786	55.56	7.6	1.193	84.33	29	2.330	164.71
3.4	0.798	56.41	7.7	1.200	84.88	30	2.370	167.54
3.5	0.809	57.19	7.8	1.208	85.39	35	2.559	180.90
3.6	0.821	58.04	7.9	1.216	85.96	40	2.736	193.41
3.7	0.832	58.81	8.0	1.224	86.52	45	2.902	205.14
3.8	0.843	59.59	8.1	1.231	87.02	50	3.059	216.24
3.9	0.854	60.37	8.2	1.239	87.58	55	3.208	226.77
4.0	0.865	61.15	8.3	1.246	88.08	60	3.351	236.88
4.1	0.876	61.92	8.4	1.254	88.65	65	3.488	246.57
4.2	0.887	62.70	8.5	1.261	89.14	70	3.619	255.83
4.3	0.897	63.41	8.6	1.269	89.71	75	3.747	264.88
4.4	0.907	64.12	8.7	1.276	90.20	80	3.869	273.50
4.5	0.918	64.89	8.8	1.283	90.70	85	3.988	281.91
4.6	0.928	66.60	8.9	1.291	91.26	90	4.104	290.11
4.7	0.938	66.31	9.0	1.298	91.76	95	4.217	298.10
4.8	0.948	67.01	9.1	1.305	92.25	100	4.326	305.80

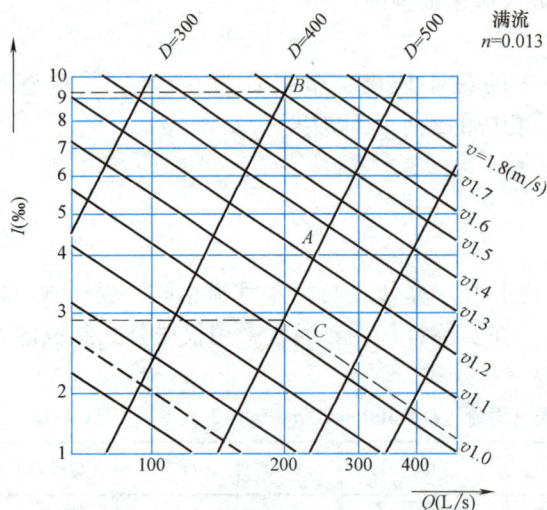

图 4-13　钢筋混凝土圆管水力计算图
（图中 D 以 mm 计）

在工程设计中，通常在选定管材之后，n 即为已知数值。而设计流量 Q 也是经计算后求得的已知数。所以剩下的只有 3 个未知数 D、v 及 I。

这样，在实际应用中，就可以参照地面坡度 i，假定管底坡度 I，从水力计算图或表中求得 D 及 v 值，并使所求得的 D、v、I 各值符合水力计算基本数据的技术规定。

下面举例说明其运用。

【例 4-3】　已知：$n=0.013$，设计流量经计算为 $Q=200\text{L/s}$，该管段地面坡度为 $i=0.004$，试计算该管段的管径 D、管底坡度 I 及流速 v。

【解】　设计采用 $n=0.013$ 的水力计算图，见图 4-13。

先在横坐标轴上找到 $Q=200\text{L/s}$ 值，作竖线；在纵坐标轴上找到 $I=0.004$ 值，作横线。将此两线相交于 A 点，找出该点所在的 v 及 D 值。得到 $v=1.17\text{m/s}$，符合水力计算的设计数据的规定；而 D 值则在 400mm 和 500mm 两斜线之间，显然不符合管材统一规格的规定，因此管径 D 必须进行调整。

设采用 $D=400\text{mm}$ 时，则将 $Q=200\text{L/s}$ 的竖线与 $D=400\text{mm}$ 的斜线相交于 B 点，从图中得出交点处的 $I=0.0092$ 及 $v=1.60\text{m/s}$。此结果 v 符合要求，而 I 与原地面坡度相差很大，势必增大管道的埋深，不宜采用。

若采用 $D=500\text{mm}$ 时，则将 $Q=200\text{L/s}$ 的竖线与 $D=500\text{mm}$ 的斜线相交于 C 点，从图中得出交点处的 $I=0.0028$ 及 $v=1.02\text{m/s}$。此结果合适，故决定采用。

雨水管道中常用的断面形式大多为圆形，但当断面尺寸较大时，宜采用矩形、马蹄形或其他形式。

明渠和盖板渠的底宽，不宜小于 0.3m。无铺砌的明渠边坡，应根据不同的地质按表 4-13 采用；用砖石或混凝土块铺砌的明渠可采用 （1∶0.75）~（1∶1） 的边坡。

明渠边坡　　　　　　　　　　　　　　表 4-13

地质	边坡	地质	边坡
粉砂	（1∶3）~（1∶3.5）	半岩性土	（1∶0.5）~（1∶1）
松散的细砂、中砂和粗砂	（1∶2）~（1∶2.5）	风化岩石	（1∶0.25）~（1∶0.5）
密实的细砂、中砂、粗砂或黏质粉土	（1∶1.5）~（1∶2）	岩石	（1∶0.1）~（1∶0.25）
粉质黏土或黏土砾石或卵石	（1∶1.25）~（1∶1.5）		

4.3.4　雨水管渠系统的设计步骤和水力计算

首先要收集和整理设计地区的各种原始资料，包括地形图，城市或工业区的总体规

108

划，水文、地质、暴雨等资料作为基本的设计数据。然后根据具体情况进行设计。现以图 4-14 为例，一般雨水管道设计按下列步骤进行。

（1）划分排水流域和管道定线。

应根据城市的总体规划图或工厂的总平面图，按实际地形划分排水流域。见图 4-14，一沿江城市被一条自西向东南流动的河流分为南、北两区。南区可见一明显分水线，其余地方地形起伏不大，沿河两岸地势最低，故排水流域的划分基本按雨水干管服务的排水面积大小确定。根据该地暴雨量较大的特点，每条干管承担面积不宜太大，故划为 12 个流域。

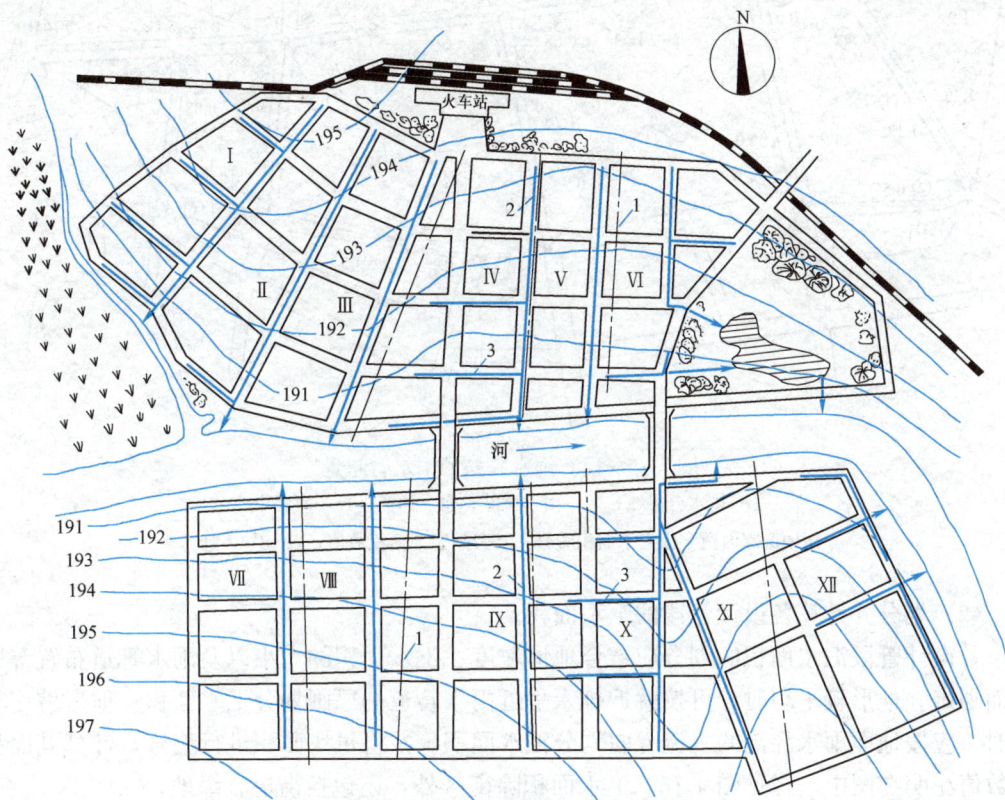

图 4-14　某地雨水管道平面布置
1—流域分界线；2—雨水干管；3—雨水支管

由于地形对排除雨水有利，拟采用分散出口的雨水管道布置形式。雨水干管基本垂直于等高线，布置在排水流域地势较低一侧，这样雨水能以最短距离靠重力流分散就近排入水体。为了充分利用街道边沟的排水能力，每条干管起端 100m 左右可视具体情况不设雨水暗管。雨水支管一般设在街坊较低侧的道路下。

（2）划分设计管段。

根据管道的具体位置，在管道转弯处、管径或坡度改变处，有支管接入处或两条以上管道交汇处以及超过一定距离的直线管段上都应设置检查井。把两个检查井之间流量没有变化且预计管径和坡度也没有变化的管段定为设计管段。并从管段上游往下游按顺序进行检查井的编号，详见图 4-15。

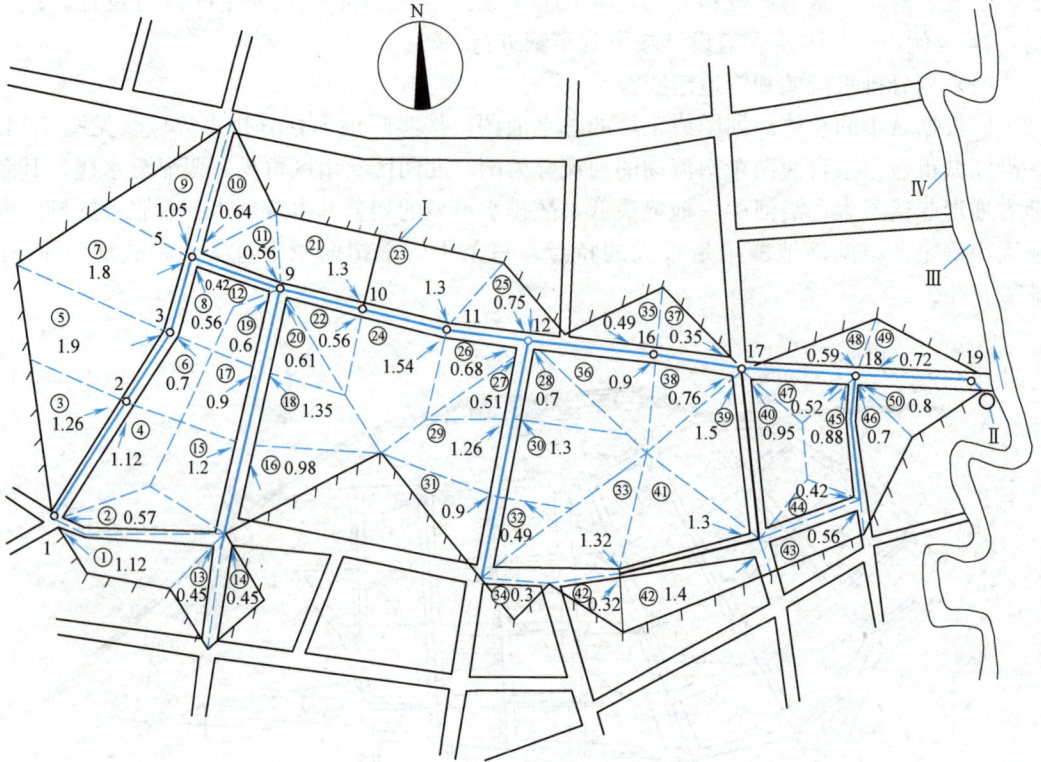

图 4-15 设有雨水泵站的雨水管布置

Ⅰ—排水分界线；Ⅱ—雨水泵站；Ⅲ—河流；Ⅳ—河堤岸

图中圆圈内数字为汇水面积编号；其旁数字为面积数值，以 $10^4 m^2$ 计

（3）划分并计算各设计管段的汇水面积。

各设计管段汇水面积的划分应结合地形坡度、汇水面积的大小以及雨水管道布置等情况而划定。地形较平坦时，可按就近排入附近雨水管道的原则划分汇水面积；地形坡度较大时，应按地面雨水径流的水流方向划分汇水面积。并将每块面积进行编号，计算其面积的数值注明在图中，详见图 4-15。汇水面积除街区外，还包括街道、绿地。

（4）确定各排水流域的平均径流系数值。

通常根据排水流域内各类地面的面积数或所占比例，计算出该排水流域的平均径流系数；也可根据规划的地区类别，采用区域综合径流系数。

（5）确定设计重现期 P、地面集水时间 t_1。

前面已叙述过确定雨水管渠设计重现期的有关原则和规定。设计时应结合该地区的地形特点、汇水面积的地区建设性质和气象特点选择设计重现期。各个排水流域雨水管道的设计重现期可选用同一值，也可选用不同的值。

根据该地建筑密度情况，地形坡度和地面覆盖种类，街区内设置雨水暗管与否等，确定雨水管道的地面集水时间。

（6）求单位面积径流量 q_0。

q_0 是暴雨强度 q 与径流系数 ψ 的乘积，称单位面积径流量式（4-31）。即：

$$q_0 = q \cdot \psi = \frac{167A_1(1+c\lg P) \cdot \psi}{(t+b)^n} = \frac{167A_1(1+c\lg P) \cdot \psi}{(t_1+t_2+b)^n} \quad [\text{L}/(\text{s} \cdot \text{hm}^2)] \quad (4\text{-}31)$$

显然，对于具体的雨水管道工程来说，式中的 P、t_1、ψ、A_1、b、c 均为已知数，因此 q_0 只是 t_2 的函数。

只要求得各管段的管内雨水流行时间 t_2，就可求出相应于该管段的 q_0 值。

（7）列表进行雨水干管的设计流量和水力计算，以求得各管段的设计流量，及确定各管段的管径、坡度、流速、管底标高和管道埋深值等。计算时需先定管道起点的埋深或是管底标高。

（8）绘制雨水管道平面图及纵剖面图。

4.3.5　雨水管渠设计计算举例

图 4-15 为某居住区部分平面图。地形西高东低，东面有一自南向北流的天然河流，河流常年洪水位为 14m，常水位 12m。该城市的暴雨强度公式为 $q = \dfrac{500\,(1+1.38\lg P)}{t^{0.65}}$ $[\text{L}/(\text{s} \cdot \text{hm}^2)]$。要求布置雨水管道并进行干管的水力计算。

从居住区平面图和资料知该地区地形平坦，无明显分水线，故排水流域按城市主要街道的汇水面积划分，流域分界线见图中Ⅰ。河流的位置确定了雨水出水口的位置，雨水出水口位于河岸边，故雨水干管的走向为自西向东。考虑河流的洪水位高于该地区地面平均标高，造成雨水在河流洪水位甚至常水位时不能靠重力排入河流，因此在干管的终端设置雨水泵站。

根据管道的具体位置，划分设计管段，将设计管段的检查井依次编上号码，各检查井的地面标高见表 4-14。每一设计管段的长度在 200m 以内为宜，各设计管段的长度见表 4-15。每一设计管段所承担的汇水面积可按就近排入附近雨水管道的原则划分。将每块汇水面积的编号、面积数、雨水流向标注在图中（见图 4-15）。表 4-16 为各设计管段的汇水面积计算表。

由于市区内建筑分布情况差异不大，可采用统一的平均径流系数值。经计算 $\psi = 0.50$。

本例中地形平坦，建筑密度较小，地面集水时间采用 $t_1 = 10\text{min}$。设计重现期选用 $P = 3\text{a}$。管道起点埋深根据支管的接入标高等条件，采用 1.40m。列表进行干管的水力计算，见表 4-14。

图 4-15 中地面标高表　　　　　　　　　　　　　　　　表 4-14

检查井编号	地面标高（m）	检查井编号	地面标高（m）
1	14.03	11	13.60
2	14.06	12	13.60
3	14.06	16	13.58
5	14.04	17	13.57
9	13.60	18	13.57
10	13.60	19（泵站前）	13.55

图 4-15 中管道长度表

图 4-15 中管道长度表   表 4-15

管道编号	管道长度(m)	管段编号	管道长度(m)
1~2	150	11~12	120
2~3	100	12~16	150
3~5	100	16~17	120
5~9	140	17~18	150
9~10	100	18~19	150
10~11	100	19~泵站	100

汇水面积计算表   表 4-16

设计管段编号	本段汇水面积编号	本段汇水面积(hm²)	转输汇水面积(hm²)	总汇水面积(hm²)
1~2	1、2	1.69	0	1.69
2~3	3、4	2.38	1.69	4.07
3~5	5、6	2.60	4.07	6.67
5~9	7~10	4.05	6.67	10.72
9~10	11~20	7.52	10.72	18.24
10~11	21、22	1.86	18.24	20.10
11~12	23、24	2.84	20.10	22.94
12~16	25~32、34	6.89	22.94	29.83
16~17	35、36	1.39	29.83	31.22
17~18	33、37~42	7.90	31.22	39.12
18~19	43~50	5.19	39.12	44.31

(1) 面积叠加法水力计算说明：

1) 表 4-17 中第 1 项为需要计算的设计管段，从上游至下游依次写出。第 2、3、13、14 项从表 4-15、表 4-16、表 4-14 中取得。其余各项经计算后得到。

2) 计算中假定管段的设计流量均从管段的起点进入，即各管段的起点为设计断面。因此，各管段的设计流量是按该管段起点，即上游管段终点的设计降雨历时（集水时间）进行计算的。也就是说在计算各设计管段的暴雨强度时，用的 t_2 值应按上游各管段的管内雨水流行时间之和 $\sum t_2 \left(\sum \dfrac{L}{v} \right)$ 求得。如管段 1~2，是起始管段，故 $\sum t_2 = 0$，将此值列入表 4-17 中第 4 项。

也有采用管段终点为设计断面进行计算的。但这种方法是用管段终点的集水时间对应的暴雨强度来计算雨水设计流量，而在未进行水力计算之前，未求出管段满流时的设计流速，也就无法求出管段起点至终点的雨水管内流行时间 t_2。因此，必须先要预设管内流速，算出管内流行时间、进而算出单位面积径流量 q_0、设计流量 Q，再由 Q 确定管段的管径 D、坡度 I、流速 v 及管底标高等。最后检查计算得出的流速与预设的流速是否相近，如果相差较大需重新预设再算。这种方法计算出的管径虽比以管段起点为设计断面的方法算出的管径小一些，但计算较烦琐，因此在实际工程中用得不多。

3) 根据确定的设计参数、求单位面积径流量 q_0。

$$q_0 = \psi q = 0.5 \times \frac{500(1 + 1.38 \lg P)}{(10 + \sum t_2)^{0.65}} = \frac{414.60}{(10 + \sum t_2)^{0.65}} \quad \text{L/(s·hm}^2)$$

q_0 为管内雨水流行时间 $\sum t_2$ 的函数，只要知道各设计管段内雨水流行时间 $\sum t_2$，即

可求出该设计管段的单位面积径流量 q_0。如管段 1～2 的 $\sum t_2 = 0$，代入上式得

$q_0 = \dfrac{414.60}{10^{0.65}} = 92.82 \text{L/(s} \cdot \text{hm}^2)$。而管段 5～9 的 $\sum t_2 = t_{1\sim 2} + t_{2\sim 3} + t_{3\sim 5} = 3.13 + 1.49 +$

$1.33 = 5.95\text{min}$，代入 $q_0 = \dfrac{414.60}{(10+5.95)^{0.65}} = 68.54 \text{L/(s} \cdot \text{hm}^2)$。将 q_0 列入表 4-17 中第

6 项。

4）用各设计管段的单位面积径流量乘以该管段的总汇水面积得设计流量。如管段
1～2 的设计流量 $Q = 92.82 \times 1.69 = 156.86\text{L/s}$，列入表 4-17 中第 7 项。

5）在求得设计流量后，即可进行水力计算，求管径、管道坡度和流速。在查水力计
算图或表时，Q、v、I、D 4 个水力因素可以相互适当调整，使计算结果既要符合水力计
算设计数据的规定，又应经济合理。本例地面坡度较小，甚至地面坡向与管道坡向正好相
反，为不使管道埋深增加过多，管道坡度宜取小值。但所取坡度应能使管内水流速度不小
于最小设计流速。计算采用钢筋混凝土圆管（满流，$n = 0.013$）水力计算表。

将确定的管径、坡度、流速各值列入表 4-17 中第 8、9、10 项。第 11 项管道的输水
能力 Q 是指在水力计算中管段在确定的管径、坡度、流速的条件下，实际通过的流量。
该值等于或略大于设计流量 Q。

6）根据设计管段的设计流速求本管段的管内雨水流行时间 t_2。例如管段 1～2 的管内

雨水流行时间 $t_2 = \dfrac{L_{1\sim 2}}{v_{1\sim 2}} = \dfrac{150}{0.80 \times 60} = 3.13\text{min}$。将该值列入表 4-17 中第 5 项。此值便是

下一个管段 2～3 的 $\sum t_2$ 值。

7）管段长度乘以管道坡度得到该管段起点与终点之间的高差，即降落量。如管段
1～2 的降落量 $IL = 0.0017 \times 150 = 0.259\text{m}$。列入表 4-17 中 12 项。

8）根据冰冻情况、雨水管道衔接要求及承受荷载的要求，确定管道起点的埋深或管
底标高。本例起点埋深定为 1.4m，将该值列入表 4-17 中第 17 项。用起点地面标高减去
该点管道埋深得到该点管底标高，即 $14.030 - 1.40 = 12.630\text{m}$。列入表 4-17 中第 15 项。
用该值减去 1、2 两点的降落量得到终点 2 的管底标高，即 $12.630 - 0.259 = 12.371\text{m}$。列
入表 4-17 中第 16 项。用 2 点的地面标高减去该点的管底标高得该点的埋设深度，即
$14.060 - 12.371 = 1.69\text{m}$。列入表 4-17 中第 18 项。

雨水管道各设计管段在高程上采用管顶平衔接。

9）在划分各设计管段的汇水面积时，应尽可能使各设计管段的汇水面积均匀增加，
否则会出现下游管段的设计流量小于上一管段设计流量的情况。如管段 16～17 的设计流
量比 12～16 的设计流量略有增加。这是因为下游管段的集水时间大于上一管段的集水时
间，故下游管段的设计暴雨强度小于上一管段的暴雨强度，而总汇水面积只有很小增加的
缘故。才出现了这种情况。

10）本例只进行了干管的水力计算，实际上在设计中，干管与支管是同时进行计算
的。在支管与干管相接的检查井处，必然会有两个 $\sum t_2$ 值和两个管底标高值。再继续计
算相交后的下一个管段时，应采用大的那个 $\sum t_2$ 值和小的那个管底标高值。

11）绘制雨水干管平面图及纵剖面图。图 4-16 及图 4-17 为初步设计的雨水干管平面
图及纵剖面图。

表 4-17

雨水干管水力计算表（面积叠加法）

设计管段编号	管长 L (m)	汇水面积 F (hm²)	管内雨水流行时间 (min) ΣL/v	t₂=L/v	单位面积径流量 q₀[L/(s·hm²)]	设计流量 Qj (L/s)	管径 D (mm)	坡度 I (%)	流速 v (m/s)	管道输水能力 Q' (L/s)	坡降 IL (m)	设计地面标高 (m) 起点	终点	设计管内底标高 (m) 起点	终点	埋深 (m) 起点	终点
1	2	3	4	5	6	7	8	9	10	11	12	13	14	15	16	17	18
1~2	150	1.69	0.00	3.13	92.82	156.86	500	0.17	0.80	156.79	0.259	14.030	14.060	12.630	12.371	1.40	1.69
2~3	100	4.07	3.13	1.49	77.76	316.49	600	0.27	1.12	316.34	0.266	14.060	14.060	12.271	12.006	1.79	2.05
3~5	100	6.67	4.62	1.33	72.52	483.68	700	0.27	1.26	483.47	0.273	14.060	14.060	11.906	11.633	2.15	2.43
5~9	140	10.72	5.95	1.60	68.54	734.70	800	0.31	1.46	734.40	0.432	14.060	13.600	11.533	11.101	2.07	2.50
9~10	100	18.24	7.54	1.11	64.41	1174.89	1000	0.24	1.50	1174.47	0.240	13.600	13.600	10.901	10.661	2.70	2.94
10~11	100	20.10	8.66	1.05	61.89	1243.90	1000	0.27	1.58	1243.45	0.269	13.600	13.600	10.661	10.392	2.94	3.21
11~12	120	22.94	9.71	1.15	59.72	1369.90	1000	0.33	1.74	1369.41	0.392	13.600	13.600	10.392	10.000	3.21	3.60
12~16	150	29.83	10.86	1.38	57.56	1717.05	1100	0.31	1.81	1716.46	0.463	13.600	13.580	9.900	9.438	3.70	4.14
16~17	120	31.22	12.24	1.10	55.21	1723.57	1100	0.31	1.81	1722.97	0.373	13.580	13.570	9.438	9.065	4.14	4.51
17~18	150	39.12	13.34	1.14	53.50	2092.81	1100	0.46	2.20	2092.09	0.687	13.570	13.570	9.065	8.378	4.51	5.19
18~19	150	44.31	14.48	1.23	51.87	2298.40	1200	0.35	2.03	2297.64	0.521	13.550	13.550	8.278	7.757	5.27	5.79

表 4-18

雨水干管水力计算表（流量叠加法）

设计管段编号	管长 L (m)	汇水面积 F (hm²)	管内雨水流行时间 (min)		单位面积径流量 q₀ (L/s·hm²)	本段流量 Q₆ (L/s)	设计流量 Q_j (L/s)	管径 D (mm)	坡度 i (%)	流速 v (m/s)	管道输水能力 Q' (L/s)	坡降 iL (m)	设计地面标高		设计管内底标高		埋深 (m)	
			$\Sigma t_2=\Sigma L/v$	$t_2=L/v$									起点	终点	起点	终点	起点	终点
1	2	3	4	5	6	7	8	9	10	11	12	13	14	15	16	17	18	19
1~2	150	1.69	0.00	3.13	92.82	156.86	156.86	500	0.20	0.80	168.83	0.3	14.030	14.060	12.630	12.330	1.4	1.730
2~3	100	2.38	3.13	1.88	77.77	185.08	341.95	700	0.15	0.89	358.65	0.15	14.060	14.060	12.330	12.180	1.730	1.880
3~5	100	2.60	5.00	1.59	71.30	185.38	527.33	800	0.17	1.05	545.12	0.17	14.060	14.060	12.180	12.010	1.880	2.050
5~9	140	4.05	6.59	1.86	66.79	270.49	797.82	900	0.20	1.25	809.44	0.28	14.060	13.600	12.010	11.730	1.590	1.870
9~10	100	7.52	8.45	1.25	62.33	468.72	1266.54	1100	0.17	1.33	1274.37	0.17	13.600	13.600	11.730	11.560	1.870	2.040
10~11	100	1.86	9.70	1.15	59.73	111.10	1377.64	1100	0.20	1.45	1382.25	0.2	13.600	13.600	11.560	11.360	2.040	2.240
11~12	120	2.84	10.85	1.23	57.57	163.49	1541.13	1100	0.25	1.62	1545.40	0.3	13.600	13.600	11.360	11.060	2.240	2.540
12~16	150	6.89	12.09	1.47	55.46	382.11	1923.24	1200	0.25	1.70	1949.00	0.375	13.600	13.580	11.060	10.685	2.540	2.895
16~17	120	1.39	13.56	1.13	53.18	73.93	1997.17	1200	0.27	1.77	2025.46	0.324	13.580	13.570	10.685	10.361	2.895	3.209
17~18	150	7.90	14.69	1.18	51.58	407.52	2404.69	1200	0.40	2.13	2465.31	0.6	13.570	13.570	10.361	9.761	3.209	3.809
18~19	150	5.19	15.86	1.06	50.05	259.75	2664.44	1200	0.47	2.36	2672.33	0.705	13.550	13.550	9.761	9.056	3.789	4.494

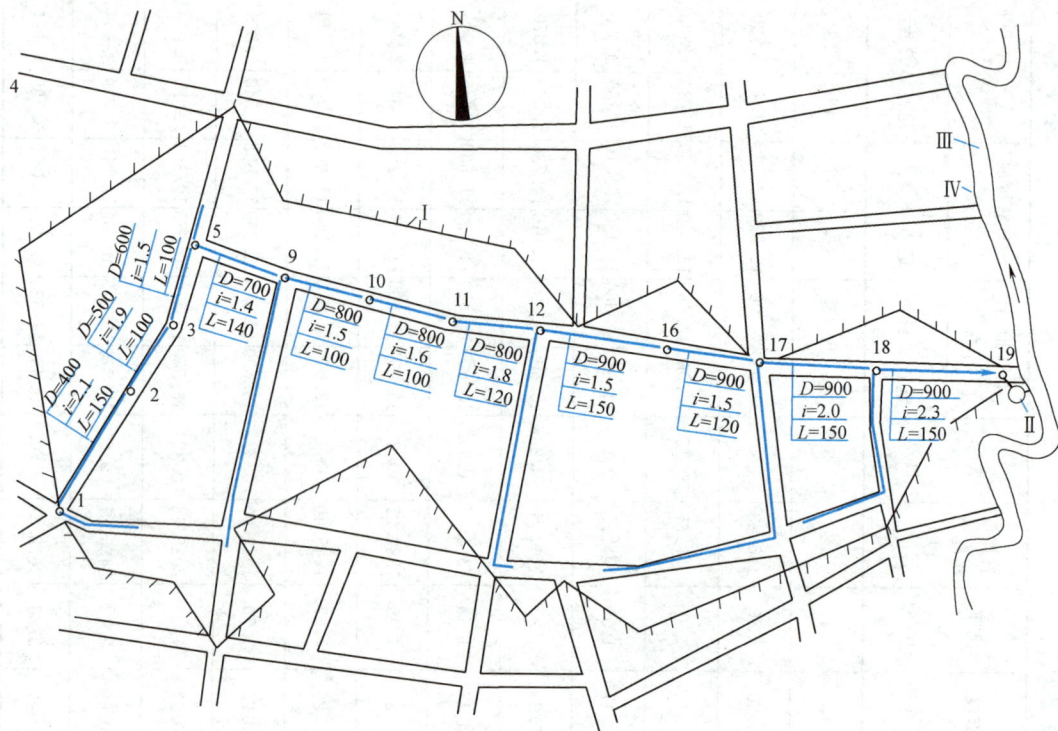

图 4-16　雨水干管平面图

Ⅰ—排水分界线；Ⅱ—雨水泵站；Ⅲ—河流；Ⅳ—河堤岸

注：图中尺寸管径 D 以 mm 计，坡度 i 以‰计，长度 L 以 m 计。

（2）流量叠加法水力计算说明：

流量叠加水力计算法在程序上与面积叠加水力计算法基本相同，但有三点不同：

1）一是汇水面积：每一个计算管段汇水面积的取值，面积叠加采用的是该段之前所有管段汇水面积的累加值，作为该段的汇水面积，见表 4-17 中第 3 项；而流量叠加水力计算法，该段的本段的汇水面积作为汇水面积，见表 4-18 中第 3 项。

2）二是计算流量：面积叠加法计算设计流量为表 4-17 中第 3 项×第 6 项，即得管段设计流量为表 4-17 中第 7 项；而流量叠加法计算设计流量为表 4-18 中第 3 项×第 6 项，即得该管段本段设计流量即表 4-18 中第 7 项，再累加前一段的设计流量，即得该管段设计流量即表 4-18 中第 8 项。

3）流量叠加法计算雨水设计流量，须逐段计算叠加，过程较繁复，但其所得的设计流量比面积叠加法大，偏于安全，一般用于雨水管渠的工程设计计算。

4.3.6　立体交叉道路排水

随着国民经济的飞速发展，全国各地修建的公路、铁路立交工程逐日增多。立交工程多设在交通繁忙的主要干道上，车辆多，速度快。而立交工程中，高速公路、一级公路、二级公路的净高通常为 5m，而三级公路、四级公路净高为 4.5m。位于下边的道路的最低点，往往比周围干道低 4~5m，形成盆地，加之纵坡很大，立交范围内的雨水径流很快就汇集至立交最低点，极易造成严重的积水。若不及时排除雨水，便会影响交通，甚至造成事故。

116

圆形钢筋混凝土管 水泥砂浆抹带接口 带形基础

项目												
设计地面标高(m)	14.030	14.060	14.060	14.040	13.600	13.600	13.600	13.600	13.580	13.570	13.570	13.550
设计管内底标高(m)	12.730	12.415 12.315	12.125 12.025	11.875 11.775	11.579 11.479	11.329	11.169	10.953 10.853	10.637	10.457	10.157	9.812
埋深 H(m)	1.30	1.65 1.75	1.94 2.04	2.27 2.37	2.02 2.12	2.27	2.43	2.65 2.75	2.94	3.11	3.41	3.74
D(mm)	400	500	600	700	800	800	800	900	900	900	900	900
i(‰)	2.1	1.9	1.5	1.5	1.4	1.5	1.5	1.8	1.5	1.5	2.0	2.3
管道长度 L(m)	150	100	100	100	140	100	100	120	150	120	150	150
检查井编号	1	2	3	5	9	10	11	12	16	17	18	19

14.00
13.00
12.00
11.00
10.00
9.00

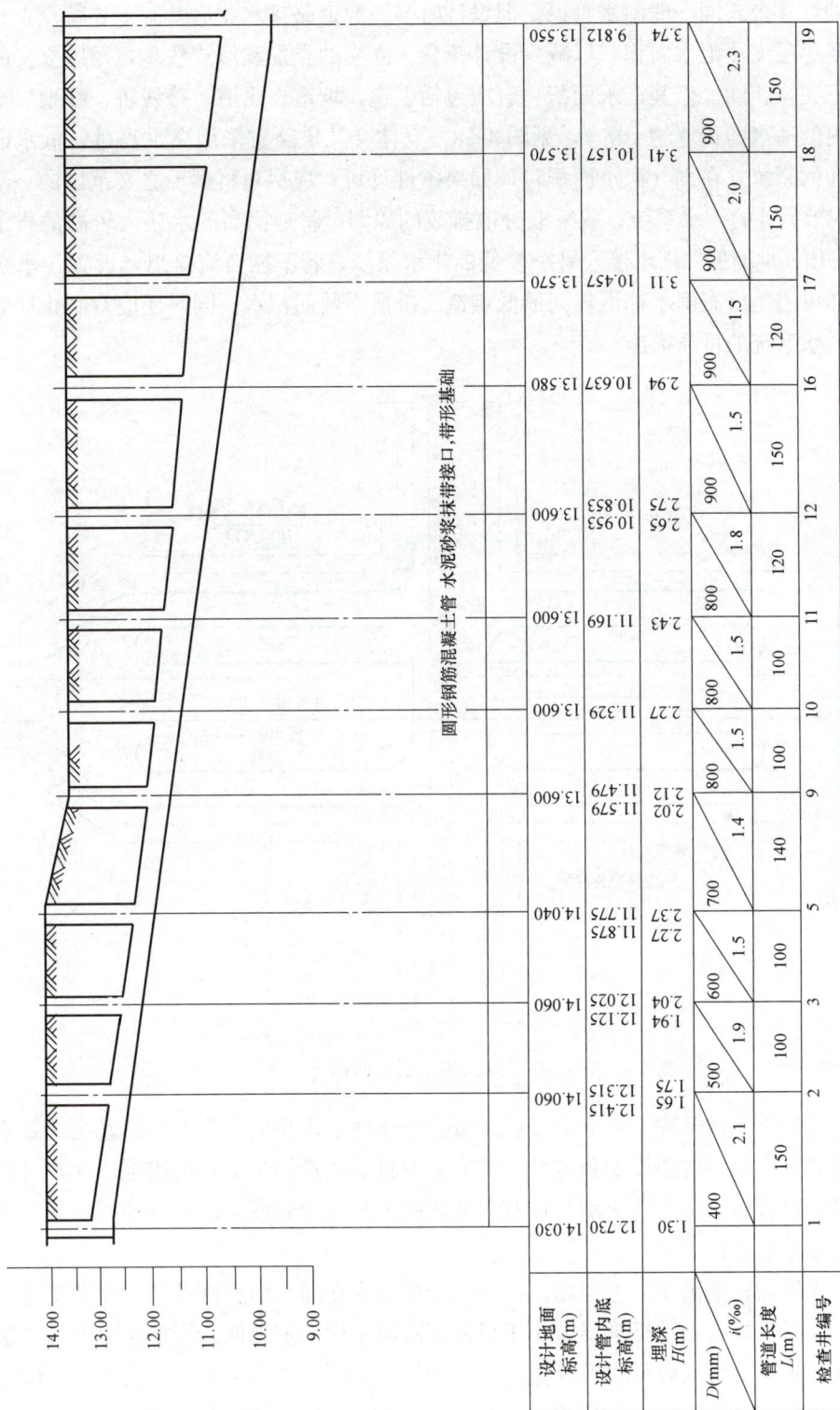

图 4-17 雨水干管纵剖面图

117

立交道路排水主要解决降雨在汇水面积内形成的地面径流和必要排除的地下水。雨水设计流量的计算公式同一般雨水管渠。但设计时与一般道路排水相比具有下述特点：

（1）要尽量缩小汇水面积，以减少设计流量。立交的类别和形式较多，每座立交的组成部分也不完全相同。但其汇水面积一般应包括引道、坡道、匝道、跨线桥、绿地以及建筑红线以内的适当面积（约10m），见图4-18。立体交叉道路宜采用高水高排，低水低排且互不连通的系统。在划分汇水面积时，如果条件许可，应尽量将属于立交范围的一部分面积划归附近另外的排水系统；或采取分散排放的原则，将地面高的水接入较高的排水系统，自流排出；地面低的雨水接入另一较低的排水系统，若不能自流排出，设置排水泵站提升。这样可避免所有雨水都汇集到最低点造成排泄不及而积水。同时还应有防止地面高的水进入低水系统的可靠措施。

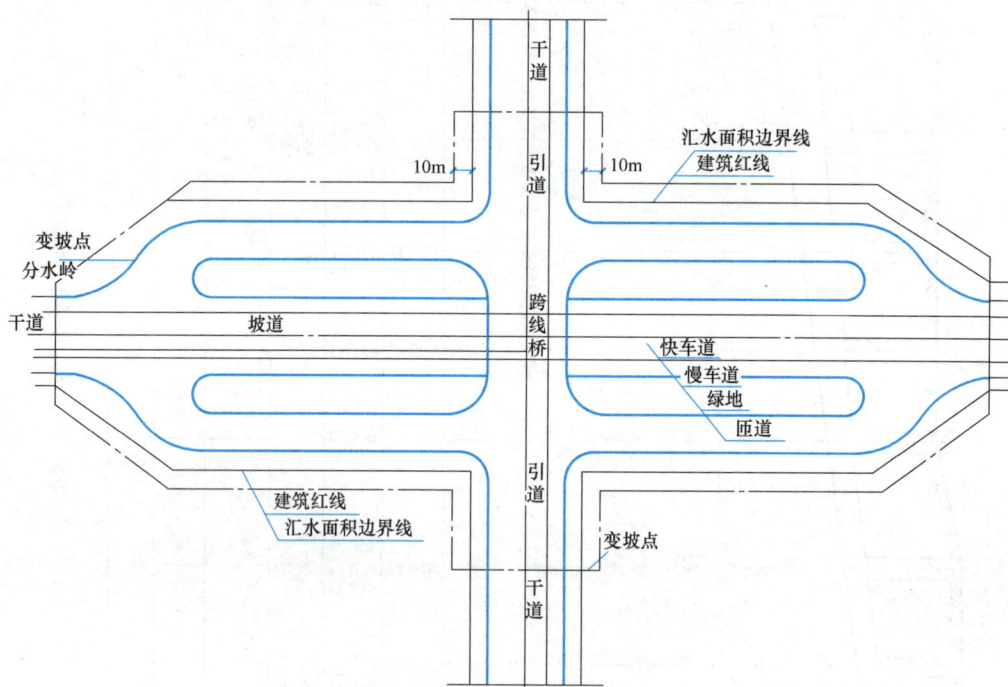

图 4-18　立交排水汇水面积

（2）注意地下水的排除。当立交工程最低点低于地下水位时，为保证路基经常处于干燥状态，使其具有足够的强度和稳定性，需要采取排除或控制地下水的措施。通常可埋设渗渠或花管，以吸收、汇集地下水，使其自流入附近排水干管或河湖。若高程不具备自流排出时，应设泵站排出。

（3）排水设计标准高于一般道路。由于立交道路在交通上的特殊性，为保证交通不受影响，畅通无阻，排水设计标准不应小于地面道路雨水设计重现期。根据各地经验，暴雨强度的设计重现期重要区域排水设计标准可适当提高，同一立体交叉工程的不同部位可采用不同的重现期。地面集水时间宜取2～10min。径流系数 ψ 值根据地面种类分别计算，宜取0.9～1.0。国内几个城市立交排水的设计参数见表4-19，可供参考。

118

城市	P(a)	t_1(min)	ψ
北京	一般 1～2 特殊 3(或变重现期) 郊区 1	5～8	0.9(或按覆盖情况分别计算)
天津	一般 2,特殊 1、3	5～10	0.9(或加权平均)
上海	1～2	7	0.9
石家庄	5		0.9～1.0
无锡	5		0.9
郑州	5	10	0.9
太原	3～5		0.9～1.0
济南	5～6	5	0.9

（4）雨水口布设的位置要便于拦截径流。立交的雨水口一般沿坡道两侧对称布置，越接近最低点，雨水口布置越密集，并往往从单算或双算增加到 8 算或 10 算。面积较大的立交，除坡道外，在引道、匝道、绿地中都应在适当距离和位置设置一些雨水口。位于最高点的跨线桥，为不使雨水径流距离过长，通常由泄水孔将雨水排入立管，再引入下层的雨水口或检查井中。高架道路的雨水口的间距宜为 20～30m，每个雨水口单独用立管引至地面排水系统。雨水口的入口应设格栅。高架道路雨水管道设置单独的收集管和出水口。

（5）管道布置及断面选择。立交排水管道的布置，应与其他市政管道综合考虑，并应避开立交桥基础。若无法避开时，应从结构上加固，或加设柔性接口，或改用铸铁管材等，以解决承载力和不均匀下沉问题。此外，立交工程的交通量大，排水管道的维护管理较困难。一般可将管道断面适当加大，起点断面最小管径不小于 400mm，以下各段的设计断面均应加大一级。

（6）对于立交地道工程，当最低点位于地下水位以下时，应采取排水或降低地下水位的措施，应设置独立的排水系统并防止倒灌。当没有条件设置独立排水系统时，受纳排水系统应能满足地区和立交排水设计流量的要求。并保证系统出水口畅通，排水泵站不能停电。下穿立交道路宜设置积水自动监测和报警装置。

4.4　内涝防治系统设计标准与设施

内涝防治系统用于防治和应对城镇内涝的工程性设施和非工程性措施，以一定方式组合成的总体，包括雨水收集、输送、调蓄、行泄、处理、利用的天然和人工设施及管理措施等。为保障城市在内涝防治设计重现期标准下不受灾，应根据内涝风险评估结果，在排水能力较弱或径流量较大的地方设置内涝防治设施。目前，国外发达国家普遍制订了较为完善的内涝灾害风险管理策略，在编制内涝风险评估的基础上，确定内涝防治设施的布置和规模。内涝风险评估采用数学模型，根据地形特点、水文条件、水体状况、城镇雨水管渠系统等因素，评估不同降雨强度下，城镇地面产生积水灾害的情况。

根据我国内涝防治整体现状，各地区应采取渗透、调蓄、设置行泄通道和内河整治等措施，积极应对可能出现的超过雨水管渠设计重现期的暴雨，保障城镇安全运行。城镇内涝防治设计重现期和水利排涝标准应有所区别。水利排涝标准中一般采用5～10年，且根据作物耐淹水深和耐淹历时等条件，允许一定的受淹时间和受淹水深，而城镇不允许长时间积水，否则将影响城镇正常运行。

内涝防治设施应与城镇平面规划、竖向规划和防洪规划相协调，根据当地地形特点、水文条件、气候特征、雨水管渠系统、防洪设施现状和内涝防治要求等综合分析后确定。应根据城镇自然蓄排水设施数量、规划蓝线保护和水面率的控制指标要求，并结合城镇竖向规划中的相关指标要求进行合理布置。

4.4.1　城镇内涝防治系统设计标准

城镇内涝防治系统设计标准包括：内涝防治设计重现期、积水深度和退水时间。

1. 内涝防治设计重现期

城镇内涝防治的主要目的是将降雨期间的地面积水控制在可接受的范围。城镇内涝防治系统设计重现期选用应根据城镇类型、积水影响程度和内河水位变化等因素，经技术经济比较后确定，按表4-20的规定取值，并应符合下列规定：①经济条件较好，且人口密集、内涝易发的城市，宜采用规定的上限；②目前不具备条件的地区可分期达到标准；③当地面积水不满足表4-20的要求时，应采取渗透、调蓄、设置雨洪行泄通道和内河整治等措施；④对超过内涝设计重现期的暴雨，应采取综合控制措施。

内涝防治设计重现期 表4-20

城镇类型	重现期（年）	地面积水设计标准
超大城市和特大城市	50～100	1. 居民住宅和工商业建筑物的底层不进水； 2. 道路中一条车道的积水深度不超过15cm
大城市	30～50	
中等城市和小城市	20～30	

注：1. 按表中所列重现期设计暴雨强度公式时，均采用年最大值法。
　　2. 超大城市指城区常住人口在1000万以上的城市特大城市指城区常住人口在500万以上1000万以下的城市；大城市指城区常住人口在100万～500万的城市；中等城市和小城市指城区人口在100万以下的城市。

根据内涝防治设计重现期校核地面积水排除能力时，应根据当地历史数据合理确定用于校核的降雨历时及该时段内的降雨量分布情况，有条件的地区宜采用数学模型计算。如校核结果不符合要求，应调整设计，包括放大管径、增设渗透设施、建设调蓄段或调蓄池等。执行表4-20标准时，雨水管渠按压力流计算，即雨水管渠应处于超载状态。

表4-20"地面积水设计标准"中的道路积水深度是指该车道路面标高最低处的积水深度。当路面积水深度超过150mm时，车道可能因机动车熄火而完全中断，因此，表4-20规定每条道路至少应有一条车道的积水深度不超过150mm。发达国家和我国部分城市已有类似的规定，如美国丹佛市规定：当降雨强度不超过10年一遇时，非主干道路（collector）中央的积水深度不应超过150mm，主干道路和高速公路的中央不应有积水；当降雨强度为100年一遇时，非主干道路中央的积水深度不应超过300mm，主干道路和高速公路中央不应有积水。上海市关于市政道路积水的标准是：路边积水深度大于150mm（即与道路侧石齐平），或道路中心积水时间大于1h，积水范围超过50m²。

发达国家和地区的城市内涝防治系统包含雨水管渠、坡地、道路、河道和调蓄设施等所有雨水径流可能流经的地区。美国和澳大利亚的内涝防治设计重现期为 100 年或大于 100 年，英国为 30~100 年，中国香港城市主干管为 200 年，郊区主排水渠为 50 年。

当采用雨水调蓄设施中的排水管道调蓄应对措施时，该地区的设计重现期可达 10 年一遇，可排除 50mm/h 的降雨；当采用雨水调蓄设施和利用内河调蓄应对措施时，设计重现期可进一步提高到 40 年一遇；在此基础上再利用流域调蓄时，可应对 150 年一遇的降雨。欧盟室外排水系统排放标准（BS EN 752：2008）中"设计暴雨重现期（Design Storm Frequency）"与我国雨水管渠设计重现期相对应；"设计洪水重现期（Design Flooding Frequency）"与我国的内涝防治设计重现期概念相近。

2. 最大允许退水时间

内涝防治设计重现期下的最大允许退水时间应符合表 4-21 的规定。人口密集、内涝易发、特别重要且经济条件较好的地区，最大允许退水时间应采取规定的下限。交通枢纽的最大允许退水时间应为 0.5h。

内涝防治设计重现期下的最大允许退水时间 （h）　　　　　　表 4-21

城区类型	中心城区	非中心城区	中心城区的重要地区
最大允许退水时间	1.0~3.0	1.5~4.0	0.5~2.0

注：表中的最大允许退水时间为雨停后的地面积水的最大允许排干时间。

内涝防治设计重现期下，城镇防涝能力满足表 4-20 和表 4-21 规定的积水深度和最大允许退水时间时，不应视为内涝；反之，积水深度和最大允许退水时间超过规定值时，判为不达标。各城市应根据地区的重要性等因素，加快基础设施的改造，以达到上述要求。上海市规定的雨停后积水时间为不大于 1h。浙江省地方标准规定的积水时间：中心城区的重要地区不大于 0.5h，中心城区不大于 1h，非中心城区不大于 2h。常州市的时间经验为雨停后 2h 排除积水。天津市的排除积水的实践经验为降雨强度在 30mm/h 以下，道路不积水；降雨强度在 40~50mm/h，雨停后 1~3h 排除道路积水；降雨强度在 60~70mm/h，雨后 3~6h 排除积水。安徽省要求：降雨强度在 35mm/h 以下，道路不积水；降雨强度在 35~45mm/h，雨后 2h 排除积水，重要路段和交通枢纽不积水；降雨强度在 45~55mm/h，雨后 6h 排除积水，重要路段和交通枢纽不积水；降雨强度在 55mm/h 以上，不发生人员伤亡及重大财产损失。

3. 综合径流系数的调整

在采用推理公式法进行内涝防治设计校核时，宜提高表 4-4 中规定的径流系数值：当设计重现期为 20~30a 时，宜将径流系数提高 10%~15%；当设计重现期为 30~50a 时，宜将径流系数提高 20%~25%；当设计重现期为 50~100a 时，宜将径流系数提高 30%~50%；当计算的径流系数大于 1 时，应按 1 取值。

4.4.2　内涝防治设施

内涝防治设施应包括源头控制设施、雨水管渠设施和综合防治设施。

源头控制设施包括雨水渗透、雨水收集利用等，在设施类型上与城镇雨水利用一致，但当用于内涝防治时，其设施规模应根据内涝防治标准确定。

综合防治设施包括调蓄池、城市水体（包括河、沟渠、湿地等）、绿地、广场、道路和大型管渠等。当降雨超过雨水管渠设计能力时，城镇河湖、景观水体、下凹式绿地和城市广场等公共设施可作为临时雨水调蓄设施；内河、沟渠、经过设计预留的道路、道路两侧局部区域和其他排水通道可作为雨水行泄通道；在地表排水或调蓄无法实施的情况下，可采用设置于地下的大型管渠、调蓄池和调蓄隧道等设施。

当采用绿地和广场等作为雨水调蓄设施时，不应对设施原有功能造成损害；应专门设计雨水的进出口，防止雨水对绿地和广场造成严重冲刷侵蚀或雨水长时间滞留。当采用绿地和广场等作为雨水调蓄设施时，应设置指示牌，标明该设施成为雨水调蓄设施的启动条件、可能被淹没的区域和目前的功能状态等，以确保人员安全撤离。

4.5 雨水综合利用

城镇化和经济的高速发展，我国水资源不足、内涝频发和城市生态安全等问题日益突出，雨水利用逐渐受到关注，因此，水资源缺乏、水质性缺水、地下水位下降严重、内涝风险较大的城市和新建开发区等应优先雨水利用。

雨水利用包括直接利用和间接利用。雨水直接利用是指雨水经收集、贮存、就地处理等过程后用于冲洗、灌溉、绿化和景观等；雨水间接利用是指通过雨水渗透设施把雨水转化为土壤水，其设施主要有地面渗透、埋地渗透管渠和渗透池等。雨水利用、污染控制和内涝防治是城镇雨水综合管理的组成部分，在源头雨水径流削减、过程蓄排控制等阶段的不少工程措施是具有多种功能的，如源头渗透、回用设施，既能控制雨水径流量和污染负荷，起到内涝防治和控制污染的作用，又能实现雨水利用。

4.5.1 雨水综合利用的原则

雨水综合利用应根据当地水资源情况和经济发展水平合理确定，综合利用的原则是：

（1）水资源缺乏、水质性缺水、地下水位下降严重、内涝风险较大的城市和新建开发区等宜进行雨水综合利用；

（2）雨水经收集、贮存、就地处理后可作为冲洗、灌溉、绿化和景观用水等，也可经过自然或人工渗透设施渗入地下，补充地下水资源；

（3）雨水利用设施的设计、运行和管理应与城镇内涝防治相协调。

4.5.2 雨水收集利用系统汇水面的选择

选择污染较轻的汇水面的目的是减少雨水渗透和净化处理设施的难度和造价。因此，应选择屋面、广场、人行道等作为汇水面，对屋面雨水进行收集时，宜优先收集绿化屋面和采用环保型材料屋面的雨水；不应选择工业污染场地和垃圾堆场、厕所等区域作为汇水面，不宜选择有机污染和重金属污染较为严重的机动车道路的雨水径流。当不同汇水面的雨水径流水质差异较大时，可分别收集和贮存。

4.5.3 初期雨水的弃流

由于降雨初期的雨水污染程度高，处理难度大，因此应弃流。对屋面、场地雨水进行收集利用时，应将降雨初期的雨水弃流。弃流的雨水可排入雨水管道，条件允许时，也可就近排入绿地。弃流装置有多种设计形式，可采用分散式处理，如在单个落水管下安装分离设备；也可采用在调蓄池前设置专用弃流池的方式。一般情况下，弃流雨水可排入市政雨水管道，当弃流雨水污染物浓度不高，绿地土壤的渗透能力和植物品种在耐淹方面条件允许时，弃流雨水也可排入绿地。

4.5.4 雨水的利用方式

雨水利用应根据雨水的收集利用量和相关指标要求综合考虑，在确定雨水利用方式时，应首先考虑雨水调蓄设施应对城镇内涝的要求，不应干扰和妨碍其防治城镇内涝的基本功能。应根据收集量、利用量和卫生要求等综合分析后确定。雨水水质受大气和汇水面的影响，含有一定量的有机物、悬浮物、营养物质和重金属等，可按污水系统设计方法，采取防腐、防堵措施。

4.6 排洪沟的设计与计算

4.6.1 概述

我国大部分地区江河水系密布，在平原地区和山区沿江（河）两岸逐渐形成了规模大小不等的沿江（河）城市和沿江（河）山地城市。随着建设的不断发展，为了不占或少占良田沃土，工业与民用建筑不断向山洪沟区域内发展，并已逐步形成了新的工业区和新的城镇。

这些沿江（河）的城市，当市区地面标高低于江（河）的洪水位时，将受到河洪的威胁；而沿江山地城市，除受河洪威胁外，还将受到山洪的威胁；位于山坡或山脚下的工厂和城镇主要受到山洪的威胁。

由于洪水泛滥造成的灾害，在国内外都有惨痛的教训。为了尽量减少洪水造成的危害，保护城市、工厂的工业生产和人民生命财产安全，必须要根据城市或工厂的总体规划和流域的防洪规划，认真做好城市或工厂的防洪规划。根据城市或工厂的具体条件，合理选用防洪标准，整治已有的防洪设施和新建防洪工程，以提高城市或工厂的抗洪能力。

防洪工程的内容很多，涉及面广，由于篇幅有限，本节只概略介绍排洪沟的设计与计算。

位于山坡或山脚下的工厂和城镇，除了应及时排除建成区内的暴雨径流外，还应及时拦截并排除建成区以外、分水线以内沿山坡倾泻而下的山洪流量。由于山区地形坡度大，集水时间短，洪水历时也不长，所以水流急，流势猛，且水流中还夹带着砂石等杂质，冲刷力大，容易使山坡下的工厂和城镇受到破坏而造成严重损失。因此，必须在工厂和城镇受山洪威胁的外围开沟以拦截山洪，并通过排洪沟道将洪水引出保护区，排入附近水体。排洪沟设计的任务就在于开沟引洪，整治河沟，修建构筑物等，以便有组织地及时地拦截并排除山洪径流，保护山坡下的工厂和城镇的安全。

4.6.2 设计防洪标准

在进行防洪工程设计时，首先要确定洪峰设计流量，然后根据该流量拟定工程规模。为了准确、合理地拟定某项工程规模，需要根据该工程的性质、范围以及重要性等因素，选定某一频率作为计算洪峰流量的标准，称为防洪设计标准。实际工作中一般常用重现期衡量设计标准的高低，即重现期越大，则设计标准就越高，工程规模也就越大；反之，设计标准低，工程规模小。

城市防护区应根据政治、经济地位的重要性、常住人口或当量经济规模指标分为四个防护等级，其防护等级和防洪标准按表4-22确定。位于平原、湖洼地区的城市防护区，当需要防御时间较长的江河洪水或湖泊高水位时，其防洪标准可取较高值。典型案例可参见郑州"7·20"洪水。

城市防护区的防护等级和防洪标准 表4-22

防护等级	重要性	常住人口（万人）	当量经济规模（万人）	防洪标准［重现期（年）］
I	特别重要	≥150	≥300	≥200
II	重要	<150,≥50	<300,≥100	200～100
III	比较重要	<50,≥20	<100,≥40	100～50
IV	一般	<20	<40	50～20

注：当量经济规模为城市防护区人均GDP指数与人口的乘积，人均GDP指数为城市防护区人均GDP与同期全国人均GDP的比值。

乡村防护区应根据人口或耕地面积分为四个防护等级，其防护等级和防洪标准按表4-23确定。当人口密集、乡镇企业较发达或农作物高产的乡村防护区，其防洪标准可提高，反之，其防洪标准可降低。

乡村防护区的防护等级和防洪标准 表4-23

防护等级	人口（万人）	耕地面积（万亩）	防洪标准［重现期（年）］
I	≥150	≥300	100～50
II	<150,≥50	<300,≥100	50～30
III	<50,≥20	<100,≥30	30～20
IV	<20	<30	20～10

工矿企业防护区应根据规模分为四个防护等级，其防护等级和防洪标准按表4-24确定。当工矿企业遭受洪水淹没后，损失巨大，影响严重恢复生产的时间较长时，取标准的上限值或提高一个等级，反之，可取标准的下限值。当工矿企业遭受洪水淹没后，可能爆炸或导致毒液、毒气、放射性等有害物质大量泄漏、扩散时，中小型企业应按I级标准取值，特大型企业应按I级标准上限取值，并应采取专门的防护措施，对于核工业有关的企业、车间及专门设施，采用高于200年一遇的防洪标准。典型案例可参见日本福岛核事故资料。

工矿企业的防护等级和防洪标准 表4-24

防护等级	工矿企业规模	防洪标准［重现期（年）］
I	特大型	200～100
II	大型	100～50
III	中型	50～20
IV	小型	20～10

此外，我国的水利电力，铁路，公路等部门，根据所承担的工程性质、范围和重要性，制定了部门的防洪标准。

4.6.3 设计洪峰流量的计算

排洪沟属于小汇水面积上的排水构筑物。一般情况下，小汇水面积没有实测的流量资料，所需的设计洪水往往用实测暴雨资料间接推求。并假定暴雨与其所形成的洪水流量同频率。同时考虑山区河沟流域面积一般只有几平方千米至几十平方千米，平时水小，甚至干枯；汛期水量急增，集流快（几十分钟即达到被保护区）。因此以推求洪峰流量为主，对洪水总量及过程线不作研究。

目前我国各地区计算小汇水面积的山洪洪峰流量一般有 3 种方法。

1. 洪水调查法

洪水调查法包括形态调查法和直接类比法两种。

形态调查法主要是深入现场，勘查洪水位的痕迹，推导它发生的频率，选择和测量河槽断面，按公式 $v=\dfrac{1}{n}R^{\frac{2}{3}}I^{\frac{1}{2}}$ 计算流速，然后按公式 $Q=Av$ 计算出调查的洪峰流量。式中 n 为河槽的粗糙系数；R 为河槽的过水断面与湿周之比，即水力半径；I 为水面比降，可用河底平均比降代替。最后通过流量变差系数和模比系数法，将调查得到的某一频率的流量换算成设计频率的洪峰流量。

2. 推理公式法

推理公式有水科院水文研究所公式、小径流研究组公式和林平一公式三种。三种公式各有假定条件和适用范围。如水科院水文研究所的公式为式（4-32）：

$$Q=0.278\times\frac{\psi\cdot S}{\tau^{n}}\cdot F \tag{4-32}$$

式中　Q——设计洪峰流量（m³/s）；

　　　ψ——洪峰径流系数；

　　　S——暴雨雨力，即与设计重现期相应的最大的一小时降雨量（mm/h）；

　　　τ——流域的集流时间（h）；

　　　n——暴雨强度衰减指数；

　　　F——流域面积（km²）。

用这种推理公式求设计洪峰流量时，需要较多的基础资料，计算过程也较烦琐。详细的计算过程可参见有关书刊。当流域面积为 40～50km² 时，此公式的适用效果最好。

3. 经验公式法

常用的经验公式计算方法有：

（1）一般地区性经验公式；

（2）公路科学研究所简化公式；

（3）第二铁路设计院等值线法；

（4）第三铁路设计院计算方法。

下面仅介绍应用最普遍的以流域面积 F 为参数的一般地区性经验公式为式（4-33）：

$$Q=K\cdot F^{n} \tag{4-33}$$

式中　Q——设计洪峰流量（m³/s）；

　　　F——流域面积（km²）；

K、n——随地区及洪水频率而变化的系数和指数。

该法使用方便，计算简单，但地区性很强，相邻地区采用时，必须注意各地区的具体条件是否一致，否则不宜套用。地区经验公式可参阅各省（区）水文手册。

上述各公式中的各项参数的确定详见水文学课程中有关内容或参阅有关文献。

对于以上三种方法，应特别重视洪水调查法。在此法的基础上，再结合其他方法进行。

4.6.4 排洪沟的设计要点

排洪沟的设计涉及面广，影响因素复杂。因此应深入现场，根据城镇或工厂总体规划布置、山区自然流域划分范围、山坡地形及地貌条件、原有天然排洪沟情况、洪水走向、洪水冲刷情况、当地工程地质及水文地质条件、当地气象条件等各种因素综合考虑，合理布置排洪沟。排洪沟包括明渠、暗渠、截洪沟等。

1. 排洪沟布置应与厂区总体规划密切配合，统一考虑

在选厂及总图设计中，必须重视排洪问题。应根据总图的规划，合理布置排洪沟，避免把厂房建筑或居住建筑设在山洪口上，让开山洪，不与洪水主流顶冲。

排洪沟布置还应与铁路、公路、排水等工程相协调，尽量避免穿越铁路、公路，以减少交叉构筑物。排洪沟应布置在厂区、居住区外围靠山坡一侧，避免穿绕建筑群。以免因沟道转折过多而增加桥、涵加大投资外，还会造成沟道水流不顺畅、转弯处小水淤，大水冲的状况。排洪沟与建筑物之间应留有 3m 以上的距离，以防水流冲刷建筑物基础。

2. 排洪沟应尽可能利用原有山洪沟，必要时可作适当整修

原有山洪沟是洪水若干年来冲刷形成的，其形状、底板都比较稳定，因此应尽量利用原有的天然沟道作排洪沟。当利用原有沟不能满足设计要求而必须加以整修时，应注意不宜大改大动，尽量不要改变原有沟道的水力条件，而要因势利导，畅通下泄。

3. 排洪沟应尽量利用自然地形坡度

排洪沟的走向，应沿大部分地面水流的垂直方向，因此应充分利用地形坡度，使截流的山洪水能以最短距离重力流排入受纳水体。一般情况下，排洪沟是不设中途泵站的。同时当排洪沟截取几条截流沟的水流时，其交汇处应尽可能斜向下游，并成弧线连接，以使水流能平缓进入排洪沟内。

4. 排洪沟采用明渠或暗渠应视具体条件确定

一般排洪沟最好采用明渠，但当排洪沟通过市区或厂区时，由于建筑密度较高、交通量大，应采用暗渠。

5. 排洪明渠平面布置的基本要求

（1）进口段

为使洪水能顺利进入排洪沟，进口形式和布置是很重要的。常用的进口形式有：1）排洪沟直接插入山洪沟，接点的高程为原山洪沟的高程。适用于排洪沟与山沟夹角小的情况，也适用于高速排洪沟；2）以侧流堰形式作为进口，将截流坝的顶面做成侧流堰渠与排洪沟直接相接。此形式适用于排洪沟与山洪沟夹角较大且进口高程高于原山洪沟沟底高程的情况。进口段的形式应根据地形、地质及水力条件进行合理的选择。

通常进口段的长度一般不小于 3m。并在进口段上段一定范围内进行必要的整治，以使衔接良好，水流通畅，具有较好的水流条件。

为防止洪水冲刷，进口段应选择在地形和地质条件良好的地段。

（2）出口段

排洪沟出口段布置应不致冲刷排放地点（河流、山谷等）的岸坡，因此出口段应选择在地质条件良好的地段，并采取护砌措施。

此外，出口段宜设置渐变段，逐渐增大宽度，以减少单宽流量，降低流速；或采用消能、加固等措施。出口标高宜在相应的排洪设计重现期的河流洪水位以上，一般应在河流常水位以上。

（3）连接段

1）当排洪沟受地形限制走向无法布置成直线时，应保证转弯处有良好的水流条件，不应使弯道处受到冲刷。平面上转弯处的弯曲半径一般不应小于5～10倍的设计水面宽度。

由于弯道处水流因离心力作用，使水流轴线偏向弯曲段外侧，造成弯曲段外侧水面升高，内侧水面降低，产生了外侧与内侧的水位差，故设计时外侧沟高应大于内侧沟高，即弯道外侧沟高除考虑沟内水深及安全超高外，尚应增加水位差 h 值的 1/2。h 按式（4-34）计算：

$$h = \frac{v^2 \cdot B}{Rg} \quad \text{(m)} \tag{4-34}$$

式中　v——排洪沟水流平均流速（m/s）；

B——弯道处水面宽度（m）；

R——弯道半径（m）；

g——重力加速度（m/s^2）。

同时应加强弯道处的护砌。

排洪沟的安全超高一般采用 0.3～0.5m。

2）排洪沟的宽度发生变化，从一个宽度变到另一个宽度时，应设渐变段。渐变段的长度为 5～10 倍两段沟底宽度之差。

3）排洪沟穿越道路一般应设桥涵。涵洞的断面尺寸应根据计算确定，并考虑养护方便。进口处是否设置格栅应慎重考虑。在含砂量较大地区，为避免堵塞，最好采用单孔小桥。

6. 排洪沟纵坡的确定

排洪沟的纵坡应根据地形、地质、护砌、原有排洪沟坡度以及冲淤情况等条件确定，一般不小于 1%，设计纵坡时，要使沟内水流速度均匀增加，以防止沟内产生淤积。当纵坡很大时，应考虑设置跌水或陡槽，但不得设在转弯处。一次跌水高度通常为 0.2～1.5m。西南地区多采用条石砌筑的梯级渠道，每级高 0.3～0.6m，有的多达 20～30 级，消能效果很好。陡槽也称急流槽，纵坡一般为 20%～60%，多采用片石、块石或条石砌筑，也有采用钢筋混凝土浇筑的。陡槽终端应设消力设备。

7. 排洪沟的断面形式、材料及其选择

排洪明渠的断面形式常用矩形或梯形断面，最小断面 $B \times H = 0.4\text{m} \times 0.4\text{m}$ 排洪沟的材料及加固形式应根据沟内最大流速、当地地形及地质条件、当地材料供应情况确定。排洪沟一般常用片石、块石铺砌。土明沟不宜采用。

图 4-19 为常用排洪明渠断面及其加固形式。

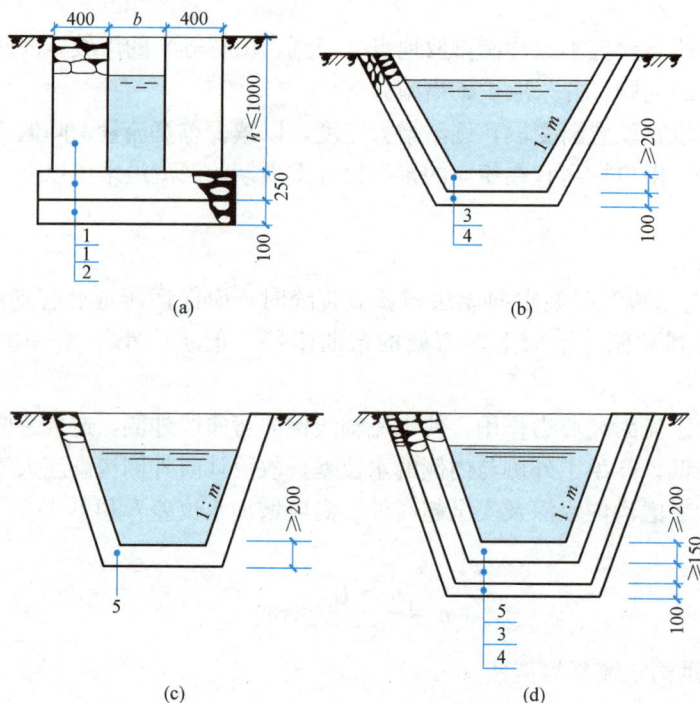

(a)   (b)

(c)   (d)

图 4-19　常用排洪明渠断面及其加固形式
（a）矩形片石沟；（b）梯形单层干砌片石沟；
（c）梯形单层浆砌片石沟；（d）梯形双层浆砌片石沟
1—M5 砂浆砌块石；2—三七灰土或碎（卵）石层；
3—单层干砌片石；4—碎石垫层；5—M5 水泥砂浆砌片（卵）石

图 4-20 为设在较大坡度的山坡上的截洪沟断面及使用的铺砌材料。

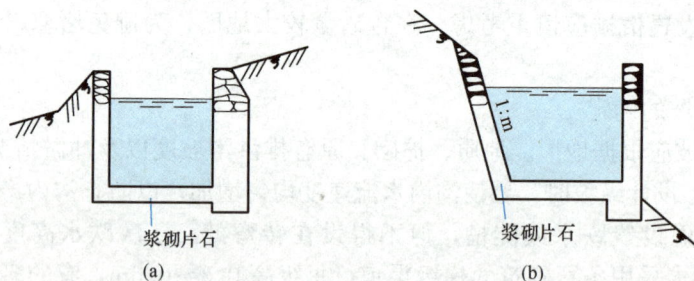

浆砌片石   浆砌片石
(a)   (b)

图 4-20　设在山坡上的截洪沟断面
（a）坡度不太大时；（b）坡度较大时

8. 排洪沟最大流速的规定

为了防止山洪冲刷，应按流速的大小选用不同铺砌的加固形式加强沟底沟壁。表 4-25 为常用铺砌及防护渠道的最大设计流速的规定。

序号	铺砌及防护类型	水流平均深度(m)			
		0.4	1.0	2.0	3.0
		最大流速(m/s)			
1	单层铺石(石块尺寸 15cm)	2.5	3.0	3.5	3.8
2	单层铺石(石块尺寸 20cm)	2.9	3.5	4.0	4.3
3	双层铺石(石块尺寸 15cm)	3.1	3.7	4.3	4.6
4	双层铺石(石块尺寸 20cm)	3.6	4.3	5.0	5.4
5	水泥砂浆砌软弱沉积岩块石砌体,石材强度等级不低于 MU10	2.9	3.5	4.0	4.4
6	水泥砂浆砌中等强度沉积岩块石砌体	5.8	7.0	8.1	8.7
7	水泥砂浆砌,石材强度等级不低于 MU15	7.1	8.5	9.8	11.0

4.6.5 排洪沟的水力计算

水力计算公式见式（3-9）、式（3-10），过水断面 A 和湿周 χ 的求法为：

梯形断面：

$$A = Bh + mh^2 \tag{4-35}$$

$$\chi = B + 2h\sqrt{1+m^2} \tag{4-36}$$

式中　h——水深（m）；

　　　B——底宽（m）；

　　　m——沟侧边坡水平宽度与深度之比。

矩形断面：

$$A = Bh \tag{4-37}$$

$$\chi = 2h + B \tag{4-38}$$

进行排洪沟道水力计算时，常遇到下述情况：

（1）已知设计流量，渠底坡度，确定渠道断面。

（2）已知设计流量或流速，渠道断面及粗糙系数，求渠道底坡。

（3）已知渠道断面、渠壁粗糙系数及渠道底坡，要求渠道的输水能力。

4.6.6 排洪沟的设计计算示例

已知条件：

某工厂已有天然梯形断面砂砾石河槽（图 4-21）的排洪沟总长为 620m。

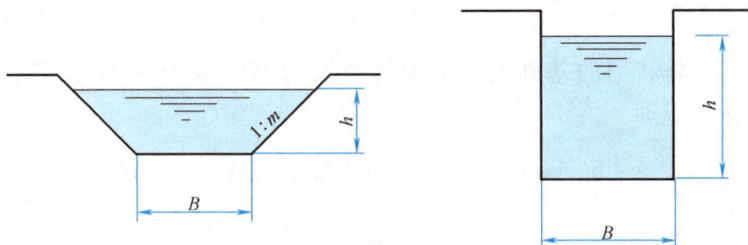

图 4-21　梯形和矩形断面的排洪沟计算草图

沟纵向坡度 $I=4.5‰$；

沟粗糙系数 $n=0.025$；

沟边坡为 $1:m=1:1.5$；

沟底宽度 $b=2\text{m}$；

沟顶宽度 $B=6.5\text{m}$；

沟深　$H=1.5\text{m}$。

当采用重现期 $P=50\text{a}$ 时，洪峰流量为 $Q=15\text{m}^3/\text{s}$。

试复核已有排洪沟的通过能力。

计算如下：

1. 复核已有排洪沟断面能否满足 Q 的要求

按公式
$$Q=A\cdot v=A\cdot C\sqrt{RI}$$

而
$$C=\frac{1}{n}\cdot R^{1/6}$$

对于梯形断面
$$A=bh+mh^2 \qquad (\text{m}^2)$$

其水力半径
$$R=\frac{bh+mh^2}{b+2h\sqrt{1+m^2}} \qquad (\text{m})$$

设原有排洪沟的有效水深为 $h=1.3\text{m}$，安全超高为 0.2m，则：

$$R=\frac{bh+mh^2}{b+2h\sqrt{1+m^2}}=\frac{2\times1.3+1.5\times1.3^2}{2+2\times1.3\sqrt{1+1.5^2}}=0.77\text{m}$$

当 $R=0.77\text{m}$，$n=0.025$ 时：

$$C=\frac{1}{n}R^{1/6}=\frac{1}{0.025}\times0.77^{1/6}=39.5$$

而原有排洪沟的水流断面积为：

$$A=bh+mh^2=2\times1.3+1.5\times1.3^2=5.13\text{m}^2$$

因此原有排洪沟的通过能力为：

$$Q'=A\cdot C\sqrt{RI}=5.13\times39.5\sqrt{0.77\times0.0045}=11.9\text{m}^3/\text{s}$$

显然，Q' 小于洪峰流量 $Q=15\text{m}^3/\text{s}$，故原沟断面略小，不敷使用，需适当加以整修后予以利用。

2. 原有排洪沟的整修改造方案

(1) 第一方案

在原沟断面充分利用的基础上，增加排洪沟的深度至 $H=2\text{m}$，其有效水深 $h=1.7\text{m}$，见图 4-22。这时

$$A=bh+mh^2=0.5\times1.7+1.5\times1.7^2=5.2\text{m}^2$$

$$R=\frac{5.2}{0.5+2\times1.7\sqrt{1+1.5^2}}=0.785\text{m}$$

当 $R=0.785\text{m}$，$n=0.025$ 时，

$$C=\frac{1}{0.025}\times0.785^{1/6}=39.9$$

则 $Q'=A\cdot C\sqrt{RI}=5.2\times39.9\sqrt{0.785\times0.0045}=12.23\text{m}^3/\text{s}$

显然，仍不能满足洪峰流量的要求。若再增加深度，由于底宽过小，不便维护；且增加的能力极为有限，故不宜采用这个改造方案。

（2）第二方案

适当挖深并略为扩大其过水断面，使之满足排除洪峰流量的要求。扩大后的断面采用浆砌片石铺砌，加固沟壁沟底，以保证沟壁的稳定，见图 4-23。按水力最佳断面进行设计，其梯形断面的宽深比为：

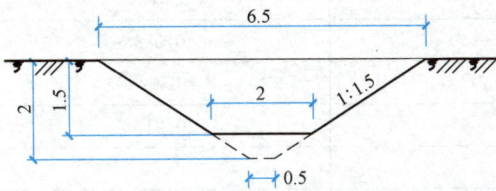

图 4-22　排洪沟改建（一）（单位：m）

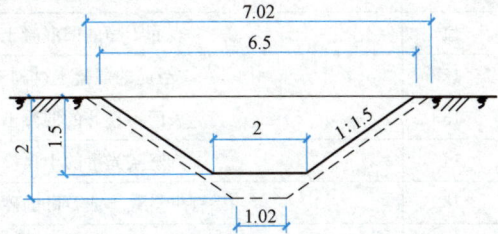

图 4-23　排洪沟改建（二）（单位：m）

$$\beta=\frac{b}{n}=2(\sqrt{1+m^2}-m)$$

$$=2(\sqrt{1+1.5^2}-1.5)=0.6$$

$$b=\beta\cdot h=0.6\times1.7=1.02\text{m}$$

$$A=bh+mh^2=1.02\times1.7+1.5\times1.7^2=6.07^2\text{m}$$

$$R=\frac{A}{b+2h\sqrt{1+m^2}}=\frac{6.07}{1.02+2\times1.7\sqrt{1+1.5^2}}=0.85\text{m}$$

当 $R=0.85\text{m}$，$n=0.02$（人工渠道粗糙系数 n 值见表 3-17）时，

$$C=\frac{1}{0.02}\times0.85^{1/6}=49.5$$

$$Q'=A\cdot C\sqrt{RI}=6.07\times49.5\times\sqrt{0.85\times0.0045}=18.5\text{m}^3/\text{s}$$

此结果已能满足排除洪峰流量 $15\text{m}^3/\text{s}$ 的要求。

此外，复核沟内水流速度 v：

$$v=C\sqrt{RI}=49.5\times\sqrt{0.85\times0.0045}=3.05\text{m}/\text{s}$$

而加固后的沟底沟壁，其最大设计流速按表 4-26 查得为 3.5m/s。故此方案不会受到冲刷，决定采用。

人工渠道的粗糙系数 n 值 表 4-26

序号	渠道表面的性质	粗糙系数 n
1	细砾石（$d=10\sim30\text{mm}$）渠道	0.022
2	粗砾石（$d=20\sim60\text{mm}$）渠道	0.025

序号	渠道表面的性质	粗糙系数 n
3	粗砾石($d=50\sim150mm$)渠道	0.03
4	中等粗糙的凿岩渠	$0.033\sim0.04$
5	细致爆开的凿岩渠	$0.04\sim0.05$
6	粗糙的极不规则的凿岩渠	$0.05\sim0.065$
7	细致浆砌碎石渠	0.013
8	一般的浆砌碎石渠	0.017
9	粗糙的浆砌碎石渠	0.02
10	表面较光的夯打混凝土	$0.0155\sim0.0165$
11	表面干净的旧混凝土	0.0165
12	粗糙的混凝土衬砌	0.018
13	表面不整齐的混凝土	0.02
14	坚实光滑的土渠	0.017
15	掺有少量黏土或石砾的砂土渠	0.02
16	砂砾底砌石坡的渠道	$0.02\sim0.022$

4.7 计算机在排水管道设计计算中的应用

前面介绍的污水、雨水管道设计计算方法是查图查表的手工计算方法。这种传统的设计计算方法是凭经验进行的，费时费力，计算精度不高，不利于设计方案的优化。

自20世纪60年代开始，美、日和一些欧洲国家，在给水排水工程设计、施工、运行和管理的经验总结和数理分析的基础上，逐渐建立了各种给水排水工程系统或过程的数学模式。与此同时，随着系统分析方法、计算技术和电子计算机的发展，开展了最优化的研究与实践。到20世纪70年代，这些国家在给水排水管道和处理等工程系统方面，不仅在方法学和计算机程序上取得了各种研究结果，而且日益广泛地将研究成果运用于工程设计与运行管理等方面。国内从事市政工程设计的单位也已采用了计算机辅助设计，这不仅把设计人员从繁杂的手工计算过程中解脱出来，加快了设计进度，更主要的是提高了设计质量。今后，随着给水排水工程计算机软件的进一步开发和应用，排水管道工程的设计计算将会更快更好。

污水、雨水管道水力计算程序是在完成污水、雨水管道系统定线的基础上进行设计的，现将计算程序设计中有关的问题简述如下：

4.7.1 污水管道设计程序

1. 主要计算公式

（1）流量计算

1）比流量 $q_0=\dfrac{b \cdot p}{86400}$

2）本段平均流量 $q_1=q_0 F$

3）合计平均流量 $q = q_1 + q_2$

4）总变化系数 $K_z = 2.75/q^{0.112}$

5）生活污水设计流量 $Q_1 = qK_z$

6）管段污水设计流量 $Q = Q_1 + Q_2 + Q_3$

（2）水力计算

1）设计流速 $v = \dfrac{1}{n} R^{\frac{2}{3}} I^{\frac{1}{2}}$

2）充满度 $h/D = f(\theta)$（图4-24）

3）水力半径 $R = \dfrac{D}{4} (1 - \sin\theta/\theta)$

4）水力坡度 $I = \left(\dfrac{v \cdot n}{R^{\frac{2}{3}}} \right)^2$

5）水面与管中心夹角 $\theta = f(Q, D, v, \theta)$

$$\theta = \frac{8Q}{D^2 v} + \sin\theta$$

或 $\theta = f(Q, D, I, \theta) = \dfrac{8nQ}{R^{\frac{2}{3}} I^{\frac{1}{2}} D^2} + \sin\theta$（$\theta$ 以弧度计）

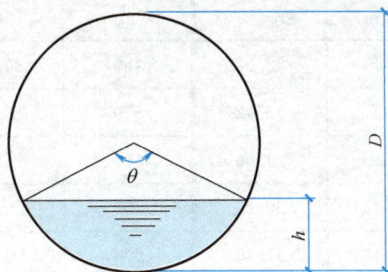

图4-24　h/D 与 θ 关系

（3）高程计算

1）地面坡度 $i = \dfrac{h_1 - h_2}{L}$

2）管段起端管内底标高 $h_3 = h_1 - H_1$

3）管段终端管内底标高 $h_4 = h_3 - IL$

4）管段起端水面标高 $h_5 = h_3 + h$

5）管段终端水面标高 $h_6 = h_4 + h$

6）管段起端管顶标高 $h_7 = h_3 + D$

7）管段终端管顶标高 $h_8 = h_4 + D$

8）管段起端埋深 $H_1 = h_1 - h_3$

9）管段终端埋深 $H_2 = h_2 - h_4$

2. 约束条件

在污水管道水力计算过程中，可能涉及的约束条件可归纳为以下几方面：

（1）管径 D

管径对污水管道水力计算的约束反映在两个方面，其一是规定了最小管径（即可选管径的下限），具体规定是：街区或厂区内为 200mm，街道下面为 300mm。其二是管径的递增或递减方式，由于管道规格的限制，在计算过程中，管径的递增或递减是非连续非均匀的。当管径小于 500mm 时，管径的递增或递减以 50mm 为一级，当管径大于 500mm 时，则以 10mm 为一级递增或递减。

（2）流量 Q

在计算中确定管径时，应避免小流量选大管径，故应明确各种管径对应最小流速（最

133

小充满度）时所通过的流量为最小流量，见表 4-27。当管段设计流量小于某一管径的最小流量时，只能选小一级的管径。但当管段设计流量小于 12.5L/s 时，其管径只能选 200mm。

D~Q_{min} 的关系

表 4-27

D(mm)	Q_{min}(L/s)	D(mm)	Q_{min}(L/s)	D(mm)	Q_{min}(L/s)	D(mm)	Q_{min}(L/s)
200	12.50	450	47.73	900	205.88	1800	1193.34
250	15.12	500	59.00	1000	248.91	2000	1580.47
300	21.06	600	85.52	1200	404.75	2200	2037.84
350	30.29	700	115.74	1400	610.54	2400	2570.04
400	37.45	800	150.38	1600	871.68	2600	3181.55

（3）充满度 h/D

为适应污水流量的变化及利于管道通风，污水管道按部分满流计算。各种管径相应的最大设计充满度的规定见表 3-8，这为设计确定了充满度的上限值。为合理利用管道断面，减少投资，应考虑确定一个最小充满度为设计的下限值，各种管径的最小充满度建议不宜小于 0.25。以最大和最小充满度为约束条件，选用设计充满度，可以最佳地确定管径，达到优化的目的。

（4）流速 v

管段的设计流速介于最小流速（0.6m/s）和最大流速（金属管 10m/s，非金属管5m/s）之间。不同管径的圆形钢筋混凝土管，在相应的最大充满度下的最大流速是不同的，见表 4-28。在程序设计中最大流速不宜过高，应根据地形而定，地形坡度大时可取高值，反之取低值。

D~V_{max} 的关系

表 4-28

D(mm)	v_{max}(L/s)	D(mm)	v_{max}(L/s)	D(mm)	v_{max}(L/s)	D(mm)	v_{max}(L/s)
200	3.19	500	3.46	1000	4.54	2000	4.97
250	3.09	600	3.57	1200	4.87	2200	4.95
300	2.95	700	3.96	1400	4.92	2400	4.99
350 400	3.48 3.78	800	4.33	1600	4.81	2600	4.90
450	4.09	900	4.68	1800	4.99		

（5）坡度 I

标准只规定了最小管径的最小设计坡度。实际上各种管径都有对应的最小设计坡度，见表 4-29。为保证管道的运行和维护管理，也应考虑确定各种管径的最大设计坡度。最大设计坡度应为各种管径的管道，当其充满度达到最大值且流速接近和小于最大流速时所对应的坡度，见表 4-30。在平坦地区污水管道的水力坡度应用最小设计坡度约束，而地形坡度大的地区则应用最大设计坡度约束。

D(mm)	I_{min}(‰)	D(mm)	I_{min}(‰)	D(mm)	I_{min}(‰)
200	4.0	600	0.9	1600	0.5
250	3.0	700	0.725	1800	0.5
300	2.2	800	0.6	2000	0.5
350	2.0	900	0.6	2200	0.5
400	1.5	1000	0.5	2400	0.5
450	1.3	1200	0.5	≥2600	0.5
500	1.13	1400	0.5		

$D \sim I_{max}$ 的关系 表 4-30

D(mm)	I_{max}(‰)	D(mm)	I_{max}(‰)	D(mm)	I_{max}(‰)
200	100	600	25	1600	12
250	70	700	25	1800	11
300	50	800	25	2000	9.5
350	50	900	25	2200	8.5
400	50	1000	20	2400	7.5
450	50	1200	18	2600	6.5
500	30	1400	15		

（6）连接方式

污水管道在检查处的连接方式，一般有水面平接和管顶平接两种方式。无论采用哪种方式连接，均不应出现下游管段上端的水面、管底标高高于上游管段下端的水面、管底标高，且应尽量减少下游管段的埋深，这在高程计算部分是重要的约束条件之一。

（7）埋深 H

有关埋深的约束可从三方面考虑：1）管道起点的最小埋深。根据地面荷载、土壤冰冻深度和支管衔接要求确定。2）管道最大埋深值。根据管道通过地区的地质条件设定。当管道计算埋深达到或超过该值时，应设中途泵站，提升后的管道埋深仍按最小埋深考虑。3）当管道坡度小于地面坡度时，为保证下游管段的最小覆土厚度和减少上游管段的埋深，应采用跌水连接，即设跌水井。

由于污水管道水力计算涉及的影响因素多，因而程序设计的约束条件亦多，而有些约束条件之间是相互制约的。如流速—坡度—管径之间的关系是，流速与坡度成正比，在流量一定时，流速则与管径成反比，因而如何协调二者之间的关系而做到优选管径，在程序设计中是必须考虑的。充满度与流速之间也是相互制约的，流速增加，充满度减少，反之亦然。因此，如何优选流速、充满度满足约束条件的要求，达到优化设计的目的也是必须考虑的。再管径—设计坡度—充满度也是一组相互制约的关系。在流量一定时，管径增加，坡度减小，充满度亦减小；在相同管径下，坡度减小，充满度则增大；在相同坡度下，管径增加，充满度减小。在设计和应用程序时，若最小充满度、最大坡度、最小坡度设置不当，就可能在试运行程序中出现死循环。综上所述，在研制和应用污水管道水力计算程序时，应充分理解约束条件之间的相互制约关系。

根据以上的思路，编制污水管道水力计算程序框图如下：

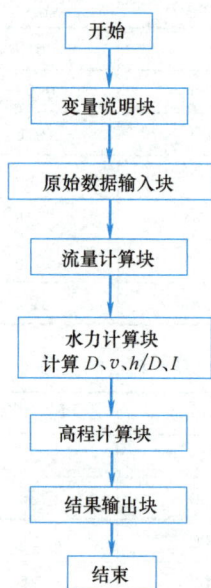

```
          ┌──────────┐
          │   开始    │
          └──────────┘
               │
          ┌──────────┐
          │  变量说明块 │
          └──────────┘
               │
          ┌──────────────┐
          │  原始数据输入块 │
          └──────────────┘
               │
          ┌──────────┐
          │  流量计算块 │
          └──────────┘
               │
          ┌────────────────────┐
          │     水力计算块       │
          │  计算 D、v、h/D、I   │
          └────────────────────┘
               │
          ┌──────────┐
          │  高程计算块 │
          └──────────┘
               │
          ┌──────────┐
          │  结果输出块 │
          └──────────┘
               │
          ┌──────────┐
          │   结束    │
          └──────────┘
```

4.7.2 雨水管道设计程序

1. 主要计算公式

（1）暴雨强度 $q=\dfrac{167A_1(1+c\lg P)}{(t_1+t_2+b)^n}$

（2）雨水设计流量 $Q=\psi qF$

（3）管内雨水流行时间 $t_2=\sum\dfrac{L}{60v}$

（4）雨水在管内的设计流速 $v=\dfrac{1}{n}R^{2/3}I^{\frac{1}{2}}$

公式中符号含义在前面已有介绍，不再重述，其中 A_1、c、b、n 为已知。设计重现期 P、地面集水时间 t_1、径流系数 ψ 可计算或选用。F 为管段服务的全部汇水面积。可计算水力半径 $R=\dfrac{D}{4}$。

2. 约束条件

（1）管径 D

最小管径为 300mm，即为可选管径的下限。当管径小于 500mm，管径的递增或递减以 50mm 为一级；当管径大于 500mm 时，以 100mm 为一级。

（2）流量 Q

假定设计流量均从管段起端进入。当设计降雨历时很长，计算中若出现下游管段设计流量小于上一管段流量时，仍采用上一管段的设计流量。

（3）充满度 h/D

设计充满度 $h/D=1$，即按满流设计。

（4）流速 v

最小设计流速 0.75m/s，最大设计流速的规定同污水管道，设计流速介于最小流速和最大流速之间。

（5）坡度 I

相应于最小管径 300mm 的最小设计坡度为 0.003。管径增大，坡度相应减少。当管道坡度小于地面坡度时设跌水井。

（6）连接方式

采用管顶平连接。

（7）埋深 H

规定同污水管道。

编制雨水管道水力计算程序框图如下：

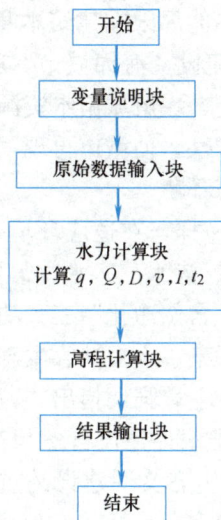

```
        开始
         │
      变量说明块
         │
     原始数据输入块
         │
      水力计算块
   计算 q,Q,D,v,I,t₂
         │
      高程计算块
         │
      结果输出块
         │
        结束
```

4.8 "海绵城市"的设计

4.8.1 "海绵城市"的概念

改革开放以来，我国城市数量从 1978 年的 193 个增加到 2025 年 3 月的 694 座，2024 年底城镇化率达到 67.0％。近年来，许多城市都面临内涝频发、径流污染、雨水资源大量流失、生态环境破坏等诸多雨水问题，在城市建设中构建完善雨洪管理系统刻不容缓，据国家防汛抗旱总指挥部统计，2012～2014 年分别有 184 座、234 座和 125 座城市发生内涝，"城市看海"屡见不鲜，其中相当一部分是严重内涝，人员伤亡的现象时有发生，财产损失重大，城市水问题突出。

（1）水安全问题。一方面，受"重地上、轻地下"等习惯思维的影响，城市排水设施建设不足，"逢雨必涝"成为城市顽疾，据统计，全国 62％的城市发生过水涝。另一方面，传统城市到处都是水泥硬地面，城市绿地等"软地面"在竖向设计上又高于硬地面，雨水下渗量很小，也未考虑雨水"滞"和"蓄"的空间，造成积水内涝，同时，阻碍地下水补给，造成地下水水位下降、形成漏斗区。

（2）水生态问题。一方面，传统城市建设造成大量湖河水系、湿地等城市蓝线受到侵蚀，据调查，我国湿地面积比 10 年前减少 3.4 万 km^2，土壤、气候等生态环境质量下降。另一方面，城市河、湖、海等水岸被大量水泥硬化，甚至已向乡村田园蔓延，人为割裂了水与土壤、水与水之间的自然联系，导致水的自然循环规律被干扰，水生物多样性减少，水生态系统被破坏。

（3）水污染问题。降雨挟带空气中的尘埃，降落到地面，同时，形成地表径流，冲刷作用，造成城市径流，初期雨水污染，对城镇水体造成一定的污染。

（4）水短缺问题。降雨量在时间、空间上分布不均衡，传统的雨水排水模式水来得急、去得也快，而位于城市的自然调蓄空间大量被挤占，人工蓄水设施又不足，导致大量雨水流失。据调查，我国有 300 多个属于联合国人居环境署评价标准的"严重缺水"和"缺水"城市，在缺水的城市发生内涝显得格外突出。

因此，要解决城市雨水问题，不能局限在建筑本身，应是城市建设的一个系统工程，才能解决城市水环境的生态问题。建设"海绵城市"就是系统地解决城市水安全、水资源、水环境问题，减少城市洪涝灾害，缓解城市水资源短缺问题，提高城市水质量和改善水环境，调节小气候、恢复生物多样性，使城市再现"鸟语、蝉鸣、鱼跃、蛙叫"等生态景象，形成人与自然和谐相处的生态环境。

"海绵城市"就是使城市像海绵一样，在适应环境变化和应对自然灾害等方面有良好的"弹性"，通过下雨时吸水、蓄水、渗水、净水，需要时将蓄存的水"释放"并加以利用，可实现"自然积存、自然渗透、自然净化"三大功能。让城市回归自然。"海绵城市"建设可有效地解决城市水安全、水污染、水短缺、生态退化等问题。2013 年 12 月 12 日，习近平总书记在中央城镇化工作会议上，强调指出"城市要优先考虑把有限的雨水保留下来、优先考虑更多地利用自然力量排水，建设自然积存、自然渗透、自然净化的海绵城市"。这表明，海绵城市建设是落实生态文明建设的重要举措，是实现修复城市水生态、改善城市水环境、提高城市水安全等多重目标的有效手段，应科学谋划并将其付诸实施。海绵城市规划设计技术路线见图 4-25。

4.8.2　国外"海绵城市"的建设经验

"海绵城市"概念的产生源自行业内和学术界习惯用"海绵"来比喻城市的某种吸附功能，最早是澳大利亚人口研究学者 Budge（2006）应用海绵来比喻城市对人口的吸附现象。近年来，将海绵用以比喻城市或土地的雨涝调蓄能力。"海绵城市"是从城市雨洪管理角度来描述的一种可持续的城市建设模式，其内涵是：现代城市应该具有像海绵一样吸纳、净化和利用雨水的功能，以及应对气候变化、极端降雨的防灾减灾、维持生态功能的能力。很大程度上，海绵城市与国际上流行的城市雨洪管理理念与方法非常契合，如低影响开发（LID）、绿色雨水基础设施（GSI）及水敏感性城市设计（WSUD）等，都是将水资源可持续利用、良性水循环、内涝防治、水污染防治、生态友好等作为综合目标。

"海绵城市"建设的重点是构建"低影响开发雨水系统"，强调通过源头分散的小型控制设施，维持和保护场地自然水文功能，有效缓解城市不透水面积增加造成的洪峰流量增加、径流系数增大、面源污染负荷加重等城市问题。德国、美国、日本和澳大利亚等国是较早开展雨水资源利用和管理的国家，经过几十年的发展，取得了较为丰富的实践经验。国外"海绵城市"的建设典型经验简介如下：

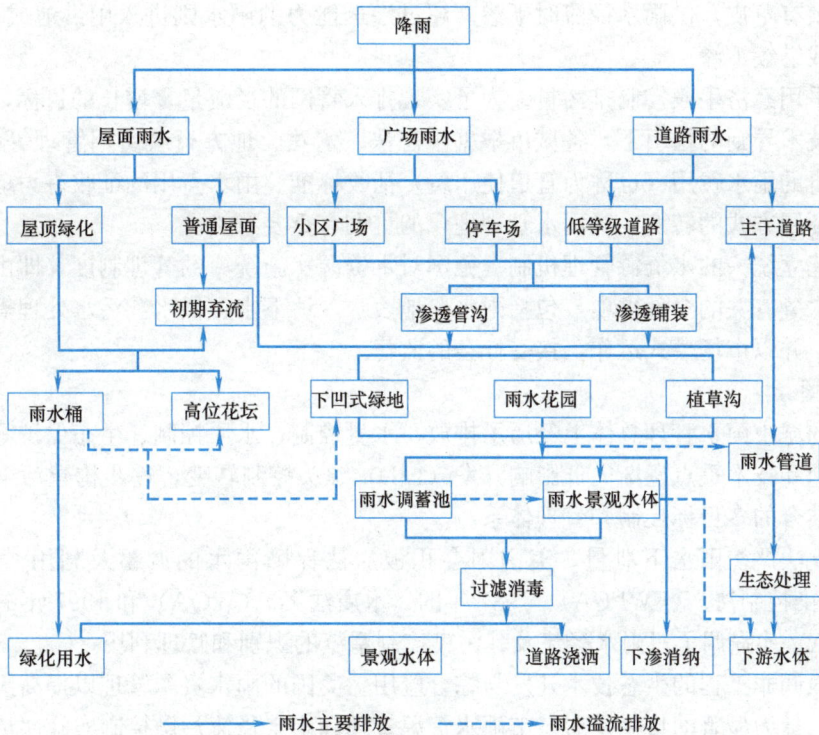

图 4-25　海绵城市规划设计技术路线

1. 德国

德国是最早对城市雨水采用政府管制制度的国家，目前已经形成针对低影响开发的雨水管理较为系统的法律法规、技术指引和经济激励政策。在政府的引导下，德国的雨洪利用技术已进入标准化阶段。

（1）通过制定各级法律法规引导水资源保护与雨水综合运用。德国的联邦水法、建设法规和地区法规以法律条文或规定的形式，对自然环境的保护和水的可持续利用提出明晰的要求。1986 年的《水法》将供水技术的可靠性和卫生安全性列为重点，并在第一章中提出"每一用户有义务节约用水，以保证水供应的总量平衡"以约束公民行为。1995 年德国颁布了欧洲首个标准——《室外排水沟和排水管道标准》，提出通过雨水收集系统尽可能地减少公共地区建筑物底层发生洪水的危险性。1996 年，在《水法》中增加了"水的可持续利用"理念，强调"为了保证水的利用效率，要避免排水量增加"，实现"排水量零增长"。在此背景下，德国建设规划导则规定："在建设项目的用地规划中，要确保雨水下渗用地，并通过法规进一步落实。"

（2）积极推广雨水利用的三种方式。德国的雨水利用技术经过多年发展已经日渐成熟，目前德国的城市雨水利用方式主要有：一是屋面雨水集蓄系统，收集的雨水经简单处理后，达到杂用水水质标准，主要用于家庭、公共场所和企业的非饮用水，如街区公寓的厕所冲洗和庭院浇洒。二是雨水截污与渗透系统。道路雨洪通过下水道排入沿途大型蓄水池或通过渗透补充地下水。德国城市街道雨洪管道口均设有截污挂篮，以拦截雨洪径流携带的污染物；城市地面使用可渗透地砖，以减小径流；行道树周围以疏松的树皮、木屑、碎石、镂空金属盖板覆盖。三是生态小区雨水利用系统。小区沿着排水道修建可渗透浅沟，表面植有草皮，供雨水径流时下渗。超过渗透能力的雨水则进入雨洪池或人工湿地，作为水景或继续下渗。

（3）采用经济手段控制排污量。为了实现排入管网的径流量零增长的目标，在国家法律法规和技术导则的指引下，各城市根据生态法、水法、地方行政费用管理等相关法规，制定了各自的雨水费用（也称为管道使用费）征收标准。雨水费用的征收有力地促进了雨水处置和利用方式的转变，对雨水管理理念的贯彻有重要意义。

（4）建立统一的水资源管理机制。德国对水资源实施统一的管理制度，即由水务局统一管理与水务有关的全部事项，包括雨水、地表水、地下水、供水和污水处理等水循环的各个环节，并以市场模式运作，接受社会的监督。

2. 美国

美国的城市雨水管理总体上经历了排放、水量控制、水质控制、生态保护等阶段，雨水管理理念和技术重点逐渐向低影响开发（LID）源头控制转变，逐步构建污染防治与总量削减相结合的多目标控制和管理体系。

（1）立法严控雨水下泄量。美国国会积极立法保障雨水的调蓄及利用，1972年的《联邦水污染控制法》（FWPCA）、1987年的《水质法案》（WQA）和1997年的《清洁水法》（CWA）均强调了对雨水径流及其污染控制系统的识别和管理利用。

（2）强调非工程的生态技术开发与综合应用。美国的雨水资源管理以提高天然入渗能力为宗旨，最为显著的特色是对城市雨水资源管理和雨水径流污染控制实施"最佳管理方案（Best Management Practices，BMP)"，通过工程和非工程措施相结合的方法，进行雨水的控制和处理，强调源头控制、强调自然与生态环境保护措施、强调非工程方法。

在城市雨水利用处理技术应用上，强调非工程的生态技术开发与综合运用。在城市雨水资源管理和雨水径流污染控制第二代"最佳管理方案（BMP)"中强调与植物、绿地、水体等自然条件和景观结合的生态设计，如植被缓冲带、植物浅沟、湿地等，大量应用由屋顶蓄水或入渗池、井、草地、透水地面组成的地表回灌系统，以获得环境、生态、景观等多重效益。

3. 日本

日本是个水资源较缺乏的国家，政府十分重视对雨水的收集和利用，早在1980年日本建设省就开始推行雨水贮留渗透计划，近年来随着雨水渗透设施的推广和应用，带动了相关领域内的雨水资源化利用的法律、技术和管理体系逐渐完善。

（1）发挥规划和社会组织作用。日本建设省在1980年通过推广雨水贮留渗透计划来推进雨水资源的综合利用，1992年颁布的"第二代城市下水总体规划"正式将雨水渗沟、渗塘及透水地面作为城市总体规划的组成部分，要求新建和改建的大型公共建筑群必须设置雨水就地下渗设施，要求在城市中的新开发土地每公顷土地应附设$500m^3$的雨洪调蓄池。

（2）注重雨水调蓄设施的多功能应用。日本的雨水利用的具体技术措施包括：降低操场、绿地、公园、花坛、楼间空地的地面高程；在停车场、广场铺设透水路面或碎石路面，并建设渗水井，加速雨水渗流；在运动场下修建大型地下水库，并利用高层建筑的地下室作为水库调蓄雨洪；在东京、大阪等特大城市建设地下河将低洼地区雨水导入地下河；在城市上游侧修建分洪水路；在城市河道狭窄处修筑旁通水道；在低洼处建设大型泵站排水等。其中，最具特色的技术手段是建设雨水调节池，在传统的、功能单一的雨水调节池的基础上发展了多功能调蓄设施，具有设计标准高、规模大、效益投资高的特点。在非雨季或没有大暴雨时，多功能调蓄设施还可以全部或部分地发挥城市景观、公园、绿地、停车场、运动场、市民休闲集会和娱乐场所等多种功能。

（3）加大雨水利用的政府补助。日本对雨水利用实行补助金制度，各个地区和城市的补助政策不一。例如东京都墨田区 1996 年开始建立促进雨水利用补助金制度，对地下储雨装置、中型储雨装置和小型储雨装置给予一定的补助，水池每立方米补 40～120 美元，雨水净化器补 1/3～2/3 的设备价，以此促进雨水利用技术的应用以及雨水资源化。

4. 澳大利亚

维多利亚州首府墨尔本是澳大利亚的文化、商业、教育、娱乐、体育及旅游中心，在 2011 年、2012 年和 2013 年连续 3 年的世界宜居城市评比中均摘得桂冠。墨尔本地区人口约 400 万人，面积 8800km²，城市绿化面积比率高达 40%，以花园城市而闻名。和世界其他大城市一样，在城市发展中，墨尔本也面临城市防洪、水资源短缺和水环境保护等方面的挑战。作为城市水环境管理尤其现代雨洪管理领域的新锐，墨尔本倡导的水敏性城市设计（Water Sensitive Urban Design，WSUD）和相关持续的前沿研究，使其逐渐成为城市雨洪管理领域的世界领军城市。目前澳大利亚要求，2hm² 以上的城市开发必须采用 WSUD 进行雨洪管理设计，其主要设计内容包括：（1）控制径流量——开发后防洪排涝系统（河道、排水管网等）上、下游的设计洪峰流量、洪水位和流速不超过现状；（2）保护受纳水体水质——项目建成后的场地初期雨水需收集处理，通过雨水水质处理设施使污染物含量达到一定百分比的削减，比如一般要求总磷量 45%，总氮量 45% 和总悬浮颗粒（泥砂颗粒及附着其上的重金属和有机物物质等）80%，后方可排入下游河道或水体。水质处理目标要根据下游水体的敏感性程度来确定；（3）雨洪处理设施融入城市景观，力求功能和景观的融合，将雨水作为一种景观要素。

4.8.3 我国"海绵城市"示范城市建设内容

为大力推进建设"海绵城市"，节约水资源，保护和改善城市生态环境，促进生态文明建设，国家颁布了一系列的法规政策，如《城镇排水与污水处理条例》（国务院令第 641 号）、《国务院办公厅关于做好城市排水防涝设施建设工作的通知》（国办发〔2013〕23 号）、《国务院关于加强城市基础设施建设的意见》（国发〔2013〕36 号）等，并与《城市排水工程规划规范》GB 50318—2017、《室外排水设计标准》GB 50014—2021、《绿色建筑评价标准》GB/T 50378—2019 等国家标准规范有效衔接，住房和城乡建设部于 2014 年 10 月发布了《海绵城市建设技术指南——低影响开发雨水系统构建（试行）》。

1. "海绵城市"的建设理念

（1）海绵城市的本质——解决城镇化与资源环境的协调和谐

海绵城市的本质是改变传统城市建设理念，实现与资源环境的协调发展。在"成功的"工业文明达到顶峰时，人们习惯于战胜自然、超越自然、改造自然的城市建设模式，造成了严重的城市病和生态危机；而海绵城市遵循的是顺应自然、与自然和谐相处的低影响发展模式。传统城市利用土地进行高强度开发，海绵城市实现人与自然、土地利用、水环境、水循环的和谐共处；传统城市开发方式改变了原有的水生态，海绵城市则保护原有的水生态；传统城市的建设模式是粗放式的，海绵城市对周边水生态环境则是低影响的；传统城市建成后，地表径流量大幅增加，海绵城市建成后地表径流量能保持不变。因此，海绵城市建设又被称为低影响开发（Low impact development，LID）。

（2）海绵城市的目标——让城市"弹性适应"环境变化与自然灾害

一是保护原有水生态系统。通过科学合理划定城市的蓝线、绿线等开发边界和保护区域，最大限度地保护原有河流、湖泊、湿地、坑塘、沟渠、树林、公园草地等生态体系，维持城市开发前的自然水文特征。

二是恢复被破坏水生态。对传统粗放城市建设模式下已经受到破坏的城市绿地、水体、湿地等，综合运用物理、生物和生态等的技术手段，使其水文循环特征和生态功能逐步得以恢复和修复，并维持一定比例的城市生态空间，促进城市生态多样性提升。我国很多地方结合点源污水治理的同时，改善水生态。

三是推行低影响开发。在城市开发建设过程中，合理控制开发强度，减少对城市原有水生态环境的破坏。留足生态用地，适当开挖河湖沟渠，增加水域面积。此外，从建筑设计始，全面采用屋顶绿化、可渗透路面、人工湿地等促进雨水积存净化。

四是通过种种低影响开发措施及其系统组合有效减少地表雨水径流量，减轻暴雨对城市运行的影响。

（3）改变传统的排水模式

传统城市建设模式，处处是硬化路面。每逢大雨，主要依靠管渠、泵站等"灰色"设施来排水，以"快速排除"和"末端集中"控制为主要规划设计理念，往往造成逢雨必涝，旱涝急转。根据《海绵城市建设技术指南》，今后城市建设将强调优先利用植草沟、雨水花园、下沉式绿地等"绿色"措施来组织排水，以"慢排缓释"和"源头分散"控制为主要规划设计理念。

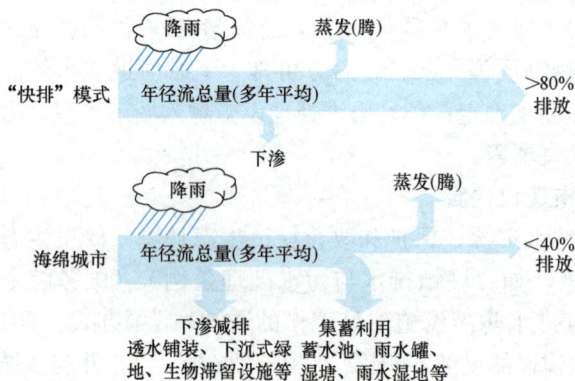

图 4-26 "海绵城市"转变排水防涝思路

传统的市政模式认为，雨水排得越多、越快、越通畅越好，这种"快排式"（图 4-26）的传统模式没有考虑水的循环利用。海绵城市遵循"渗、滞、蓄、净、用、排"的六字方针，把雨水的渗透、滞留、集蓄、净化、循环使用和排水密切结合，统筹考虑内涝防治、径流污染控制、雨水资源化利用和水生态修复等多个目标。具体技术方面，有很多成熟的工艺手段，可通过城市基础设施规划、设计及其空间布局来实现。总之，只要能够把上述六字方针落到实处，城市地表水的年径流量就会大幅下降。经验表明：在正常的气候条件下，典型海绵城市可以截流80%以上的雨水。

目前（2014年）中国99%的城市都是快排模式，雨水落到硬化地面只能从管道里集中快排。因此，许多严重缺水的城市让70%的雨水白白流失了。根据《海绵城市建设技术指南》，城市建设将强调优先利用植草沟、雨水花园、下沉式绿地等"绿色"措施来组织排水，以"慢排缓释"和"源头分散"控制为主要规划设计理念。

（4）保持水文特征基本稳定

通过海绵城市的建设，可以实现开发前后径流量总量和峰值流量保持不变（图

4-27），在渗透、调节、贮存等诸方面的作用下，径流峰值的出现时间也可以基本保持不变。可以通过对源头削减、过程控制和末端处理来实现城市化前后水文特征的基本稳定。

总之，通过建立尊重自然、顺应自然的低影响开发模式，是系统地解决城市水安全、水资源、水环境问题的有效措施。通过"自然积存"，来实现削峰调蓄，控制径流量；通过"自然渗透"，来恢复水生态，修复水的自然循环；通过"自然净化"，来减少污染，实现水质的改善，为水的循环利用奠定坚实的基础。

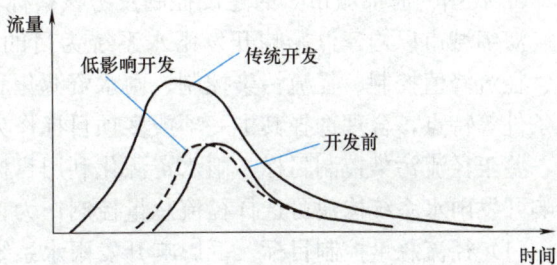

图 4-27　低影响开发水文原理

2. "海绵城市"建设试点城市实施方案编制

2014 年 10 月《海绵城市建设技术指南——低影响开发雨水系统构建（试行）》发布，该指南提出了海绵城市建设——低影响开发雨水系统构建的基本原则，规划控制目标分解、落实及其构建技术框架，明确了城市规划、工程设计、建设、维护及管理过程中低影响开发雨水系统构建的内容、要求和方法，并提供了我国部分实践案例。迁安、白城、镇江、嘉兴、池州、厦门、萍乡、济南、鹤壁、武汉、常德、南宁、重庆、遂宁、贵安新区和西咸新区列入了我国第一批海绵城市建设的试点城市。

《"海绵城市"建设试点城市实施方案》编制提纲见附录 3-3。编制"海绵城市"建设试点城市实施方案的技术路线框图见图 4-28。

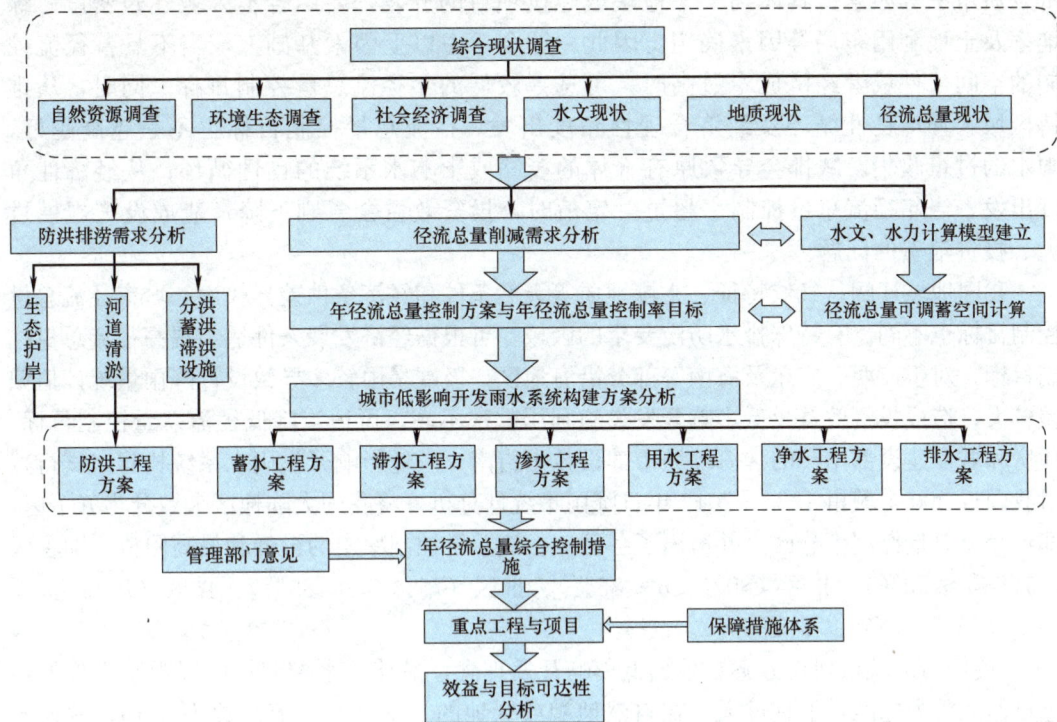

图 4-28　"海绵城市"建设方案编制技术路线框图

3. 我国"海绵城市"的建设控制及考核指标

海绵城市以构建低影响开发雨水系统为目的，其规划控制目标一般包括径流总量控制、径流峰值控制、径流污染控制、雨水资源化利用等。各地应结合水环境现状、水文地质条件等特点，合理选择其中一项或多项目标作为规划控制目标。

鉴于径流污染控制目标、雨水资源化利用目标大多可通过径流总量控制实现，各地低影响开发雨水系统构建可选择径流总量控制作为首要的规划控制目标。

（1）径流总量控制目标。低影响开发雨水系统的径流总量控制一般采用年径流总量控制率作为控制目标。年径流总量控制率与设计降雨量为一一对应关系，部分城市年径流总量控制率与设计降雨量，参见《海绵城市建设技术指南——低影响开发雨水系统构建（试行）》附录2。理想状态下，径流总量控制目标应以开发建设后径流排放量接近开发建设前自然地貌时的径流排放量为标准。自然地貌往往按照绿地考虑，一般情况下，绿地的年径流总量外排率为15%～20%（相当于年雨量径流系数为0.15～0.20），因此，借鉴发达国家实践经验，年径流总量控制率最佳为80%～85%这一目标主要通过控制频率较高的中、小降雨事件来实现。以北京市为例，当年径流总量控制率为80%和85%时，对应的设计降雨量为27.3mm和33.6mm，分别对应约0.5年一遇和1年一遇的1小时降雨量。

实践中，应在确定年径流总量控制率时，需要综合考虑多方面因素。一方面，开发建设前的径流排放量与地表类型、土壤性质、地形地貌、植被覆盖率等因素有关，应通过分析综合确定开发前的径流排放量，并据此确定适宜的年径流总量控制率。另一方面，要考虑当地水资源禀赋情况、降雨规律、开发强度、低影响开发设施的利用效率以及经济发展水平等因素；具体到某个地块或建设项目的开发，要结合本区域建筑密度、绿地率及土地利用布局等因素确定。因此，综合考虑以上因素基础上，当不具备径流控制的空间条件或者经济成本过高时，可选择较低的年径流总量控制目标。同时，从维持区域水环境良性循环及经济合理性角度出发，径流总量控制目标也不是越高越好，雨水的过量收集、减排会导致原有水体的萎缩或影响水系统的良性循环；从经济性角度出发，当年径流总量控制率超过一定值时，投资效益会急剧下降，造成设施规模过大、投资浪费的问题。

我国地域辽阔，气候特征、土壤地质等天然条件和经济条件差异较大，城市径流总量控制目标也不同。有特殊排水防涝要求的区域，可根据经济发展条件适当提高径流总量控制目标；对于广西、广东及海南等部分沿海地区，极端暴雨较多导致设计降雨量统计值偏差较大，造成投资效益及低影响开发设施利用效率不高，可适当降低径流总量控制目标。住房和城乡建设部出台的《海绵城市建设技术指南——低影响开发雨水系统构建（试行）》对我国近200个城市1983～2012年日降雨量统计分析，将我国大陆地区大致分为五个区，即年径流总量控制率分区。并给出了各区年径流总量控制率 α 的最低和最高限值，即Ⅰ区（85%≤α≤90%）、Ⅱ区（80%≤α≤85%）、Ⅲ区（75%≤α≤85%）、Ⅳ区（70%≤α≤85%）、Ⅴ区（60%≤α≤85%）。

《厦门海绵城市建设方案》根据低影响开发理念，最佳雨水控制量应以雨水排放量接近自然地貌为标准，不宜过大。在自然地貌或绿地的情况下，径流系数为0.15，故径流总量控制率不宜大于85%。根据试点区当地水文站的降雨资料，统计得出降雨量比例见

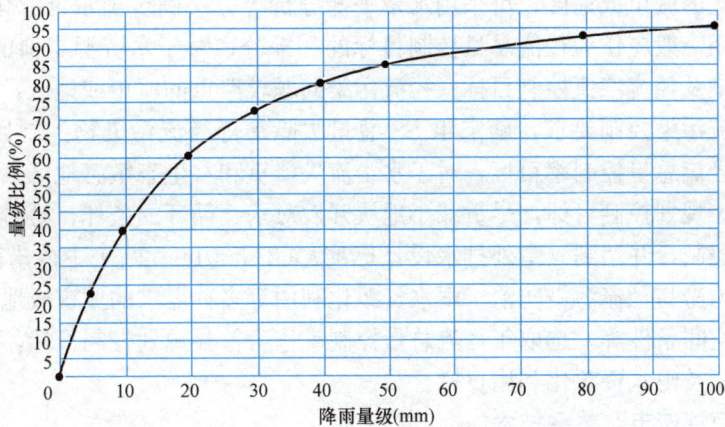

图 4-29　厦门不同降雨量对应的降雨量所占比例图

图 4-29，综合考虑厦门市具体情况，结合《海绵城市建设技术指南（试行）》，确定径流总量控制目标为 70％，对应的设计降雨量为 26.8mm。

（2）径流峰值控制目标。径流峰值流量控制是低影响开发的控制目标之一。低影响开发设施受降雨频率与雨型、低影响开发设施建设与维护管理条件等因素的影响，一般对中、小降雨事件的峰值削减效果较好，对特大暴雨事件，虽仍可起到一定的错峰、延峰作用，但其峰值削减幅度往往较低。因此，为保障城市安全，在低影响开发设施的建设区域，城市雨水管渠和泵站的设计重现期、径流系数等设计参数仍然应当按照《室外排水设计标准》GB 50014—2021 中的相关标准执行。同时，低影响开发雨水系统是城市内涝防治系统的重要组成，应与城市雨水管渠系统及超标雨水径流排放系统相衔接，建立从源头到末端的全过程雨水控制与管理体系，共同达到内涝防治要求，城市内涝防治设计重现期应按《室外排水设计标准》GB 50014—2021 中内涝防治设计重现期的标准执行。

（3）径流污染控制目标。径流污染控制是低影响开发雨水系统的控制目标之一，既要控制分流制径流污染物总量，也要控制合流制溢流的频次或污染物总量。各地应结合城市水环境质量要求、径流污染特征等确定径流污染综合控制目标和污染物指标，污染物指标可采用悬浮物（SS）、化学需氧量（COD）、总氮（TN）、总磷（TP）等。

城市径流污染物中，SS 往往与其他污染物指标具有一定的相关性，因此，一般可采用 SS 作为径流污染物控制指标，低影响开发雨水系统的年 SS 总量去除率一般可达到 40％～60％。年 SS 总量去除率可用下述方法进行计算：

年 SS 总量去除率＝年径流总量控制率×低影响开发设施对 SS 的平均去除率

城市或开发区域年 SS 总量去除率，可通过不同区域、地块的年 SS 总量去除率经年径流总量（年均降雨量×综合雨量径流系数×汇水面积）加权平均计算得出。考虑径流污染物变化的随机性和复杂性，径流污染控制目标一般也通过径流总量控制来实现，并结合径流雨水中污染物的平均浓度和低影响开发设施的污染物去除率确定。

（4）控制目标的选择。各地应根据当地降雨特征、水文地质条件、径流污染状况、内涝风险控制要求和雨水资源化利用需求等，并结合当地水环境突出问题、经济合理性等因素，有所侧重地确定低影响开发径流控制目标。

水资源缺乏的城市或地区，可采用水量平衡分析等方法确定雨水资源化利用的目标；雨水资源化利用一般应作为径流总量控制目标的一部分；对于水资源丰沛的城市或地区，可侧重径流污染及径流峰值控制目标；径流污染问题较严重的城市或地区，可结合当地水环境容量及径流污染控制要求，确定年 SS 总量去除率等径流污染物控制目标，实践中，一般转换为年径流总量控制率目标；对于水土流失严重和水生态敏感地区，宜选取年径流总量控制率作为规划控制目标，尽量减小地块开发对水文循环的破坏；易涝城市或地区可侧重径流峰值控制，并达到《室外排水设计标准》GB 50014—2021 中内涝防治设计重现期标准；面临内涝与径流污染防治、雨水资源化利用等多种需求的城市或地区，可根据当地经济情况、空间条件等，选取年径流总量控制率作为首要规划控制目标，综合实现径流污染和峰值控制及雨水资源化利用目标。

4.8.4 "海绵城市"关键技术

低影响开发技术按主要功能一般可分为渗透、贮存、调节、转输、截污净化等几类。通过各类技术的组合应用，可实现径流总量控制、径流峰值控制、径流污染控制、雨水资源化利用等目标。实践中，应结合不同区域水文地质、水资源等特点及技术经济分析，按照因地制宜和经济高效的原则选择低影响开发技术及其组合系统。

海绵城市建设技术分类主要包括截留与渗透设施、贮存与调节设施、转输设施、截污净化设施。

（1）截留与渗透设施：包括屋顶绿化、透水铺装、下沉式绿地、生物滞留设施、渗透塘等，促进雨水下渗，减少地表径流，增加土壤水分。

1）绿色屋顶：也称种植屋面，屋顶绿化等，根据种植基质的深度和景观的复杂程度，又分为简单式和花园式，基质深度根据种植植物需求和屋面荷载确定，简单式绿色屋顶的基质深度一般不大于150mm，花园式的基质深度一般不大于600mm，典型构造见图 4-30。

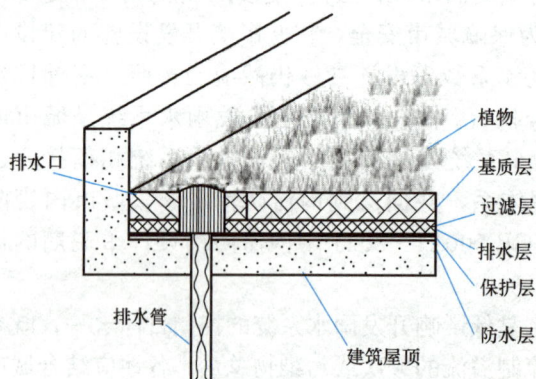
图 4-30　绿色屋顶典型构造示意图

2）透水铺装：按照面层材料不同可分为透水砖铺装、透水水泥混凝土铺装和透水沥青混凝土铺装，嵌草砖、园林铺装中的鹅卵石、碎石铺装等。当透水铺装设置在地下室顶板上时，顶板覆土厚度不应小于 600 mm，并应设置排水层。其典型构造见图 4-31。

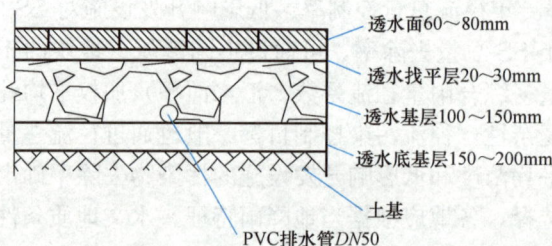
图 4-31　透水砖铺装典型结构示意图

3）下沉式绿地：具有狭义和广义之分，狭义的下沉式绿地指低于周边铺砌地面或道路在 200 mm 以内的绿地；广义的下沉式绿地泛指具有一定的调蓄容积（在以径流总量控制为目标进行目标分解或设计计算时，不包括调节容积），且可用于调蓄和净化径流雨水的绿地，包括生物滞留设施、渗透塘、湿塘、雨水湿地、调节塘等。狭义的下沉式绿地应满足以下要求：①下沉式绿地的下凹深度应根据植物耐淹性能和土壤渗透性能确定，一般为 100～200mm。②下沉式绿地内一般应设置溢流口（如雨水口），保证暴雨时径流的溢流排放，溢流口顶部标高一般应高于绿地 50～100mm。下沉式绿地典型构造见图 4-32。

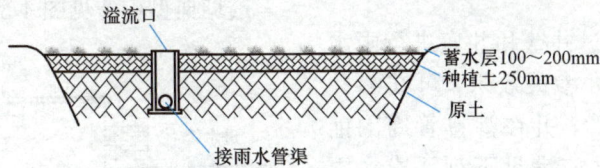

图 4-32　狭义的下沉式绿地典型构造示意图

4）生物滞留设施：指在地势较低的区域，通过植物、土壤和微生物系统蓄渗、净化径流雨水的设施。生物滞留设施分为简易型生物滞留设施和复杂型生物滞留设施，按应用位置不同又称作雨水花园、生物滞留带、高位花坛、生态树池等。生物滞留设施内应设置溢流设施，可采用溢流竖管、盖箅溢流井或雨水口等，溢流设施顶一般应低于汇水面 100mm。生物滞留设施的蓄水层深度应根据植物耐淹性能和土壤渗透性能来确定，一般为 200～300mm，并应设 100mm 的超高；换土层介质类型及深度应满足出水水质要求，还应符合植物种植及园林绿化养护管理技术要求；为防止换土层介质流失，换土层底部一般设置透水土工布隔离层，也可采用厚度不小于 100 mm 的砂层（细砂和粗砂）代替；砾石层起到排水作用，厚度一般为 250～300mm，可在其底部埋置管径为 100～150mm 的穿孔排水管，砾石应洗净且粒径不小于穿孔管的开孔孔径；为提高生物滞留设施的调蓄作用，在穿孔管底部可增设一定厚度的砾石调蓄层。生物滞留设施典型构造见图 4-33、图 4-34。

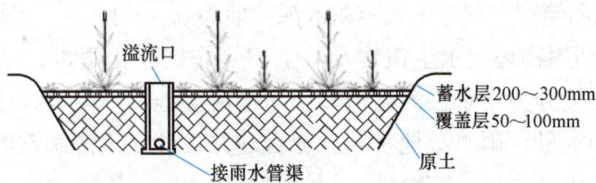

图 4-33　简易型生物滞留设施典型构造示意图

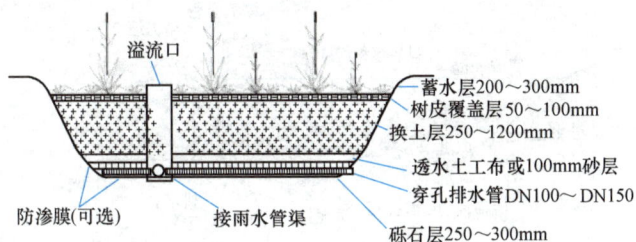

图 4-34　复杂型生物滞留设施典型构造示意图

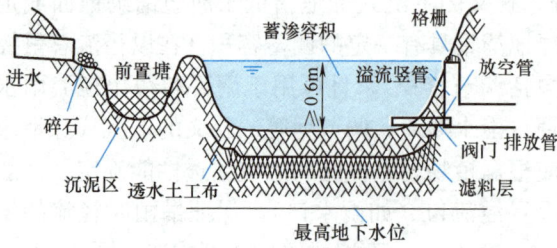

图 4-35　渗透塘典型构造示意图

6）渗井：指通过井壁和井底进行雨水下渗的设施，为增大渗透效果，可在渗井周围设置水平渗排管，并在渗排管周围铺设砾（碎）石。渗井应满足下列要求：雨水通过渗井下渗前应通过植草沟、植被缓冲带等设施对雨水进行预处理。渗井的出水管的内底高程应高于进水管管内顶高程，但不应高于上游相邻井的出水管管内底高程。渗井调蓄容积不足时，也可在渗井周围连接水平渗排管，形成辐射渗井。辐射渗井的典型构造见图 4-36。

5）渗透塘：是一种用于雨水下渗补充地下水的洼地，具有一定的净化雨水和削减峰值流量的作用。渗透塘边坡坡度（垂直：水平）一般不大于 1：3，塘底至溢流水位一般不小于 0.6m。渗透塘底部构造一般为 200～300mm 的种植土、透水土工布及 300～500mm 的过滤介质层。渗透塘典型构造见图 4-35。

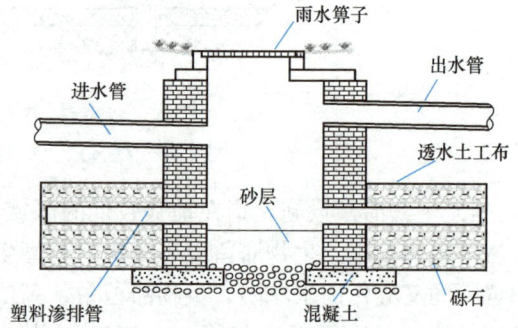

图 4-36　辐射渗井构造示意图

（2）贮存与调节设施：如湿塘、雨水湿地、蓄水池、雨水罐、调节塘、调节池等，用于收集和贮存雨水，调节水循环。

1）湿塘：指具有雨水调蓄和净化功能的景观水体，雨水同时作为其主要的补水水源。湿塘有时可结合绿地、开放空间等场地条件设计为多功能调蓄水体，即平时发挥正常的景观及休闲、娱乐功能，暴雨发生时发挥调蓄功能，实现土地资源的多功能利用。湿塘一般由进水口、前置塘、主塘、溢流出水口、护坡及驳岸、维护通道等构成。主塘一般包括常水位以下的永久容积和储存容积，永久容积水深一般为 0.8～2.5m。其典型构造见图 4-38。

2）雨水湿地：利用物理、水生植物及微生物等作用净化雨水，是一种高效的径流污染控制设施，雨水湿地分为雨水表流湿地和雨水潜流湿地，一般设计成防渗型以便维持雨水湿地植物所需要的水量，雨水湿地常与湿塘合建并设计一定的调蓄容积。雨水湿地与湿塘的构造相似，一般由进水口、前置塘、沼泽区、出水池、溢流出水口、护坡及驳岸、维护通道等构成。雨水湿地典型构造见图 4-37 和图 4-38。

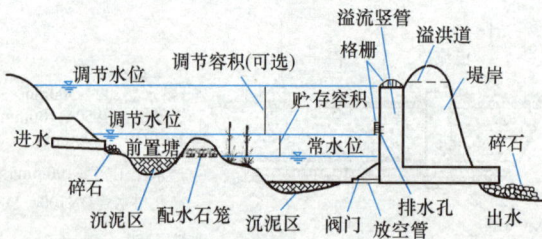

图 4-37　湿塘典型构造示意图

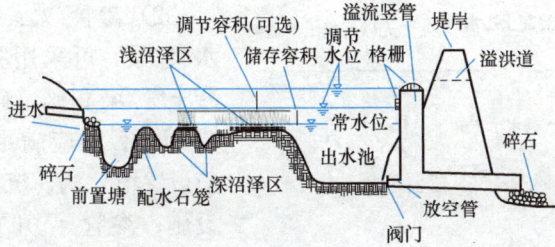

图 4-38　雨水湿地典型构造示意图

3）蓄水池：指具有雨水贮存功能的集蓄利用设施，同时也具有削减峰值流量的作用，主要包括钢筋混凝土蓄水池，砖、石砌筑蓄水池及塑料蓄水模块拼装式蓄水池，用地紧张的城市大多采用地下封闭式蓄水池。适用于有雨水回用需求的建筑与小区、城市绿地等，根据雨水回用用途（绿化、道路喷洒及冲厕等）不同需配建相应的雨水净化设施；不适用于无雨水回用需求和径流污染严重的地区。

4）雨水罐：也称雨水桶，为地上或地下封闭式的简易雨水集蓄利用设施，可用塑料、玻璃钢或金属等材料制成，适用于单体建筑屋面雨水的收集利用。

5）调节塘：调节塘也称干塘，以削减峰值流量功能为主，一般由进水口、调节区、出口设施、护坡及堤岸构成，应设置前置塘对径流雨水进行预处理。调节区深度一般为 0.6～3m，也可通过合理设计使其具有渗透功能，起到一定的补充地下水和净化雨水的作用。调节塘典型构造见图 4-39。

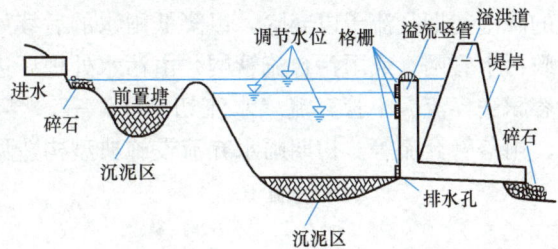

图 4-39　调节塘典型构造示意图

6）调节池：为调节设施的一种，主要用于削减雨水管渠峰值流量，一般常用溢流堰式或底部流槽式，可以是地上敞口式调节池或地下封闭式调节池，适用于城市雨水管渠系统中，削减管渠峰值流量。

（3）转输设施：包括植草沟、渗透管渠等，用于传输雨水，实现雨水的再利用或排放。

1）植草沟：指种有植被的地表沟渠，可收集、输送和排放径流雨水，并具有一定的雨水净化作用，可用于衔接其他各单项设施、城市雨水管渠系统和超标雨水径流排放系统。浅沟断面形式宜采用倒抛物线形、三角形或梯形。植草沟的边坡坡度（垂直：水平）不宜大于 1:3，纵坡不应大于 4%。纵坡较大时宜设置为阶梯形植草沟或在中途设置消能台坎。植草沟最大流速应小于 0.8m/s，曼宁系数宜为 0.2～0.3。转输型植草沟内植被高度宜控制在 100～200mm。转输型三角形断面植草沟的典型构造见图 4-40。

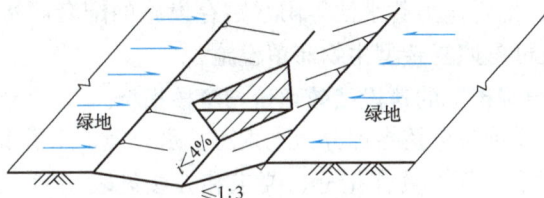

图 4-40　转输型三角形断面植草沟典型构造示意图

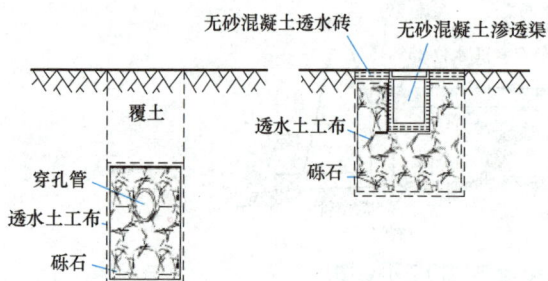

图 4-41 渗管/渠典型构造示意图

2）渗管/渠：指具有渗透功能的雨水管/渠，可采用穿孔塑料管、无砂混凝土管/渠和砾（碎）石等材料组合而成。渗管/渠应满足以下要求：渗管/渠应设置植草沟、沉淀（砂）池等预处理设施；渗管/渠开孔率应控制在 1％～3％，无砂混凝土管的孔隙率应大于20％。渗管/渠典型构造见图 4-41。

（4）截污净化设施：包括植被缓冲带、初期雨水弃流设施、人工土壤渗滤设施等，用于截留和处理雨水中的污染物，提高水质。

1）植被缓冲带：为坡度较缓的植被区，经植被拦截及土壤下渗作用减缓地表径流流速，并去除径流中的部分污染物，植被缓冲带坡度一般为 4.2％～6％，宽度不宜小于2m。植被缓冲带典型构造见图 4-42。

2）初期雨水弃流设施：指通过一定方法或装置将存在初期冲刷效应、污染物浓度较高的降雨初期径流予以弃除，以降低雨水的后续处理难度。弃流雨水应进行处理，如排入市政污水管网（或雨污合流管网）由污水处理厂进行集中处理等。常见的初期弃流方法包括容积法弃流、小管弃流（水流切换法）等，弃流形式包括自控弃流、渗透弃流、弃流池、雨落管弃流等。初期雨水弃流设施典型构造见图 4-43。

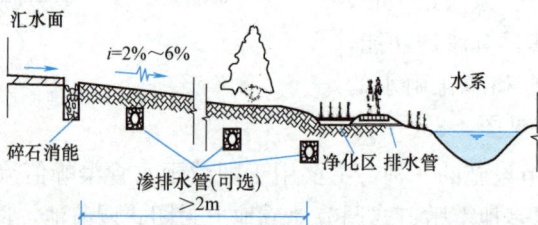

图 4-42 植被缓冲带典型构造示意图

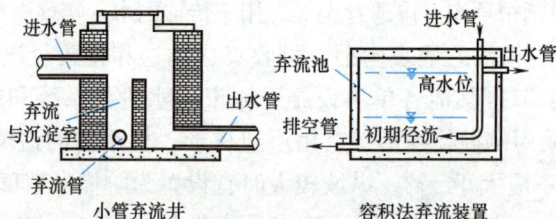

图 4-43 初期雨水弃流设施示意图

3）人工土壤渗滤：主要作为蓄水池等雨水贮存设施的配套雨水设施，以达到回用水水质指标，其典型构造可参照复杂型生物滞留设施。

4.8.5 我国"海绵城市"的建设绩效评价与考核指标

海绵城市建设绩效评价与考核指标分为水生态、水环境、水资源、水安全、制度建设及执行情况、显示度六个方面，具体指标、要求和方法见表 4-31（海绵城市建设绩效评价与考核指标）和表 4-32（LID 设施及相应指标）。

150

类别	项	指标	要求	方法	性质
一、水生态	1	年径流总量控制率	当地降雨形成的径流总量，达到《海绵城市建设技术指南》规定的年径流总量控制要求。在低于年径流总量控制率所对应的降雨量时，海绵城市建设区域不得出现雨水外排现象	根据实际情况，在地块雨水排放口、关键管网节点安装观测计量装置及雨量监测装置，连续（不少于一年、监测频率不低于 15 分钟/次）进行监测；结合气象部门提供的降雨数据、相关设计图纸、现场勘测情况、设施规模及衔接关系等进行分析，必要时通过模型模拟分析计算	定量（约束性）
	2	生态岸线恢复	在不影响防洪安全的前提下，对城市河湖水系岸线、加装盖板的天然河渠等进行生态修复，达到蓝线控制要求，恢复其生态功能	查看相关设计图纸、规则，现场检查等	定量（约束性）
	3	地下水位	年均地下水潜水位保持稳定，或下降趋势得到明显遏制，平均降幅低于历史同期。年均降雨量超过 1000mm 的地区不评价此项指标	查看地下水潜水位监测数据	定量（约束性，分类指导）
	4	城市热岛效应	热岛强度得到缓解。海绵城市建设区域夏季（按 6 月~9 月）日平均气温不高于同期其他区域的日平均气温，或与同区域历史同期（扣除自然气温变化影响）相比呈现下降趋势	查阅气象资料，可通过红外遥感监测评价	定量（鼓励性）
二、水环境	5	水环境质量	不得出现黑臭现象。海绵城市建设区域内的河湖水系水质不低于《地表水环境质量标准》IV 类标准，且优于海绵城市建设前的水质。当城市内河水系存在上游来水时，下游断面主要指标不得低于来水指标	委托具有计量认证资质的检测机构开展水质检测	定量（约束性）
			地下水监测点位水质不低于《地下水质量标准》III 类标准，或不劣于海绵城市建设前	委托具有计量认证资质的检测机构开展水质检测	定量（鼓励性）
	6	城市面源污染控制	雨水径流污染、合流制管渠溢流污染得到有效控制。1. 雨水管网不得有污水直接排入水体；2. 非降雨时段，合流制管渠不得有污水直排水体；3. 雨水直排或合流制管渠溢流进入城市内河水系的，应采取生态治理后入河，确保海绵城市建设区域内的河湖水系水质不低于地表IV类	查看管网排放口，辅助以必要的流量监测手段，并委托具有计量认证资质的检测机构开展水质检测	定量（约束性）
三、水资源	7	污水再生利用率	人均水资源低于 500m³ 和城区内水体水环境质量低于IV类标准的城市，污水再生利用率不低于 20%，再生水包括污水经处理后，通过管道及输配设施、水车等输送用于市政杂用、工业农业、园林绿地灌溉等用水，以及经过人工湿地、生态处理等方式，主要指标达到或优于地表IV类要求的污水处理厂尾水	统计污水处理厂（再生水厂、中水站等）的污水再生利用量和污水处理	定量（约束性，分类指导）

类别	项	指标	要求	方法	性质
三、水资源	8	雨水资源利用率	雨水收集并用于道路浇洒、园林绿地灌溉、市政杂用、工农业生产、冷却等的雨水总量（按年计算，不包括汇入景观、水体的雨水量和自然渗透的雨水量），与年均降雨量（折算成毫米数）的比值，或雨水利用量替代的自来水比例等。达到各地根据实际确定的目标	查看相应计量装置、计量统计数据和计算报告等	定量（约束性，分类指导）
	9	管网漏损控制	供水管网漏损率不高于12%	查看相关统计数据	定量（鼓励性）
四、水安全	10	城市暴雨内涝灾害防治	历史积水点彻底消除或明显减少，或者在同等降雨条件下积水程度显著减轻。城市内涝得到有效防范，达到《室外排水设计标准》规定的标准	查看降雨记录、监测记录等，必要时通过模型辅助判断	定量（约束性）
	11	饮用水安全	饮用水水源地水质达到国家标准要求：以地表水为水源的，一级保护区水质达到《地表水环境质量标准》Ⅱ类标准和饮用水源补充、特定项目的要求，二级保护区水质达到《地表水环境质量标准》Ⅲ类标准和饮用水源补充、特定项目的要求。以地下水为水源的，水质达到《地下水质标准》Ⅲ类标准的要求。自来水厂出厂水、管网水和龙头水达到《生活饮用水卫生标准》的要求	查看水源地水质检测报告和自来水厂出厂水、管网水、龙头水质检测报告。 检测报告须由有资质的检测单位出具	定量（鼓励性）
五、制度建设及执行情况	12	规划建设管控制度	建立海绵城市建设的规则（土地出让、两证一书）、建设（施工图审查、竣工验收等）方面的管理制度和机制	查看出台的城市控详规、相关法规、政策文件等	定性（约束性）
	13	蓝线、绿线划定与保护	在城市规划中划定蓝线、绿线并制定相应管理规定	查看当地相关城市规划及出台的法规、政策文件	定性（约束性）
	14	技术规范与标准建设	制定较为健全、规范的技术文件，能够保障当地海绵城市建设的顺利实施	查看地方出台的海绵城市工程技术、设计施工相关标准、技术规范、图集、导则、指南等	定性（约束性）
	15	投融资机制建设	制定海绵城市建设投融资、PPP管理方面的制度机制	查看出台的政策文件等	定性（约束性）
	16	绩效考核与奖励机制	1. 对于吸引社会资本参与的海绵城市建设项目，须建立按效果付费的绩效考评机制，与海绵城市建设成效相关的奖励机制等； 2. 对于政府投资建设、运行、维护的海绵城市建设项目，须建立与海绵城市建设成效相关的责任落实与考核机制等	查看出台的政策文件等	定性（约束性）
	17	产业化	制定促进相关企业发展的优惠政策等	查看出台的政策文件、研发与产业基地建设等情况	定性（鼓励性）
六、显示度	18	连片示范效应	60%以上的海绵城市建设区域达到海绵城市建设要求，形成整体效应	查看规划设计文件、相关工程的竣工验收资料。现场查看	定性（约束性）

单项设施	功能					控制目标			处置方式		经济性		污染物去除率（以SS计，%）	景观效果
	集蓄利用雨水	补充地下水	削减峰值流量	净化雨水	转输	径流总量	径流峰值	径流污染	分散	相对集中	建造费用	维护费用		
透水砖铺装	○	●	◎	◎	○	●	◎	◎	√	—	低	低	80～90	—
透水水泥混凝土	○	○	◎	◎	○	◎	◎	◎	√	—	高	中	80～90	—
透水沥青混凝土	○	○	◎	◎	○	◎	◎	◎	√	—	高	中	80～90	—
绿色屋顶	○	○	◎	◎	○	●	◎	◎	√	—	高	中	70～80	好
下沉式绿地	○	●	◎	◎	○	●	◎	◎	√	—	低	低	—	一般
简易型生物滞留设施	○	●	◎	◎	○	●	◎	●	√	—	低	低	—	好
复杂型生物滞留设施	○	●	◎	●	○	●	◎	●	√	—	中	低	70～95	好
渗透塘	○	●	◎	◎	○	●	◎	◎	—	√	中	中	70～80	一般
渗井	○	●	○	○	○	●	○	○	√	√	低	低	—	—
湿塘	●	○	●	◎	○	●	●	◎	—	√	高	中	50～80	好
雨水湿地	●	○	●	●	○	●	●	●	√	√	高	中	50～80	好
蓄水池	●	○	◎	○	○	●	◎	◎	—	√	高	中	80～90	—
雨水罐	●	○	◎	○	○	●	◎	◎	√	—	低	低	80～90	—
调节塘	○	○	●	○	○	○	●	○	—	√	高	中	—	一般
调节池	○	○	●	○	○	○	●	○	—	√	高	中	—	—
转输型植草沟	◎	○	○	○	●	○	○	◎	√	—	低	低	35～90	一般
干式植草沟	◎	○	○	◎	●	○	○	◎	√	—	低	低	35～90	好
湿式植草沟	○	○	○	●	●	○	○	●	√	—	中	低	—	好
渗管/渠	○	◎	○	○	◎	◎	◎	○	√	—	中	中	35～70	—
植被缓冲带	○	○	○	●	○	○	○	◎	√	—	低	低	50～75	一般
初期雨水弃流设施	○	○	○	●	○	○	○	◎	√	—	低	中	40～60	—
人工土壤渗滤	●	○	○	●	○	○	○	◎	—	√	高	中	75～95	好

注：1. ●—强；◎—较强；○—弱或很小。

2. SS去除率数据来自美国流域保护中心（Center For Watershed Protection，CWP）的研究数据。

4.8.6 "海绵城市"建设设施规模计算

（1）计算原则

1）低影响开发设施的规模应根据控制目标及设施在具体应用中发挥的主要功能，选择容积法、流量法或水量平衡法等方法通过计算确定；按照径流总量、径流峰值与径流污染综合控制目标进行设计的低影响开发设施，应综合运用以上方法进行计算，并选择其中较大的规模作为设计规模；有条件的可利用模型模拟的方法确定设施规模。

2）当以径流总量控制为目标时，地块内各低影响开发设施的设计调蓄容积之和，即总调蓄容积（不包括用于削减峰值流量的调节容积），一般不应低于该地块"单位面积控制容积"的控制要求。计算总调蓄容积时，应符合以下要求：

① 顶部和结构内部有蓄水空间的渗透设施（如复杂型生物滞留设施、渗管/渠等）的渗透量应计入总调蓄容积。

② 调节塘、调节池对径流总量削减没有贡献，其调节容积不应计入总调蓄容积；转输型植草沟、渗管/渠、初期雨水弃流、植被缓冲带、人工土壤渗滤等对径流总量削减贡献较小的设施，其调蓄容积也不计入总调蓄容积。

③ 透水铺装和绿色屋顶仅参与综合雨量径流系数的计算，其结构内的空隙容积一般不再计入总调蓄容积。

④ 受地形条件、汇水面大小等影响，设施调蓄容积无法发挥径流总量削减作用的设施（如较大面积的下沉式绿地，往往受坡度和汇水面竖向条件限制，实际调蓄容积远远小于其设计调蓄容积），以及无法有效收集汇水面径流雨水的设施具有的调蓄容积不计入总调蓄容积。

（2）"海绵城市"的一般计算方法

1）容积法

低影响开发设施以径流总量和径流污染为控制目标进行设计时，设施具有的调蓄容积一般应满足"单位面积控制容积"的指标要求。设计调蓄容积一般采用容积法进行计算，如式（4-39）所示。

$$V=10H\phi F \qquad (4\text{-}39)$$

式中　V——设计调蓄容积（m³）；

H——设计降雨量（mm），参照《海绵城市建设技术指南》附录2；

ϕ——综合雨量径流系数，可参照《海绵城市建设技术指南》表 4-3 进行加权平均计算；

F——汇水面积，hm²。

用于合流制排水系统的径流污染控制时，雨水调蓄池的有效容积可参照《室外排水设计标准》GB 50014—2021 进行计算。

2）流量法

植草沟等转输设施，其设计目标通常为排除一定设计重现期下的雨水流量，可通过推理公式来计算一定重现期下的雨水流量，如式（4-40）所示。

$$Q=\psi q F \qquad (4\text{-}40)$$

式中　Q——雨水设计流量（L/s）；

ψ——流量径流系数，可参见《海绵城市建设技术指南》表 4-3；

q——设计暴雨强度 [L/(s·hm²)]；

F——汇水面积（hm²）。

城市雨水管渠系统设计重现期的取值及雨水设计流量的计算等还应符合《室外排水设计标准》GB 50014—2021 的有关规定。

3）水量平衡法

水量平衡法主要用于湿塘、雨水湿地等设施贮存容积的计算。设施贮存容积应首先按照"容积法"进行计算，同时为保证设施正常运行（如保持设计常水位），再通过水量平衡法计算设施每月雨水补水水量、外排水量、水量差、水位变化等相关参数，最后通过经济分析确定设施设计容积的合理性并进行调整，水量平衡计算过程可参照《海绵城市建设技术指南》表 4-4。

（3）以渗透为主要功能的设施规模计算

对于生物滞留设施、渗透塘、渗井等顶部或结构内部有蓄水空间的渗透设施，设施规模应按照以下方法进行计算。对透水铺装等仅以原位下渗为主、顶部无蓄水空间的渗透设施，其基层及垫层空隙虽有一定的蓄水空间，但其蓄水能力受面层或基层渗透性能的影响很大，因此透水铺装可通过参与综合雨量径流系数计算的方式确定其规模。

1）渗透设施有效调蓄容积按式（4-41）进行计算

$$V_s = V - W_p \tag{4-41}$$

式中　V_s——渗透设施的有效调蓄容积，包括设施顶部和结构内部蓄水空间的容积（m^3）；

　　　V——渗透设施进水量（m^3），参照"1）容积法"计算；

　　　W_p——渗透量（m^3）。

2）渗透设施渗透量按式（4-42）进行计算

$$W_p = KJA_s t_s \tag{4-42}$$

式中　W_p——渗透量（m^3）；

　　　K——土壤（原土）渗透系数（m/s）；

　　　J——水力坡降，一般可取 $J=1$；

　　　A_s——有效渗透面积（m^2）；

　　　t_s——渗透时间（s），指降雨过程中设施的渗透历时，一般可取 2h。渗透设施的有效渗透面积 A_s 应按下列要求确定：

① 水平渗透面按投影面积计算；

② 竖直渗透面按有效水位高度的 1/2 计算；

③ 斜渗透面按有效水位高度的 1/2 所对应的斜面实际面积计算；

④ 地下渗透设施的顶面积不计。

（4）以贮存为主要功能的设施规模计算

雨水罐、蓄水池、湿塘、雨水湿地等设施以贮存为主要功能时，其贮存容积应通过"容积法"及"水量平衡法"计算，并通过技术经济分析综合确定。

（5）以调节为主要功能的设施规模计算

调节塘、调节池等调节设施，以及以径流峰值调节为目标进行设计的蓄水池、湿塘、雨水湿地等设施的容积应根据雨水管渠系统设计标准、下游雨水管道负荷（设计过流流量）及入流、出流流量过程线，经技术经济分析合理确定，调节设施容积按式（4-43）进行计算。

$$V = \mathrm{Max} \left[\int_0^T (Q_{in} - Q_{out}) \mathrm{d}t \right] \tag{4-43}$$

式中　V——调节设施容积（m^3）；

　　　Q_{in}——调节设施的入流流量（m^3/s）；

　　　Q_{out}——调节设施的出流流量（m^3/s）；

　　　t——计算步长（s）；

　　　T——计算降雨历时（s）。

（6）调蓄设施规模计算

具有贮存和调节综合功能的湿塘、雨水湿地等多功能调蓄设施，其规模应综合贮存设施和调节设施的规模计算方法进行计算。

（7）以转输与截污净化为主要功能的设施规模计算

植草沟等转输设施的计算方法如下：

1）根据总平面图布置植草沟并划分各段的汇水面积。

2）根据《室外排水设计标准》GB 50014—2021确定排水设计重现期，参考"流量法"计算设计流量Q。

3）根据工程实际情况和植草沟设计参数取值，确定各设计参数。弃流设施的弃流容积应按"容积法"计算；绿色屋顶的规模计算参照透水铺装的规模计算方法；人工土壤渗滤的规模根据设计净化周期和渗滤介质的渗透性能确定；植被缓冲带规模根据场地空间条件确定。

4.8.7 "海绵城市"建设国内典型案例

（1）深圳光明新区

深圳光明新区的低影响开发建设于2008年开始，一直在住房和城乡建设部的直接领导下开展工作，现已成为全国低影响开发的示范区。以下介绍这一示范区实现雨水综合利用的实践经验，为更多城市建设成为"自然积存、自然渗透、自然净化"的海绵城市提供借鉴。

光明新区位于深圳市西北部，面积156km²，人口48万人。区域年均降雨量1935mm，汛期暴雨集中，一方面极易产生城市内涝，全区有26个易涝点；另一方面严重缺水，70%以上的用水依靠境外调水。为此，深圳市光明新区管委会调整了雨水控制思路，遵循"源头控制、生态治理"的原则，将原来的"快排"转向"渗、滞、蓄、用、排"，利用透水铺装、下凹绿地、人工湿地、地下蓄水池等措施，建设海绵城市，提高雨水径流控制率，扭转城市"逢雨必涝、雨后即旱"的困境。明确了年径流控制率为70%、初期雨水污染控制总量削减不低于40%的总体要求，并在此基础上，细化了控制指标：建筑面积超过2万m²的项目，必须配套建设雨水综合利用设施；新建项目在2年一遇24小时降雨条件下，与开发前相比，不得增加雨水外排总量；改扩建项目，采取低影响开发措施后，不改变既有雨水管网的情况下，排水能力由1～2年一遇提升至3年一遇；按表4-33控制各类建设用地进行径流控制。

不同用地类型及相应的径流系数　　　　　　表 4-33

用地类型	径流系数	用地类型	径流系数
居住	≤0.4～0.45	道路	≤0.6
商业	≤0.4～0.5	交通设施	≤0.4
公建	≤0.4～0.45	公园	≤0.1～0.15
工业	≤0.4～0.5	广场	≤0.2～0.3
物流仓储	≤0.5		

具体措施是：①公共建筑示范项目的主要措施：采用绿色屋顶、雨水花园、透水铺装、生态停车场等工程措施，其成效为：累计年雨水利用量超过1万m³，综合径流系数由0.7～0.8下降到0.4以下；②市政道路示范项目的主要措施：下凹绿地（耐旱耐涝的美人蕉、黄菖蒲、再力花等）、透水道路等，其成效为：径流系数控制在0.5。道路排水

能力由 2 年一遇提升至 4 年一遇，中小雨不产生汇流；③公园绿地示范项目的主要措施：植草沟、滞留塘（耐旱耐涝的美人蕉、黄菖蒲、再力花等）、地下蓄水池等，其成效为：径流系数控制在 0.1。年收集回用雨水 1.5 万 m^3、回补地下水 25 万 m^3；④水系湿地示范项目的主要措施：自然水体、调蓄池、人工湿地（美人蕉，再力花，黄菖蒲）、稳定塘等，其成效为：确保湖体水质达到地表Ⅳ类水标准。

（2）北京奥林匹克森林公园

北京奥林匹克森林公园广场雨水收集系统，是北京市公园绿地第一个大规模雨水利用工程，也是系统规划设计综合措施利用的案例。此工程年利用雨水量约 40 万 m^3。该工程现成为我国"海绵城市"建设的实践工程典范。

该工程规划总用地面积 84.7hm^2，由于雨洪利用系统和外排水系统的综合作用，使该区域总的排水能力远大于 10 年一遇。雨洪利用工程投资 33.76 元/m^2。奥林匹克公园中心区包括：树阵区、广场铺装区、中轴大道、下沉花园、休闲花园、水系边绿地及非机动车道等区域。考虑承重的问题，奥林匹克公园的中轴路、庆典广场等重要区域采用不透水（石材）铺装，非透水铺装面积 19.13hm^2；绿化面积 22.64hm^2；透水铺装面积 17.16 hm^2；水系面积 16.47hm^2；雨洪集水池 9 个，容积 7200m^3。在设计上，排水的雨水口高程低于硬化路面，高于绿地。根据实测数据，2009 年该工程雨洪利用总量为 402173m^3，雨洪利用率高达 98%，达到了预期标准，即：1 年一遇降雨外排水量的综合径流系数不超过 0.15；2 年一遇降雨外排水量的综合径流系数不超过 0.3；雨水综合利用率 98%。示范工程控制范围内，67mm 以下日降雨可实现无径流外排，全部滞蓄在区域内；小于 33.55mm 的次降雨量时，雨水大部分进行下渗；区域综合径流系数由 0.675 减小为 0.357。

地面景观雨水利用的几种方式：混凝土透水砖：以碎石、水泥为主要原料，经成型工艺处理后制成，具有较强的渗透性能；植草地坪：是通过钢筋将用模具制作出来的混凝土块连接起来，形成一个整体，再在空隙中填满种植土，播种或栽种草苗的施工工艺；风积沙透水砖：主要是靠破坏水的表面张力来透水。透水砖和结合层材料完全采用沙漠中的风积沙，是一种变废为宝的新技术，这种材料的使用在雨水下渗的过程中还能起到很好的净化过滤作用；下凹式绿地：比周围路面或广场下凹 50~100mm，路面和广场多余的雨水可经过绿地入渗或外排。增渗设施采用 PP 透水片材、PP 透水型材、PP 透水管材以及渗滤框、渗槽、渗坑等多种形式；下沉花园：地下土层建设了蓄洪排水综合涵道。南段蓄洪涵高 2.5m，宽 7m；北段高 3.5m，宽 4m，涵道上部为蓄洪空间，下部为排水渠，蓄洪排水涵道总的容积为 11823m^3，蓄洪涵两侧设雨水集水沟。

思 考 题

1. 暴雨强度与最大平均暴雨强度的含义有何区别？

2. 暴雨强度公式是哪几个表示暴雨特征的因素之间关系的数学表达式？推求暴雨强度公式有何意义？我国常用的暴雨强度公式有哪些形式？

3. 计算雨水管渠的设计流量时，应该用与哪个历时 t 相应的暴雨强度 q？为什么？

4. 试述地面集水时间的含义。一般应如何确定地面集水时间？

5. 设计降雨历时确定后，设计暴雨强度 q 是否也就确定了？为什么？

6. 进行雨水管道设计计算时，在什么情况下会出现下游管段的设计流量小于上一管段设计流量的现象？若出现应如何处理？

7. 雨水管渠平面布置与污水管道平面布置相比有何特点？

8. 从表 3-9 可看出，圆形管道的最大流速和最大流量均不是在 $h/D=1$ 时出现，为什么圆形断面的雨水管道要按 $h/D=1$ 设计呢？

9. 排洪沟的设计标准为什么比雨水管渠的设计标准高得多？

<h1 style="text-align:center">习　题</h1>

1. 从某市一场暴雨自记雨量记录中求得 5min、10min、15min、20min、30min、45min、60min、90min、120min 的最大降雨量分别是 13mm、20.7mm、27.2mm、33.5mm、43.9mm、45.8mm、46.7mm、47.3mm、47.7mm。试计算各历时的最大平均暴雨强度 i（mm/min）及 q [L/(s·hm²)] 值。

2. 某地有 20 年自记雨量记录资料，每年取 20min 暴雨强度值 4~8 个，不论年次而按大小排列，取前 100 项为统计资料。其中 $i_{20}=2.12$mm/min 排在第 2 项，试问该暴雨强度的重现期为多少年？如果雨水管渠设计中采用的设计重现期分别为 2a、1a、0.5a 的 20min 的暴雨强度，那么这些值应排列在第几项？

3. 北京市某小区面积共 22hm²，其中屋面面积占该区总面积的 30%，沥青道路面积占 16%。级配碎石路面的面积占 12%，非铺砌土路面占 4%，绿地面积占 38%。试计算该区的平均径流系数。当采用设计重现期为 $P=5a$、2a、1a 及 0.5a 时，试计算：设计降雨历时 $t=20$min 时的雨水设计流量各是多少？

4. 雨水管道平面布置见图 4-44，图中各设计管段的本段汇水面积标注在图上，单位以 "hm²" 计，假定设计流量均从管段起点进入。已知当重现期 $P=2a$ 时，暴雨强度公式为：

$$i=\frac{20.154}{(t+18.768)^{0.784}}(\text{mm/min})$$

经计算，径流系数 $\psi=0.6$。取地面集水时间 $t_1=10$min。各管段的长度以 "m" 计，管内流速以 "m/s" 计。数据如下：$L_{1\sim2}=120$，$L_{2\sim3}=130$，$L_{4\sim3}=200$，$L_{3\sim5}=200$；$v_{1\sim2}=1.0$，$v_{2\sim3}=1.2$，$v_{4\sim3}=0.85$，$v_{3\sim5}=1.2$。

试求各管段的雨水设计流量为多少 L/s（计算至小数后一位）？

5. 试进行某研究所西南区雨水管道（包括生产废水在内）的设计和计算。并绘制该区的雨水管道平面图及纵剖面图。

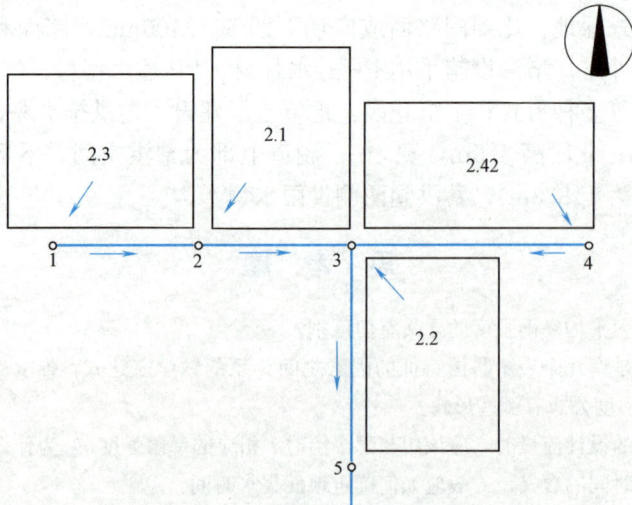

图 4-44　雨水管道平面布置

已知条件如下：

(1) 该区总平面图见图 4-45；

(2) 当地暴雨强度公式为：

$$q = \frac{700(1 + 0.8 \lg P)}{t^{0.5}} (\text{L}/(\text{s} \cdot \text{hm}^2))$$

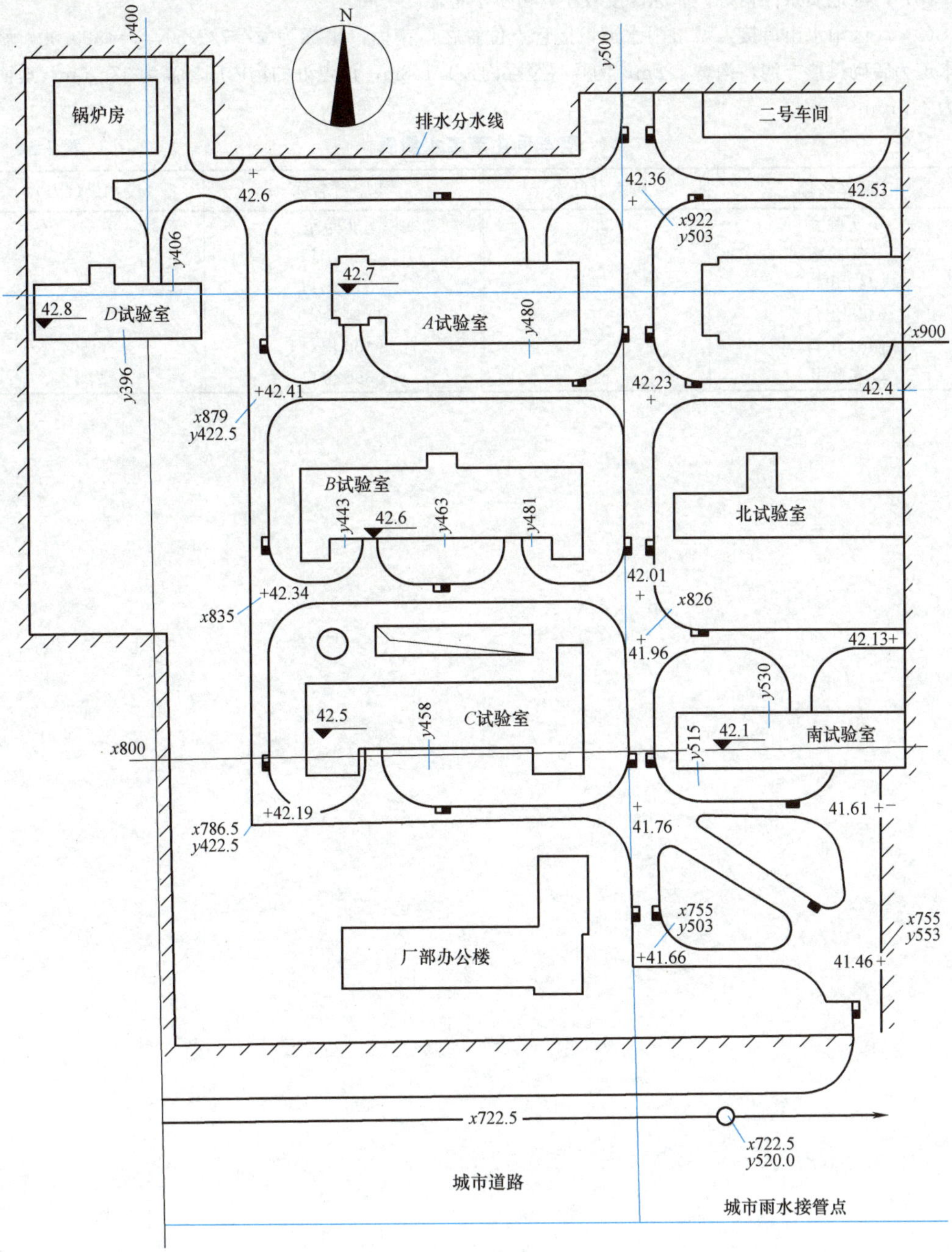

图 4-45　某研究所西南区总平面（单位：m）

（3）采用设计重现期 $P=2a$，地面集水时间 $t_1=10\text{min}$；

（4）厂区道路主干道宽 6m，支干道宽 3.5m，均为沥青路面；

（5）各实验室生产废水量见表 4-34，排水管出口位置见图 4-45；

（6）生产废水允许直接排入雨水管道，各车间生产废水管出口埋深均为 1.50m（指室内地面至管内底的高度）；

（7）厂区内各车间及实验室均无室内雨水道。

（8）厂区地质条件良好。冰冻深度较小，可不予考虑。

（9）厂区雨水出口接入城市雨水道，接管点位置在厂南面，坐标为 $x=722.50$，$y=520.00$，城市雨水道为砖砌拱形方沟，沟宽 1.2m，沟高（至拱内顶）1.8m，该点处的沟内底标高为 37.70m，地面标高为 41.10m。

各车间生产废水量表

表 4-34

实验室名称	废水量(L/s)	实验室名称	废水量(L/s)
A 实验室	2.5	南实验室	—
B 实验室	—	$y530$ 出口	8
$y443$ 出口	5	$y515$ 出口	3
$y463$ 出口	10	D 实验室	—
$y481$ 出口	5	$y406$ 出口	15
C 实验室	6.5	$y396$ 出口	2.5

第 5 章　合流制管渠系统

5.1　合流制管渠系统的设计内容、使用条件和布置特点

合流制管渠系统是在同一管渠内排除生活污水、工业废水及雨水的管渠系统。它的设计是依据批准的当地城镇（地区）总体规划及排水工程规划进行的。设计的主要内容和深度应按照基本建设程序及有关的设计规定、规程确定。通常，合流制的主要设计内容包括：

(1) 设计基础数据（包括设计地区的面积、设计人口数、污水定额、径流系数、防洪标准等）的确定；

(2) 合流制管渠系统的平面布置；

(3) 合流制管渠系统的设计流量计算和水力计算；

(4) 合流制管渠系统上某些附属构筑物，如截留井的设计计算。

合流制管渠系统为常用的截流式合流制管渠系统，它是在临河的地方设置截流管，并在截流管上设置溢流井。晴天时，截流管以非满流将生活污水和工业废水送往污水处理厂处理。雨天时，截流管以满流将生活污水、工业废水和雨水的混合污水送往污水处理厂处理。当雨水径流量继续增加到混合污水量超过截流管的设计输水能力时，溢流井开始溢流，并随雨水径流量的增加，溢流量增大。当降雨时间继续延长时，由于降雨强度的减弱，溢流井处的流量减少，溢流量减少。最后，混合污水量又重新等于或小于截流管的设计输水能力，溢流停止。

合流制管渠系统因在同一管渠内排除所有的雨污水，所以管线单一，管渠的总长度减少。在暴雨天，有一部分带有生活污水和工业废水的混合污水溢入水体，使水体受到一定程度的污染。我国及其他某些国家，由于合流制排水管渠的过水断面很大，晴天流量很小，流速很低，往往在管底造成淤积，降雨时雨水将沉积在管底的大量污物冲刷起来带入水体，形成污染。因此，排水体制的选择，应根据城镇的总体规划，结合当地的气候特征、地形特点、水文条件、水体状况、原有排水设施、污水处理程度和处理后再生利用等因地制宜地确定。一般地说，在下述情形下可考虑采用合流制：

(1) 排水区域内有一处或多处水源充沛的水体，其流量和流速都足够大，一定量的混合污水排入后对水体造成的污染危害程度在允许的范围以内。

(2) 街坊和街道的建设比较完善，必须采用暗管渠排除雨水，而街道横断面又较窄，管渠的设置位置受到限制时，可考虑选用合流制。

(3) 地面有一定的坡度倾向水体，当水体高水位时，岸边不受淹没。污水在中途不需要泵汲。

显然，上述条件的第一条是主要的，也就是说，在采用合流制管渠系统时，首先应满

足环境保护的要求，即保证水体所受的污染程度在允许范围内，只有在这种情况下才可根据当地城市建设及地形条件合理地选用合流制管渠系统。

当合流制管渠系统采用截流式时，其布置特点是：

（1）管渠的布置使所有服务面积上的生活污水、工业废水和雨水都能合理地排入管渠，并能以可能的最短距离坡向水体。

（2）沿水体岸边布置与水体平行的截流干管，在截流干管的适当位置上设置溢流井，使超过截流干管设计输水能力的那部分混合污水能顺利地通过溢流井就近排入水体。

（3）必须合理地确定溢流井的数目和位置，以便尽可能减少对水体的污染、减小截流干管的尺寸和缩短排放管渠的长度。从对水体的污染情况看，合流制管渠系统中的初期雨水虽被截流处理，但溢流的混合污水总比一般雨水脏，为改善水体卫生，保护环境，溢流井的数目宜少，且其位置应尽可能设置在水体的下游。从经济上讲，为了减小截流干管的尺寸，溢流井的数目多一点好，这可使混合污水及早溢入水体，降低截流干管下游的设计流量。但是，溢流井过多，会增加溢流井和排放管渠的造价，特别在溢流井离水体较远、施工条件困难时更是如此。当溢流井的溢流堰口标高低于水体最高水位时，需在排放管渠上设置防潮门、闸门或排涝泵站，为减少泵站造价和便于管理，溢流井应适当集中，不宜过多。

（4）在合流制管渠系统的上游排水区域内，如果雨水可沿地面的街道边沟排泄，则该区域可只设置污水管道。只有当雨水不能沿地面排泄时，才考虑布置合流管渠。

目前，我国许多城市的旧市区多采用合流制，而在新建区和工矿区则一般多采用分流制，特别是当生产污水中含有毒物质，其浓度又超过允许的卫生标准时，则必须采用分流制，或者必须预先对这种污水单独进行处理到符合要求后，再排入合流制管渠系统。

5.2 合流制排水管渠水量管理

截流式合流制排水管渠的设计流量，在溢流井上游和下游是不同的。现分述如下：

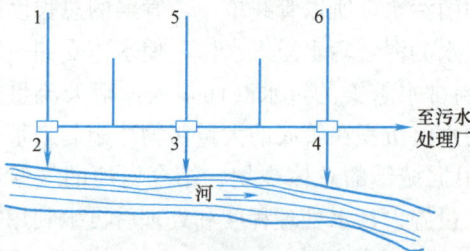

图 5-1 设有溢流井的合流管渠

5.2.1 第一个溢流井上游管渠的设计流量

见图 5-1，第一个溢流井上游管渠（1～2管段）的设计流量（Q）为生活污水设计流量（Q_d）、工业废水设计流量（Q_m）与雨水设计流量（Q_s）之和

$$Q = Q_d + Q_m + Q_s \qquad (5-1)$$

在实际进行水力计算中，当生活污水与工业废水量之和比雨水设计流量相对较小，例如有人认为，生活污水量与工业废水量之和小于雨水设计流量的 5% 时，其流量一般可以忽略不计，因为它们的加入与否一般不影响管径和管道坡度的决定。

这里，生活污水的设计流量是指对于居住区而言，总变化系数采用 K_z；对于工业企业内生活污水量和淋浴污水量，时变化系数采用 1。

在式（5-1）中，$Q_d + Q_m$ 为晴天的设计流量，它有时称旱流流量 Q_{dr}，由于 Q_{dr} 相对较小，因此按该式 Q 计算所得的管径、坡度和流速，应用晴天的旱流流量 Q_{dr} 进行校核，检查管道在输送旱流流量时是否满足不淤的最小流速要求。

5.2.2 溢流井下游管渠的设计流量

合流制排水管渠在截流干管上设置了溢流井后，对截流干管的水流情况影响很大。不从溢流井泄出的雨水量，通常按旱流流量 Q_{dr} 的指定倍数计算，该指定倍数称为截流倍数 n_0，如果流到溢流井的雨水流量超过 $n_0 Q_{dr}$，则超过的水量由溢流井溢出，并经排放管渠泄入水体。

这样，溢流井下游管渠（见图 5-1 中的 2～3 管段）的雨水设计流量 Q' 即为：

$$Q' = n_0(Q_d + Q_m) + Q'_s \tag{5-2}$$

式中 Q'——溢流井下游管渠内（2～3 管段）的雨水量（L/s）；

Q'_s——溢流井下游排水面积上的雨水设计流量（L/s），按相当于此排水面积的集水时间计算而得。

溢流井下游管渠的设计流量 Q 是上述雨水设计流量与生活污水设计流量及工业废水最大班流量之和，即：

$$\begin{aligned} Q &= n_0(Q_d + Q_m) + Q'_s + Q_d + Q_m + Q'_{dr} \\ &= (n_0 + 1)(Q_d + Q_m) + Q'_s + Q'_{dr} \\ &= (n_0 + 1)Q_{dr} + Q'_s + Q'_{dr} \end{aligned} \tag{5-3}$$

式中 Q'_{dr}——溢流井下游排水面积上的生活污水设计流量与工业废水最大班流量之和（L/s）。

为节约投资和减少水体的污染点，往往不在每条合流管渠与截流干管的交汇点处都设置溢流井。

5.2.3 合流制排水管渠的水力计算要点

合流制排水管渠一般按满流设计。水力计算的设计数据，包括设计流速、最小坡度和最小管径等，基本上和雨水管渠的设计相同。合流制排水管渠的水力计算内容包括：

（1）溢流井上游合流管渠的计算；

（2）截流干管和溢流井的计算；

（3）晴天旱流情况校核。

溢流井上游合流管渠的计算与雨水管渠的计算基本相同，只是它的设计流量要包括雨水、生活污水和工业废水。合流管渠的雨水设计重现期一般应比同一情况下雨水管渠的设计重现期适当提高，有人认为可提高 10%～25%，因为虽然合流管渠中合流废水从检查井溢出街道的可能性不大，但合流管渠泛滥时溢出的合流污水比雨水管渠泛滥时溢出的雨水所造成的损失要大些，为了防止出现这种可能情况，合流管渠的设计重现期和允许的积水程度一般都需从严掌握。

对于截流干管和溢流井的计算，主要是要合理地确定所采用的截流倍数 n_0。根据 n_0 值，可按式（5-3）决定截流干管的设计流量和通过溢流井泄入水体的流量，然后即可进行截流干管和溢流井的水力计算。从环境保护的角度出发，为使水体少受污染，应采用较大的截流倍数。但从经济上考虑，截流倍数过大，会大大增加截流干管、提升泵站以及污水处理厂的造价，同时造成进入污水处理厂的污水水质和水量在晴天和雨天的差别过大，给运行管理带来相当大的困难。为使整个合流管渠排水系统的造价合理和便于运行管理，不宜采用过大的截流倍数。通常，截流倍数 n_0 应根据旱流污水的水质和水量以及总变化系数，水体的卫生要求，水文、气象条件等因素确定。规定宜采用 2~5。在工作实践中，我国多数城市一般都采用截流倍数 $n_0=3$。美国、日本及西欧各国，多采用截流倍数 $n_0=3$~5；苏联则按排放条件的不同来规定 n_0 值，见表 5-1。目前，由于人们越来越关心水体的保护，采用的 n_0 值有逐渐增大的趋势，例如美国，对于供游泳和游览的河段，采用的 n_0 值甚至高达 30 以上。

不同排放条件下的 n_0 值   表 5-1

排 放 条 件	n_0
在居住区内排入大河流	1~2
在居住区内排入小河流	3~5
在区域泵站和总泵站前及排水总管的端部，根据居住区内水体的不同特性	0.5~2
在处理构筑物前根据不同的处理方法与不同构筑的组成	0.5~1
工厂区	1~3

截流倍数的设置直接影响环境效益和经济效益，其取值应综合考虑受纳水体的水质要求、受纳水体的自净能力、城市类型、人口密度和降雨量等因素。当合流制排水系统具有排水能力较大的合流管渠时，可采用较小的截流倍数，或设置一定容量的调蓄设施。根据国外资料，英国截流倍数为 5，德国为 4，美国一般为 1.5~5。值得注意的是：截流标准与截流倍数的概念不同，截流倍数是针对某段截流管或截流泵站的设计标准。而截流标准是给排水系统通过截流、调蓄共同作用达到的合流污水的截流目标。参见《室外排水设计标准》GB 50014—2021 条文 4.1.24 的说明。

关于晴天旱流流量的校核，应使旱流时的流速能满足污水管渠最小流速的要求。当不能满足这一要求时，可修改设计管段的管径和坡度。应当指出，由于合流管渠中旱流流量相对较小，特别是在上游管段，旱流校核时往往不易满足最小流速的要求，此时可在管渠底设低流槽以保证旱流时的流速，或者加强养护管理，利用雨天流量刷洗管渠，以防淤塞。

5.2.4 合流制排水管渠的水力计算示例

图 5-2 系某市一个区域的截流式合流干管的计算平面图。其计算原始数据如下：

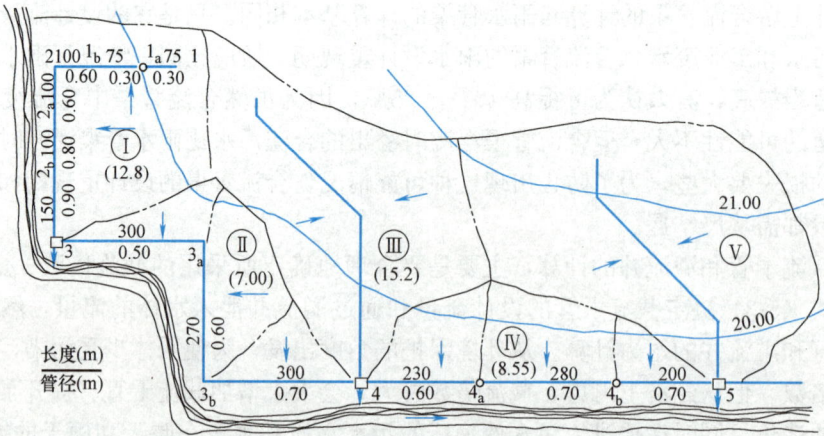

图 5-2 某市一个区域的截流式合流干管计算平面图

164

(1) 设计雨水量计算公式。

该市的暴雨强度公式为：

$$q = \frac{167(27.28 + 41.66 \lg P)}{t + 31.003}$$

式中　P——设计重现期，采用 3a；

　　　t——集水时间，地面集水时间按 10min 计算，管内流行时间为 t_2，则 $t = 10 + t_2$。

该设计区域平均径流系数经计算为 0.45，则设计雨水量为：

$$Q_r = \frac{167 \times (27.28 + 41.66 \lg 1) \times 0.45}{10 + \sum t_2 + 31.003} \cdot F = \frac{3544.8}{41.003 + \sum t_2} \cdot F \quad (\text{L/s})$$

式中　F——设计排水面积（hm^2）。

当 $\sum t_2 = 0$ 时，单位面积的径流量 $q_V = 86.5 \text{L/(s·hm}^2)$。

(2) 设计人口密度按 200 人/hm^2 计算，生活污水量标准按 100L/(人·d) 计，故生活污水比流量为

$$q_S = 0.231 \text{L/(s·hm}^2)$$

(3) 截流干管的截流倍数 n_0 采用 3。

(4) 街道管网起点埋深 1.70m。

(5) 河流最高月平均洪水位为 8.00m。

计算时，先划分各设计管段及其排水面积，计算每块面积的大小，见图 5-2 中括号内所示数据；再计算设计流量，包括雨水量、生活污水量及工业废水量；然后根据设计流量查水力计算表（满流）得出设计管径和坡度，本例中采用的管道粗糙系数 $n = 0.013$；最后校核旱流情况。

表 5-2（a）和表 5-2（b）分别为采用面积叠加法和流量叠加法的管段 1～5 的水力计算结果。现对其中部分计算说明如下：

截流式合流干管计算表-面积叠加法　　　　　　　　　　　表 5-2a

管段编号	管长（m）	排水面积（hm^2）			管内运行时间（min）		设计流量（L/s）					设计管道输水能力（L/s）	设计管径（mm）	设计坡度	设计流速（m/s）
		本段	转输	总计	累计 t_2	本段 t_2	雨水	生活污水	工业废水	溢流井转输水量	总计				
1	2	3	4	5	6	7	8	9	10	11	12	13	14	15	16
1～1_a	75	0.60		0.60	0	1.05	79.99	0.14	1.50	—	81.63	83.77	300	0.0075	1.19
(1～1_a)₁	75	0.60		0.60	0.00	1.05	79.99	0.14	1.50	—	81.63	83.64	200	0.0650	2.66
1_a～1_b	75	1.40	0.60	2.00	1.05	0.60	259.07	0.46	3.10	—	262.63	263.38	400	0.160	2.10
(1_a～1_b)₁	75	1.40	0.60	2.00	1.05	0.60	259.07	0.46	3.10	—	262.63	264.29	500	0.0049	1.35
1_b～2	100	1.80	2.00	3.80	1.65	0.66	475.72	0.88	6.40	—	483.00	492.25	500	0.0170	2.51
(1_b～2)₁	100	1.80	2.00	3.80	1.65	0.66	475.72	0.88	6.40	—	483.00	483.49	600	0.0062	1.71
2～2_a	80	0.70	3.80	4.50	2.32	0.68	545.38	1.04	8.50	—	554.92	555.87	600	0.0082	1.97
(2～2_a)₁	80	0.70	3.80	4.50	2.32	0.68	545.38	1.04	8.50	—	554.92	555.71	700	0.0036	1.44
2_a～2_b	120	4.50	4.50	9.00	2.99	0.70	1060.30	2.08	14.50	—	1076.88	1096.02	700	0.0140	2.85
(2_a～2_b)₁	120	4.50	4.50	9.00	2.99	0.70	1060.30	2.08	14.50	—	1076.88	1082.21	800	0.0067	2.15

管段编号	管长(m)	排水面积(hm²)			管内运行时间(min)		设计流量(L/s)					设计管道输水能力(L/s)	设计管径(mm)	设计坡度	设计流速(m/s)
		本段	转输	总计	累计 t_2	本段 t_2	雨水	生活污水	工业废水	溢流井转输水量	总计				
1	2	3	4	5	6	7	8	9	10	11	12	13	14	15	16
2_b~3	150	3.80	9.00	12.80	3.70	1.33	1449.22	2.96	18.50	—	1470.68	1478.12	1000	0.0038	1.88
$(2_b$~3$)_1$	150	3.80	9.00	12.80	3.70	1.33	1449.22	2.96	18.50	—	1470.68	1482.51	1100	0.0023	1.56
3~3_a	300	2.00	—	2.00	0.00	3.95	266.62	0.46	0.18	85.84	353.10	357.95	600	0.0034	1.27
$(3$~$3_a)_1$	300	2.00	—	2.00	0.00	3.95	266.62	0.46	0.18	85.84	353.10	354.22	500	0.0088	1.80
3_a~3_b	270	2.80	2.00	4.80	3.95	2.59	578.50	1.11	0.43	85.84	665.88	667.70	700	0.0052	1.74
$(3_a$~$3_b)_1$	270	2.80	2.00	4.80	3.95	2.59	578.50	1.11	0.43	85.84	665.88	672.64	600	0.0120	2.38
3_b~4	300	2.20	4.80	7.00	6.54	2.87	781.42	1.62	0.61	85.84	869.49	877.01	800	0.0044	1.75
$(3_b$~4$)_1$	300	2.20	4.80	7.00	6.54	2.87	781.42	1.62	0.61	85.84	869.49	886.82	900	0.0024	1.39
4~4_a	230	2.95	—	2.95		2.82	393.27	0.68	0.13	123.12	517.20	523.77	700	0.0032	1.36
$(4$~$4_a)_1$	230	2.95	—	2.95	0.00	2.82	393.27	0.68	0.13	123.12	517.20	517.41	600	0.0071	1.83
4_a~4_b	280	3.10	2.95	6.05	2.82	2.71	733.98	1.40	0.28	123.12	858.78	867.07	800	0.0043	1.73
$(4_a$~$4_b)_1$	280	3.10	2.95	6.05	2.82	2.71	733.98	1.40	0.28	123.12	858.78	868.37	900	0.0023	1.37
4_b~5	200	2.50	6.05	8.55	5.52	1.95	959.18	1.98	0.40	123.12	1084.68	1085.94	900	0.0036	1.71
$(4_b$~5$)_1$	200	2.50	6.05	8.55	5.52	1.95	959.18	1.98	0.40	123.12	1084.69	1098.77	1000	0.0021	1.40

管段编号	管道坡降(m)	地面标高(m)		管内底标高(m)		埋深(m)		旱流校核				备注
		起点	终点	起点	终点	起点	终点	最高日最高时旱流流量(L/s)(K_z取1.8)	校核流量(L/s)	充满度	流速(m/s)	
1	17	18	19	20	21	22	23	24	25	26	27	28
1~1_a	0.56	20.20	20.00	18.50	17.94	1.70	2.06	2.95	1.62	0.10	0.44	在养护管理时应采取适当措施防止淤塞
$(1$~$1_a)_1$	4.88	20.20	20.00	18.50	13.63	1.70	6.38	2.95	1.68	0.10	1.03	虽流速大于0.6m/s，满足旱季校核，但其埋深过高，考虑工程施工问题，故不选择
1_a~1_b	1.20	20.00	19.80	17.84	16.64	2.16	3.16	6.41	5.11	0.10	0.78	
$(1_a$~$1_b)_1$	0.37	20.00	19.80	17.74	17.37	2.26	2.43	6.41	5.43	0.10	0.53	虽埋深相较于DN400时减少，但减少不多，但其旱季校核时流速小于0.6m/s，故不选择
1_b~2	1.70	19.80	19.55	16.54	14.84	3.26	4.71	13.10	9.54	0.10	0.91	均可,本计算案例考虑DN500
$(1_b$~2$)_1$	0.62	19.80	19.55	16.44	15.82	3.36	3.73	13.10	9.60	0.10	0.65	
2~2_a	0.66	19.55	19.55	14.74	14.08	4.81	5.47	17.17	10.97	0.10	0.75	

管段编号	管道坡降(m)	地面标高(m)		管内底标高(m)		埋深(m)		旱流校核				备注
		起点	终点	起点	终点	起点	终点	最高日最高时旱流流量(L/s)(K_z取1.8)	校核流量(L/s)	充满度	流速(m/s)	
1	15	18	19	20	21	22	23	24	25	26	27	28
$(2\sim2_a)_1$	0.29	19.55	19.55	14.64	14.35	4.91	5.20	17.17	10.77	0.10	0.54	虽埋深相较于DN600时减少,但减少不多,其旱季校核时流速小于0.6m/s,故不选择
$2_a\sim2_b$	1.68	19.55	19.50	13.98	12.30	5.57	7.20	29.84	21.25	0.10	1.06	均可,本计算案例考虑DN700
$(2_a\sim2_b)_1$	0.80	19.55	19.50	13.88	13.08	5.67	6.42	29.84	21.45	0.10	0.82	
$2_b\sim3$	0.57	19.50	19.45	12.00	11.43	7.50	8.02	38.62	28.65	0.10	0.70	
$(2_b\sim3)_1$	0.35	19.50	19.45	11.90	11.56	7.60	7.89	38.62	28.11	0.10	0.54	虽管道埋深相较于DN1000时减少,但减少不多但其旱季校核时流速小于0.6m/s,故不选择
$3\sim3_a$	1.02	19.45	19.50	11.43	10.41	8.02	9.09	39.78	29.11	0.20	0.72	—
$(3\sim3_a)_1$	2.64	19.45	19.50	11.43	8.79	8.02	10.71	39.78	29.13	0.20	1.04	虽流速大于0.6m/s,满足旱季校核,但其埋深过高,考虑工程施工问题,故不选择
$3_a\sim3_b$	1.40	19.50	19.45	10.31	8.91	9.19	10.54	41.39	31.00	0.15	0.86	—
$(3_a\sim3_b)_1$	3.24	19.50	19.45	10.41	7.17	9.09	12.28	41.39	30.36	0.15	1.14	虽流速大于0.6m/s,满足旱季校核,但其埋深过高,考虑工程施工问题,故不选择
$3_b\sim4$	1.32	19.45	19.45	8.81	7.49	10.64	11.96	42.63	39.59	0.15	0.84	—
$(3_b\sim4)_1$	0.72	19.45	19.45	8.71	7.99	10.74	11.46	42.63	40.03	0.15	0.67	虽埋深相较于DN800时减少,但减少不多,但其旱季校核时流速较慢,故不选择
$4\sim4_a$	0.74	19.45	19.45	7.49	6.75	11.96	12.70	56.87	42.60	0.20	0.78	均可,本计算案例考虑DN700
$(4\sim4_a)_1$	1.63	19.45	19.45	7.49	5.85	11.96	13.60	56.87	43.24	0.20	1.07	
$4_a\sim4_b$	1.20	19.45	19.50	6.65	5.45	12.80	14.05	58.43	39.14	0.15	0.83	
$(4_a\sim4_b)_1$	0.64	19.45	19.50	6.55	5.91	12.90	13.59	58.43	39.19	0.15	0.65	虽埋深相较于DN800时减少,但减少不多,但其旱季校核时流速较慢,故不选择
$4_b\sim5$	0.72	19.50	19.50	5.35	4.63	14.15	14.87	59.69	49.03	0.15	0.82	—
$(4_b\sim5)_1$	0.42	19.50	19.50	5.25	4.83	14.25	14.67	59.69	49.59	0.15	0.67	虽埋深相较于DN800时减少,但减少不多,但其旱季校核时流速较慢,故不选择

管段编号	管长(m)	排水面积(hm²)			管内运行时间(min)		设计流量(L/s)					设计管道输水能力(L/s)	设计管径(mm)	设计坡度	设计流速(m/s)
		本段	转输	总计	累计 t_2	本段 t_2	雨水	生活污水	工业废水	溢流井转输水量	总计				
1	2	3	4	5	6	7	8	9	10	11	12	13	14	15	16
1～1ₐ	75	0.60		0.60	0	1.08	79.99	0.14	1.50	—	81.63	82.07	300	0.0072	1.16
(1～1ₐ)₁	75	0.60		0.60	0	1.08	79.99	0.14	1.50	—	81.63	83.64	200	0.0650	2.66
1ₐ～1ᵦ	75	1.40	0.60	2.00	1.08	0.58	261.33	0.46	3.10	—	264.89	271.55	400	0.0170	2.16
(1ₐ～1ᵦ)₁	75	1.40	0.60	2.00	1.08	0.58	261.33	0.46	3.10	—	264.89	267.04	500	0.0050	1.36
1ᵦ～2	100	1.80	2.00	3.80	1.66	0.65	486.75	0.88	6.40	—	494.03	506.58	500	0.0180	2.58
(1ᵦ～2)₁	100	1.80	2.00	3.80	1.66	0.65	486.75	0.88	6.40	—	493.04	495.08	600	0.0065	1.75
2～2ₐ	80	0.70	3.80	4.50	2.30	0.65	571.68	1.04	8.50	—	581.22	582.44	600	0.0090	2.06
(2～2ₐ)₁	80	0.70	3.80	4.50	2.30	0.65	571.68	1.04	8.50	—	581.22	585.73	700	0.0040	1.52
2ₐ～2ᵦ	120	4.50	4.50	9.00	2.95	0.90	1103.15	2.08	14.50	—	1119.73	1121.91	800	0.0072	2.23
(2ₐ～2ᵦ)₁	120	4.50	4.50	9.00	2.95	0.68	1103.15	2.08	14.50	—	1119.73	1130.47	900	0.0039	1.78
2ᵦ～3	150	3.80	9.00	12.80	3.84	1.25	1535.19	2.96	18.50	—	1556.65	1572.37	1000	0.0043	2.00
(2ᵦ～3)₁	150	3.80	9.00	12.80	3.63	1.25	1535.19	2.96	18.50	—	1556.65	1576.60	1100	0.0026	1.66
3～3ₐ	300	2.00		2.00	0.00	3.95	266.62	0.46	0.18	85.84	353.10	357.95	600	0.0034	1.27
(3～3ₐ)₁	300	2.00		2.00	0.00	3.95	266.62	0.46	0.18	85.84	353.10	354.22	500	0.0088	1.80
3ₐ～3ᵦ	270	2.80	2.00	4.80	3.95	2.50	604.08	1.11	0.43	85.84	691.46	693.10	700	0.0056	1.80
(3ₐ～3ᵦ)₁	270	2.80	2.00	4.80	3.95	2.50	604.08	1.11	0.43	85.84	691.46	699.69	800	0.0028	1.39
3ᵦ～4	300	2.20	4.80	7.00	6.45	2.69	845.96	1.62	0.61	85.84	934.03	934.93	800	0.0050	1.86
(3ᵦ～4)₁	300	2.20	4.80	7.00	6.45	2.69	845.96	1.62	0.61	85.84	934.03	940.90	900	0.0027	1.48
4～4ₐ	230	2.95		2.95	0.00	2.82	393.27	0.68	0.13	123.12	517.20	523.77	700	0.0032	1.36
(4～4ₐ)₁	230	2.95		2.95	0.00	2.82	393.27	0.68	0.13	123.12	517.20	517.41	600	0.0071	1.83
4ₐ～4ᵦ	280	3.10	2.95	6.05	2.82	2.62	769.36	1.40	0.28	123.12	894.16	896.73	800	0.0046	1.78
(4ₐ～4ᵦ)₁	280	3.10	2.95	6.05	2.82	2.62	769.36	1.40	0.28	123.12	894.16	905.27	900	0.0025	1.42
4ᵦ～5	200	2.50	6.05	8.55	5.43	1.81	1046.04	1.98	0.4	123.12	1171.54	1173.10	900	0.0042	1.84
(4ᵦ～5)₁	200	2.50	6.05	8.55	5.43	1.81	1046.04	1.98	0.4	123.12	1171.54	1174.96	1000	0.0024	1.50

管段编号	管道坡降(m)	地面标高(m)		管内底标高(m)		埋深(m)		旱流校核				备注
		起点	终点	起点	终点	起点	终点	最高日最高时旱流流量(L/s)(K_z 取 1.8)	校核流量(L/s)	充满度	流速(m/s)	
1	17	18	19	20	21	22	23	24	25	26	27	28
1～1ₐ	0.54	20.20	20.00	18.50	17.96	1.70	2.04	2.95	1.62	0.10	0.44	在养护管理时应采取适当措施防止淤塞

管段编号	管道坡降（m）	地面标高（m）		管内底标高（m）		埋深（m）		旱流校核				备注
		起点	终点	起点	终点	起点	终点	最高日最高时旱流流量(L/S)（K_z取1.8）	校核流量(L/s)	充满度	流速(m/s)	
1	17	18	19	20	21	22	23	24	25	26	27	28
$(1\sim1_a)_1$	4.88	20.20	20.00	18.50	13.63	1.70	6.38	2.95	1.68	0.10	1.03	虽流速大于0.6m/s，满足旱季校核，但其埋深过高，考虑工程施工问题,故不选择
$1_a\sim1_b$	1.28	20.00	19.80	17.86	16.59	2.14	3.22	6.41	5.26	0.10	0.80	
$(1_a\sim1_b)_1$	0.38	20.00	19.80	17.76	17.39	2.24	2.42	6.41	5.18	0.10	0.51	虽埋深相较于DN400时减少，但其旱季校核时流速小于0.6m/s，故不选择
$1_b\sim2$	1.80	19.80	19.55	16.49	14.69	3.32	4.87	13.10	9.82	0.10	0.96	均可,本计算案例考虑DN500
$(1_b\sim2)_1$	0.65	19.80	19.55	16.39	15.74	3.42	3.82	13.10	9.60	0.10	0.65	
$2\sim2_a$	0.72	19.55	19.55	14.59	13.87	4.97	5.69	17.17	11.29	0.10	0.77	
$(2\sim2_a)_1$	0.32	19.55	19.55	14.49	14.17	5.07	5.39	17.17	11.36	0.10	0.57	虽埋深相较于DN600时减少，但减少不多，但其旱季校核时流速小于0.6m/s，故不选择
$2_a\sim2_b$	0.86	19.55	19.50	13.67	12.80	5.89	6.70	29.84	22.20	0.10	0.85	
$(2_a\sim2_b)_1$	0.47	19.55	19.50	13.57	13.10	5.99	6.40	29.84	21.92	0.10	0.66	虽埋深相较于DN800时减少，但减少不多，但其旱季校核时流速较慢,故不选择
$2_b\sim3$	0.65	19.50	19.45	12.60	11.96	6.90	7.49	38.62	30.83	0.10	0.75	
$(2_b\sim3)_1$	0.39	19.50	19.45	12.50	12.11	7.00	7.34	38.62	30.56	0.10	0.62	虽埋深相较于DN700时减少，但减少不多，但其旱季校核时流速较慢,故不选择均可,本计算案例考虑DN600
$3\sim3_a$	1.02	19.45	19.50	11.96	10.94	7.49	8.56	39.78	29.11	0.20	0.72	
$(3\sim3_a)_1$	2.64	19.45	19.50	11.96	9.32	7.49	10.18	39.78	29.13	0.20	1.04	
$3_a\sim3_b$	1.51	19.50	19.45	10.84	9.32	8.66	10.13	41.39	32.38	0.15	0.89	
$(3_a\sim3_b)_1$	0.76	19.50	19.45	10.74	9.98	8.76	9.47	41.39	31.58	0.15	0.66	虽埋深相较于DN700时减少，但其旱季校核时流速较慢,故不选择
$3_b\sim4$	1.50	19.45	19.45	9.22	7.72	10.23	11.73	42.63	42.21	0.15	0.89	均可,本计算案例考虑DN800
$(3_b\sim4)_1$	0.81	19.45	19.45	9.12	8.31	10.33	11.14	42.63	42.46	0.15	0.71	

管段编号	管道坡降（m）	地面标高（m）		管内底标高（m）		埋深（m）		旱流校核				备注
		起点	终点	起点	终点	起点	终点	最高日最高时旱流流量(L/s)（K_z 取 1.8）	校核流量(L/s)	充满度	流速(m/s)	
1	17	18	19	20	21	22	23	24	25	26	27	28
4～4a	0.74	19.45	19.45	7.72	6.99	11.73	12.46	56.87	42.60	0.20	0.78	均可，本计算案例考虑 DN700
(4～4a)1	1.63	19.45	19.45	7.72	6.09	11.73	13.36	56.87	43.24	0.20	1.07	
4a～4b	1.29	19.45	19.50	6.89	5.60	12.56	13.90	58.43	40.48	0.15	0.86	
(4a～4b)1	0.70	19.45	19.50	6.79	6.09	12.66	13.41	58.43	40.86	0.15	0.68	虽埋深相较于 DN800 时减少，但减少不多，但其旱季校核时流速较慢，故不选择均可，本计算案例考虑 DN900
4b～5	0.84	19.50	19.50	5.50	4.66	14.00	14.84	59.69	52.96	0.15	0.88	
(4b～5)1	0.48	19.50	19.50	5.40	4.92	14.10	14.58	59.69	53.02	0.15	0.72	

（1）表中第 13 项设计管道输水能力系设计管径在设计坡度条件下的实际输水能力，该值应接近或略大于第 12 项的设计总流量。

（2）1～2 管段因旱流流量太小，进行旱季校核时，流速较小，在施工设计时或在养护管理中应采取适当措施防止淤塞。

（3）3 点及 4 点均设有溢流井。

流量叠加法：

对于 3 点而言，由 1～3 管段流来的旱流流量为 21.46L/s。在截流倍数 $n_0 = 3$ 时，溢流井转输的雨水量为

$$Q_s = n_0 \cdot Q_{dr} = 3 \times 21.46 = 64.38 \text{L/s}$$

经溢流井转输的总设计流量为

$$Q = Q_s + Q_{dr} = (n_0 + 1)Q_f = (3+1) \times 21.46 = 85.84 \text{L/s}$$

经溢流井溢流入河道的混合废水量为

$$Q_0 = 1556.65 - 85.84 = 1470.81 \text{L/s}$$

对于 4 点而言，由 3～4 管段流来的旱流流量为 23.68L/s；由 7～4 管段流来的总设计流量为 713.10L/s，其中旱流流量为 7.10L/s。故到达 4 点的总旱流流量为

$$Q_{dr} = 23.68 + 7.10 = 30.78 \text{L/s}$$

经溢流井转输的雨水量为

$$Q_s = n_0 \cdot Q_{dr} = 3 \times 30.78 = 92.34 \text{L/s}$$

经溢流井转输的总设计流量为

$$Q = Q_s + Q_{dr} = (n_0 + 1)Q_{dr} = (3+1) \times 30.78 = 123.12 \text{L/s}$$

经溢流井溢流入河道的合流污水量为

$$Q_0 = 934.03 + 713.10 - 123.12 = 1524.01 \text{L/s}$$

面积叠加法：

对于 3 点而言，由 1～3 管段流来的旱流流量为 21.46L/s。在截留倍数 $n_0 = 3$ 时。溢流井转输的雨水量为

$$Q_s = n_0 \cdot Q_{dr} = 3 \times 21.46 = 64.38 \text{L/s}$$

经溢流井转输的总设计流量为

$$Q = Q_s + Q_{dr} = (n_0 + 1) Q_{dr} = (3 + 1) \times 21.46 = 85.84 \text{L/s}$$

经溢流井溢流入河道的合流废水量为

$$Q_0 = 1470.68 - 85.84 = 1384.84 \text{L/s}$$

对于 4 点而言，由 3～4 管段流来的旱流流量为 23.68L/s，由 7～4 管段流来的总设计流量为 713.10L/s，其中旱流流量为 7.10L/s。故到达 4 点的总旱流流量为

$$Q_{dr} = 23.68 + 7.1 = 30.78 \text{L/s}$$

经溢流井转输的雨水量为

$$Q_s = n_0 \cdot Q_{dr} = 3 \times 30.78 = 92.34 \text{L/s}$$

经溢流井转输的总设计流量为

$$Q = Q_s + Q_{dr} = (n_0 + 1) Q_{dr} = (3 + 1) \times 30.78 = 123.12 \text{L/s}$$

经溢流井溢流入河道的合流污水量为

$$Q_0 = 869.49 + 713.10 - 123.12 = 1459.47 \text{L/s}$$

（4）截流管 3～3_a、4～4_a 的设计流量分别为

流量叠加法：

$$Q_{(3～3a)} = (n_0 + 1) Q_{dr} + Q_{s(3～3a)} + Q_{d(3～3a)} + Q_{m(3～3a)}$$
$$= 85.84 + 266.62 + 0.46 + 0.18 \approx 353.10 \text{L/s}$$
$$Q_{(4～4a)} = (n_0 + 1) Q_{dr} + Q_{s(4～4a)} + Q_{d(4～4a)} + Q_{m(4～4a)}$$
$$= 123.12 + 393.27 + 0.68 + 0.13 \approx 517.20 \text{L/s}$$

面积叠加法：

$$Q_{(3～3a)} = (n_0 + 1) Q_{dr} + Q_{s(3～3a)} + Q_{d(3～3a)} + Q_{m(3～3a)}$$
$$= 85.84 + 266.62 + 0.46 + 0.18 = 353.10 \text{L/s}$$
$$Q_{(4～4a)} = (n_0 + 1) Q_{dr} + Q_{s(4～4a)} + Q_{d(4～4a)} + Q_{m(4～4a)}$$
$$= 123.12 + 393.27 + 0.68 + 0.13 = 517.20 \text{L/s}$$

（5）3 点和 4 点溢流井的堰顶标高按设计计算分别为 12.43m，12.96m 和 8.29m，8.52m，均高于河流最高月平均洪水位 8.00m，故河水不会倒流。

（6）校核流量是查水力计算表所得较小的近似值，实际旱流流量的充满度和流速一定会大于校核流量，所以校核流量能满足校核，那么实际校核流量也可满足校核。例如 2_a～2_b 管段的旱流流量为 29.84L/s，由水力计算表可知，相应坡度和管径下，最为接近的较小流即为 22.20L/s。

（7）表中旱季校核下的充满度和流速为校核流量的充满度和流速。

（8）表中每一个管段下一行都设置了一个校核管段，管道的选择是综合因素的考虑的结果，需要考虑坡度、埋深、造价、校核等因素去进行确定，不是单一因素固定的选择，可有几种选择。

5.3 合流制系统的沉积物及其环境效应

5.3.1 沉积物来源

在合流制排水系统中，管道中沉积物主要产生于旱季流和暴雨减速流阶段，在旱季时，管道内流量较小导致流速小于最小设计流速，此时颗粒物会更容易沉降。沉积物由于输入来源的多样性而普遍存在，主要来源有雨水径流和污水管道两种途径。前者以无机颗粒为主，来自地表和大气沉降；后者主要为有机颗粒。

雨水径流中的颗粒物是合流制管道沉积物的主要载体，主要来自屋顶、停车场、路面、绿地及大气沉降等，颗粒污染物通过降雨的冲刷作用，随水流汇入地表径流而进入管道。

污水管道中的固体颗粒物来源于三个方面：首先是人体排泄物小粒径残渣和有机颗粒物，这是污水管道中沉积物的主要来源；其次是厨房、生活垃圾中的大粒径残渣和有机固体物质；此外还有一些纸、废弃衣物等物体，这类物体虽然不多，但危害极大，很容易造成管道堵塞。

5.3.2 沉积物构成

管道沉积物的性质受排水区域特征、排水系统类型与结构以及污水性质等因素的影响。合流制排水系统的流量在旱流和雨天时变化很大，沉积物在旱流时沉积，在雨天时被冲刷和迁移。沉积通常发生在旱流以及暴雨过后流量减小时，在管道的特定部位发生的沉积主要是由局部的剪切力、管道结构以及沉积床附近悬浮固体的浓度和性质决定。污水的流量和性质对管道沉积物有重要影响，沉积物因此可能分层或者混合，它们的结构也会因生化反应而变化，因而具有多样性和易变性的特征。

根据管道沉淀物的物化性质，可以将它们分成底层颗粒沉积物、有机层、生物膜三类。

底层颗粒沉积物位于排水管道的底部，表现出无机特性，呈黑灰色，颗粒物较粗，直径为毫米级，在管道沉积物中所占比例最大。水中颗粒物发生沉积时，密度较大的砂粒和其他较大的无机颗粒最先发生沉降，在管道底部形成底层颗粒沉积物层，再经压缩沉积而使密度变大、结构紧密、对水力冲击有很强的抵抗能力。

有机层覆盖于底层颗粒沉积物的上方，处于水—沉积物的交换界面处，由细小颗粒构成，呈棕色，表现出很强的生化特性，冲刷进入自然水体后具有潜在的污染危害。有机层的抗冲刷能力较弱，形成于管道底部剪切力也较弱的位置，即使很小的降雨事件也会使有机层遭到破坏，为被暴雨冲刷起的悬浮固体的主要部分。

生物膜通常形成于水面附近的管壁上，当一段时间内沉积床不被干扰时，也会在沉积物的表层形成，是由覆盖在有机质上的微生物层构成。在好氧和厌氧条件下，可观察到生物膜在沉积床上的生长，其中细菌数量接近活性污泥，具有很强的活性。在凝聚性很弱或松散的非凝聚性沉积物表面形成的生物膜可以增强沉积物的凝聚性，大大降低了沉积物表面的粗糙程度，同时增强了沉积物的抗剪切能力。

5.3.3　沉积物性质

通过对管道沉积物的分析，不同国家和地区的沉积物表现出相似的性质。

沉积量：底层颗粒沉积物＞有机层＞生物膜；沉积物整体呈现出无机特性，底层颗粒沉积物表现出无机性，而有机层和生物膜表现出有机性；颗粒物厚度：底层颗粒沉积物＞有机层＞生物膜；颗粒物粒径：底层颗粒沉积物＞有机层＞生物膜；含水率：底层颗粒沉积物＜有机层＜生物膜；挥发性固体含量：底层颗粒沉积物＜有机层＜生物膜；总脂肪烃含量：底层颗粒沉积物＜有机层＜生物膜；多环芳烃含量：底层颗粒沉积物＞有机层＞生物膜；重金属含量：底层颗粒沉积物＞有机层＞生物膜。

大多数污染物存在于底层颗粒沉积物中，有机层和生物膜中污染物含量很小，但雨天污染的主要来源是有机层。根据三类沉积物对雨天污染负荷增加的贡献，可以得出如下假设：①底层颗粒沉积物不会发生再悬浮；②有机层全部发生再悬浮；③生物膜完全被破坏。但在实际情况下，底层颗粒沉积物会被部分破坏，小部分有机层能够抵抗再悬浮，而小部分生物膜也能抵抗破坏。

5.3.4　合流制系统沉积物对污水处理厂的影响

在合流制下，由于污水中含有的污泥量大，给污水处理厂的操作和处理带来了一些挑战和影响。

（1）处理负荷的增加。由于合流制系统中污水和雨水被混合在一起，沉积物的含量可能较高。这会导致污水处理厂的处理负荷增加，因为它们需要处理更多的悬浮固体和有机物质。处理更多的沉积物可能需要额外的处理步骤或更大的处理设备，增加了处理成本和能源消耗。

（2）污泥处理增加。合流制系统中的沉积物通常包含大量的悬浮固体和有机物质，这会导致污水处理厂产生更多的污泥。增加的污泥产量需要更多的处理和处置措施，例如污泥浓缩、脱水和处理。这可能会增加处理厂的运营成本。

（3）处理效果下降。高含沉积物的合流制系统可能对污水处理过程的效果产生负面影响。沉积物中的悬浮固体和有机物质可以影响沉淀、氧化、生物处理等过程的效率。处理设施可能需要更频繁地进行清理、维护和清除沉积物，以确保处理过程的正常运行。

5.3.5　合流制系统沉积物溢流对受纳水体水质的影响

合流制沉积物的处理直接影响水体水质。合流制的城市污水的沉积物排放到水体中时，会引起一系列的环境问题，包括以下几个方面：

（1）水体富营养化：合流制系统中的沉积物中可能含有大量的有机物质和养分（如氮、磷）。这些有机物质和养分进入受纳水体后，会促进水体中的生物生长，导致水体富营养化，可以引发水华，降低水体氧气含量，危害水生生物的生存和生态平衡。

（2）有害物质的排放：除了营养物质之外，合流制沉积物中可能含有重金属和有机物等有害物质，这些物质一旦排放到水体中，会引起水体污染和生态环境破坏，甚至危害人类健康。

（3）影响饮用水源安全：合流制沉积物的排放可能还会影响到水源地，当水源地受到污染之后，就会影响城市居民的饮用水安全。

（4）水生态系统的受损：合流制沉积物对水体的影响还包括破坏水生态系统，当合流制沉积物排放到水体中时，会影响水生态系统的平衡，破坏水生态的健康状态。

5.3.6 合流制溢流污染的环境效应

1. 溢流水质

合流制溢流（CSOs）污水以城市污水为本底，混有因降水而产生的径流污染，并且因冲刷作用而携带管道底泥，所以其具有非连续性、爆发性、随机性的污染特点。

合流制溢流污水的污染物可以大致分为 4 类：耗氧物质（BOD_5、COD_{Cr} 和 NH_4^+ 等），营养物质（氮、磷），有毒有害物质（NH_3、重金属等）以及微生物（粪便细菌等）。不同国家的降水特性、地理条件、人类活动强度以及排水管道的设计参数均不同，因而各国合流制溢流污水中各污染物的浓度值存在较大差异，国内各大城市的情况也不尽相同。比较而言，人类活动强度大、降水少的特大型城市合流制溢流污染较为严重，与《地表水环境质量标准》GB 3838 Ⅴ类标准相比，北京市合流制溢流中的 COD_{Cr} 超标 17 倍，TP 超标 6 倍，上海市的 COD_{Cr} 超标 15 倍，BOD_5 超标 20 倍，对城市水环境的影响极大。

合流制溢流污水水质及核心处理工艺的选择是确保削减合流制溢流污染效果的关键。

2. 溢流量与溢流频次

溢流量和溢流频次是合流制溢流最常用的污染控制指标。

合流制溢流产生的主要原因是城市管网排水系统无法承载雨天产生的城市雨水径流。因此城市排水系统的排水能力越强，溢流量会越小，溢流频次也会更低；而城市雨水径流量越大，溢流量会越大，溢流频次也会更高。

由于城市排水管网的过水断面、粗糙系数及水力坡降是影响管网排水能力的主要影响因素，暴雨强度、径流系数是影响雨水径流量的主要因素。所以影响合流制溢流量和频次的主要因素包括区域降雨、源头地块用地特征以及排水管网体系等。因此，合流制溢流的控制应考虑地域特征参数，若仅参考国外技术标准实施控制措施往往会导致其年溢流量、溢流频次或年污染量削减率偏低，从而使合流制溢流污染控制效果不佳。

3. 溢流环境效应

合流制溢流污染的来源既包括地表雨水径流和生活污水，也包括管道沉积物，其水质既综合了径流雨水和生活污水的特征，也受到合流制管道状况、降水性质等多种因素的影响，因而合流制溢流的水质情况非常复杂，水量也很不稳定。

SS 是合流制溢流污染的重要载体，有机物（VSS、COD、BOD_5 等）对受纳水体具有冲击效应，重金属（Cd、Cu、Pb、Zn 等）对受纳水体具有严重的累积效应。因此合流制溢流污染主要是通过污染受纳水体而引发一系列环境问题，破坏公共环境及生态环境。合流制溢流的危害主要有导致水体富营养化，破坏水体生态结构，影响受纳水体的观赏价值，危害公共健康以及制约整个城市的可持续发展。

定量评估合流制溢流对环境风险的方法有动态溢流风险评估（DORA）、贝叶斯网络（BN）模型等。动态溢流风险评估是通过考察径流量、排水管道中贮存水的体积以及影响径流预测的不确定因素等指标，来量化评估合流制溢流风险，进而提出控制措施来有效降低合流制溢流污染风险；而贝叶斯网络模型用于评估因降水引发的合流制溢流中微生物污染对公众及生态环境造成的风险。

5.3.7　合流制溢流污染的控制

合流制溢流污染控制措施可根据合流制溢流的源、流、汇过程将其归纳为源头减排控制、过程控制和末端控制三大类。

1. 源头减排控制措施

快速汇集的降水径流初始冲刷是合流制溢流污染的重要成因，因而合流制溢流污染的源头减排控制主要是控制雨水径流，减少其进入排水系统的峰值径流量是改善合流制溢流的水质和降低其水量的主要途径。所以应优先通过源头减排系统的构建，减少进入合流制管道的径流量，降低合流制溢流总量和频次。

源头减排控制设施主要包括透水铺装、绿色屋顶和生物滞留设施等，其在合流制溢流污染控制中的适用范围和措施特点见表5-3。这些设施的原理是利用绿色设施中的土壤和植物，截留、过滤和净化雨水，实现排水错峰以及去除雨水中污染物的目的。

由于气候差异，我国实际应用较多的源头减排设施有透水铺装和下凹式绿地。透水铺装对雨水的滞留效果良好，可以快速排尽地表积水，补充地下水；下凹式绿地在城市道路两旁和小区建设中使用较多，适用范围广，建设和后期维护费用较低，并且可以结合城市规划，起到美化环境的作用。绿色屋顶和雨水花园使用较少，绿色屋顶对于不同的屋顶高程，需选择不同的植物来适应屋顶环境，因此对植物要求较高；雨水花园的造价较高，维护困难，故使用较少。在实际应用中，应根据气候和实际情况选择合适的源头减排设施。

源头减排措施 表5-3

措施名称	适用范围	措施特点
绿色屋顶、透水铺装、植草沟、生物滞留设施、雨水花园、下凹式绿地	适用于控制地表径流携带污染物直接进入受纳水体造成的污染；控制合流制管网和分流制污水管网因降雨造成的溢流污染；控制分流制雨水管网出水对受纳水体造成的污染	在雨水进入排水管网系统之前布设，可用于滞留、削减峰值同时去除污染物；占地面积与建设形势可因地制宜；贮存径流能力不强，一般通过减少产流系数、加强雨水下渗来实现径流量的控制

2. 过程控制措施

合流制溢流污染的过程控制主要从管道控制和贮存与调蓄两个方面考虑。

（1）管道控制

1）选取合适的截流倍数

从管道设计的角度来控制合流制溢流的污染状况，截留倍数越大，则溢流量越小，造成的环境污染越小。但同时截留干管的管径相应增大，与之配套的污水处理处理规模也相应提升，鉴于溢流的混合污水的非连续性，过大的截流倍数将造成处理能力的浪费和经济性的降低。因此，在选择截留倍数时需结合环境要求和工程经济性综合衡量后确定。

根据《室外排水设计标准》GB 50014—2021，截留倍数宜采用2～5，且同一排水系统中可采用不同截流倍数。

2）管道的冲洗

合流制管道内旱季沉积的污染物是合流制溢流污染物的重要来源。在旱季周期性的冲洗管道，将沉积的污染物输送到污水处理厂，以改善雨季溢流合流污水水质，可以减小溢流污染物排放量。冲洗可采用水力、机械或手动方式使沉积物在水流的冲刷作用下排出管道系统，尤其适用于坡度较小污染物易沉积的管线。

3）渗漏和渗入控制

由于管道的破损管道内的污水会渗入地下污染地下水；同时地表水位较高时地下水会渗入管道系统增大雨季溢流量。因此应对管道进行必要的监测和维护，以避免出现渗漏和渗入流量。

（2）调蓄池

调蓄池是目前较为普遍的合流制溢流污染调蓄设施，在降雨时，能有效增大截流倍数，削减径流洪峰。一方面可贮存污染严重的初期雨水或超出系统截流能力、污染物浓度较大的合流污水，在降雨洪峰过去之后，再将雨水送入污水处理厂处理，避免携带污染物的溢流雨水直接进入受纳水体，以达到控制溢流污染的效果；另一方面，通过沉淀作用，调蓄池在贮存雨水时还能够提高雨水水质。

调蓄池规模的确定一般可通过两种方法实现。一种是模型模拟法，该方法利用数值模型进行长历时模拟或典型降雨模拟确定调蓄池容积，在建立的排水管网模型中，通过明确的控制目标，如溢流量、溢流频次等来设计调蓄池的调蓄容积。另一种是统计计算法，当区域不具备建立模型条件时，需要结合城市具体情况，选择合适的设计参数，从而确定调蓄池规模。

3. 末端控制措施

通过对源头治理措施和过程控制措施的分析可知，在降雨量较大的时候均存在溢流污染的风险。因此，采用经济合理的末端治理措施也是减少污染的重要手段之一。一般根据调蓄后可用土地面积的大小，将末端处理分为物化处理和人工湿地处理。

（1）物化处理

当可用土地面积较少时，通常采用物化处理。

1）一级强化处理

近年来，投加微砂、磁粉或回流污泥作为絮凝核心，以实现更优的絮凝沉淀效果的加砂沉淀、磁混凝沉淀、高密度沉淀等高效沉淀工艺逐渐发展成熟并成功用于合流制溢流处理。与传统化学一级强化工艺相比，污染物在絮凝剂作用下与絮凝核心聚合成更易于沉淀的大颗粒絮体，加快了污染物的沉淀速度，同时采用上流式斜管或斜板作为沉淀单元，可有效缩短水力停留时间，改善出水水质，减少设施占地和药剂使用量，可作为合流制溢流快速净化处理的首选技术。

一级强化处理工艺因具备抗冲击负荷能力强、可间歇运行、启动迅速、表面水力负荷高、去除效率高、出水效果稳定、维护简单等特点，成为合流制溢流污水的主流处理工艺。

2）旋流分离

旋流分离是一种利用离心沉降原理从悬浮液中分离固体颗粒的技术工艺，根据动力来源不同可分为水力旋流分离和压力旋流分离。旋流分离器对大颗粒（>125μm）污染物去除效果较好，易实现规模化和连续运行，具有占地面积小、建设费用低、操作简便等优点，通常作为溢流污水排放到水体之前的一种简易处理装置使用，是城市老旧城区和繁华地段等密集区域控制降雨污染的首选。

（2）人工湿地

当可用土地面积足够时，通常采用人工湿地来处理调蓄池之后的合流制溢流污水。

人工湿地是一种高效控制合流制溢流污染的末端控制措施，是对自然湿地系统的模拟，最开始用于处理中小型城市的污水，后发展用来控制合流制溢流污染。人工湿地系统作为一种末端控制措施，不仅可以调蓄溢流污水，还可以利用人工基质的截留以及生物膜的代谢逐渐去除污染物，并且氮磷等污染物可以通过植物根部的吸收作为植物生长的营养元素，最终以植物收割的方式去除。

人工湿地建设投资少，运行费用低，承受污染负荷能力强，在城市建设中能和景观相结合，不仅能够美化城市环境，还能调蓄雨洪，改善生态环境。但是人工湿地占地面积大，易受季节因素影响。另外，暴雨径流具有突发性和不确定性，所以以合流制溢流污水的水质和水量变化剧烈。因此在设计、建设人工湿地系统处理溢流污染时，必须针对暴雨径流的特点进行合理设计。

4. 其他措施

除了采取以上工程措施外，水务环保工作者及有关部门应注重完善管理体制及政策法规，增加公共教育，提升公众环保意识，加强环境清理等非工程性的措施，积极探索治理新模式，多措并举减少合流制溢流污染。

5.4 城市合流制排水管渠系统的改造

城市排水管渠系统一般随城市的发展而相应地发展。最初，城市往往用合流明渠直接排出雨水和少量污水至附近水体。随着工业的发展和人口的增加与集中，为保证市区的卫生条件，便把明渠改为暗管渠，污水仍基本上直接排入附近水体，也就是说，大多数的大城市，旧的排水管渠系统一般都采用直排式的合流制排水管渠系统。有关资料显示，城市排水管道中，合流制排水系统占排水管道总长度的比例，德国、英国、日本为70％左右，丹麦约占45％，日本东京高达90％，德国科隆市高达94％。我国绝大多数的大城市也采用这种系统。截至2021年，根据《中国城市建设统计年鉴》数据，我国城市合流制管道有92517km，占全国城市排水管道总长度的10.6％，且在31个省级行政区（港澳台地区未列入统计）均有分布。但随着工业与城市的进一步发展，直接排入水体的污水量迅速增加，势必造成水体的严重污染，为保护水体，理所当然地提出了对城市已建旧合流制排水管渠系统的改造问题。《城乡排水工程项目规范》规定：既有合流制排水系统，应综合考虑建设成本，实施可行性和工程效益，经技术经济比较后实施雨水、雨水分流改造；暂不具备改造条件的，应根据受纳水体水质目标和水环境容量，确定溢流污染控制目标，并采取综合措施，控制溢流污染。

目前，对城市旧合流制排水管渠系统的改造，通常有如下几种途径：

1. 改合流制为分流制

将合流制改为分流制可以完全杜绝溢流混合污水对水体的污染，因而是一个比较彻底的改造方法。现有合流制排水系统，应按城镇排水规划的要求，实施雨污分流改造。由于雨水、污水分流，需处理的污水量将相对减少，污水在成分上的变化也相对较小，所以污水处理厂的运转管理较易控制。通常，在具有下列条件时，可考虑将合流制改造为分流制：1）住房内部有完善的卫生设备，便于将生活污水与雨水分流；2）工厂内部可清污分流，便于将符合要求的生产污水接入城市污水管道系统，将生产废水接入城市雨水管渠系统，或可将其循环使用；3）城市街道的横断面有足够的位置，允许设置由于改成分流制而增建的污水管道，并且不至于对城市的交通造成过大的影响。一般地说，住房内部的卫生设备目前已日趋完善，将生活污水与雨水分流比较易于做到；但工厂内的清浊分流，因已建车间内工艺设备的平面位置与竖向布置比较固定而不太容易做到；至于城市街道横断面的大小，则往往由于旧城市（区）的街道比较窄，加之年代已久，地下管线较多，交通也较繁忙，常使改建工程的施工极为困难。

2. 保留合流制，修建合流管渠截流管

由于将合流制改为分流制往往因投资大、施工困难等原因而较难在短期内做到，所以目前旧合流制排水管渠系统的改造多采用保留合流制，修建合流管渠截流干管，将直排式合流制管渠系统更改为截流式合流制排水管渠系统。这种系统的运行情况已如前述。但是，截流式合流制排水管渠系统并没有杜绝污水对水体的污染。溢流的混合污水不仅含有部分旱流污水，而且夹带有晴天沉积在管底的污物。据调查，1953 年～1954 年，由伦敦溢流入泰晤士河的混合污水的 5 日生化需氧量浓度平均竟高达 221mg/L，而进入污水处理厂的污水的 5 日生化需氧量也只有 239～281mg/L。美国国家环境保护局在 2001 年针对合流制溢流问题和控制情况的研究报告显示未经处理的合流制溢流污水 5 日生化需氧量浓度为 25～100mg/L，总悬浮物为 150～400mg/L；日本 2002 年 5 月发布的《合流制下水道改善对策相关的研究报告》显示，溢流污水物五日生化需氧量为 20～100mg/L，化学需氧量为 20～100mg/L。可见，溢流混合污水的污染程度仍然是相当严重的，它足以对水体造成局部或整体污染。

3. 对溢流的混合污水进行适当处理

合流制管渠系统溢流（CSO$_S$）水质复杂，污染严重。水中含有的大量有机物、病原微生物以及其他有毒有害物质，特别是晴天时形成的腐烂的沟道沉积物，对受纳水体的水质构成了严重威胁。合流制管渠系统溢流处理的工艺较多，技术相对比较成熟，人工湿地技术、调蓄沉淀技术、强化沉淀技术、水力旋流分离技术、高效过滤技术、消毒技术等都有成功应用，其中水力旋流分离器、化学强化高效沉淀池等已有多项专利产品问世。对于溢流的混合污水的污染控制与管理，相关政策的制定非常重要，美国、日本、德国、英国和加拿大等国都制定了 CSO$_S$ 控制的中长期规划，并形成了相关政策和设施，而国内这方面的工作尚刚刚起步。

4. 对溢流的混合污水量进行控制

为减少溢流的混合污水对水体的污染，在土壤有足够渗透性且地下水位较低（至少低于排水管底标高）的地区，可采用提高地表持水能力和地表渗透能力的措施来减少暴雨径流，从而降低溢流的混合污水量。例如，采用透水性路面或没有细料的沥青混合料路面，据美国的研究结果，这样可削减高峰径流量的 83%，且载重运输工具或冰冻不会破坏透水性路面的完整结构，但需定期清理路面以防阻塞。也可采用屋面、街道、停车场或公园里为限制暴雨进入管道的暂时性连续蓄水塘等表面蓄水设施，还可将这些表面的蓄水引入干井或渗透沟来削减高峰径流量。

前已述及，一个城市根据不同的情况可能采用不同的排水体制。这样，在一个城市中就可能有分流制与合流制并存的情况。在这种情况下，存在两种管渠系统的连接方式问题。当合流制排水管渠系统中雨天的混合污水能全部经污水处理厂进行二级处理时，这两种管渠系统的连接方式比较灵活。当合流管渠中雨天的混合污水不能全部经污水处理厂进行二级处理时，也就是当污水处理厂的二级处理设备的能力有限，或者合流管渠系统中没有贮存雨天混合污水的设施，而在雨天必须从污水处理厂二级处理设备之前溢流部分混合污水入水体时，两种管渠系统之间就必须采用图5-3（a）、（c）方式连接，而不能采用图5-3（b）、（d）方式连接。图5-3（a）、（c）连接方式是合流管渠中的混合污水先溢流，然后再与分流制的污水管道系统连接，两种管渠系统一经汇流后，汇流的全部污水都将通过污水处理厂二级处理后再行排放。图5-3（b）、（d）连接方式则或是在管道上，或是在初次沉淀池中，两种管渠系统先汇流，然后再从管道上或从初次沉淀池后溢流出部分混合污水入水体。这无疑会造成溢流混合污水更大程度的污染，因为在合流管渠中已被生活污水和工业废水污染过的混合污水，又进一步受到分流制排水管渠系统中生活污水和工业废水的污染。为了保护水体，这样的连接方式是不允许的。

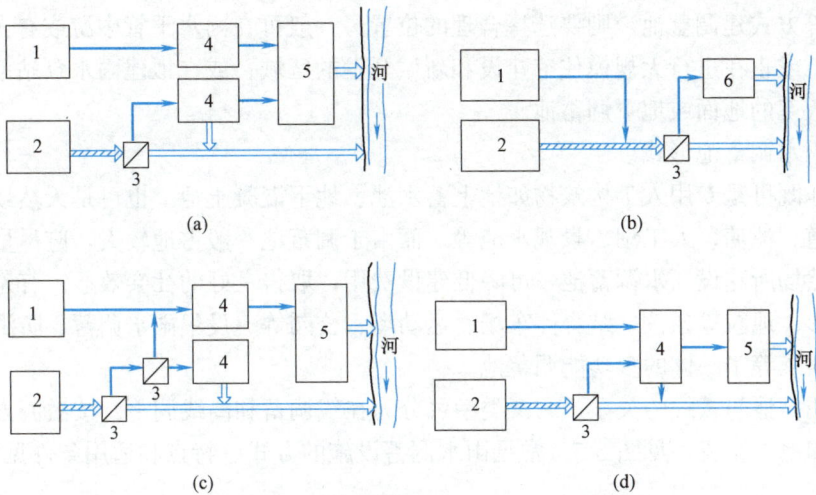

图 5-3　合流制与分流制管渠排水系统的连接方式

1—分流区域；2—合流区域；3—溢流井；4—初次沉淀池；

5—曝气池与二次沉淀池；6—污水处理厂

5.5　合流制系统调蓄池

随着城镇化的进程，不透水地面面积增加，使得雨水径流量增大。而利用管道本身的空隙容量调节最大流量是有限的。如果在雨水管道系统上设置较大容积的调蓄池，暂存雨水径流的洪峰流量，待洪峰径流量下降至设计排泄流量后，再将贮存在池内的水逐渐排出。对排水区域间的排水调度起到积极作用。调蓄池调蓄了洪峰径流量，可削减洪峰，这可以较大地降低下游雨水干管的断面尺寸，提高区域的排水标准和防涝能力，减少内涝灾害。

雨水调蓄池也能控制初期雨水对受纳水体的污染，有些城镇地区合流制排水系统溢流污染物或分流制排水系统排放的初期雨水已成为内河的主要污染源，在排水系统雨水排放口附近设置雨水调蓄池，可将污染物浓度较高的溢流污染或初期雨水暂时贮存在调蓄池中，待降雨结束后，再将贮存的雨污水通过污水管道输送至污水处理厂，达到控制面源污染、保护水体水质的目的。典型合流制调蓄池工作原理见图5-4。

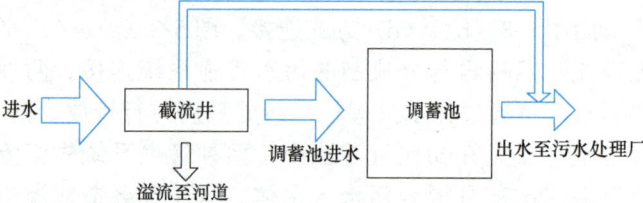

图5-4　典型合流制调蓄池工作原理图解

如果调蓄池后设有泵站，则可减少装机容量，降低工程造价。雨水调蓄池设置位置的选择：若有天然洼地、池塘、公园水池等可供利用，其位置取决于自然条件。若考虑筑坝、挖掘等方式建调蓄池，则要选择合理的位置，一般可在雨水干管中游或有大流量管道的交汇处；或正在进行大规模住宅建设和新城开发的区域；或在拟建雨水泵站前的适当位置，设置人工的地面或地下调蓄池。

（1）雨水调蓄池形式

调蓄池既可是专用人工构筑物如地上蓄水池、地下混凝土池，也可是天然场所或已有设施如河道、池塘、人工湖、景观水池等。而由于调蓄池一般占地较大，应尽量利用现有设施或天然场所建设雨水调蓄池，可降低建设费用，取得良好的社会效益。有条件的地方可根据地形、地貌等条件，结合停车场、运动场、公园等建设集雨水调蓄、防洪、城市景观、休闲娱乐等于一体的多功能调蓄池。

根据调蓄池与管线的关系，调蓄类型可分为在线调蓄和离线调蓄。按溢流方式可分为池前溢流和池上溢流，见图5-5。常见雨水调蓄设施的方式、特点和适用条件见表5-4。

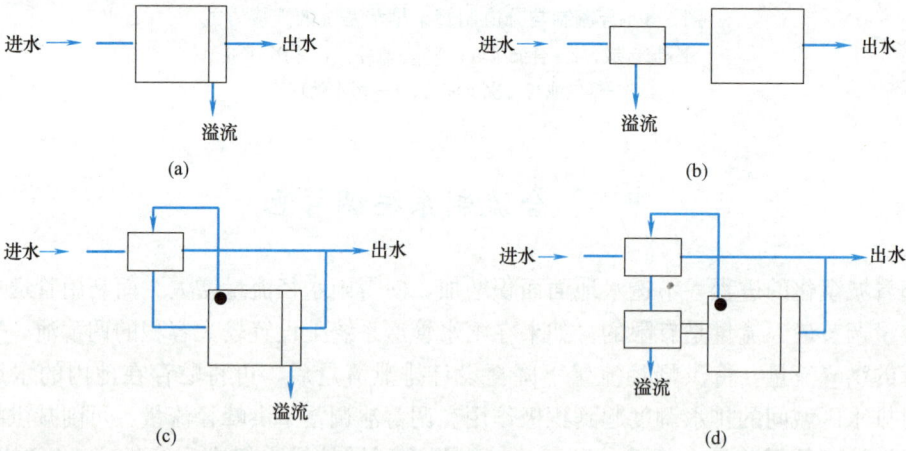

图5-5　调蓄池类型示意图

（a）贮存池上设有溢流的在线贮存；（b）贮存池入口前设有溢流的在线贮存；
（c）贮存池上设有溢流的离线贮存；（d）贮存池入口前设有溢流的离线贮存

180

雨水调蓄方式		特点	常见做法	适用条件
调节贮存池	建造位置 — 地下封闭式	节省占地；雨水管渠易接入；但有时溢流困难	钢筋混凝土结构、砖砌结构、玻璃钢水池等	多用于小区或建筑群雨水利用
	地上封闭式	雨水管渠易于接入，管理方便，但需占地面空间	玻璃钢、金属、塑料水箱等	多用于单体建筑雨水利用
	地上敞开式	充分利用自然条件，可与景观、净化相结合，生态效果好	天然低洼地、池塘、湿地、河湖等	多用于开阔区域
	调蓄池与管线关系 — 在线式	一般仅需一个溢流出口，管道布置简单，漂浮物在溢流口处易于清除，可重力排空，但自净能力差，池中水与后来水发生混合。为了避免池中水被混合，可以在入口前设置旁通溢流，但漂浮物容易进入池中	可以做成地下式、地上式或地表式	根据现场条件和管道负荷大小等经过技术经济比较后确定
	离线式	管道水头损失小；在非雨期间池子处于干的状态。离线式也可将溢流井和溢流管设置在入口处		
雨水管道调节		简单实用，但贮存空间一般较小，有时会在管道底部产生淤泥		
多功能调蓄		可以实现多种功能，如削减洪峰，减少水涝，调蓄利用雨水资源，增加地下水补给，创造城市水景或湿地，为动植物提供栖息场所，改善生态环境等，发挥城市土地资源的多功能	主要利用地形、地貌等条件，常与公园、绿地、运动场等一起设计和建造	城乡接合部、卫星城镇、新开发区、生态住宅区或保护区、公园、城市绿化带、城市低洼地等

（2）调蓄池常用的布置形式

雨水调蓄池的位置，应根据调蓄目的、排水体制、管网布置、溢流管下游水位高程和周围环境等综合考虑后确定。根据调蓄池在排水系统中的位置，其可分为末端调蓄池和中间调蓄池。末端调蓄池位于排水系统的末端，主要用于城镇面源污染控制。中间调蓄池位于一个排水系统的起端或中间位置，可用于削减洪峰流量和提高雨水利用程度。当用于削减洪峰流量时，调蓄池一般设置于系统干管之前，以减少排水系统达标改造工程量；当用于雨水利用贮存时，调蓄池应靠近用水量较大的地方，以减少雨水利用灌渠的工程量。

一般常用溢流堰式或底部流槽式的调蓄池。

1）溢流堰式调蓄池。溢流堰式调蓄池见图 5-6（a）。调蓄池通常设置在干管一侧，有进水管和出水管。进水管较高，其管顶一般与池内最高水位相平；出水管较低，其管底一般与池内最低水位相平。设 Q_1 为调蓄池上游雨水干管中流量，Q_2 为不进入调蓄池的超越流量，Q_3 为调蓄池下游雨水干管的流量，Q_4 为调蓄池进水流量，Q_5 为调蓄池出水流量。

当 $Q_1 < Q_2$ 时，雨水流量不进入调蓄池而直接排入下游干管。当 $Q_1 > Q_2$ 时，这时将有 $Q_4 = (Q_1 - Q_2)$ 的流量通过溢流堰进入调蓄池，调蓄池开始工作。随着 Q_1 的增加，Q_4 也不断增加，调蓄池中水位逐渐升高，出水量 Q_5 也相应渐增。直到 Q_1 达到最大流量 Q_{max} 时，Q_4 也达到最大。然后随着 Q_1 的降低，Q_4 也不断降低，但因 Q_4 仍大于 Q_5，池中水位逐渐升高，直到 $Q_4 = Q_5$ 时，调蓄池不再进水，这时池中水位达到最高，Q_5 也最大。随着 Q_1 的继续降低，调蓄池的出水量 Q_5 已大于 Q_1，贮存在池内的水量通过池出水管不断地排走，直到池内水放空为止，这时调蓄池停止工作。

为了不使雨水在小流量时经出水管倒流入调蓄池内，出水管应有足够坡度，或在出水管上设止回阀。

为了减少调蓄池下游雨水干管的流量，池出水管的通过能力 Q_5 希望尽可能地减小，即 $Q_5 \ll Q_4$。这样，就可使管道工程造价大为降低，所以，池出水管的管径一般根据调蓄池的允许排空时间来决定。通常，雨停后的放空时间不得超过 24h，放空管直径不小于 150mm。

2）底部流槽式调蓄池。底部流槽式调蓄池见图 5-6（b），图中 Q_1 及 Q_3 意义同上。

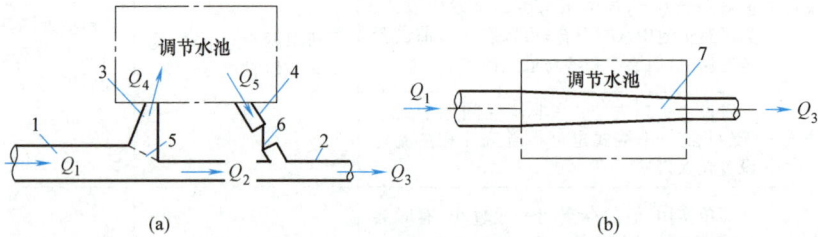

图 5-6　雨水调蓄池布置示意图
（a）溢流堰式；（b）底部流槽式
1—调蓄池上游干管；2—调蓄池下游干管；3—池进水管；
4—池出水管；5—溢流堰；6—止回阀；7—流槽

雨水从池上游干管进入调蓄池后，当 $Q_1 \leq Q_3$ 时，雨水经设在池最底部的渐缩断面流槽全部流入下游干管排走。池内流槽深度等于池下游干管的直径。当 $Q_1 > Q_3$ 时，池内逐渐被高峰时的多余水量（$Q_1 - Q_3$）所充满，池内水位逐渐上升，直到 Q_1 不断减少至小于池下游干管的通过能力 Q_3 时。池内水位才逐渐下降，直至排空为止。

（3）调蓄池设计与计算

1）基于流量调节的调蓄池下游干管设计流量计算

由于调蓄池存在蓄洪和滞洪作用，因此计算调蓄池下游雨水干管的设计流量时，其汇水面积只计调蓄池下游的汇水面积，与调蓄池上游汇水面积无关。

调蓄池下游干管的雨水设计流量可按式（5-4）计算：

$$Q = \alpha Q_{max} + Q' \tag{5-4}$$

式中　Q_{max}——调蓄池上游干管的设计流量（m^3/s）；

$\quad\quad Q'$——调蓄池下游干管汇水面积上的雨水设计流量（m^3/s），应按下游干管汇水面积的集水时间计算，与上游干管的汇水面积无关；

$\quad\quad \alpha$——下游干管设计流量的减小系数：

对于溢流堰式调蓄池：

$$a = \frac{Q_2 + Q_5}{Q_{max}}; \tag{5-5}$$

对于底部流槽式调蓄池：

$$\alpha = \frac{Q_3}{Q_{max}} \tag{5-6}$$

2）调蓄池容积计算

调蓄池容积计算是调蓄池设计的关键，需要考虑所在地区的降雨强度、雨型、历时和频率、排水管道设计容量等因素。20世纪70年代国外对调蓄池容积计算有过较为集中的研究。总结其计算方法主要有两类：以池容当量的经验公式法和基于排水系统模型的频率分析法。

① 以池容当量的经验公式法

其中，德国、日本主要采用以池容当量降雨量（mm）这一综合设计指标为依据的经验公式法，来确定系统所需调蓄容量。

A. 德国方法

德国设计规范 ATV A128 中，要求合流制排水系统排入水体的污染物负荷不大于分流制排水系统排入水体的污染物负荷。溢流调蓄池计算参数设定为：

平均年降雨量：800 mm（≥800mm 时，应进行修正，增加调蓄池体积）；

雨水 COD_{cr} 浓度：107 mg/L；

晴天污水 COD_{cr} 浓度：600 mg/L（≥600mg/L 时，应进行修正，增加调蓄池体积）；

雨天污水处理厂排放 COD_{cr} 浓度：70mg/L。

德国调蓄池的简化计算式为：

$$V = 1.5 V_{SR} \cdot A_U \tag{5-7}$$

式中　V——调蓄池容积（m^3）；

　　V_{SR}——每公顷所需调蓄量（m^3/hm^2），按图 5-7 采用；

　　A_U——不透水面积（hm^2），A_U＝系统面积×径流系数。

B. 日本方法

《日本合流制下水道改善对策指南》中，要求合流制排水系统排放的污染物负荷量与分流制排水系统的污染物负荷量达到同等水平。指出：将增加截流量与调蓄结合起来是一项有效的实施对策。基本的设计程序为：依靠模拟实验，根据设定的目标，研究截流量与调蓄池的关系，再通过对实际应用效果的评估，确定合理的调蓄池容量。经其研究结果表明截流雨水量 1mm/h 加上调蓄雨水量 2～4mm/h 的措施可达到污染负荷削减的目标设定值。

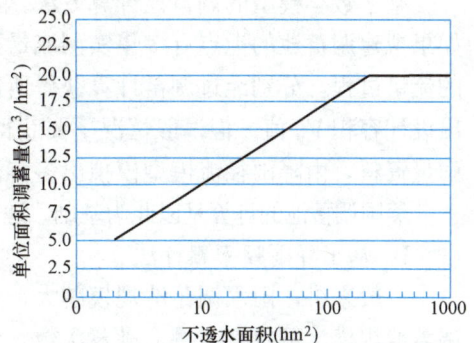

图 5-7　德国调蓄池简化计算面积与单位调蓄量关系

故日本调蓄池的一种简单算法是：

$$V = 截流面积 \times 5mm \tag{5-8}$$

即每 100hm^2 截流面积建 1 座 5000m^3 调蓄池。

② 基于数学模型的计算方法

美国多采用 SWMM 模型模拟排水系统运行，分析系统所需调蓄容量。

A. 美国基于数学模型的计算方法

调蓄池主要是在暴雨期间可收集部分初期雨水，当暴雨停止后，该部分雨水再输送至排水管网、泵站，或者污水处理厂。概括而言，合流制排水系统调蓄池的主要作用是截流初期雨水，提高合流制系统的截流倍数，使调蓄之后的管道和泵站可以采用较小的设计流量。其工作原理见图 5-8。

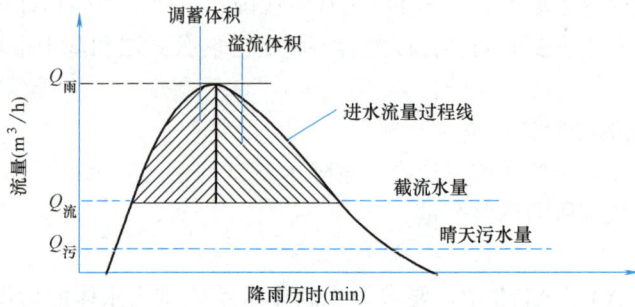

图 5-8　合流制系统调蓄池工作原理

由图 5-8 可知，调蓄池的容积可通过计算入流流量和出流流量的差异进行估算，计算式（5-9）为：

$$V = \int_0^{t_0} (Q_{in} - Q_{out}) dt \tag{5-9}$$

式中　V——调蓄池容积；

$\quad\;\; t$——从调蓄池开始进水至充满的时间；

$\quad\;\; t_0$——调蓄时间；

$\quad\; Q_{in}$——入流流量；

$\quad\; Q_{out}$——出流流量。

基于数学模型的调蓄池计算方法，需首先得到流量过程线或流量随时间变化的方程。如果拟建调蓄池的地点有多年实测流量过程资料，可用某种选样方法，每年选出几次较大的流量过程，分别经过调蓄计算获得所需的容积 V_1，V_2，…，V_n，再用频率分析方法求出设计容积 V_p 值。但一般情况下要获得多年实测流量资料是很困难的，因此可利用多年雨量资料，由降雨径流模型模拟出多年流量资料，再用上述方法求出 V_p。

美国调蓄池的计算是以此为基础，通过 SWMM 模型和管网水力学模型计算调蓄池容积。

B. 基于降雨频率累计法

一般来讲，雨水调蓄池规模越大，可收集水量也越多，但每年满蓄次数则越少，因此调蓄池规模、可收集水量、满蓄次数三者之间互为条件、互相制约。雨水调蓄池的规模直接影响雨水利用系统的集流效率、投资和成本，有条件时可以通过优化设计寻求效益与费用比值最大时所对应的经济规模。可以按照下列步骤计算：

a. 调查当地降雨特征及其规律，如多年平均日降雨量/某值所对应的天数，建立日降雨量—全年天数曲线，以便确定雨水集蓄设施满蓄次数。

b. 按 $V = 10fA_u$ 计算系列雨水调蓄池容积，并根据日降雨量与全年天数规律分析不同规模序列雨水利用系统每年可集蓄利用的雨水量。

c. 绘制雨水利用系统寿命期内费用、效益现金流量图，计算动态效益/费用比值，选择比值最大时相应的设计降雨量即为雨水利用系统的最优设计规模。

计算出调蓄容积 $V_计$ 后，需与降雨间隔时段的用水量 $V_用$ 进行对比分析，最终确定设计调蓄容积 $V_蓄$。分为下列两种情况：

当$V_{用}<V_{计}$，即计算调蓄容积大于降雨间隔时段用水量时，表明一场雨的径流雨水量较降雨间隔时段用水量大，此时可以减小贮存池容积，节省投资，多余雨水可实施渗透或排放，此时$V_{蓄}=V_{用}$。

当$V_{用}>V_{计}$，即计算调蓄容积小于降雨间隔时段用水量时，表明一场雨的径流雨水量仅能作为水源之一供使用，还需其他水源作为第二水源，此时雨水可以全部收集，即$V_{蓄}=V_{计}$。所以$V_{蓄}=\min\{V_{用},\ V_{计}\}$。

各国调蓄池容积计算方法汇总见表5-5。

调蓄池容积计算方法汇总表　　　　　　　　　　　　　　　　　　　表5-5

国家或地区	计算方法及公式	使用范围	优缺点	说　明
苏联	莫洛科夫与施果林公式：$V=(1-\alpha)1.5Q_{\max}t_0$	—	此公式未能反映出不同地区的降雨特性，并且其计算结果可能偏大也可能偏小，有时偏差可达到$3\sim4$倍，因而不宜应用	α——脱过系数
中国	重力流模式雨型径流过程线法的推理公式：$V=f(\alpha)W$	重力流雨型径流	较众多古典的调蓄池容积公式合理而安全，可减少下游管网规模	$f(\alpha)$——α的函数式；W——池前管渠的设计流量Q与相应集流时间t的乘积，$W=Qt(\mathrm{m}^3)$
德国	ATV A 128 标准计算公式：$V=1.5\times V_{SR}\times A_U$	合流制排水系统	简单易操作	V_{SR}——每公顷面积需调蓄雨水量$(\mathrm{m}^3/\mathrm{hm}^2)$，$12\leqslant V_{SR}\leqslant40$，一般可取20；$A_U$——不透水面积，$A_U=$系统面积×径流系数；1.5——安全系数
德国	系统总截流倍数法：$V=3600(m-n-1)Q_1$	合流污水截流、调蓄工程		m——稀释倍数；n——系统中截流设施的设计截流倍数；Q_1——平均日旱流污水量$(\mathrm{m}^3/\mathrm{s})$
美国	多采用SWMM模型模拟排水系统运行，分析系统所需调蓄容量	各种雨型	前期工作烦琐，需知大量的相关参数，但普适性很高	—
日本	$V=\left(r_i-\dfrac{r_c}{2}\right)\times t_i\times f\times A\times\dfrac{1}{360}$	调蓄池	初步估算，简便	r_i——降雨强度曲线上任意降雨历时t_i对应的降雨强度(mm/h)；r_c——调节池出流过流能力值对应的降雨强度(mm/h)；t_i——任意的降雨历时(s)；f——开发后的径流系数；A——流域面积(hm^2)

③ 中国的计算方法

国家标准《城镇雨水调蓄工程技术规范》GB 51174—2017关于雨水调蓄池容积计算，推荐了三种情形的计算方法。

A. 当用于控制面源污染时，雨水调蓄池的有效容积应根据气候特征、排水体制、汇水面积、服务人口和受纳水体的水质要求、水体流量、稀释自净能力等确定。规范规定采用截流倍数法，计算式（5-10）如下：

$$V = 3600 t_i (n - n_0) Q_{dr} \beta \qquad (5\text{-}10)$$

式中　V——调蓄池有效容积（m^3）；

　　　t_i——调蓄池进水时间（h），宜采用 0.5～1h，当合流制排水系统雨天溢流污水水质在单次降雨事件中无明显初期效应时，宜取上限；反之，可取下限；

　　　n——调蓄池运行期间的截流倍数，由要求的污染负荷目标削减率、当地截流倍数和截流量占降雨量比例之间的关系求得；

　　　n_0——系统原截流倍数；

　　　Q_{dr}——截流井以前的旱流污水量（m^3/s）；

　　　β——调蓄池容积计算安全系数，可取 1.1～1.5。

B. 当用于削减排水管道洪峰流量时，雨水调蓄池的有效容积可按式（5-11）计算：

$$V = \left[-\left(\frac{0.65}{n^{1.2}} + \frac{b}{t} \cdot \frac{0.5}{n+0.2} + 1.10 \right) \lg(\alpha + 0.3) + n^{\frac{0.215}{0.15}} \right] \cdot Q \cdot t \qquad (5\text{-}11)$$

式中　V——调蓄池有效容积（m^3）；

　　　α——脱过系数，取值为调蓄池下游设计流量和上游设计流量之比；

　　　Q——调蓄池上游设计流量（$m^3/\min$）；

　b、n——暴雨强度公式参数；

　　　t——降雨历时（min），宜采用 3～24h 较长降雨历时进行试算复核，并应采用适合当地的设计雨型；当缺乏当地雨型数据时，可采用附近地区的资料，也可采用当地具有代表性的一场暴雨的降雨历程。

C. 当用于提高雨水利用程度时，雨水调蓄池的有效容积应根据降雨特征、用水需求和经济效益等确定。

④ 调蓄池容积计算方法汇总比较

各种计算方法的优缺点、适用条件等汇总对比见表 5-5。

3）雨水调蓄池的放空与附属设施

① 雨水调蓄池的放空

必要时，雨水调蓄池应进行放空。调蓄池的放空有重力放空和水泵压力放空两种。有条件时，应采用重力放空。对于地下封闭式调蓄池，可采用重力放空和水泵压力放空相结合的方式，以降低能耗。

设计中应合理确定放空水泵启动的设计水位，避免在重力放空的后半段放空流速过小，影响调蓄池的放空时间。雨水调蓄池的放空时间直接影响调蓄池的使用效率，是调蓄池设计中必须考虑的一个重要参数，雨水调蓄池的放空时间与放空方式密切相关，同时取决于下游管道的排水能力和雨水和利用设施的流量。考虑降低能耗、排水安全等方面的因素，引入排水效率 η，η 可取 0.3～0.9，计算得调蓄池放空时间后，应对雨水调蓄池的使用效率进行复核，如不能满足要求，应重新考虑放空方式，减少放空时间。

雨水调蓄池的放空时间，可按式（5-12）计算：

$$t_0 = \frac{V}{3600 Q' \eta} \qquad (5\text{-}12)$$

式中　t_0——放空时间（h）；

V——调蓄池有效容积（m^3）；

Q'——下游排水管道或设施的受纳能力（m^3/s）；

η——排水效率，一般可取 0.3～0.9。

采用管道就近重力出流的调蓄池出口流量，应按式（5-13）计算：

$$Q_1 = C_d A \sqrt{2g(\Delta H)} \tag{5-13}$$

式中　Q_1——调蓄池出口流量（m^3/s）；

C_d——出口管道流量系数，取 0.62；

A——调蓄池出口截面积（m^2）；

g——重力加速度（m^2/s）；

ΔH——调蓄池上下游的水力高差（m）。

采用管道就近重力出流的调蓄池放空时间，应按式（5-14）计算：

$$t_0 = \frac{1}{3600} \int_{h_1}^{h_2} \frac{A_t}{C_d A \sqrt{2gh}} dh \tag{5-14}$$

式中　t_0——放空时间（h）；

h_1——放空前调蓄池水深（m）；

h_2——放空后调蓄池水深（m）；

A_t——t 时刻调蓄池表面积（m^2）；

h——调蓄池水深（m）。

② 雨水调蓄池的附属设施

A. 清洗装置

调蓄池使用一定时间后，特别是当调蓄池用于面源污染控制或消减排水管道峰值流量时，易沉淀积泥。因此，雨水调蓄池应设置清洗设施。清洗方式可分为人工清洗和水力清洗，人工清洗危险性大且费力，一般采用水力清洗系统，人工清洗为辅助手段。对于矩形池，可采用水力清洗翻斗或水力自清洗装置；对于圆形池应结合底部结构设计，宜采用潜水搅拌器冲洗和径向门式自冲洗等方式。

B. 排气装置

对全地下调蓄池来说，为防止有害气体在调蓄池内积聚，应提供有效的通风排气装置。经验表明，每小时 4～6 次的空气交换量可以实现良好的通风效果。若需采用除臭设备时，设备选型应考虑调蓄池的间歇运行、长时间空置的情形，除臭设备的设计处理量宜按每小时处理调蓄池容积 1～2 倍的臭气体积考虑，有特殊要求时，应结合通风系统的换气次数。

C. 检修通道

所有顶部封闭的大型地下调蓄池都需要设置检修人员和设备进出的检修孔，并在调蓄池内部设置单独的检修通道。检修通道一般设置在调蓄池的最高水位以上。

（4）调蓄池冲洗方式

初期雨水径流中携带了地面和管道沉积的污物杂质，调蓄池在使用后底部不可避免地滞留有沉积杂物、泥砂淤积，如果不及时进行清理，沉积物积聚过多将使调蓄池无法发挥其功效。因此，在设计调蓄池时必须考虑对底部沉积物的有效冲洗和清除。调蓄池的冲洗方式有多种，各有利弊，见表5-6。

调蓄池各冲洗方式优缺点分析 表5-6

冲洗方式	适合池形	优点	缺点
人工清洗	任何池形	操作简单	危险性高、劳动强度大
水力喷射器冲洗	任何池形	可自动冲洗，冲洗时有曝气过程，可减少异味，投资省，适应于所有池形	需建造冲洗水贮水池，运行成本较高，设备位于池底易被污染和磨损
潜水搅拌器	任何池形	自动冲洗，投资省，适应于所有池形	冲洗效果较差，设备易被缠绕和磨损
连续沟槽自清冲洗	圆形，小型矩形	无需电力或机械驱动，无需外部供水、运行成本低、排砂灵活、受外界环境条件影响小、可重复性强、效率高	依赖晴天污水作为冲洗水源，利用其自清流速进行冲洗，难以实现彻底清洗，易产生二次沉积；连续沟槽的结构形式加大了泵站的建造深度
水力冲洗翻斗	矩形	实现自动冲洗，设备位于水面上方，无需电力或机械驱动，冲洗速度快、强度大，运行费用省	投资较高
HydroSelf拦蓄自冲洗装置清洗	矩形	无需电力或机械驱动，无需外部供水，控制系统简单，调节灵活，手动、电动均可控制；运行成本低、使用效率高	进口设备，初期投资较高
节能的"冲淤拍门"	矩形调蓄池	节能清淤，无需外动力，无需外部供水，无复杂控制系统；在单个冲淤波中，冲淤距离长，冲淤效率高，运行可靠	设备位于水下，易被污染磨损
移动清洗设备冲洗	敞开式平底大型调蓄池	投资省，维护方便	因进入地下调蓄池通道复杂而未得到广泛应用

工程设计时根据不同冲洗方式的优缺点，进行技术经济比选，选择合适的冲洗方式，但无论采用何种方式，必要时仍需进行辅助的人工清洗。

用于控制雨水径流污染和雨水综合利用时，雨水调蓄工程水质受空气质量、前期降雨情况、下垫面类型和清洁程度、排水系统类型和管道沉积情况等因素影响，变化范围大，应以实测数据作为主要设计依据。

我国北京、天津和上海等地的研究表明，降雨初期的雨水径流中，化学需氧量（COD）和总悬浮物（TSS）等污染物浓度较高且变化较大，部分实测数据甚至可高达1000mg/L以上，但随着时间的推移，污染物浓度快速下降。上海市中心城区苏州河沿岸泵站调蓄池进水水质的统计数据见表5-7。

上海市中心城区苏州河沿岸泵站调蓄池进水水质 表5-7

水质指标	浓度（mg/L）
COD	200～940
TSS	150～1500
TN	20～73
TP	1.6～4.6

美国《污水处理工程》（第四版）中合流制排水系统溢流污水的典型水质见表5-8。

合流制排水系统溢流污水典型水质　　　　　　　　　　　表 5-8

水质指标	浓度(mg/L)
BOD$_5$	60～220
COD	260～490
TSS	270～550
TN	4～17
TP	1.1～2.8
粪大肠杆菌(个/100mL)	10^5～10^6

美国国家环保署的研究报告（EPA 821-R-99-012，Preliminary Data Summary of Urban Storm Water Best Management Practices，1999，第 4-11 页）中分流制排水系统初期雨水的典型水质见表5-9。

分流制排水系统初期雨水典型水质　　　　　　　　　　　表 5-9

水质指标	浓度(mg/L)
COD	200～275
TSS	20～2890
TN	0.4～20.0
TP	0.02～4.30
粪大肠杆菌(个/100mL)	400～50000

由于化学污染物种类繁多，世界各国都筛选出了一些毒性强、难降解、残留时间长、在环境中分布广的污染物优先进行控制，称为优先污染物（Priority Pollutants），也叫优控污染物。中国优先污染物名单包括卤代烃、苯系物、氯代苯类、多氯联苯类、酚类、硝基苯类、苯胺类、多环芳烃、酞酸酯类、农药、丙烯腈、亚硝胺类、氰化物、重金属及其化合物等 14 个化学类别，68 种有毒化学物质，有条件时应对优先污染物进行监测。

当水质不能达到要求时，雨水调蓄工程出水应输送至污水处理厂或配套建设的就地处理设施，经处理后排放。

5.6　截流井的设计

在截流系统的设计中截流井的设计至关重要，它既要使截流的污水进入截污系统，达到整治水环境的目的，又要保证在大雨时超过截流量的雨水顺利进入下游溢流管，以防止下游截污管道的实际流量超过设计流量，避免发生污水反冒现象并给污水处理厂带来冲击。截流井一般设在合流管渠的入河口前，也有设在城区内，将旧有合流支线接入新建分流制系统。溢流管出口的下游水位包括受纳水体的水位或受纳管渠的水位。截流设施的位置，应根据溢流污染控制要求污水截流干管位置、合流管渠位置、调蓄池布置溢流管下游水位高程和周围环境等因素确定。

5.6.1　截流井形式

国内常用的截流井形式是槽式和堰式。据调查，北京市的槽式和堰式截流井占截流井总数的 80.4％。槽堰式截流井兼有槽式和堰式的优点，堰式、槽式和槽堰式截流井的典型形式和雨天发生溢流时的工况示意见图 5-9。

实际应用中还有以下一些常见的截流井形式：

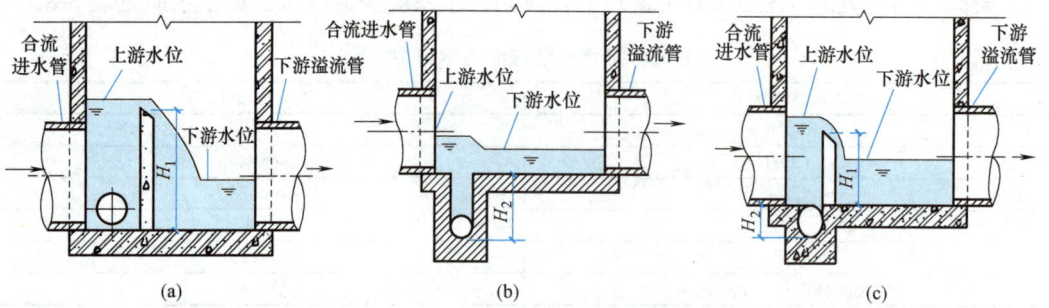

图 5-9 三种形式截留井及其溢流工况示意图

(a) 堰式；(b) 槽式；(c) 槽堰结合式

（1）跳跃式

跳跃式截流井的构造见图 5-10。这是一种主要的截流井形式，但它的使用受到一定的条件限制，即其下游排水管道应为新敷设管道。对于已有的合流制管道，不宜采用跳跃式截流井（只有在能降低下游管道标高的条件下方可采用）。该井的中间固定堰高度根据设计手册提供的公式计算得到。

（2）截流槽式

截流槽式截流井的截流效果好，不影响合流管渠排水能力，当管渠高程允许时，应选用设置这种截流井（图 5-11）无须改变下游管道，甚至可由已有合流制管道上的检查井直接改造而成（一般只用于现状合流污水管道）。由于截流量难以控制，在雨季时会有大量的雨水进入截流管，从而给污水处理厂的运行带来困难，原则上宜少采用。因其必须满足溢流排水管的管内底标高高于排入水体的水位标高，否则水体水会倒灌入管网，因此截流槽式截流井在使用中受到限制。

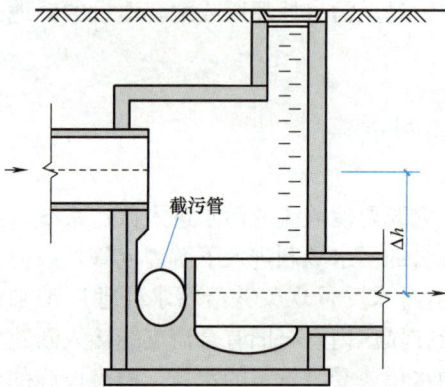

图 5-10 跳跃式截流井

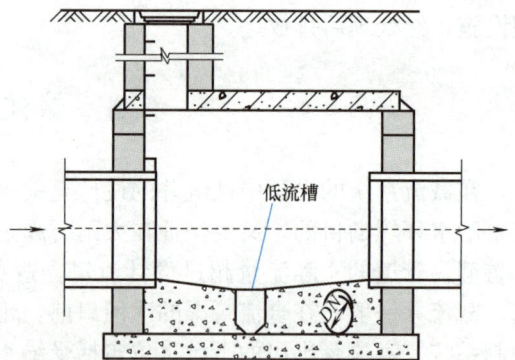

图 5-11 截流槽式截流井

（3）侧堰式

无论是跳跃式还是截流槽式截流井，在大雨期间均不能较好地控制进入截污管道的流量。在合流制截污系统中用得较成熟的各种侧堰式截流井则可以在暴雨期间使进入截污管道的流量控制在一定的范围内。

1）固定堰截流井

它通过堰高控制截流井的水位，保证旱季最大流量时无溢流和雨季时进入截污管道的流量得到控制。同跳跃式截流井一样，固定堰的堰顶标高也可以在竣工之后确定。其结构见图 5-12。

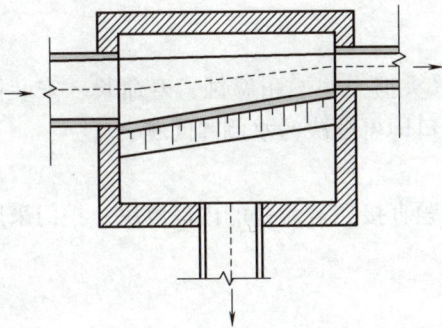

图 5-12　固定堰截流井

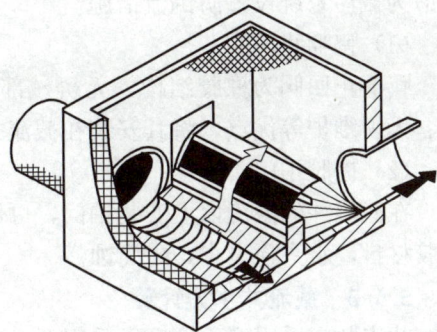

图 5-13　可调折板堰式截流井

2) 可调折板堰式

折板堰是德国使用较多的一种截流方式。折板堰的高度可以调节，使之与实际情况相吻合，以保证下游管网运行稳定。但折板堰也存在着维护工作量大、易积存杂物等问题。其结构见图 5-13。

（4）虹吸堰式

虹吸堰式截流井（图 5-14）通过空气调节虹吸，使多余流量通过虹吸堰溢流，以限制雨季的截污量。但由于其技术性强、维修困难、虹吸部分易损坏，在我国的应用还很少。

（5）旋流阀截流井

这是一种新型的截流井，它仅仅依靠水流就能达到控制流量的目的（旋流阀进、出水口的压差作为动力来源）。在截流井内的截污管道上安装旋流阀能准确控制雨季截污流量，其精确度可达 0.1L/s。这样在现场测得旱季污水量之后，就可以依据水量及截流倍数确定截污管的大小。可精确控制流量使得这种截流方式有别于所有其他的截流方式，但是为了便于维护，一般需要单独设置流量控制井（图 5-15）。

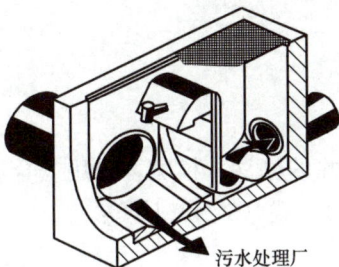

图 5-14　虹吸堰截流井

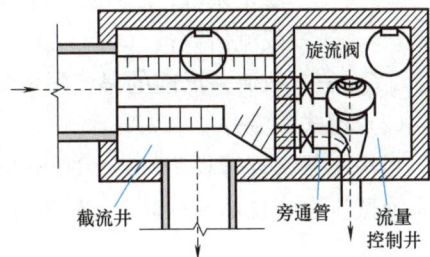

图 5-15　旋流阀截流井

（6）带闸板截流井

当要截流现状支河或排洪沟渠的污水时，一般采用闸板截流井。闸板的控制可根据实际条件选用手动或电动。同时，为了防止河道淤积和导流管堵塞，应在截流井的上游和下游分别设一道矮堤，以拦截污物。

5.6.2 防倒流措施

当雨量特别大时排放渠中的水位会急速增高，如截污口标高较低，则渠内的水将倒灌至截流井而进入截污管道，使截污管道的实际流量大大超过设计流量。在此种情况下，需考虑为截污系统设置防倒流措施。

（1）鸭嘴止回阀

鸭嘴止回阀为橡胶结构，无机械部件，具有水头损失小、耐腐蚀、寿命长、安装简单、无须维护等优点，将其安装在截流井排放管端口即可解决污水倒灌问题。

（2）橡胶拍门

在截流井的溢流堰上安装拍门，可使防倒灌问题直接在截流井的内部解决。拍门采用橡胶材料，水头损失小，耐腐蚀。

5.6.3 截流井水力计算

截流井宜采用槽式，也可采用堰式或槽堰结合式。管渠高程允许时，应选用槽式，当选用堰式或槽堰结合式时，堰高和堰长应进行水力计算。

（1）堰式截流井

当污水截流管管径为300～600mm时，堰式截流井内各类堰（正堰、斜堰、曲线堰）的堰高，可采用《合流制排水系统截流设施技术规程》T/CECS91—2021式（5-15）～式（5-19）计算：

$$① \quad d=300\text{mm}, H_1=(0.233+0.013Q_j) \cdot d \cdot k \tag{5-15}$$

$$② \quad d=400\text{mm}, H_1=(0.226+0.007Q_j) \cdot d \cdot k \tag{5-16}$$

$$③ \quad d=500\text{mm}, H_1=(0.219+0.004Q_j) \cdot d \cdot k \tag{5-17}$$

$$④ \quad d=600\text{mm}, H_1=(0.202+0.003Q_j) \cdot d \cdot k \tag{5-18}$$

$$Q_j=(1+n_0)Q_{dr} \tag{5-19}$$

式中　H_1——堰高（mm）；

Q_j——污水截流量（L/s）；

d——污水截流管管径（mm）；

k——修正系数，$k=1.1～1.3$；

n_0——截流倍数；

Q_{dr}——截流井以前的旱流污水量（L/s）。

（2）槽式截流井

当污水截流管管径为300～600mm时，槽式截流井的槽深、槽宽，采用《合流制排水系统截流设施技术规程》T/CECS91—2021式（5-20）～式（5-21）计算：

$$H_2=63.9 \cdot Q_j^{0.43} \cdot k \cdot k_1 \tag{5-20}$$

式中　H_2——槽深（mm）；

Q_j——污水截流量（L/s）；

k——修正系数，$k=1.1～1.3$；

k_1——压力系数。

$$B=d \tag{5-21}$$

式中 B——槽宽（mm）；

　　　d——污水截流管管径（mm）。

（3）槽堰结合式截流井

槽堰结合式截流井的槽深、堰高，采用《合流制排水系统截流设施技术规程》T/CECS91—2021 公式计算：

1）根据地形条件和管道高程允许降落可能性，确定槽深 H_2。

2）根据截流量，计算确定截流管管径 d。

3）假设 H_1/H_2 比值，按表5-10计算确定槽堰总高 H。

槽堰结合式井的槽堰总高计算表　　　　　表 5-10

d(mm)	$H_1/H_2 \leqslant 1.3$	$H_1/H_2 > 1.3$
300	$H=(4.22Q_j+94.3) \cdot k \cdot k_1$	$H=(4.08Q_j+69.9) \cdot k \cdot k_1$
400	$H=(3.43Q_j+96.4) \cdot k \cdot k_1$	$H=(3.08Q_j+72.3) \cdot k \cdot k_1$
500	$H=(2.22Q_j+136.4) \cdot k \cdot k_1$	$H=(2.42Q_j+124.0) \cdot k \cdot k_1$

4）堰高 H_1，可按下列公式（5-22）计算：

$$H_1 = H - H_2 \tag{5-22}$$

式中 H_1——堰高（mm）；

　　　H——槽堰总高（mm）；

　　　H_2——槽深（mm）。

5）校核 H_1/H_2 是否符合表5-10的假设条件，否则改用相应公式重复上述计算。

6）槽宽计算同公式（5-20）。

截流井溢流水位，应在设计洪水位或受纳管道设计水位以上，当不能满足要求时，应设置闸门等防倒灌设施，并应保证上游管渠在雨水设计流量下的排水安全。截流井内宜设流量控制设施。

【例 5-1】 以某老城区为例，其流域面积为 $1km^2$，区域内的雨水、污水均通过一条现状涵洞集中排出。相关计算参数见表5-11。

相关计算参数表　　　　　表 5-11

内容	取值
区域综合径流系数 Ψ	0.75
总变化系数 K_z	1.5
水力粗糙系数 n	0.017
区域内居住人口（万人）	5
涵洞坡度 i	0.02
人均设计污水量[L/(人·d)]	420
暴雨强度 q[L/(s·hm²)]	$q=\dfrac{2822(1+0.775\lg P)}{(t+12.8P^{0.076})^{0.77}}$，暴雨重现期 $P=3a$，集水时间 $t=t_1+mt_2=8min$

【解】 根据上述条件，计算得：暴雨强度 $q=359L/(s \cdot hm^2)$；涵洞的设计雨水流量

$$Q_{YS} = \psi \cdot F \cdot q = \frac{0.75 \times 100 \times 359}{1000} = 26.93 m^3/s；该汇水区域内污水总量为 \frac{420 \times 50000}{1000} =$$

$21000\text{m}^3/\text{d}$（或 243L/s），污水设计流量 $Q_{WS}=Q_{dr} \cdot K_z=243\times1.5=364.5\text{L/s}$；涵洞设计流量 $Q_z=Q_{YS}+Q_{WS}=27.29\text{m}^3/\text{s}$。按满流设计计算涵洞设计过水断面 $L \cdot B=2.2\text{m}\times2.2\text{m}$。

截流井的污水截流量（Q_j）按污水设计流量 Q_{WS} 计算，即 $Q_j=Q_{WS}$，取 $k=1.1$，截流管道按满流计算，以旱季日平均污水量校核其不淤流速，按《合流制系统污水截流井设计规程》（CECS 91：97）中的相关设计方法得出的计算结果见表5-12。

计算结果表 表5-12

管径 (mm)	设计流量 (L/s)	设计坡度 (‰)	设计流速 (m/s)	校核流量 (L/s)	校核流速 (m/s)	堰式截流井 堰高 H_1 (mm)	槽式截流井 槽深 H_2 (mm)	槽堰式截流井 总高 H (mm)	堰高 H_1 (mm)	槽深 H_2 (mm)
300	366.5	8.5	5.19	243	5.54	1640.6	888.0	1713	1413	300
400	366.2	1.83	2.9	243	3.12	1222.1	888.0	1314.6	914.6	400
500	367.3	0.56	1.87	243	2.00	922.4	888.0	1040.6	540.6	500
600	365.8	0.21	1.29	243	1.38	855.0	888.0	—	—	—

计算结果表明，在设计污水截流量相同的条件下，槽堰式截流井的槽堰总高最大，槽式截流井的槽堰总高最小，而且三种形式截流井的总高均远远大于截流管管径。三种截流井在雨天发生溢流时的工况示意见图5-9。可知，在雨天溢流工况下，堰式和堰槽结合式截流井由于堰高的影响而造成上游合流管道壅水，槽式截流井由于槽深大于截流管的设计管径而使得截流管道内水流变为压力流工况，从而造成三种形式截流井的实际截流量均大于设计截流量。根据有关文献研究结果，将压力流等效为坡度增大的无压满流，两者流速相差不大。因此，计算中将有作用水头的有压截流管等效为一段坡度增大的无压满管流。假设截流管长度为10m，在发生雨水溢流的实际工况下，分别计算上述三种形式截流井的实际截流量相对于设计截流量的增大倍数，结果见表5-13。可见，在污水截流量一定的前提下，小管径大坡度的污水截流管的实际截流量增加倍数最小，因此工程设计中，截流管宜采用设计流速最大可达10m/s的球墨铸铁给水管。在设计管径相同的前提下，槽式截流井的实际截流量增加倍数最小，槽堰结合式增加倍数最大，在管径为500mm时槽堰结合式截流井和堰式截流井实际截流量增大倍数分别达到2.27和1.94，将极大增加包括污水处理厂在内的整个截流工程的运行、维护及管理难度。截流管宜采用较小管径，即设计流速最大。

发生雨水溢流时截流井工况参数计算结果 表5-13

管径 (mm)	设计坡度 (‰)	设计流速 (m/s)	堰式截流井 作用水头 (kPa)	等效坡度 (‰)	等效流速 (m/s)	流量增大倍数	槽式截流井 作用水头 (kPa)	等效坡度 (‰)	等效流速 (m/s)	流量增大倍数	槽堰式截流井 作用水头 (kPa)	等效坡度 (‰)	等效流速 (m/s)	流量增大倍数
300	8.5	5.19	13.5	21.99	8.34	0.61	5.90	14.38	6.74	0.30	14.10	22.63	8.46	0.63
400	1.83	2.90	8.30	10.10	6.85	1.35	4.90	6.71	5.58	0.92	9.10	10.98	7.14	1.45
500	0.56	1.87	4.30	4.85	5.50	1.94	3.90	4.44	5.27	1.82	5.40	5.97	6.11	2.27
600	0.21	1.29	2.60	2.79	4.71	2.64	2.90	3.09	4.96	2.84	—	—	—	—

根据上述计算分析，槽式截流井雨天时的实际污水截流增加量相对最小，因此在实际工程条件适宜的情况下，应优先选用槽式截流井。但是，槽式截流井的实施前提是截流管标高必须低于实际合流管道的现状标高，这势必会加大截流管后污水管道的埋深，增加截流工程的造价。另一方面，当现状合流管道断面较大时，对其进行槽式截流会破坏其现有结构，加大施工难度。同时，大多数平原城市受到地形条件的约束，不宜选用槽式截流井。三种形式的截流井中，堰式截流井对下游截污管道的埋深影响最小。

（4）侧堰式溢流井

在侧堰式溢流井中，溢流堰设在截流管的侧面。当溢流堰的堰顶线与截流管中心线平行时，可采用下列公式（5-23）计算：

$$Q = M\sqrt[3]{l^{2.5} \cdot h^{5.0}} \tag{5-23}$$

式中　Q——溢流堰溢出流量（m^3/s）；

　　　l——堰长（m）；

　　　h——溢流堰末端堰顶以上水层高度（m）；

　　　M——溢流堰流量系数，薄壁堰一般可采用2.2。

在跳越堰式的截流井中，通常根据射流抛物线的方程式，计算出截流井工作室中隔墙的高度与距进水合流管渠出口的距离，见图5-16，射流抛物线外曲线方程式为：

$$x_1 = 0.36v^{2/3} + 0.6y_1^{4/7} \tag{5-24}$$

射流抛物线内曲线方程式为：

$$x_2 = 0.18v^{4/7} + 0.74y_2^{3/4} \tag{5-25}$$

式中　v——进水合流管渠中的流速（m/s）；

x_1，x_2——射流抛物线外、内曲线上任一点的横坐标（m）；

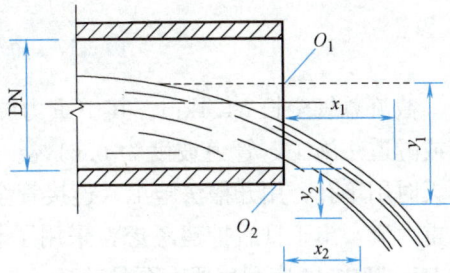

图5-16　跳越堰计算草图

O_1—外曲线坐标原点；O_2—内曲线坐标原点

y_1，y_2——射流抛物线外、内曲线上任一点的纵坐标（m）。

式（5-24）、式（5-25）的适用条件是：进水合流管渠的直径 $D_g \leqslant 3\text{m}$、坡度 $i < 0.025$、流速 $v = 0.3 \sim 3.0\text{m/s}$。

5.7　合流制系统设计案例

5.7.1　上海市截流式合流制案例

原上海市中心区基本为合流制，设有泵站115座，总的排水能力为390m^3/s；管道总长1310km；污水泵站47座；城市二级污水处理厂8座，处理量约15万 m^3/d；此外，还有倒粪站3400座，收集无污水管地区居户的粪便，化粪池28000只。还建有两条合流污水管渠，经这两条管渠直接排入长江的污水量约98万 m^3/d。

1983年8月，为解决合流制排水管网污染问题，上海市开展污水治理一期工程，建造一条截流总管，拦截现有合流制排水地区的污水。服务范围为上海市浦西地区70.6km^2，服务人口为255万，设计年限是2000年。市区用重力流，顶管或隧道法施工；市郊用低压浅埋管，开槽施工。工程排水范围示意图见图5-17。

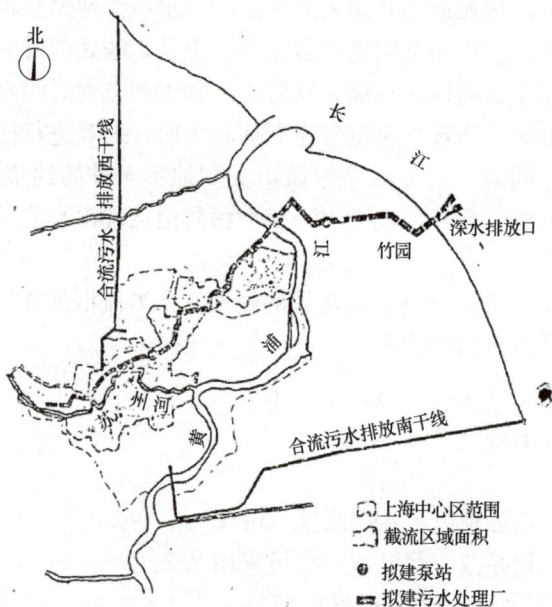

图 5-17 污水治理一期工程示意图

截流总管全长 34.4km，其中重力流管道长 10.5km，直径自 1000～5000mm，用顶管或隧道法施工，管道坡度为 0.61%。压力流管道为双孔矩形断面，雨天时双孔运行，晴天时用单孔，用开槽法施工。连接管全长 31.9km，管道直径自 450～3000mm，大部分为重力流，出于日后扩建考虑，采用了较大的截流倍数，需作定期冲洗。截流泵站共有 52 座，其中 44 座利用原有泵站改建，8 座新建。截流量用闸门控制。新建两座截流总管提升泵站，即（1）彭越浦泵站，它是截流总管重力流系统与压力流系统的转换点，设计能力 40m³/s。泵房尺寸 23m×66m，地面以下 23.4m，设置 8 台混流污水泵，每台泵的流量为 5.72～677m³/s，扬程 15～22m，8 台泵中 6 台定速泵，2 台变速泵，以便调节。泵站占地 2.19 公顷。（2）出口泵站：泵站设计能力 44.9m³/s，泵房尺寸 15m×59m 地面以下深 8m，设置 10 台混流泵（1 台备用），每台流量 5m³/s，扬程 13m。泵站占地 2.65公顷。预处理厂位于黄浦江东岸口。处理能力 44.9m³/s，设有粗格栅及鼓式筛网。鼓式筛网共有 7 台（1 台备用），筛网残留物用压力为 0.2MPa 的清水冲洗，残渣用压榨机压干打包外运至城市垃圾填埋场处置。预处理后的污水，继续引入合流总管排入长江。处理厂占地约 4.3 公顷。污水截流总管至竹园排入长江，在出口处设有闸门井，由闸门井引出两道直径为 3800mm 的管道伸向长江，离岸边 1460m，每道排放管管端 400m 长范围内，设垂直向上升的扩散管，内径 1000mm，扩散管顶端开有出水口，最大流量时出水口流速可达 3.5m/s。此外，在岸边闸门井处设有一道岔道管以便必要时可岸边排放污水。

5.7.2 武汉市黄孝河合流制溢流污染控制案例

黄孝河位于湖北省武汉市汉口中心片区，伴随城市的发展，水环境逐步恶化，合流制排水系统污水在雨季发生的溢流（CSOs）是出现这个问题的主要原因。改造工程通过对黄孝河 CSOs 污水截流、调蓄、处理等有效治理措施，将污染物削减后再行排放，年溢流频次控制在 10 次以内，有效缓解了 CSOs 污染。

黄孝河为城市内河，承担着汉口东部 48.5km² 城区的雨污水排放任务。其中京广铁路以南地区为合流区，面积约为 19km²。雨水经黄孝河箱涵排入黄孝河明渠，合流制排水系统旱流污水通过在箱涵出口处设置截污闸拦截并通过污水泵站提升至三金潭污水处理厂进行处理。合流片区位于中心城区，属于老城区，存在合流制溢流污染问题。在降雨（或融雪）期，合流制排水系统内的流量超过截污流量时，超过排水系统负荷的混合污水便会直接排入受纳水体，这被称为合流制管道溢流（Combined Sewer Overflows，简称 CSOs），造成水体污染。旱季时，合流制管网中只有城市污水，排水管渠断面大，而污水量小、流速慢，管道中产生淤积，雨季来临时，旱季沉积在管网内的污染物将被雨天大量雨污水冲刷而混入合流污水中，也会导致水体污染物浓度的升高。

黄孝河污水系统内含有 1 座处理规模 50 万 m³/d 的三金潭污水处理厂，并配套建设了污水泵站。为最大限度地治理 CSOs 对黄孝河明渠段的污染，工程技术人员将污水处理厂消纳不了的 CSOs 污水接入 CSOs 在线处理设施，通过调蓄池来调节污水量与处理设施规模的不匹配，黄孝河 CSOs 污染治理技术路线见图 5-18。

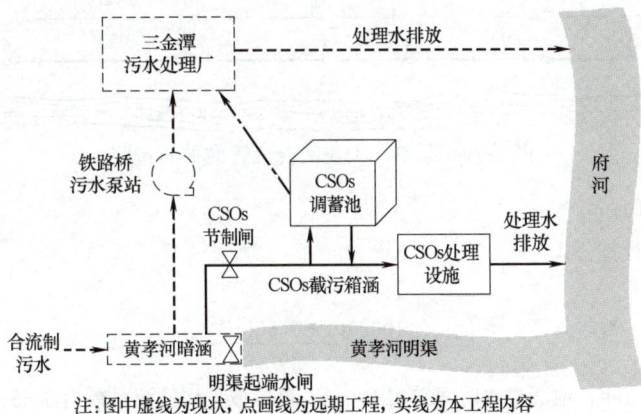

注：图中虚线为现状，点画线为远期工程，实线为本工程内容

图 5-18　黄孝河 CSOs 污染治理技术路线

CSOs 控制设施包括 CSOs 进口节制闸、CSOs 截污箱涵、调蓄池、强化处理设施。CSOs 进口节制闸选用液动下开式堰门，闸门尺寸 $B \cdot H = 4000\mathrm{mm} \times 3000\mathrm{mm}$，安装在截污箱涵的进口处。既能保证合流制污水优先进入污水处理厂，又可将污水处理厂消纳不了的 CSOs 污水接进截污箱涵。CSOs 截污箱涵设计过流能力 22m³/s；设计断面尺寸 $B \cdot H = 4000\mathrm{mm} \times 3000\mathrm{mm}$；全长 5km；设计水力坡度为 0.7‰。设调蓄池 1 座储蓄污水，设计有效容积 $V = 25$ 万 m³，平面占地面积 3.4 万 m²，有效水深 7.3m，排空时间 12h，分为 5 个蓄水室。设强化处理设施 1 座，处理规模为 6m³/s，在较少提高基建和运行成本的条件下，显著地提高污染物的去除效率。本工程采用化学、结团联合絮凝强化作为 CSOs 污水处理主体处理工艺，将污染物削减后再行排放，有效地缓解了 CSOs 污染。

思 考 题

1. 试比较分流制与合流制的优缺点。
2. 你认为小区排水系统宜采用分流制还是合流制？为什么？

习 题

某市一工业区拟采用合流管渠系统，其管渠平面布置见图 5-19，各设计管段的管长和排水面积、工业废水量见表 5-14。

设计管段的管长和排水面积、工业废水量   表 5-14

| 管段编号 | 管长(m) | 排水面积($10^4 m^2$) | | | 本段工业废水流量(L/s) | 备注 |
		面积编号	本段面积	转输面积	合计		
1~2	85	I	1.20			20	
2~3	128	II	1.79			10	
3~4	59	III	0.83			60	
4~5	138	IV	1.93			0	
5~6	165.5	V	2.12			35	

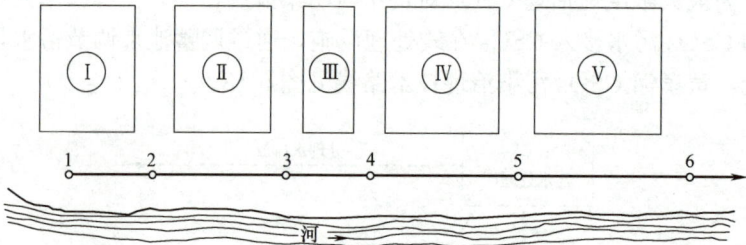

图 5-19 某市一工业区合流管渠平面布置

其他的原始资料如下：

(1) 设计雨水量计算公式

暴雨强度公式为

$$q = \frac{10020(1+0.56\lg P)}{t+36}$$

设计重现期采用 1 年；地面集水时间采用 10min；该区域平均径流系数为 0.45。

(2) 设计人口密度为 300 人$/10^4 hm^2$，生活污水量标准为 100L/(人·d)（平均日）计。

(3) 截流干管的截流倍数采用 $n_0 = 3$。

试计算：(1) 各设计管段的设计流量；若在 5 点溢流堰式溢流井，则 5~6 管段的设计流量及 5 点的溢流水量各为多少？此时，5~6 管段的设计管径为多少？若不溢流，其管径又为多少？

198

第6章 排水管材与敷设和附属构筑物

6.1 排水管渠的断面形状与材料

6.1.1 排水管渠的断面形状

排水管渠断面的形状对排水管渠的输水能力、抗荷载能力、沉积特性和维护管理具有重要的影响，排水管渠系统设计及管材的研发等需要考虑排水管渠的断面形状。排水管渠的断面形状除必须满足静力学、水力学方面的要求外，还应经济和便于养护。管道必须有较大的稳定性，在承受各种荷载时是稳定和坚固的；在水力学方面，管道断面应具有最大的排水能力，并在一定的流速下不产生沉淀物；在经济方面，管道单长造价应该是最低的；在养护方面，管道断面应便于冲洗和清通淤积。

圆形是最常用的管渠断面形状，半椭圆形、马蹄形、矩形、梯形和蛋形等也较为常见，见图6-1。

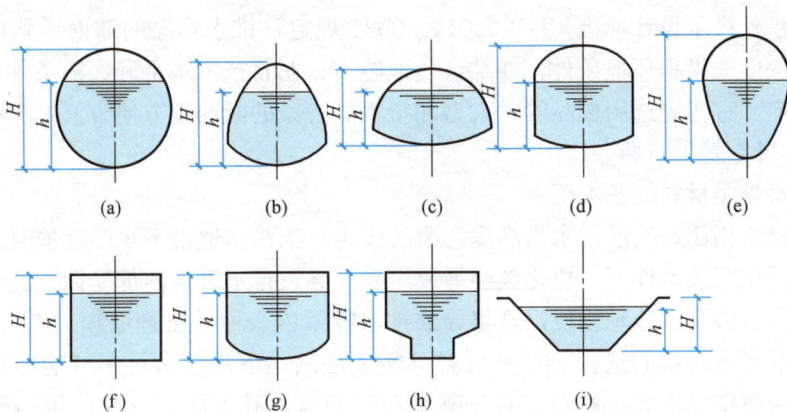

图 6-1 常用管渠断面

(a) 圆形；(b) 半椭圆形；(c) 马蹄形；(d) 拱顶矩形；(e) 蛋形；
(f) 矩形；(g) 弧形流槽的矩形；(h) 带低流槽的矩形；(i) 梯形

圆形断面有较好的水力性能，在一定的坡度下，指定的断面面积具有最大的水力半径，因此流速大，流量也大。此外，圆形管便于预制，使用材料经济，对外压力的抵抗力较强，若挖土的形式与管道相称时，能获得较高的稳定性，在运输和施工养护方面也较方便。因此是最常用的一种断面形式。

半椭圆形断面，在土压力和活荷载较大时，可以更好地分配管壁压力，因而可减小管壁厚度。在排水流量无大变化及管渠直径大于2m时，采用此种形式的断面较为合适。

马蹄形断面，其高度小于宽度。在地质条件较差或地形平坦，受受纳水体水位限制时，需要尽量减少管道埋深以降低造价，可采用此种形状的断面，又由于马蹄形断面的下部较大，对于排除流量无大变化的大流量排水，较为适宜。马蹄形管的稳定性依赖于回填土的坚实度，要求回填土坚实、稳定度大，若回填土松软，两侧底部的管壁易产生裂缝。

蛋形断面，底部较小，从理论上看，在小流量时可以维持较大的流速，因而可减少淤积，适用于排水流量变化较大的情况。但实际养护经验证明，这种断面的冲洗和清通工作比较困难。加以制作和施工较复杂，我国很少使用，但在德国仍有较多的使用。蛋形断面有标准蛋形断面（standard egg-shaped）、椭圆形断面（oval-shaped）或其他改进的蛋形断面形状。

矩形断面可以就地浇筑或砌筑，并按需要将深度增加，以增大排水量。某些工业企业的污水管道、路面狭窄地区的排水管道以及排洪沟道常采用这种断面形式。

不少地区在矩形断面的基础上，将渠道底部用细石混凝土或水泥砂浆做成弧形流槽，以改善水力条件；也可在矩形渠道内做底流槽。这种组合的矩形断面主要是为合流制管道设计的，晴天时污水在小矩形槽内流动，以保持一定的充满度和流速，使之能够免除或减轻淤积程度。

梯形断面适用于明渠，它的边坡决定于土壤性质和铺砌材料。有时为了应对排水量变动较大的情况，会在梯形断面下部增加一个半圆形或部分半圆形的底流槽，形成"V"形断面，以获得小流量排水时具备一定的自清洁能力。

我国《室外排水设计标准》GB 50014—2021 规定，排水管渠的断面形状应根据设计流量、埋设深度、工程环境条件，并结合当地施工、制管技术水平和经济条件、养护管理要求综合确定，宜优先选用成品管，大型和特大型管渠的断面应方便维修、养护和管理。

6.1.2　排水管渠材料

（1）排水管渠材料的基本要求

与暴雨径流相比，生活污水是高度污染的废水，当污水通过下水道运输时，有机物会分解。通常，在厌氧条件下，硫化氢会释放出来，导致排水管渠内部腐蚀。此外，未经处理的污水中含有砂子和砂砾物质，这将导致排水管渠内表面的物理磨损。考虑这些因素，应最终确定下水道材料的选择。单一材料可能无法满足下水道设计中可能遇到的所有条件；因此，应根据要求选择材料，对于某个项目而言，其不同部分可选用不同类型的材料。影响排水管渠材料选择的因素包括：废水特性、所要求尺寸的管道及接口材料、处理和运输的易用性、铺设和连接步骤、不透水性（密封性）、物理强度、耐腐蚀性、耐磨性、耐用性、管道成本以及处理和安装成本等。

在选用排水管渠材料时，需要考虑的重要因素包括：

1）耐腐蚀性。排水管渠排放的废水会释放出腐蚀性气体，如硫化氢（H_2S）。在与湿气水分接触时，这种硫化氢可以转化为硫酸，并可能导致排水管渠材料从内部腐蚀。因此，为了保证和延长排水管渠的使用寿命，必须选用耐腐蚀材料。此外，由于排水管渠常常埋地敷设，也会受到地下水的影响而带来一定的侵蚀作用，也需要加以注意。

2）耐磨性。污水中含有相当高浓度的悬浮物，其中一部分是无机固体，如砂子或砂砾。这些颗粒在高速运动时，会引起内表面的侵蚀，从而导致排水管道内部的磨损。最终，随着时间的推移，这种磨损会减少排水管道（管壁）的厚度，从而降低排水管道的水力效率，使内表面变得粗糙。

3）输水能力或输水效率（hydraulic efficiency）。排水管渠材料应提供光滑的内表面，以减少摩擦系数，使排水管渠具有较高的水力效率。此外，选用的材料应具有足够的耐磨性，以便在较长的运行时间内保持这种平滑性，从而使水力承载能力不因排水管渠老化而下降。

4）强度和耐用性。下排水管渠材料应有足够的强度来承受可能发生在其上的所有力。排水管渠受到回填材料（如土壤等）的外部负荷（静荷载）和交通负荷（动荷载）的影响。此外，所选择的材料应耐用，并应具有足够的抗自然风化作用的能力，以确保管道的使用寿命更长。为了安全地承受外部载荷而不发生破坏，管道的足够壁厚或混凝土管道的加固是必不可少的。在设计中，这主要是通过计算确定排水管材的环刚度（以 SN 表示）作为依据的。

在强度方面除考虑环刚度外，近年来在实际工程中也日益关注排水管材的环柔度，即排水管材抵抗变形的能力。这是因为在实践中，受施工水平、基础处理或地质等条件的影响，排水管材常常会遇到变形的问题，特别是地基不均匀沉降可能导致管材在各个方向包括拉伸方面的变形，如排水管材具有较高的环柔度，就可以避免在这种情况下变形开裂，从而防止管道失去正常输水功能和污染地下水。

除外部荷载的强度问题外，排水管材强度的要求也涉及内部水压问题。在正常情况下，排水管渠以重力流形式工作，可按无压流考虑，根据我国有关规范，无压流通常指工作压力小于 0.1MPa 的情况，这种情况下排水管材不受内部水压力的影响，但当排水管为压力管或倒虹管时，需要考虑内部水压。当自流管道发生淤塞时或雨水管渠系统的检查井内充水时，也可能引起内部水压。此外，为了保证排水管道在运输和施工中不致破裂，也必须使管道具有足够的强度。

5）不透水性或密封性。排水管材应不允许污水从排水管渠内渗漏到周围，因此管道选用的材料应是不透水的，否则渗漏出的污废水会污染附近地区和地下水，因此材料的不透水或密封性能很重要。

6）管材自重。排水管材应具有较小的相对密度，从而使管道质量轻。轻质管道易于搬运、运输、铺设和连接，在排水管渠施工中具有优势。

7）经济性和成本。排水管材的成本应较低，以使排水管渠项目经济实惠。除管材自身的经济性和成本外，排水管材还应考虑就地取材的可能性和可行性，考虑预制管件及快速施工的可能，尽量降低管渠的造价及运输和施工的费用。

8）接口形式及材料。不同材质、尺寸和断面形状的排水管材常常需要不同的接口，这些接口有的是柔性接口，有的是刚性接口，而不同的接口形式及材料会影响排水管道系统的强度、耐用性、变形等特性，在实际工程设计和建设中常常被忽略，在选用排水管材时需要考虑配套的接口材料及连接质量。

9）市场供应产品的质量状况。不同类型的管材在市场上可能有众多的生产厂家和产品，比如高密度聚乙烯 HDPE 管材，市场上的供应商极多，有些生产商为了控制成本，常常会添加过量的回收料，这就降低产品的质量，从而导致市场上管材质量良莠不齐。因此，在选用时需要对当地市场和产品供应情况加以调查并审慎选用。此外，一般选用管材时仅限于管材本身的材料，对于其连接材料及配件等的市场状况及产品质量较为忽视，这也是不合适的，因为对于排水管渠系统，各个环节出现问题都可能造成系统整体功能问题，所以对接头和配件的市场供应产品质量也应予以考虑。

10）排水管材的使用场景及使用生命周期中的总体影响。排水管道会面临不同的埋深、地段、地质条件和环境条件，在实际选用中也应加以区别考虑。比如，在埋深大和重要的地段（如交通量大、人口密度大的地段，或者滨江地质条件较差管道破坏风险较高的地段等），常常需要选择更高强度、更耐用的管材，而在沿海地区，则常常可能面临较高的腐蚀风险。因此，在管材选用中需要考虑特定的使用场景。此外，管材选用一般仅考虑直接的成本和影响，而忽略排水管材使用生命周期上的成本和影响，也常常会带来后期更高的成本费用，比如，有些工程项目为了降低建设成本，会选用较为廉价而质量难以得到保证的材质，而后期可能因为排水管道破损修复带来更高的费用，包括材料、人力和道路或边坡恢复的费用等，并且可能还会带来额外的环境污染风险。另外，不同类型的管材，包括其产地的差异，会有显著不同的生命周期环境影响（life cycle environmental impact），鉴于目前国际上普遍对绿色低碳十分关注，排水管材自身及其施工建造和运行维护的生命周期环境影响和生命周期成本也需要予以关注。总之，排水管材的选用还需要考虑生命周期的总体影响。

11）施工方式。在排水管材选用时也需要考虑相应的施工方式。排水管可采用开挖施工，在有些条件下也可能采用顶管等非开挖方式施工。当采用非开挖施工时，在顶进时会变形、断裂的管材可能就不适用。

（2）常用排水管渠材料

1）混凝土管和钢筋混凝土管

混凝土排水管道可以制作成任何所需的强度，可以在拉伸和压缩方面都很强，可以在现场浇筑或预制管道。其具有抗侵蚀和耐磨性能，可以经济地用于中型和大型排水管道工程。这些管道有各种尺寸可供选择，在排水管道维修期间，沟渠可以快速挖开和回填。然而，混凝土为基础的管道会受到硫酸的腐蚀。因此，如果不给予适当的保护，管道的承载能力会因腐蚀而随着时间的推移而降低。在较高的流速下，管道容易受到含有淤泥和砂砾的污水的侵蚀。这些应在制造商自己的工厂内用抗硫酸盐水泥和高氧化铝涂层制造。混凝土管道内部可以用玻璃化黏土衬里加以保护。由于有保护衬里，它们几乎用于所有的排水支管和干管。混凝土管的管径一般小于 600mm，长度多为 1m，适用于管径较小的无压管。当管道埋深较大或敷设在土质条件不良地段，为抗外压，当管径大于 400mm 时通常都采用钢筋混凝土管。

混凝土管和钢筋混凝土管便于就地取材，制造方便。而且可根据抗压的不同要求，制成无压管、低压管、预应力管等，所以在排水管道系统中得到普遍应用。混凝土管和钢筋混凝土管除用作一般自流排水管道外，钢筋混凝土管及预应力钢筋混凝土管亦可用作泵站压力管及倒虹管。钢筋混凝土管可用于顶管施工的工程项目。它们的主要缺点是抵抗酸、碱浸蚀及抗渗性能较差、管节短、接头、施工复杂。在地震烈度大于 8 度的地区及饱和松砂、淤泥和淤泥土质、冲填土、杂填土的地区不宜敷设。另外大管径混凝土和钢筋混凝土管的自重大，搬运不便。根据 2004 年《关于发布〈建设部推广应用和限制禁止使用技术〉的公告》（建设部公告第 218 号），管径小于等于 500mm 的平口、企口混凝土排水管不得用于城镇市政污水，雨水管道系统。

我国对混凝土和钢筋混凝土管的级别、尺寸规格、连接方式和原材料等都有要求，详见《混凝土和钢筋混凝土排水管》GB/T 11836—2023。根据该标准，混凝土管和钢筋混凝土管的规格、外压荷载和内水压力等检验指标分别见表 6-1、表 6-2。

混凝土管规格、外压荷载和内水压力检验指标 表 6-1

| 公称内径 (mm) | 设计有效长度 (mm) | Ⅰ级管 | | | Ⅱ级管 | | |
		设计壁厚 (mm)	破坏荷载 (kN/m)	内水压力 (MPa)	设计壁厚 (mm)	破坏荷载 (kN/m)	内水压力 (MPa)
200		≥22	8		≥27	12	
250		≥25	9		≥33	15	
300		≥30	10		≥40	18	
350	≥1000	≥35	12	0.02	≥45	19	0.04
400		≥40	14		≥47	19	
450		≥45	16		≥50	19	
500		≥50	17		≥55	21	
600		≥60	21		≥65	24	

注：根据工程需要，经供需双方协商，也可生产其他规格、外压荷载和内水压力检验指标的管子。

钢筋混凝土管规格、外压荷载和内水压力检验指标 表 6-2

| 公称内径 (mm) | 设计有效长度 (mm) | 设计壁厚 (mm) | Ⅰ级管 | | | Ⅱ级管 | | | Ⅲ级管 | | |
			裂缝荷载 (kN/m)	破坏荷载 (kN/m)	内水压力 (MPa)	裂缝荷载 (kN/m)	破坏荷载 (kN/m)	内水压力 (MPa)	裂缝荷载 (kN/m)	破坏荷载 (kN/m)	内水压力 (MPa)
300		≥50	15	23		19	29		27	41	
400		≥50	17	26		27	41		35	53	
500	≥1000	≥55	21	32		32	48		44	66	
600		≥60	25	38		40	60		53	80	
700		≥70	28	42		47	71		62	93	
800		≥80	33	50		54	81		71	107	
900		≥90	37	56		61	92		80	120	
1000		≥100	40	60	0.06	67	100	0.10	89	134	0.10
1100		≥110	44	66		74	110		98	147	
1200		≥120	48	72		80	120		107	161	
1350	≥2000	≥135	55	83		90	135		122	183	
1400		≥140	57	86		93	140		126	189	
1500		≥150	60	90		100	150		135	203	
1600		≥160	64	96		106	160		144	216	
1650		≥165	66	99		110	165		148	222	

公称内径 (mm)	设计有效长度 (mm)	设计壁厚 (mm)	I级管			II级管			III级管		
			裂缝荷载 (kN/m)	破坏荷载 (kN/m)	内水压力 (MPa)	裂缝荷载 (kN/m)	破坏荷载 (kN/m)	内水压力 (MPa)	裂缝荷载 (kN/m)	破坏荷载 (kN/m)	内水压力 (MPa)
1800		≥180	72	108		120	180		162	243	
2000		≥200	80	120		134	200		180	270	
2200		≥220	88	132		146	220		196	294	
2400		≥230	96	144		158	238		212	318	
2600		≥245	104	156		172	258		228	342	
2800		≥255	112	168		185	278		244	366	
3000	≥2000	≥275	120	180	0.06	198	298	0.10	260	390	0.10
3200		≥290	128	192		211	317		276	414	
3400		≥310	136	204		221	332		292	438	
3500		≥320	140	210		228	342		300	450	
3600		≥330	—	—		234	351		306	459	
3800		≥340	—	—		242	363		320	480	
4000		≥350	—	—		250	375		332	498	

注1：根据工程需要，经供需双方协商，也可生产其他规格、外压荷载和内水压力检验指标的管子。
注2："—"表示水提供指标。

2）金属管

常用的金属管有普通铸铁管、钢管和球墨铸铁管等。

铸铁管很坚固，能够承受更大的拉伸、压缩和弯曲应力，但其费用较高。铸铁排水管可从内到外覆盖保护涂层，以增强耐腐蚀性。铸铁排水管的连接方式包括承插连接和法兰连接等。铸铁管可用于排水管道、泵站上升管和倒虹吸管，这些管道可能处于压力下工作。铸铁管也适用于交通负荷较大的排水管道，例如铁路和公路下面的排水管道。尽管铸铁管在大多数天然土壤中都具有耐腐蚀性，但对含酸废水和高度化粪池污水则可能抗腐蚀性不够，因此，一般从内部内衬水泥混凝土、煤焦油漆、环氧树脂等以增强防腐蚀性。必要时，根据所使用的接头类型，铸铁管可以从直线方向弯曲 2°～5°。

钢管适用于上升段的压力排水管、穿越水下、桥梁和铁路的排水管、与泵站的必要连接管、在自支撑跨距上敷设以跨越低洼地区的排水管等。与普通铸铁管相比，钢管比铸铁管更能承受高内压、冲击载荷和振动；钢管的延展性更强，可以更好地承受水锤压力。不过，钢管也较易受腐蚀，也需在内部应涂高铝水泥砂浆或聚脲，在外部涂环氧漆等以防止腐蚀。

球墨铸铁管也可以用来高效地输送污水，它是一种比普通铸铁管更好的排水管材，但价格偏高。球墨铸铁管有较好的抗水锤能力，其主要壁材是球墨铸铁，通常采用离心铸造工艺制备。球墨铸铁管的直径范围一般为 80～1000mm，单管长度一般在 6m 以内。球墨铸铁管道内部涂有水泥砂浆衬里或聚乙烯类衬里，以防止所输送废水的腐蚀。各种外部涂层可用于抑制环境对管道的外部腐蚀。球墨铸铁被认为是更强、更耐断裂的材料，具有抗冲击、高耐磨、高抗拉强度和延展性等特性。然而，像大多数含铁材料一样，球墨铸铁管也易受腐蚀。球墨铸铁管与普通铸铁管相比质量通常轻 30% 左右。厚壁球墨铸铁管的典型寿命可达 75 年，而薄壁球墨管在没有采取任何腐蚀控制措施（如阴极保护）的情况下，在高腐蚀性土壤中寿命也可达 20 年左右。

尽管金属管是良好的排水管材，但由于其费用偏高，室外重力流排水管道工程一般较少采用金属管，只有当排水管道承受高内压，高外压或对防渗漏要求特别高的地方，如排水泵站的进出水管、穿越铁路、河道的倒虹管或靠近给水管道和房屋基础时，才采用金属管。在地震烈度大于 8 度或地下水位高、流砂严重的地区也会采用金属管。近年来，随着我国各地市政排水工程广泛出现功能性和结构性缺陷，环境保护要求日益严格，污水处理提质增效不断深化，在我国不少地区球墨铸铁管的应用有增加的趋势。目前，我国已经发布了最新的《排水工程用球墨铸铁管、管件和附件》GB/T 26081—2022，对排水用球墨铸铁管的分类、尺寸、外形、技术要求和性能要求等进行了规定，在实际工程中可以作为参考依据。此外，《给水排水设计手册 第 12 册 器材与装置》（第三版）第 9 章中可查阅有关金属管道相关标准和产品规格等信息。

3）化学管材和复合管

随着新型建筑材料的不断研制，用于制作排水管道的材料也日益增多。其中化学建材（塑料）管的使用日益普遍。塑料管材通常以合成树脂为原料，在加工的过程中加入多种添加剂，通过挤压加工成型。塑料管的优点在于其生产工艺简单、自重轻、耐腐蚀、过水能力强、施工方便等，使用寿命一般在 50 年以上。基于上述优点，塑料管目前在排水管道建设中应用越来越广泛。近年来，随着塑料管材管件制造技术、施工技术的发展和完善，以及一系列相关国家标准的发布，塑料管在城市排水管道工程中占据了相当重要的地位。常用的塑料管有硬聚氯乙烯（PVC-U）管、聚乙烯（PE）管、高密度聚乙烯（HDPE）管、聚丙烯（PP）管、玻璃钢夹砂（RPM）管以及 HPDE 钢带增强螺旋波纹管等。由于加工工艺和添加的助剂不同，这些管道又有实壁管、双壁波纹管、螺旋缠绕管等形式。不同化学管材和复合管道的规格型号和使用性能，详见《给水排水设计手册 第 12 册 器材与装置》（第三版）的有关部分。塑料管材的现行主要行业标准为《埋地塑料排水管道工程技术规程》CJJ 143—2010，此外也有各类塑料管材的各种团体标准可供参考。

4）石或钢筋混凝土大型管渠

排水管道的预制管管径一般小于 2m，实际上当管道设计断面大于 1.5m 时，通常就在现场建造大型排水渠道。建造大型排水渠道常用的建筑材料有砖、石、陶土块、混凝土块、钢筋混凝土块和钢筋混凝土等。采用钢筋混凝土时，要在施工现场支模浇筑，采用其他几种材料时，在施工现场主要是铺砌或安装。在多数情况下，建造大型排水渠道，常采用两种以上材料。

渠道的上部称做渠顶，下部称做渠底，常和基础做在一起，两壁称作渠身。图 6-2 为矩形大型排水渠道，由混凝土和砖两种材料建成。基础用 C15 混凝土浇筑，渠身用 M7.5 水泥砂浆砌 MU10 砖，渠顶采用钢筋混凝土盖板，内壁用 1∶3 水泥砂浆抹面 20mm 厚。这种渠道的跨度可达 3m，施工也较方便。

在石料丰富的地区，常采用条石、方石或毛石砌筑渠道。通常将渠顶砌成拱形，渠底和渠身扁光、勾缝，以使水力性能良好。图 6-3 为某地用条石砌筑的合流制排水渠道。

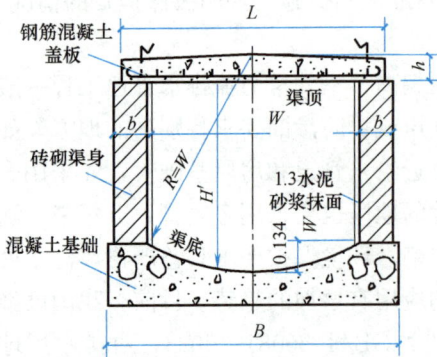

图 6-2　矩形大型排水渠道

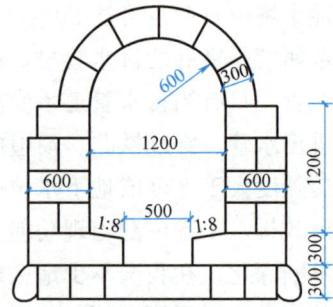

图 6-3　条石砌筑的合流制排水渠道

图 6-4 及图 6-5 分别为沈阳、西安两市采用的预制混凝土装配式渠道。装配式渠道预制块材料一般用混凝土或钢筋混凝土，也可用砖砌。为了增强渠道结构的整体性、减少渗漏的可能性以及加快施工进度，在设备条件许可的情况下应尽量加大预制块的尺寸。渠道的底部是在施工现场用混凝土浇制的。

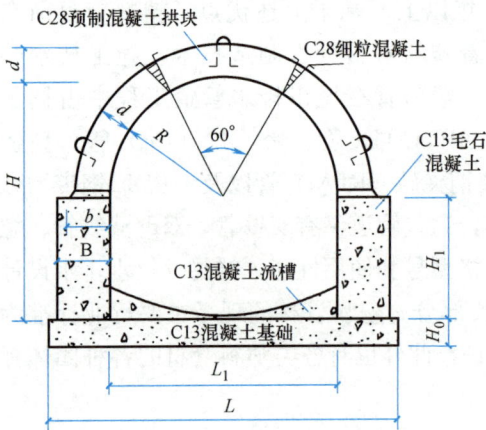

图 6-4　预制混凝土块拱形渠道（沈阳）

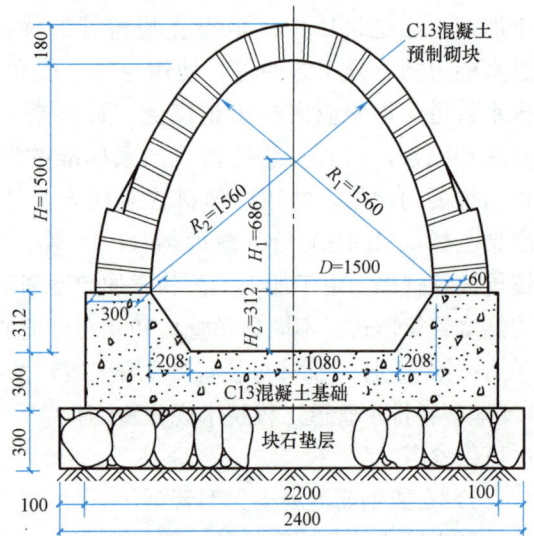

图 6-5　预制混凝土块污水渠道（西安）

5）陶土管

陶土管是由塑性黏土制成的。为了防止在焙烧过程中产生裂缝，通常加入耐火黏土及石英砂（按一定比例），经过研细、调和、制坯、烘干、焙烧等过程制成。根据需要可制成无釉、单面釉、双面釉的陶土管。若采用耐酸黏土和耐酸填充物，还可以制成特种耐酸陶土管。

普通陶土排水管（缸瓦管）最大公称直径可到 300mm，有效长度 800mm，适用于居民区室外排水管。耐酸陶瓷管最大公称直径国内可做到 800mm，一般在 400mm 以内，管节长度有 300mm、500mm、700mm、1000mm 几种，适用于排除酸性废水。

带釉的陶土管内外壁光滑，水流阻力小，不透水性好，耐磨损，抗腐蚀。但陶土管质脆易碎，不宜远运，不能受内压。抗弯抗拉强度低，不宜敷设在松土中或埋深较大的地方。此外，管节短，需要较多的接口，增加施工麻烦和费用。由于陶土管耐酸抗腐蚀性好，适用于排除酸性废水，或管外有侵蚀性地下水的污水管道。

（3）排水管渠材料的选择

1）排水管渠选择的一般考虑

合理地选择管渠材料，可大幅降低排水系统的造价。选择排水管渠材料时，除考虑本节前述排水管渠材料的基本要求外，此外还应综合考虑技术、经济及其他方面的因素。

根据排除污水的性质：当排除生活污水及中性或弱碱性（pH 为 8～10）的工业废水时，上述各种管材都能使用。当生活污水管道和合流污水管道采用混凝土或钢筋混凝土管时，由于管道运行时沉积的污泥会析出硫化氧，而使管道可能受到腐蚀。为减轻腐蚀损害，可以在管道内加专门的衬层。这种衬层大多由沥青、煤焦油或环氧树脂涂制而成。排除碱性（pH＞10）的工业废水时可用铸铁管或砖渠，也可在钢筋混凝土渠内涂塑料衬层。排除弱酸性（pH 为 5～6）的工业废水可用陶土管或砖渠。排除强酸性（pH＜5）的工业废水时可用耐酸陶土管及耐酸水泥砌筑的砖渠，亦可用内壁涂有塑料或环氧树脂衬层的钢筋混凝土管、渠。排除雨水时通常都采用钢筋混凝土管、渠或用浆砌砖、石大型渠道。

根据管道受压、管道埋设地点及土质条件：压力管段（泵站压力管、倒虹管）一般都可采用金属管、钢筋混凝土管或预应力钢筋混凝土管。在地震区、施工条件较差的地区（地下水位高、有流砂等）以及穿越铁路等，亦可采用金属管。而在一般地区的重力流管道常采用陶土管、混凝土管、钢筋混凝土管。

排水管渠常用管材的特点和优缺点比较分别参见表 6-3、表 6-4。

常用排水管材性能比较　　　　　　　　表 6-3

管材性能	钢筋混凝土管	硬聚氯乙烯实壁管	聚乙烯双壁波纹管	聚乙烯缠绕结构壁管	玻璃钢夹砂管	球墨铸铁管	钢管
使用寿命	一般	长	长	长	长	长	一般
抗渗性能	弱	强	强	强	强	强	强
防腐能力	一般	强	强	强	强	一般	弱
管径范围	很广	很小	小	广	广	广	很广
施工方式	开槽顶管	开槽	开槽	开槽	开槽顶管	开槽顶管	开槽顶管定向钻进
质量及运输	质量很大，运输较麻烦	质量较小，运输方便	质量较小，运输方便	质量较小，运输方便	质量较小，运输方便	质量较大，运输不方便	质量较大，运输不方便
施工难易	较难	容易	容易	容易	容易	较难	较难
粗糙系数	0.013～0.014	0.009～0.0114	0.009～0.0114	0.009～0.0114	0.009～0.0114	0.0134	0.0124
过水能力	小	大	大	大	大	小	一般
管材价格	较低	较低	较低	较低	较低	高	高
综合造价	较低	较低	较低	较低	较高	较高	高

管材种类	优点	缺点	适用条件
钢管及铸铁管	1. 质地坚固，抗压、抗振性强； 2. 每节管子较长，接头少，加工方便	1. 综合造价较高； 2. 钢管对酸碱的防蚀性较差，必须衬涂防腐材料，并注意绝缘；内外防腐的施工质量直接影响管道的使用寿命	适用于受高内压、高外压或对抗渗漏要求特别高的场合，如泵站的进出水管，穿越其他管道的架空管，穿越铁路、河流、谷地等
钢筋混凝土管及混凝土管	1. 造价较低、耗费钢材少； 2. 大多数是在工厂预制，也可现场浇制； 3. 可根据不同的内压和外压分别设计制成无压管、低压管、预应力管及轻重型管等； 4. 采用预制管时，现场施工时间较短	1. 管节较短，接头较多； 2. 大口径管质量大，搬运不便； 3. 容易被含酸含碱的污水侵蚀	钢筋混凝土管适用于自流管、压力管或穿越铁路（常用顶管施工）、河流、谷地（常做成倒虹管）等； 混凝土管适用于管径较小的无压管
陶管（无釉、单面釉、双面釉）	1. 双面釉耐酸碱，抗蚀性强； 2. 便于制造	1. 质脆，不宜远运，不能受内压； 2. 管节短，接头多； 3. 管径小，一般不大于600mm； 4. 有的断面尺寸不合规	适用于排除侵蚀性污水或管外有侵蚀性地下水的自流管
砌体沟渠	1. 可砌筑成多种形式的断面，如矩形、拱形、圆形等； 2. 抗蚀性较好； 3. 可就地取材	1. 断面小于 800mm 时不易施工； 2. 现场施工时间较预制管长	适用于大型排水系统工程
塑料排水管	1. 质量轻，单节管长，利于施工安装； 2. 抗蚀性强； 3. 内壁光滑，粗糙系数小； 4. 使用周期长	1. 价格较高； 2. 抗击集中外力和不均匀外力能力较弱，对于基础及回填施工质量要求高	用于排除侵蚀性污水或管外有侵蚀性地下水的环境

注：1. 根据建设部《关于进一步加强禁止使用实心黏土砖工作的通知》建科〔2007〕74 号）文件，禁止使用实心黏土砖砌筑砖砌沟渠。

2. 依据建设部第 659 号公告《建设事业"十一五"推广应用和限制禁止使用技术（第一批）》，平口、企口混凝土排水管（DN≤500mm）不得用于城镇市政污水、雨水管道系统。

　　总之，选择管渠材料时，在满足技术要求的前提下，应尽可能就地取材，采用当地易于自制、便于供应和运输方便的材料，以使运输及施工总费用降至最低。

　　2）我国排水管材现状与问题

　　国内的排水管网工程在选用管材时的设计依据文件主要包括国家和地方的政策文件、设计图集、设计手册等，设计者通常在此框架下再结合工程经验并考虑经济因素最终选出合适的管材。

　　在政策层面上，由于塑料管材相较于传统的金属管和混凝土管具有多方面优势，近

20 年多来我国一直在推广埋地塑料排水管材的应用，国家和地方层面多次出台了相关文件推广塑料管材，限制和禁止特定金属管和混凝土管的应用。1999 年，建设部发布《关于加强技术创新推进化学建材产业化的若干意见》和《关于加强技术创新推进化学建材产业化的若干意见》。2000 年，建设部发布《国家化学建材产业"十五"计划和 2010 年发展规划纲要》。2001 年，建设部发布《关于发布化学建材技术与产品的公告》，建议使用的埋地排水塑料管包括聚氯乙烯管、聚氯乙烯芯层发泡管、聚氯乙烯双壁波纹管、玻璃钢夹砂管、塑料螺旋缠绕管、聚氯乙烯径向加筋管。2004 年，建设部发布《建设部推广应用和限制禁止使用技术》，将多种塑料管材列为推荐使用埋地排水管材，并将冷镀锌钢管、砂模铸造铸铁排水管、平口企口混凝土排水管（≤500mm）、灰口铸铁管材管件等列为限制使用技术。2007 年，建设部发布《建设事业"十一五"推广应用和限制禁止使用技术（第一批)》，新增钢带增强聚乙烯螺旋缠绕波纹管、聚氯乙烯（实壁）管（PVC-U）两种推广应用的埋地排水塑料管材，继续限制小口径混凝土管、灰口铸铁管等管材的应用。

地方层面上，各地也有出台适应当地条件的管材推广和限制相关文件。2006 年，浙江省建设厅发布《淘汰和限制使用技术与产品目录》和《建筑节能（含节水、节材、节地）推广技术公告》，在市政用排水管道系统中推广塑料、钢塑以及新型复合管材应用，淘汰砂模铸造铸铁排水管，限制平口、企口混凝土排水管（D≤500mm）、灰口铸铁管材、管件的使用。2019 年，重庆市住房和城乡建设委员会发布《重庆市建设领域禁止、限制使用落后技术通告（2019 年版)》，禁止应用 DN800 及以下管径的混凝土排水管，钢筋混凝土排水管，铸铁排水管（刚性接口），因为其易渗漏，易污染环境。2019 年北京市三部门联合发布《北京市禁止使用建筑材料目录（2018 年版)》，禁止直径不大于 600mm 的刚性接口的灰口铸铁管用于市政管网，禁止平口混凝土排水管（含钢筋混凝土管）和承插式刚性接口铸铁排水管用于民用建筑工程。

从政策层面来看，我国正在推广塑料管材（HDPE 管、PVC 管、玻璃钢夹砂管等）以及复合管材（钢塑复合管等）在埋地排水管道中的应用，限制或禁止小口径混凝土管、钢筋混凝土管和金属管（冷镀锌钢管、砂模铸造铸铁排水管、灰口铸铁管等）的应用。指导排水工程设计的图集和手册也有对管材选择的建议。国标图集《市政排水管道工程及附属设施》（06MS201）说明了混凝土管、钢筋混凝土管、硬聚氯乙烯管、聚乙烯管、增强聚丙烯管等管材在室外排水工程的应用及设计要求，管材的选用应根据管道的用途、输送的介质、水文地质条件、施工技术条件及材料供应情况等。此外，部分省市地方也有出台适应当地条件的排水工程标准图集。行业设计手册《给水排水设计手册　第 5 册城镇排水》简单介绍了钢管及铸铁管、钢筋混凝土管及混凝土管、陶管、砌体沟渠、塑料排水管的优缺点及使用条件，具体的管材选择应根据水质、断面尺寸、土壤性质、地下水位侵蚀性、内外所受压力、耐腐蚀性、止水密封性以及现场条件、施工方法等因素进行选择。

上海市地方规范《城镇排水管道设计规程》DG/TJ 08-2222—2016 要求：管材的采用应根据水质、水压、断面尺寸、地面荷载、覆土深度、地质条件、施工方式与条件、市场供应情况及对养护工具的适应性等进行选择与设计。

在中国香港地区，由香港渠务署发布的排水手册（Sewage Manual）提出选用管材时应考虑如下因素：水力设计（重力流或压力流），结构设计，输送介质，地下水及外部环境，成本因素（建设成本和维护成本），管道接口（易于安装，过往表现）、耐久性（耐腐蚀及耐磨），市售管道尺寸、配件、长度能满足建设及维护需求，易于切割及连接支管，运输和搬运时单节管道质量和长度。国外市政行业和政府机构发布的设计手册也涉及对管材选择的建议。美国土木工程协会 ASCE 编写的重力式污水管道设计与施工手册（Gravity Sanitary Sewer Design and Construction）提出在选择排水管材时应考虑的因素包括：废水类别、冲刷或磨损情况、安装条件、腐蚀情况（化学、生物）、水力条件（管径、流速、坡度、摩擦系数）、入渗和渗漏的要求、管材特性、成本效益、物理性能、搬运条件。美国华盛顿州运输部 WSDOT 发布的水力设计手册（Hydraulics Manual）提出管材选择应考虑水力特性、现场条件、地质条件、耐腐蚀性、安全考虑和成本。

近年来，在国家及地方政策的推动下，塑料管材在埋地排水管道上的应用迅速拓展开来，但是塑料排水管材在实际应用中也暴露出诸多问题，不能够达到设计预期的运行效果。

塑料管材在产品环节存在着质量问题，塑料排水管材产品技术要求和资金壁垒不高，整体进入门槛低，行业竞争较为激烈，部分企业仅仅强调自身经济利益，缺少对产品质量的严格把控，造成生产的产品质量偏低。根据《给水排水管道工程施工及验收规范》GB 50268—2008，鉴于硬聚氯乙烯管（UPVC）、高密度聚乙烯管（HDPE）及其复合管目前市场上品种繁多，规格不统一，产品质量参差不齐；有必要对进入施工现场的管节、管件的外观质量逐根进行检验。2019 年云南省对市售塑料排水管材产品质量进行了抽查，根据抽查结果，共 43 批次样品中，30 批次样品实物质量合格，不合格率为 30.23%，在 13 批次不合格产品中有 10 批次产品属于埋地用塑料管材。2018 年，湖南省工商局发布"2018 年二季度流通领域商品质量抽查检验通报"抽检了 158 组塑料管材样品，合格 74 组，不合格 84 组，不合格组中包括 12 组 HDPE 双壁波纹管材，2 组 HDPE 钢带增强螺旋波纹管。在某些地区的排水管网运行实际调查表明，塑料管材运行状况不如预期，暴露出来诸多问题，并没有表现出相较于传统钢筋混凝土管的优势。根据深圳市 166 条道路排水管道的 CCTV 检测数据，混凝土管的状况要比 PE 管、PVC 管、玻璃钢夹砂管好，混凝土管更为稳定，缺陷再发育能力弱。另有研究分析了深圳市某片区 1662 段管道共74.2km 长的排水管道 CCTV 检测结果，整体上缺陷情况严重，管材类型的比率为钢筋混凝土管 49%，HDPE 管 29%，玻璃钢夹砂管 22%。在三种管材中，在 HDPE 中，缺陷管段占比为 72.38%，在玻璃钢夹砂管和钢筋混凝土管中，缺陷管段占比分别为57.78% 和 72.93%。HDPE 管、玻璃钢夹砂管和钢筋混凝土管结构性缺陷数量最多的形式分别是渗漏、脱节和渗漏。重庆某地区的刚竣工的 5 段 HDPE 钢带增强螺旋波纹管和 4 段钢筋混凝土管进行了 CCTV 检测，所有 HDPE 钢带增强螺旋波纹管段都存在 2级及以上变形缺陷，部分管段还存在破裂和渗漏缺陷；4 段钢筋混凝土管均存在 1 级破裂缺陷。

综上所述，除各种排水管材本身所具有的固有特性外，市场状况、不同管材对施工方式的容错程度、行业管理等均会对实际应用效果带来重要影响，在特定地区开展项目设计、建设和行业管理时，需对该地区排水管材的实际使用情况进行调查和更新，以便反映排水管材的实际特性。

6.2　排水管道的接口

排水管道的不透水性和耐久性，在很大程度上取决于敷设管道时接口的质量。管道接口应具有足够的强度、不透水、能抵抗污水或地下水的浸蚀并有一定的弹性。根据接口的弹性，一般分为柔性、刚性和半柔半刚性 3 种接口形式。

柔性接口指在工作状态下相邻管端具备相对角复位、轴向位移的接口，允许管道纵向轴线交错 3～5mm 或交错一个较小的角度，而不致引起渗漏。常用的柔性接口有沥青卷材及橡皮圈接口。沥青卷材接口用在无地下水，地基软硬不一，沿管道轴向沉陷不均匀的无压管道上。橡胶圈接口使用范围更加广泛，特别是在地震多发地区，对管道抗震有显著作用。柔性接口施工复杂，造价较高，在地震多发地区采用有它独特的优越性。

刚性接口指在工作状态下，相邻管端不具备角复位、轴向位移功能的接口，不允许管道有轴向的交错，但比柔性接口施工简单、造价较低，因此采用较广泛。常用的刚性接口有水泥砂浆抹带接口、钢丝网水泥砂浆抹带接口。刚性接口抗振性能差，用在地基比较良好，有带形基础的无压管道上。

半柔半刚性接口介于上述两种接口形式之间。使用条件与柔性接口类似。常用的是预制套环石棉水泥接口。

下面介绍几种常用的接口方法。

(1) 水泥砂浆抹带接口，见图 6-6。

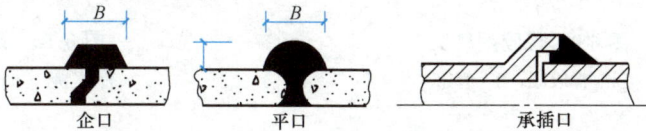

图 6-6　水泥砂浆抹带接口

在管子接口处用 (1∶2.5)～(1∶3) 水泥砂浆抹成半椭圆形或其他形状的砂浆带，带宽 120～150mm。水泥砂浆抹带属于刚性接口，一般适用于地基土质较好的雨水管道，或用于地下水位以上的污水支线上。企口管、平口管、承插管均可采用此种接口。

(2) 钢丝网水泥砂浆抹带接口，见图 6-7，属于刚性接口。将抹带范围的管外壁凿毛，抹水灰比为 1∶2.5 厚 15mm 水泥砂浆，中间采用 20 号 10mm×10mm 钢丝网，两端插入基础混凝土中，上面再抹水灰比厚 10mm 砂浆。钢丝网水泥砂浆抹带接口适用于地基土质较好的具有带形基础的雨水、污水管道上。

(3) 石棉沥青卷材接口，见图 6-8，属于柔性接口。石棉沥青卷材为工厂加工，沥青玛蹄脂质量配比为沥青∶石棉∶细砂＝7.5∶1∶1.5。先将接口处管壁刷净烤干，涂上冷底子油一层，再刷沥青玛蹄脂厚 3mm，再包上石棉沥青卷材，再涂 3mm 厚的沥青砂玛蹄脂，这叫"三层做法"。若再加卷材和沥青砂玛蹄脂各一层，便叫"五层做法"。石棉沥青卷材接口一般适用于地基沿管道轴向沉陷不均匀地区。

(4) 橡胶圈接口，见图 6-9，属柔性接口。接口结构简单，施工方便，适用于施工地段土质较差，地基硬度不均匀，或地震地区。

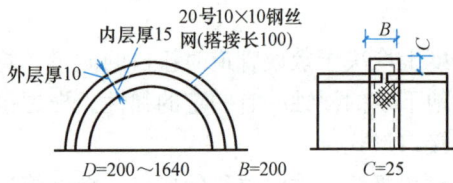

图 6-7 钢丝网水泥砂浆抹带接口（单位：mm）

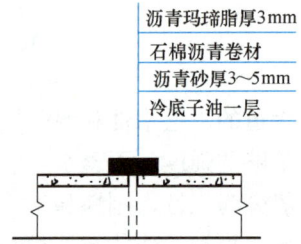

图 6-8 石棉沥青卷材接口

（5）预制套环石棉水泥（或沥青砂）接口，见图 6-10，属于半刚半柔接口。石棉水泥质量比为水：石棉：水泥＝1：3：7（沥青砂配比为沥青：石棉：砂＝1：0.67：0.67）。适用于地基不均匀地段，或地基经过处理后管道可能产生不均匀沉陷且位于地下水位以下，内压低于 10m 的管道上。

（6）塑料管道的接口，不同的塑料管采用不同的连接方式，最常用的连接方式包括单密封圈承插连接、双密封圈承插连接、套管承插连接、胶粘剂承插连接，电热熔带连接等。

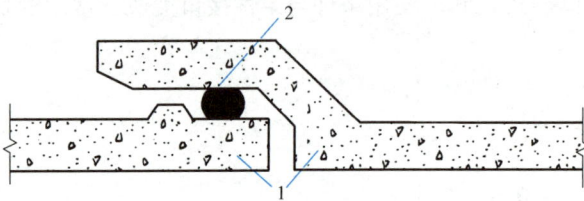

图 6-9 橡胶圈接头

1—橡胶圈；2—管壁

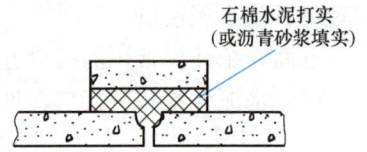

图 6-10 预制套环石棉水泥（沥青砂）接口

（7）顶管施工常用的接口形式

1）混凝土（或铸铁）内套环石棉水泥接口，见图 6-11，一般只用于污水管道。

2）沥青油毡、石棉水泥接口，见图 6-12。麻辫（或塑料圈）石棉水泥接口，如图 6-13 所示。这两种接口一般只用于雨水管道。

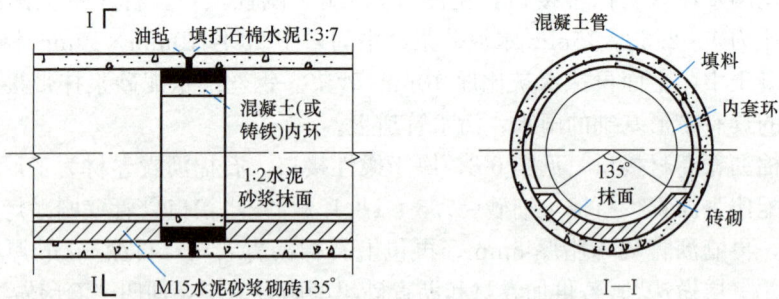

图 6-11 混凝土（或铸铁）内套环石棉水泥接口

采用铸铁管的排水管道，接口做法与给水管道相同。常用的有承插式铸铁管油麻石棉水泥接口，见图 6-14。

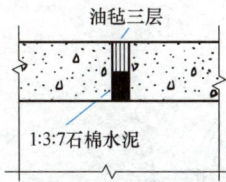

图 6-12　沥青油毡、石棉水泥接口

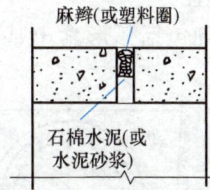

图 6-13　麻辫（或塑料圈）石棉水泥接口

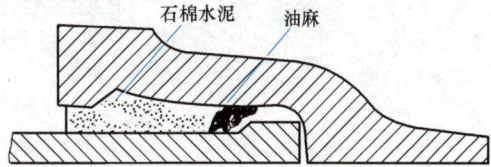

图 6-14　承插式铸铁管油麻石棉水泥接口

除上述常用的管道接口外，在化工、石油、冶金等工业的酸性废水管道上，需要采用耐酸的接口材料。目前有些单位研制了防腐蚀接口材料——环氧树脂浸石棉绳，使用效果良好。也有使用玻璃布和煤焦油、高分子材料配制的柔性接口材料等，这些接口材料尚未广泛采用。国外目前主要采用承插口加橡皮圈及高分子材料的柔性接口。

不同管道接口可参见《市政排水管道工程及附属设施》06MS201 和相关排水管材标准，钢筋混凝土管和混凝土管接口可参见《给水排水设计手册（第三版）第 5 册　城镇排水》1.5.2 部分内容。

6.3　排水管道的基础

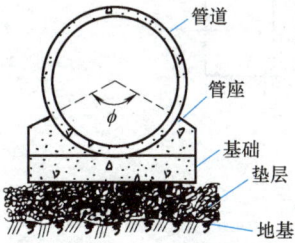

图 6-15　管道基础断面

排水管道的基础一般由地基、基础和管座 3 个部分组成，见图 6-15。地基是指沟槽底的土壤部分。它承受管子和基础的质量、管内水重、管上土压力和地面上的荷载。基础是指管子与地基间经人工处理过的或专门建造的设施，其作用是将管道较为集中的荷载均匀分布，以减少对地基单位面积的压力，或由于土的特殊性质的需要，为使管道安全稳定的运行而采取的一种技术措施，如原土夯实、混凝土基础等。管座是管子下侧与基础之间的部分，设置管座的目的在于它使管子与基础连成一个整体，以减少对地基的压力和对管子的反力。管座包角的中心角越大，基础所受的单位面积的压力和地基对管子作用的单位面积的反力越小。

为保证排水管道系统能安全正常运行，除管道工艺本身设计施工应正确外，管道的地基与基础要有足够的承受荷载的能力和可靠的稳定性。否则排水管道可能产生不均匀沉陷，造成管道错口、断裂、渗漏等现象，导致对附近地下水的污染，甚至影响附近建筑物的基础。一般应根据管道本身情况及其外部荷载的情况、覆土的厚度、土壤的性质合理地选择管道基础。

目前常用的管道基础有 3 种。

1. 砂土基础

砂土基础包括弧形素土基础及砂垫层基础，见图 6-16（a）、（b）。

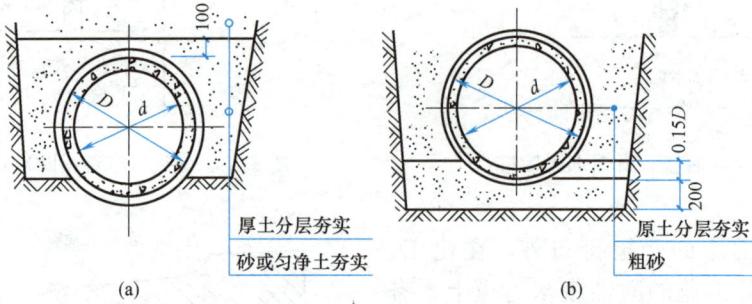

图 6-16　砂土基础
(a) 弧形素土基础；(b) 砂垫层基础

弧形素土基础是在原土上挖一弧形管槽（通常采用 90°弧形），管子落在弧形管槽里。这种基础适用于无地下水、原土能挖成弧形的干燥土壤；管道直径小于 600mm 的混凝土管，钢筋混凝土管、陶土管；管顶覆土厚度为 0.7～2.0m 的街坊污水管道；不在车行道下的次要管道及临时性管道。

砂垫层基础是在挖好的弧形管槽上，用带棱角的粗砂填 10～15cm 厚的砂垫层。这种基础适用于无地下水，岩石或多石土壤，管道直径小于 600mm 的混凝土管、钢筋混凝土管及陶土管，管顶覆土厚度 0.7～2m 的排水管道。

2. 混凝土枕基

混凝土枕基是只在管道接口处才设置的管道局部基础，见图 6-17。

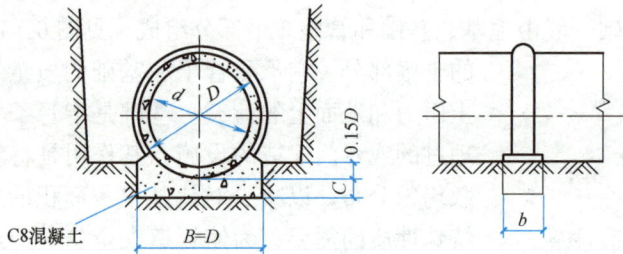

图 6-17　混凝土枕基

图 6-17 中 C 为混凝土管道平基，b、C 采用尺寸与管径有关，见相关标准图 b，为持带宽度一般为 80～100mm。

通常在管道接口下用 C8 混凝土做成枕状垫块。此种基础适用于干燥土壤中的雨水管道及不太重要的污水支管。常与素土基础或砂填层基础同时使用。

3. 混凝土带形基础

混凝土带形基础是沿管道全长铺设的基础。按管座的形式不同可分为 90°、135°、180°三种管座基础，见图 6-18。这种基础适用于各种潮湿土壤，以及地基软硬不均匀的排水管道，管径为 200～2000mm，无地下水时在槽底老土上直接浇混凝土基础，有地下水时常在槽底铺 10～15cm 厚的卵石或碎石垫层，然后才在上面浇混凝土基础，一般采用强度等级为 C8 的混凝土。当管顶覆土厚度在 0.7～2.5m 时采用 90°管座基础。管顶覆土厚

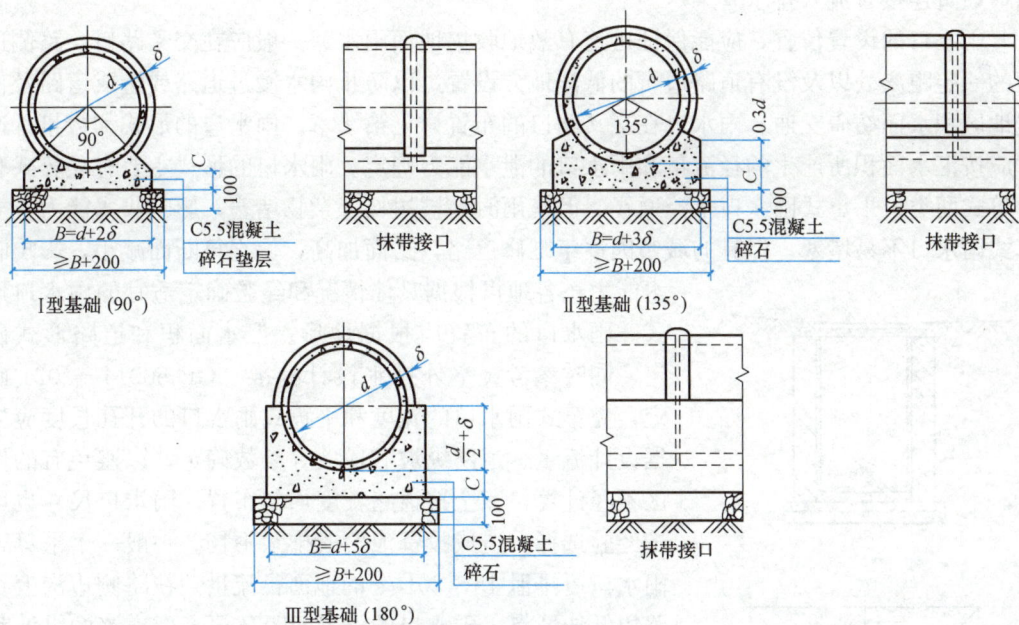

图 6-18 混凝土带形基础

度为 2.6～4m 时用 135°基础。覆土厚度在 4.1～6m 时采用 180°基础。在地震区，土质特别松软，不均匀沉陷严重地段，最好采用钢筋混凝土带形基础。

对地基松软或不均匀沉降地段，为增强管道强度，保证使用效果，北京、天津等地的施工经验是对管道基础或地基采取加固措施，接口采用柔性接口。

管道基础可参见《市政排水管道工程及附属设施》06MS201 和相关排水管材标准，不同类型基础的对比可参见《给水排水设计手册（第三版）第 5 册 城镇排水》1.5.2 部分内容。

6.4 排水管渠系统上的构筑物

为了排除雨污水，除管渠本身外，还需在管渠系统上设置某些附属构筑物，这些构筑物包括雨水口、连接暗井、溢流井、检查井、跌水井、水封井、倒虹管、冲洗井、防潮门、出水口等。本章将叙述这些构筑物的作用及构造。至于它们的设计计算，可参考《给水排水设计手册》的有关部分。泵站是排水系统上常见的建筑物，已在水泵及水泵站课程中阐述，此处不再赘述。

排水管渠系统上的构筑物，有些数量很多，它们在排水管渠系统的总造价中占有相当的比例。例如，为便于排水管渠的维护管理，通常都应设置检查井，对于污水管道，若一般每 50m 左右设置一个，这样，每千米污水管道上的检查井就有 20 个之多。因此，如何使这些构筑物建造得合理，并能充分发挥其最大作用，是排水管渠系统设计和施工中的重要课题之一。

6.4.1 雨水口、连接暗井、溢流井

1. 雨水口

雨水口是在雨水管渠或合流管渠上收集雨水的构筑物。在街道路面上的雨水首先经雨

水口通过连接管流入排水管渠。

雨水口的设置位置，应能保证迅速有效地收集地面雨水。一般应在交叉路口、路侧边沟的一定距离处以及没有道路边石的低洼地方设置，以防止雨水漫过道路或造成道路及低洼地区积水而妨碍交通。雨水口在交叉路口的布置详见第 4 章。雨水口的形式和数量，通常应按汇水面积所产生的径流量和雨水口的泄水能力确定。雨水口的形式主要有立箅式和平箅式两类。平箅式雨水口水流通畅，但暴雨时易被树枝等杂物堵塞，影响收水能力；立箅式雨水口不易堵塞，但有的城镇因逐年维修道路，路面加高，使立箅断面减小，影响收水能力。各地可根据具体情况和经验确定适宜的雨水口形式。雨水口的布置应根据地形、汇水面积和道路形式确定，同时参考《室外排水设计标准》GB 50014—2021 确定，立箅式雨水口的宽度和平箅式雨水口的开孔长度应根据设计流量、道路纵坡和横坡等参数确定，以避免有的地区不经计算，完全按道路长度均匀布置，雨水口尺寸也可按经验选择，造成投资浪费或排水不畅。一般一个平箅式雨水口可排泄 15～20L/s 的地面径流量。在路侧边沟上及路边低洼地点，雨水口的设置间距还要考虑道路的纵坡和路边石的高度。道路上雨水口宜设污物截留设施，目的是减少由地表径流产生的非溶解性污染物进入受纳水体。合流制系统中的雨水口，为避免出现由污水产生的臭气外溢的现象，应采取设置水封或投加药剂等措施，防止臭气外溢。因此，雨水口的间距宜为 25～50m（视汇水面积大小而定），在低洼和易积水的地段，应根据需要适当增加雨水口的数量。连接管串联雨水口不宜超过 3 个。雨水口连接管长度不宜超过 25m。

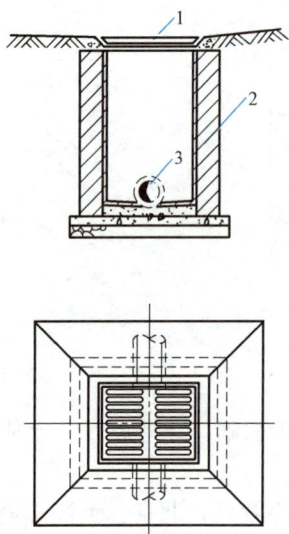

图 6-19　平箅式雨水口

1—进水箅；2—井筒；3—连接管

雨水口的构造包括进水箅、井筒和连接管 3 部分，见图 6-19。

雨水口的进水箅可用铸铁或钢筋混凝土、石料制成。采用钢筋混凝土或石料进水箅可节约钢材，但其进水能力远不如铸铁进水箅，有些城市为加强钢筋混凝土或石料进水箅的进水能力，把雨水口处的边沟沟底下降数厘米，但给交通造成不便，甚至可能引起交通事故。进水箅条的方向与进水能力也有很大关系，箅条与水流方向平行比垂直的进水效果好，因此有些地方将进水箅设计成纵横交错的形式（图 6-20），以便排泄路面上从不同方向流来的雨水。雨水口按进水箅在街道上的设置位置可分为：①边沟雨水口，进水箅稍低于边沟底水平放置；②边石雨水口，进水箅嵌入边石垂直放置；③联合式雨水口，在边沟底和边石侧面都安放进水箅，见图 6-21。雨水口易被路面垃圾和杂物堵塞，平箅雨水口在设计中应考虑 50% 被堵塞，立箅式雨水口应考虑 10% 被堵塞。在暴雨期间排除道路积水的过程中，雨水管道一般处于承压状态，其所能排出的水量要大于重力流情况下的设计流量，因此，雨水口和雨水连接管流量按照雨水管渠设计重现期所计算流量的 1.5～3.0 倍计，通过提高路面进入地下排水系统的径流量，缓解道路

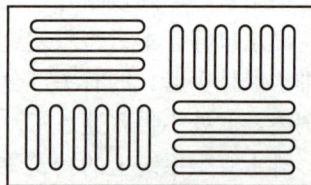

图 6-20　箅条交错排列的进水箅

216

积水。为提高雨水口的进水能力，目前我国许多城市已采用双算联合式或三算联合式雨水口，由于扩大了进水算的进水面积，进水效果良好。

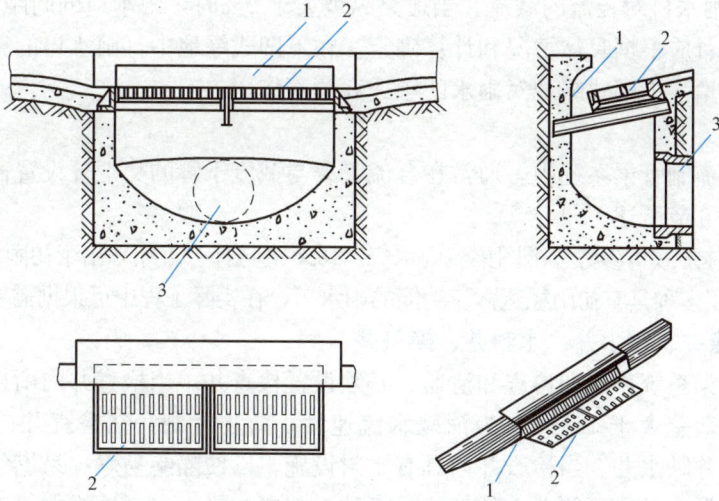

图 6-21　双算联合式雨水口
1—边石进水算；2—边沟进水算；3—连接管

雨水口的井筒可用砖砌或用钢筋混凝土预制，也可采用预制的混凝土管。雨水口的深度一般不宜大于 1m，在有冻胀影响的地区，雨水口的深度可根据经验适当加大。雨水口的底部可根据需要做成有沉泥井（也称截留井）或无沉泥井的形式，图 6-22 所示为有沉泥井的雨水口，它可截留雨水所夹带的砂砾，免使它们进入管道造成淤塞。但是沉泥井往往积水，滋生蚊蝇，散发臭气，影响环境卫生。因此需要经常清除，增加了养护工作量。通常仅在路面较差、地面上污垢很多的街道或菜市场等地方，才考虑设置有沉泥井的雨水口。

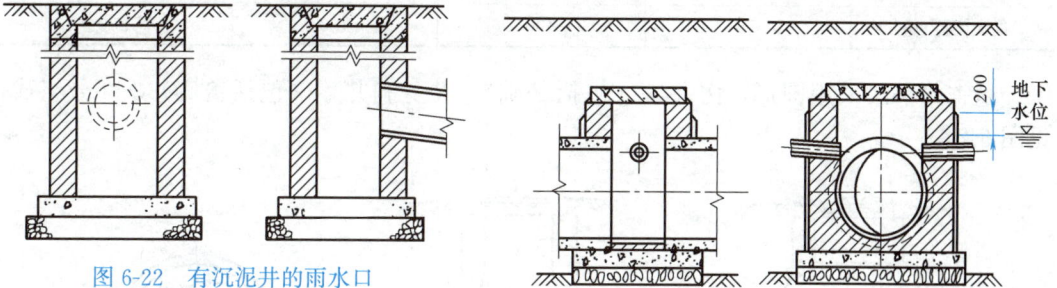

图 6-22　有沉泥井的雨水口

2. 连接暗井

雨水口以连接管与街道排水管渠的检查井相连。当排水管直径大于 800mm 时，也可在连接管与排水管连接处不另设检查井，而设连接暗井，见图 6-23。连接管的最小管径为 200mm，坡度一般为 0.01，长度不宜超过 25m，接在同一连接管上的雨水口一般不宜超过 3 个。

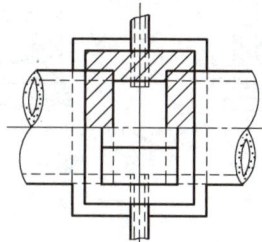

图 6-23　连接暗井

为就近排除道路积水，规定道路横坡坡度不应小于1.5%，平算式雨水口的算面标高应比附近路面标高低30~50mm，立算式雨水口进水处路面标高应比周围路面标高低50mm，有助于雨水口对径流的截流。当道路纵坡大于2%时，雨水口的间距可大于50m，其形式数量和布置应根据具体情况和计算确定。在下凹式绿地中，雨水口的算面标高应高于周边绿地，以增强下凹式绿地对雨水的渗透和调蓄作用。

3. 溢流井

在截流式合流制管渠系统中，通常在合流管渠与截流干管的交汇处设置截流井。截流井的构造如第5.6节所述。

雨水口的具体形式可参考标准图集《雨水口》16S518选择，近年来出于初雨水径流污染控制的考虑，开发了多种具有初雨径流截流功能的雨水口，在实际工程中可根据需要选用。

6.4.2 检查井、跌水井、水封井、换气井

为便于对管渠系统作定期检查和清通，必须设置检查井。当检查井内衔接的上下游管渠的管底标高跌落差大于1m时，为消减水流速度，防止冲刷，在检查井内应有消能措施，这种检查井称跌水井。当检查井内具有水封设施，以便隔绝易爆、易燃气体进入排水管渠，使排水管渠在进入可能遇火的场地时不致引起爆炸或火灾，这样的检查井称为水封井。后两种检查井属于特殊形式的检查井，或称为特种检查井。

1. 检查井

检查井通常设在管渠交汇处、转弯处、管径或坡度改变处、跌水处等及直线管段上每隔一定距离处。检查井在直线管渠段上的最大间距，应根据疏通方法等的具体情况确定，在不影响街坊接户管的前提下，一般可按表6-5采用。无法实现机械养护的区域，检查井的间距不宜大于40m。

检查井在直线管的最大间距   表6-5

管径(mm)	300~600	700~1000	1100~1500	1600~2000
最大间距(m)	75	100	150	200

检查井一般采用圆形，由井底（包括基础）、井身和井盖（包括盖底）3部分组成，见图6-24。

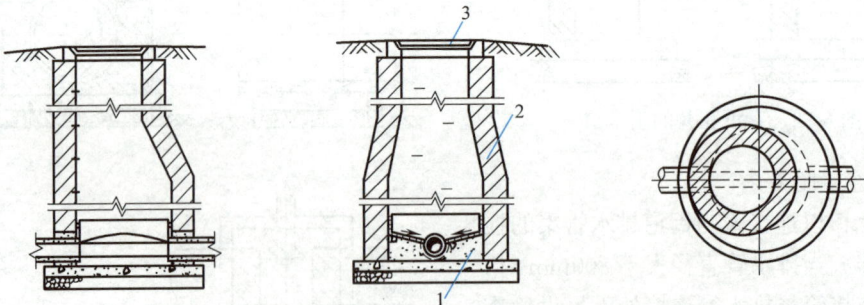

图6-24 检查井
1—井底；2—井身；3—井盖

检查井井底材料一般采用低强度等级混凝土，基础采用碎石、卵石、碎砖夯实或低强度等级混凝土。为使水流流过检查井时阻力较小，井底宜设半圆形或弧形流槽。流槽直壁

218

向上升。污水管道的检查井流槽顶与上、下游管道的管顶相平，或与 0.85 倍大管管径处相平，雨水管渠和合流管渠的检查井流槽顶可与 0.5 倍大管管径处相平。流槽两侧至检查井井壁间的底板（称沟肩）应有一定宽度，一般应不小于 20cm，以便养护人员下井时立足，并应有 0.02～0.05 的坡度坡向流槽，以防检查井积水时淤泥沉积。在管渠转弯或几条管渠交汇处，为使水流通顺，流槽中心线的弯曲半径应按转角大小和管径大小确定，但不得小于大管的管径。接入检查井的支管（接户管或连接管）直径大于 300mm 时，支管数不宜超过 3 条。检查井与管道接口处应采取防止不均匀沉降的措施。检查井底各种流槽的平面形式见图 6-25。某些城市的管渠养护经验说明，每隔一定距离（200m 左右），检查井井底做成落底 0.5～0.7m 深的沉泥槽，对管渠的清淤是有利的。

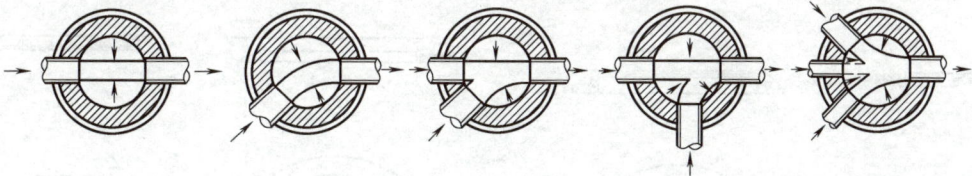

图 6-25　检查井底流槽的形式

检查井宜采用成品井，并不得使用砖砌检查井，钢筋混凝土检查井应采用钢筋混凝土底板。井身的平面形状一般为圆形，但在大直径管道的连接处或交汇处，可做成方形、矩形或其他各种不同的形状，图 6-26 为大管道上改向的扇形检查井平面图。

井身的构造与是否需要工人下井有密切关系。不需要人工作业的浅井，构造很简单，一般为直壁圆筒形；需要人工作业的井在构造上可分为井底、井身和井盖 3 部分，见图 6-24。工作室是养护人员养护时下井进行临时操作的地方，不应过分狭小，其直径不能小于 1m，其高度在埋深

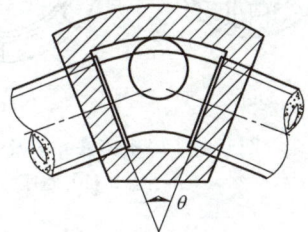

图 6-26　扇形检查井

许可时宜采用 1.8m。为降低检查井造价，缩小井盖尺寸，井筒直径一般比工作室小，但为了工人检修出入安全与方便，其直径不应小于 0.7m。井筒与工作室之间可采用锥形渐缩部连接，渐缩部高度一般为 0.6～0.8m，也可以在工作室顶偏向出水管渠一边加钢筋混凝土盖板梁，井筒则砌筑在盖板梁上。为方便上下，井身在偏向进水管渠的一边应保持一壁直立。

检查井井盖可采用铸铁或钢筋混凝土材料，在车行道上一般采用铸铁。污水管道、雨水管道和合流管道检查井井盖专用标识，应采用具有防盗功能的井盖，宜与地面持平，位于绿化带内井盖，不应低于地面。盖座采用铸铁、钢筋混凝土或混凝土材料制作。图 6-27 所示为轻型铸铁井盖及盖座，图 6-28 为轻型钢筋混凝土井盖及盖座。目前，随着智慧排水建设，应用智能井盖传感器，能够实时监测井盖的状态，包括位置状态以及周边环境的变化，当井盖出现位移、丢失或被盗时，传感器会立即触发警报，并将相关信息发送到监管人员的智能终端上，从而实现全天候、无死角的监测。该技术应用可减少人工巡检的时间和成本。还能避免事故发生后处理不及时而导致问题的扩大。

近年来，塑料排水检查井因其众多优点而得到越来越多的应用。塑料检查井和砖砌检

查井相比，具有体积小，内壁光滑，连接无渗漏等优点。但施工时需考虑抗浮，对回填要求较高。

塑料检查井是由高分子合成树脂材料制作而成的检查井。通常采用聚氯乙烯（PVC-U）、聚丙烯（PP）和高密度聚乙烯（HDPE）等通用塑料作为原料，通过缠绕、注塑或压制等方式成型部件，再将各部件组合成整体构件。

塑料检查井主要由井盖和盖座、承压圈、井体（井筒、井室、井座）及配件组合而成。井径 1000mm 以下的检查井井体为井筒、井座构成的直筒结构（图 6-29）；井径 1000mm 及以上的检查井井体为井筒、井室、井座构成的带收口锥体结构（图 6-30），收口处直径 700mm。井径 700mm 及以上的检查井井筒或井室壁上一般设置有爬梯、脚凳，便于检修和上下安全。

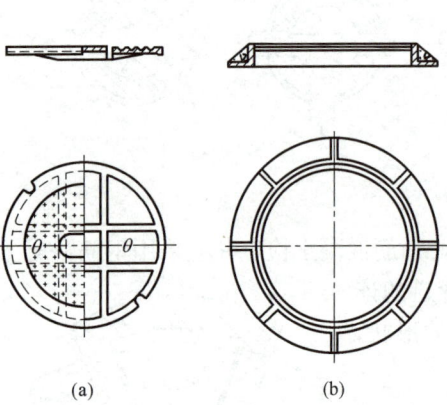

图 6-27　轻型铸铁井盖及盖座
（a）井盖；（b）盖座

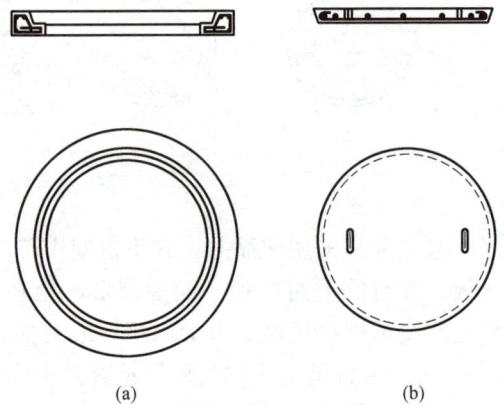

图 6-28　轻型钢筋混凝土井盖及盖座
（a）井盖；（b）盖座

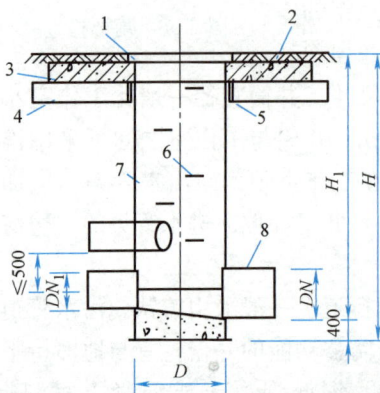

图 6-29　直壁塑料检查井结构示意图
1—井盖及井座；2—路面或地面；3—承压圈；
4—褥垫层；5—挡圈；6—踏步；
7—井筒；8—排水管

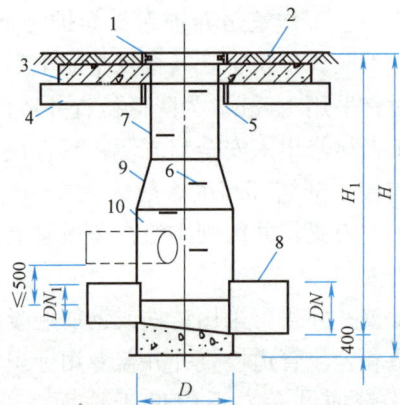

图 6-30　收口塑料检查井结构示意图
1—井盖及井座；2—路面或地面；3—承压圈；
4—褥垫层；5—挡圈；6—踏步；7—井筒；
8—排水管；9—收口锥体；10—井室

目前，国内生产企业的产品规格种类丰富。井径规格范围为 450～1500mm；接入管规格范围为 DN200～DN1200；最大埋深为 7～8m。

为避免在检查井盖损坏或缺失时发生行人坠落检查井的事故，规定污水、雨水和合流污水检查井应安装防坠落装置。防坠落装置应牢固可靠，具有一定的承重能力（≥100kg），并具备较大的过水能力，避免暴雨期间雨水从井底涌出时被冲走。目前国内已使用的检查井防坠落装置包括防落网、防坠落井箅等。

2. 跌水井

跌水井是设有消能设施的检查井。管道跌水水头为 1.0～2.0m 时，宜设跌水井；跌水水头大于 2.0m 时，应设跌水井，管道转弯处，不宜设跌水井。目前常用的跌水井有两种形式：竖管式（或矩形竖槽式）和溢流堰式。前者适用于直径等于或小于 400mm 的管道，后者适用于 400mm 以上的管道。当上、下游管底标高落差小于 1m 时，一般只将检查井底部做成斜坡，不采取专门的跌水措施。

竖管式跌水井的构造见图 6-31。这种跌水井一般不作水力计算。当管径不大于 200mm 时，一次落差不宜超过 6m。当管径为 300～400mm 时，一次落差不宜超过 4m。当管径大于 600mm 时，跌水高度和方式等均应通过水力计算求得。污水和合流管道上的跌水井，宜设排气通风措施，并应在该跌水井及上下游的三个检查井内部及管道内壁采取防腐措施。

溢流堰式跌水井如图 6-32 所示。它的主要尺寸（包括井长、跌水水头高度）及跌水方式等均应通过水力计算求得。这种跌水井也可用阶梯形跌水方式代替。

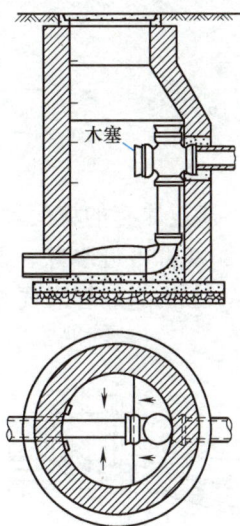

图 6-31　竖管式跌水井　　　　图 6-32　溢流堰式跌水井　　　　图 6-33　水封井

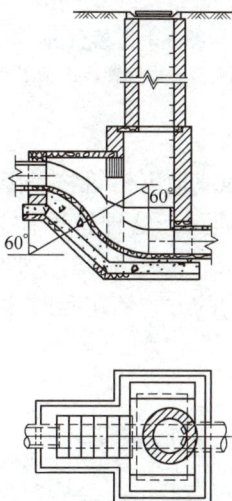

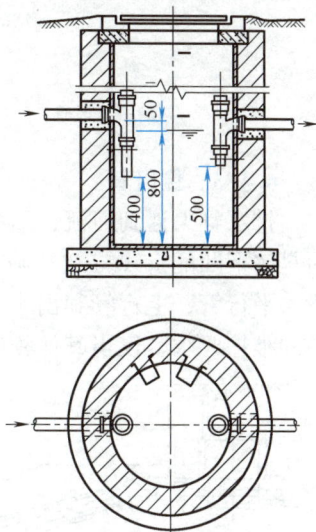

3. 水封井

当工业废水能产生引起爆炸或火灾的气体时，其管道系统中必须设水封井。水封井的位置应设在产生上述废水的生产装置、贮罐区、原料贮运场地、成品仓库、容器洗涤车间等的废水排出口处以及适当距离的干管上。水封井不应设在车行道和行人众多的地段，并应适当远离产生明火的场地。水封深度不应小于 0.25m。井上宜设通风设施，井底宜设沉泥槽。图 6-33 所示为水封井的构造。

4. 换气井

污水中的有机物常在管渠中沉积而厌气发酵，发酵分解产生的甲烷、硫化氢、二氧化碳等气体，如与一定体积的空气混合，在点火条件下将产生爆炸，甚至引起火灾。为防止此类偶然事故发生，同时也为保证在检修排水管渠时工作人员能较安全地进行操作，有时在街道排水管的检查井上设置通风管，使此类有害气体在住宅竖管的抽风作用下，随同空气沿庭院管道、出户管及竖管排入大气中。这种设有通风管的检查井称换气井。图6-34所示为换气井的形式之一。

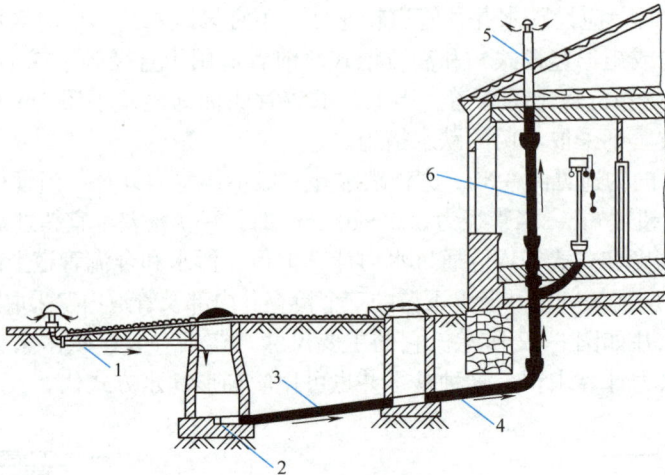

图 6-34　换气井

1—通风管；2—街道排水管；3—庭院管；4—出户管；5—透气管；6—竖管

6.4.3　倒虹管

排水管渠遇到河流、山涧、洼地或地下构筑物等障碍物时，不能按原有的坡度埋设，而是按下凹的折线方式从障碍物下通过，这种管道称为倒虹管。倒虹管由进水井、下行管、平行管、上行管和出水井等组成，见图6-35。国外文献提到，由于倒虹管需要相当高的维护要求，仅当其他领域障碍物的方式不实际时才选用倒虹管。

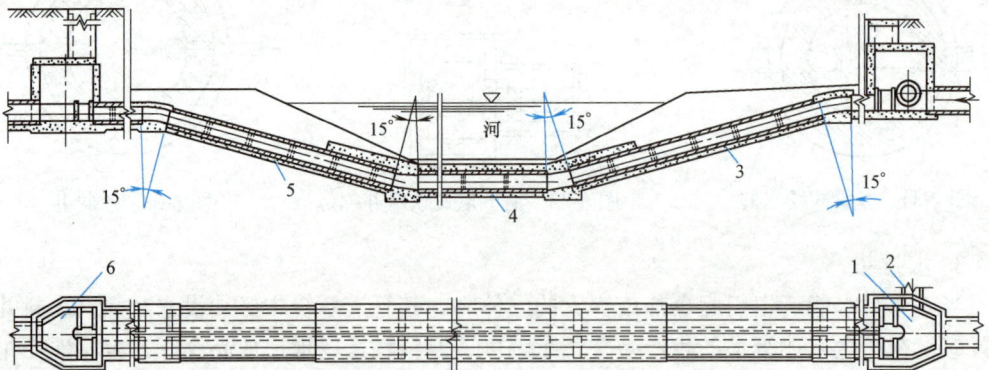

图 6-35　倒虹管

1—进水井；2—事故排出口；3—下行管；4—平行管；5—上行管；6—出水井

确定倒虹管的路线时，应尽可能与障碍物正交通过，以缩短倒虹管的长度，并应选择在河床和河岸较稳定不易被水冲刷的地段及埋深较小的部位敷设。

222

穿过河道的倒虹管的管顶距规划河底距离不宜小于 1.0m，当通过航运河道时，其位置和管顶距规划河底距离应与当地航运管理部门协商确定，并设置标识，遇冲刷河床应考虑防冲措施。其工作管线不宜少于两条。当排水量不大，不能达到设计流量时，其中一条可作为备用。如倒虹管穿过旱沟、小河和谷地时，也可单线敷设。通过构筑物的倒虹管，应符合与该构筑物相交的有关规定。倒虹管采用开槽埋管施工时，应根据管道材质、接口形式和地质条件，对管道基础进行加固或保护。刚性管道宜采用钢筋混凝土基础，柔性管道应采用包封措施。合流管道设置倒虹管时，应按旱流污水量校核流速。

由于倒虹管的清通比一般管道困难得多，因此必须采取各种措施来防止倒虹管内污泥的淤积。在设计时，可采取以下措施：

（1）倒虹管内的设计流速，应大于 0.9m/s，当管内流速达不到 0.9m/s 时，应增加定期冲洗措施，冲洗流速不得小于 1.2m/s。

（2）最小管径宜为 200mm。

（3）在进水井中设置可利用河水冲洗的设施。

（4）在进水井或靠近进水井的上游管渠的检查井中，在取得当地行业主管部门同意的条件下，宜设置事故排出口。当需要检修倒虹管时，可以让上游污水通过事故排出口直接泄入河道。

（5）在上游管渠靠近进水井的前一检查井底部应设置沉泥槽。

（6）倒虹管的上下行管与水平线夹角应不大于 30°。

（7）为了调节流量和便于检修，在进水井中应设置闸门或闸槽，有时也用溢流堰来代替。进、出水井应设置井口和井盖。

（8）在虹吸管内设置防沉装置。例如德国汉堡等市，试验了一种新式的所谓空气垫虹吸管。它是在虹吸管中借助于一个体积可以变化的空气垫，使之在流量小的条件下达到必要的流速，以避免在虹吸管中产生沉淀。

污水在倒虹管内的流动是依靠上下游管道中的水面高差（进、出水井的水面高差）H 进行的，该高差用以克服污水通过倒虹管时的阻力损失。倒虹管内的阻力损失值可按下式计算：

$$H_1 = iL + \sum \zeta \frac{v^2}{2g}$$

式中　i——倒虹管每米长度的阻力损失；

　　　L——倒虹管的总长度（m）；

　　　ζ——局部阻力系数（包括进口、出口、转弯处）；

　　　v——倒虹管内污水流速（m/s）；

　　　g——重力加速度（m/s²）。

进口、出口及转弯的局部阻力损失值应分项进行计算。初步估算时，一般可按沿程阻力损失值的 5%～10%考虑，当倒虹管长度大于 60m 时，采用 5%；等于或小于 60m 时，采用 10%。

计算倒虹管时，必须计算倒虹管的管径和全部阻力损失值，要求进水井和出水井间的水位高差 H 稍大于全部阻力损失值 H_1，其差值一般可考虑采用 0.05～0.10m。

当采用倒虹管跨过大河（例如长江）时，进水井水位与平行管高差很大，可能达

50m以上，此时应特别注意下行管的消能与上行管的防淤设计，必要时应进行水力学模型试验，以便确定设计参数和应采取的措施。

【例6-1】 已知最大流量为340L/s，最小流量为120L/s，倒虹管长为60m，共4只15°弯头，倒虹管上游管流速1.0m/s，下游管流速1.24m/s。

求：倒虹管管径和倒虹管的全部水头损失。

【解】

（1）考虑采用两条管径相同而平行敷设的倒虹管线，每条倒虹管的最大流量为340/2＝170L/s，查水力计算表得倒虹管管径$D=400mm$。水力坡度$i=0.0065$。流速$v=1.37m/s$，此流速大于允许的最小流速0.9m/s，也大于上游沟管流速1.0m/s。在最小流量120L/s时，只用一条倒虹管工作，此时查表得流速为1.0m/s＞0.9m/s。

（2）倒虹管沿程水力损失值：

$$iL=0.0065\times60=0.39m$$

（3）倒虹管全部水力损失值：

$$H_1=1.10\times0.39=0.429m$$

（4）倒虹管进、出水井水位差值：

$$H=H_1+0.10=0.429+0.10=0.529m$$

6.4.4 冲洗井、防潮门

1. 冲洗井

当污水管内的流速不能保证自清时，为防止淤塞，可设置冲洗井。冲洗井有两种做法：人工冲洗和自动冲洗。自动冲洗井一般采用虹吸式，其构造复杂，造价很高，目前已很少采用。

人工冲洗井的构造比较简单，是一个具有一定容积的普通检查井。冲洗井出流管道上设有闸门，井内没有溢流管以防止井中水深过大。冲洗水可利用上游来的污水或自来水。用自来水时，供水管的出口必须高于溢流管管顶，以免污染自来水。

冲洗井一般适用于小于400mm管径的较小管道上，冲洗管道的长度一般为250m左右。

2. 防潮门

临海城市的排水管渠往往受潮汐的影响，为防止涨潮时潮水倒灌，在排水管渠出水口上游的适当位置上应设置装有防潮门（或平板闸门）的检查井，见图6-36。临河城市的排水管渠，为防止高水位时河水倒灌，有时也采用防潮门。

防潮门一般用铁制，其座子口部略带倾斜，倾斜度一般为（1：10）～（1：20）。当排水管渠中无水时，防潮门靠自重密闭。当上游排水管渠

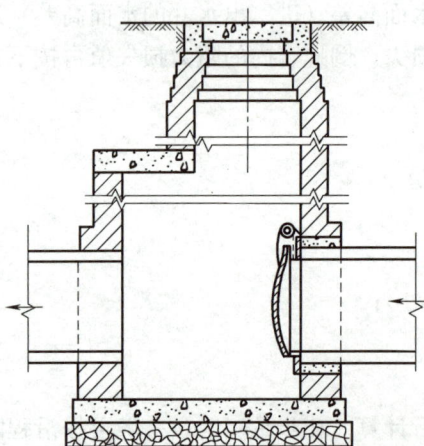

图6-36 装有防潮门的检查井

来水时，水流顶开防潮门排入水体。涨潮时，防潮门靠下游潮水压力密闭，使潮水不会倒灌入排水管渠。

设置了防潮门的检查井井口应高出最高潮水位或最高河水位，或者井口用螺栓和盖板

密封，以免潮水或河水从井口倒灌至市区。为使防潮门工作可靠有效，必须加强维护管理，经常清除防潮门座口上的杂物。

6.4.5 出水口

排水管渠排入水体的出水口的位置、形式和出口流速，应根据受纳水体的水质要求、水体流量、水位变化幅度、水流方向、波浪情况、稀释自净能力、地形变迁和气候特征等因素确定。出水口与水体岸边连接处应采取防冲刷、消能、加固等措施，并设置警示装置。一般用浆砌块石做护墙和铺底，在受冻胀影响的地区，出水口应考虑用耐冻胀材料砌筑，其基础应设置在冰冻线以下。

为使污水与水体水混合较好，排水管渠出水口一般采用淹没式，其位置除考虑上述因素外，还应取得当地卫生主管部门的同意。如果需要污水与水体水流充分混合，则出水口可长距离伸入水体分散出口，此时应设置标志，并取得航运管理部门的同意。雨水管渠出水口可以采用非淹没式，其底标高最好在水体最高水位以上，一般在常水位以上，以免水体水倒灌。当出口标高比水体水面高出太多时，应考虑设置单级或多级跌水。

图 6-37、图 6-38、图 6-39 和图 6-40 分别为淹没式出水口、江心分散式出水口、一字式出水口和八字式出水口。

应当说明，对于污水排海的出水口，必须根据实际情况进行研究，以满足污水排海的特定要求。图 6-41 为某市污水排海出水口示意图。

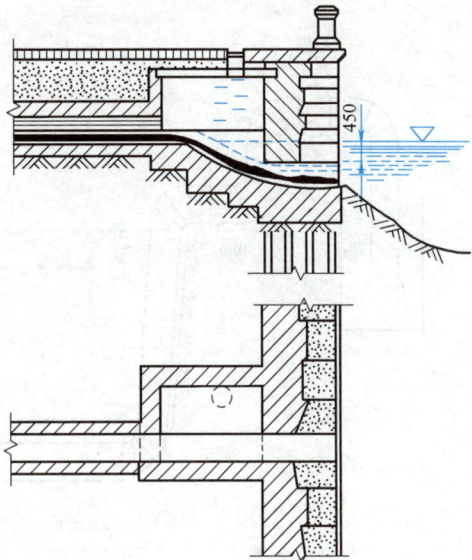

图 6-37　淹没式出水口

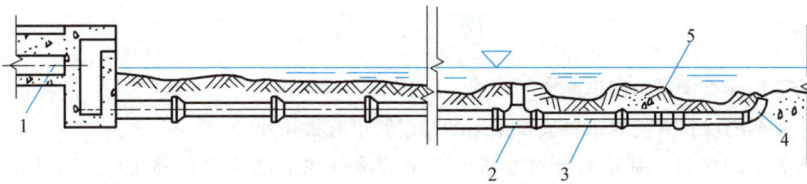

图 6-38　江心分散式出水口

1—进水管渠；2—T形管；3—渐缩管；4—弯头；5—石堆

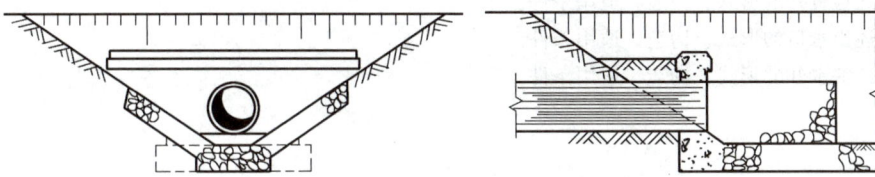

图 6-39　一字式出水口

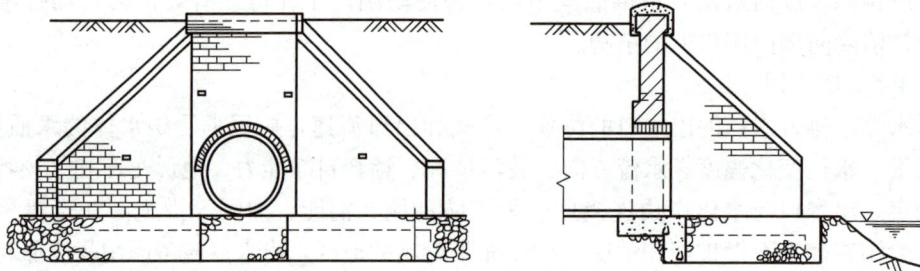

图 6-40 八字式出水口

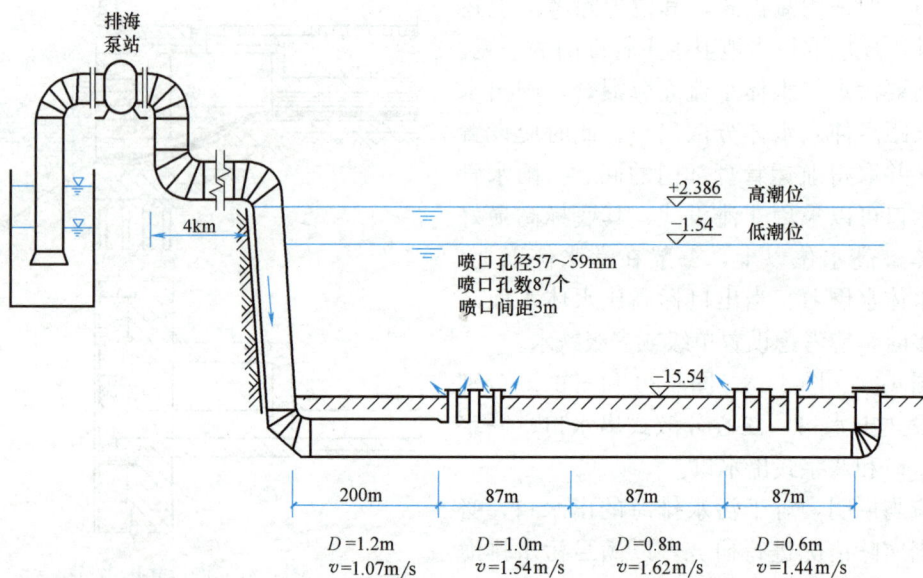

排海泵站

+2.386 高潮位
-1.54 低潮位

4km

喷口孔径57～59mm
喷口孔数87个
喷口间距3m

-15.54

| 200m | 87m | 87m | 87m |

$D=1.2m$ $D=1.0m$ $D=0.8m$ $D=0.6m$
$v=1.07m/s$ $v=1.54m/s$ $v=1.62m/s$ $v=1.44m/s$

图 6-41 某市污水排海出水口

思 考 题

1. 排水管渠为什么常采用圆形断面?

2. 对排水管渠的材料有何要求? 通常采用的排水管渠有哪几种?

3. 对排水管渠的接口、基础有什么要求? 常用的接口和基础类型有哪几种? 其适用范围的情况如何?

4. 简述雨水口的形式、构造、适用条件。

5. 简述倒虹管的形式、构造、适用条件。

6. 简述检查井的形式、构造、适用条件。

7. 简述出水口的形式、构造、适用条件。

8. 简述跌水井的形式、构造、适用条件。

226

第7章 其他排水系统

7.1 深隧排水系统

7.1.1 深隧排水系统构成

近年来，全球气候变暖，极端天气频发，由此引发的城市内涝和溢流污染问题备受关注。许多城市老城区因建筑密集，加上地铁和综合体开发，浅层地下空间利用难度和成本都越来越大。深隧排水系统（简称深隧），可避免大量征地和拆迁，并适当利用城市30～60m的深层地下空间，成为改善城市排水能力的重要手段之一。

深隧排水系统是城市基础设施的重要组成部分，用于排除地下隧道中的雨水、地下水和污水。它采用一系列设备和结构来收集、输送和处理水源，确保隧道内部保持干燥，并维护正常运行。以下是有关深隧排水系统（图7-1）组成的详细介绍。

（1）排水井：是深隧排水系统的核心部分，用于收集来水。排水井通常位于隧道最低点或低洼区域，通过重力作用，将雨水从隧道中引导至井内。

（2）抽水泵站：是深隧排水系统中的关键设备，用于提升和输送雨水。当水位超过预定水位时，泵站启动，将水抽到地面或其他指定地点，以确保隧道内的水位保持在可控的范围内。

（3）排水管道：是将来水从排水井或泵站输送至目标地点的通道。排水管道通常采用耐腐蚀材料，以确保其长期稳定性和耐用性。

（4）检查井：是用于检查和维护排水管道。通过设置检查井，可以方便地检查管道的流量、清洁度和状况，并进行必要地维护。

（5）放水口：是将来水从排水系统释放到自然水体或下水道系统的出口。放水口通常位于地面附近，通过阀门或闸门控制。其应根据当地环境特点和水流量进行合理规划，以避免对周围环境造成不良影响。

（6）污水处理设施：在城市深隧排水系统中，污水处理设施通常用于处理隧道中的废水。并通过物理、化学和生物方法，去除废水中的污染物和有害物质，使其达到排放标准，以减少对环境的影响。

（7）实时监测系统：是对深隧排水系统进行实时监测和控制的关键工具。通过各种传感器和仪表，可以监测水位、流量、压力和水质等指标，并实时反馈给操作人员。以便预防或解决排水系统中的问题。

（8）安全设备：为了确保深隧排水系统运行的安全性，还需要配备一系列安全设备。例如，防火、防爆设备用于应对可能发生的火灾和爆炸；监控设备用于监测隧道内部的安全状况；紧急事故处理设备用于应对突发事件等。

综上，深隧排水系统的组成包括排水井、抽水泵站、排水管道、检查井、放水口、污水处理设施、实时监测系统和安全设备等。这些组成部分协同工作，确保隧道内部始终保持干燥，并保障市民和城市基础设施的安全。在设计和建设深隧排水系统时，需要综合考虑地下水位、降雨量、水质要求以及未来发展需求等因素，以确保系统的高效性和可靠性。

7.1.2 深隧排水系统设计要点

1. 设计基本规定

（1）城市排水深隧工程规划应符合城市总体规划的要求，规划年限与城市总体规划一致，并应预留远景发展空间。与城市地下空间规划、道路交通规划、轨道交通规划、市政工程管线专项规划、地下管线综合规划等相衔接。泵站规模应根据工程任务，以近期目标为主，并考虑远景发展需求，综合分析。

图 7-1　深隧排水系统

（2）城市深层排水隧道工程应集约利用地下空间，协调深层隧道与其他地上、地下工程的关系；选址和建设应符合防灾专项规划。

（3）城市排水深隧工程规划建设应以排水工程规划为依据。设计应符合政府部城市排水工程规划，从全局出发，根据规划年限、工程规模、经济效益、社会效益和环境效益，正确处理近期和远期、排放和利用的关系。

（4）城市深层排水隧道工程应符合城市排水，雨水或污水处理规划，并与城市防洪、河道水系、道路交通、园林绿地、环境保护、环境卫生等专项规划和设计相协调。排水设施的设计应充分考虑深层排水隧道工程功能要求，与浅层排水系统衔接节点，深隧工程后期运营等方面内容。

（5）城市深层排水隧道结构工程，以及因结构损坏或大修对排水运行安全有严重影响的其他结构工程，设计使用年限不应低于 100 年。

（6）城市深层排水隧道工程的设计应采取防火灾、水灾、抗震等措施。

2. 总体设计

（1）一般规定

1）深层排水隧道宜在建筑物密集、地下管线复杂、地下空间紧张且存在水环境或水安全问题的城市建成区规划建设。

2）深层排水隧道应根据所承担的污水转输、雨水排放、溢流调蓄等不同功能合理确定其实施区域。

3）深层排水隧道应与地下空间进行充分的衔接，并应充分与所涉及片区、地块和建筑进行充分的衔接，确保所选路径为最优。

4）深层排水隧道应同步建设供电、照明、监控与报警、通风、除臭、标识等配套设施。

5）深层排水隧道应综合考虑构件所处的环境类别以及内水压受力工况等因素采取可靠的防水防腐措施。

6）深层排水隧道的供电系统应按二级负荷设计，当不满足要求时，应设置备用动力设施。

（2）空间设计

1）深层排水隧道宜与道路、铁路、轨道交通、公路中心线、河道平行，宜避开不良地段（图 7-2）。

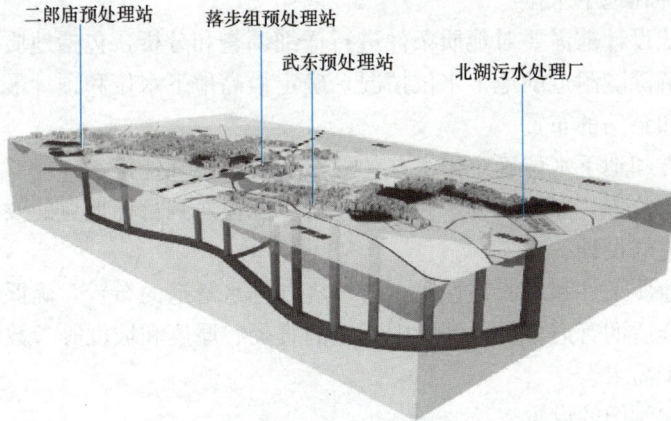

图 7-2　大东湖深隧项目

2）深层排水隧道平面线路应综合考虑竖井和地面建构筑物位置以及选用的盾构设备转弯半径等限制因素确定。转弯半径应满足施工方法和水力计算等的要求，宜大于 300m。

3）深层排水隧道坡度应根据现场条件、使用功能和清疏维护流速需求，经水力计算和浪涌分析后确定，坡度宜采用 0.02%～2.0%。

4）排水隧道高程应综合考虑地质条件、施工方法和障碍物等确定，离地铁和河床底的净距不宜小于 5m。

5）深层排水隧道穿越城市快速路、主干路、轨道交通、公路时，宜垂直穿越；受条件限制时可斜向穿越，最小交叉角不宜小于 60°。

6）深层排水隧道穿越地铁时应根据当地要求做专项安全评估。

（3）断面设计

1）深层排水隧道断面可采用圆形、矩形、马蹄形等，应结合施工方法确定断面形状。

2）深层排水隧道断面尺寸应通过水量和水力计算确定。其中污水隧道尺寸应根据隧道转输量确定，雨水输送隧道、雨污合流输送隧道尺寸应根据结合隧道削峰调蓄需求和雨水隧道转输量确定。

3）深层排水隧道标准断面内部净高应综合考虑隧道清疏维护方式，人进入隧道清疏时不宜小于 2.4m，采用机械车辆进入隧道清疏时不宜小于 4.2m。

4）深层排水隧道标准断面内部净宽应满足设备运输和清疏维护要求，人进入隧道清疏时不宜小于 1.2m，采用机械车辆进入隧道清疏时不宜小于 3.0m。

5）汇水面积超过 2km² 的雨水隧道应考虑降雨在时空分布的不均匀性和管网汇流过程，采用数学模型法计算雨水设计流量。

6）收集合流污水或初期雨水的雨污合流隧道应收集不少于 20 年的历史降雨数据并采用数学模型法计算调蓄规模和输送隧道尺寸。

7）复合功能隧道应按不同功能对应的计算方法分别计算隧道尺寸，并取最大值。

此外，深隧排水系统的设计是一个复杂而重要的任务，它需要综合考虑多方面的因素，以确保系统能够高效、可靠地运行。以下是深隧排水系统设计时需要注意的一些主要要点：

（1）地质条件和地下水位

深隧排水系统设计前需要对地质条件进行详细调查和分析，包括地质构造、土层性质和岩性等。要了解深隧附近的地下水位情况，确定最高地下水位和预计最大涌水量。

（2）排水井和泵站的布置

根据地质条件和地下水位确定排水井的位置和数量，确保排水井能够有效收集和储存水源。确定泵站的位置，保证从排水井抽水并将水源输送到目标地点的效率。

（3）排水管道的设计

根据地形、地质条件和水流特性等，合理规划排水管道的布置，确保水源能够顺利流动并排出。选择合适的管道材料，并考虑管道的直径、厚度和坡度等参数，以满足预计的水流量和水位控制需求。

（4）检查井和阀门的设置

合理设置检查井，用于检查和维护排水管道的流量、清洁度和状况。根据需要设置阀门，以控制水流的方向和流量，确保系统能够灵活运行。

（5）泵站和设备的选择

根据设计要求和实际情况，选择合适的抽水泵、调节阀和其他设备，以满足系统的排水需求。考虑设备的工作效率、可靠性和维修便利性等因素，确保系统能够长期稳定运行。

（6）污水处理设施的设计

如果深隧中存在污水，需要设计相应的污水处理设施，以去除有害物质并使污水达到排放标准。根据污水的特性和预计的排放量，选择适当的处理工艺和设备。

（7）安全设备和应急措施

针对深隧环境的特殊性，设置防火、防爆设备，以应对可能发生的火灾和爆炸风险。安装监控设备，用于监测隧道内部的安全状况，及时发现和解决问题。制定应急预案，并配备紧急事故处理设备，以应对突发事件。

（8）实时监测和远程控制系统

安装传感器和仪表，用于实时监测水位、流量、压力和水质等指标，并及时反馈给操作人员。建立远程控制系统，实现对排水系统的远程监控和控制，提高运行效率和安全性。

（9）设计容量和未来扩展

根据预测的降雨情况和城市发展需求，确定深隧排水系统的设计容量。考虑未来的扩展需求，留有足够的预留空间和可升级性。

（10）环境保护和生态恢复

在设计深隧排水系统时，要注重环境保护，减少对周围土壤和水体的污染。考虑生态恢复和景观美化，通过合理设计和绿化，使排水系统与周围环境协调一致。

上述要点相互关联，需综合考虑。在实际设计过程中，根据具体情况进行详细分析和研究，确保深隧排水系统能够满足城市的需求，并保持长期稳定运行。

7.1.3 深隧排水系统设计案例

深隧排水系统设计案例见表 7-1。

深隧排水系统设计案例　　　　　　　　　　　表 7-1

序号	所在城市	隧道系统名称	工程规模	隧道主要功能
1	香港	荔枝角雨水排放隧道工程	长 2.5km	提高排水标准
2	香港	基湾雨水排放隧道	长 5.1km,最大埋深约 200m	提高排水标准
3	东京	和田弥生干线	长 11.2km,深 40m,调蓄量 96 万 m^3	缓解内涝
4	巴黎	巴黎调蓄隧道和调蓄池	4 条隧道,长 5.1km	缓解内涝
5	墨西哥城	东部深层排水隧道工程	长 63km,深 200m	提高雨季过流能力
6	密尔沃基	密尔沃基隧道系统	长 45.5km,深 100m	控制水体污染
7	吉隆坡	SMART 隧道	长 9.7km,调蓄量 300 万 m^3	解决内涝,缓解交通

7.2 农 村 排 水

7.2.1 农村排水特点

农村排水与城市排水存在明显的差异,一般为粗放型排放,以下是农村排水的几个特点:

(1)间歇排放且瞬时变化较大:农村污水通常是间歇排放,具有较强的日排放规律,在上午、中午、下午会有一个高峰时段,而夜间排水量则较小,甚至可能出现断流的情况,日变化系数一般为 3~5。

(2)排水量少且分散:与城市相比,农村地区的污水排放更为分散,排水量也相对较少。农村居民通常居住在散落的农舍或村庄中,污水产生点分布广泛,导致污水的集中和处理较为困难。

(3)远离排污管网:农村污水一般不作任何处理就直接排入河流湖泊,是造成水体污染的重大隐患。

(4)污水处理率低:2020 年中国农村污水处理率为 25.5%,相较于 2016 年 22% 有所提升,但远低于城镇 90.2%。

(5)管理水平低:因缺乏污水处理方面的专业人才,农村污水管理水平较为低下,部分污水处理设施闲置。

7.2.2 农村排水设计要点

1. 用水量和污水水量预测

农村用水水源类型包括自来水、井水和河水等。根据现行国家标准《农村生活饮用水量》GB/T 11730,参考现行国家标准《城市居民生活用水量标准》GB/T 50331 及相关调查结果,农村居民人均综合日用水量可参考表 7-2 中的数值。

生活污水量预测时,考虑城镇化水平及人口流动性,水量预测人口宜采用常住人口,并适当留有余量。污水排放系数应是在一定计算时间(年)内的污水排放量与用水量(平均日)的比值,农村生活污水的排放系数宜在调查当地用水现状、生活习惯、经济条件、地区规划等基础上进行确定。

农村居民居住条件	用水量[L/(人·d)]
经济条件很好,有独立淋浴、水冲厕所、洗衣机	100～150
经济条件好,室内卫生设施较齐全,旅游区	90～130
经济条件较好,卫生设施较齐全	80～100
经济条件一般,有简单卫生设施	60～90
无水冲式厕所和淋浴设备,无自来水	40～70

2. 污水庭院收集系统

农村生活污水收集系统包括两部分:农户庭院污水收集系统、庭院外的村庄污水收集系统。

农户庭院污水收集系统主要是收集庭院内厕所、厨房和洗浴等污水,其布设方式应考虑农户的生活习惯、风俗文化、庭院布局、污水处理方式等因素。农户庭院污水收集系统包含收集口、排水管、检查井、化粪池等设施(图 7-3)。户厕粪便污水单独进入化粪池处理,化粪池不仅作为污水收集池,也是污水的预处理单元,其出水再进入农田、林地、山地、湿地消纳或进入城镇(乡)污水管网;其他废水(餐饮、洗涤、洗浴)不进入化粪池处理。

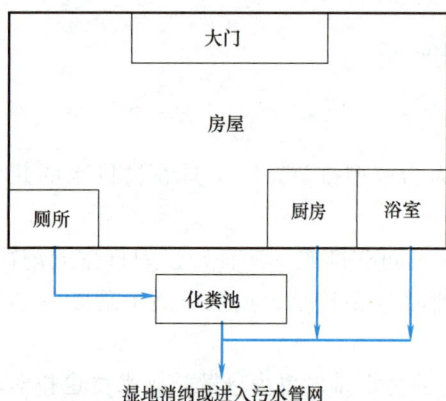

排水管道设计可参考现行国家标准《建筑给水排水设计标准》GB 50015。农户厕所污水到化粪池前的排水管径不宜小于 DN100,厨房的排水管不宜小于 DN100,并在转弯处设置检查清污口。

图 7-3　某地区典型农户庭院污水收集系统

3. 村庄污水收集系统

庭院外的村庄污水收集系统包括接户管、支管、干管、检查井和提升泵站等设施。农户庭院污水经接户管进入支管再汇入干管,通过自排或提升泵送至村庄污水处理设施。村庄污水收集管网建设过程中应参考以下要求:

(1) 村庄污水管网应根据村落的格局、居住密度以及村庄总体规划、地形地貌等因素合理布设。

(2) 近期、远期规划与建设一并考虑。排水工程一般按远期规划设计,分期建设。

(3) 考虑现状,从实际出发。充分考虑不同村落经济状况和污水的实际污染情况,有区别地进行排水规划,确定排水区域与排水体制。

(4) 利用村内地势差和现有沟渠收集村庄污水时,管道收集应采取密封和防渗措施。不宜从河沟直接截流进入污水处理站,避免河水进入污水管网。

(5) 规划设计要考虑管道施工、处理设备运行和维护的方便,规划方案尽可能经济和高效。排污管道管材可根据现场施工条件及经济承受能力情况,选择混凝土、塑料管、钢管等不同材料。

(6) 污水管道依据地形坡度铺设,以满足污水重力自流的要求;污水管道铺设应尽量避免穿越水源地保护区。铺设重力管网有困难的地区，可采用非重力排水系统。

（7）对于具备将污水纳入城镇污水管网的村庄，优先考虑将居民生活污水接入城镇污水管网，由城镇污水处理厂统一处理。

7.2.3　农村排水相关案例——以陕西地区为例

陕西地处我国中西部，同时跨越我国南北分界线，陕南地属我国南方，关中陕北地属我国北方，气候较多样性，因此陕西地区的排水管网设计较具典型性，可以作为全国各地规划设计的参考。为了充分利用自然水资源，减少污水处理投资，新农村建设时应尽量采用雨污分流的排水系统。在经济情况确实不允许或者年降雨量非常小的地区可以采用雨污合流的排水系统。这里以雨污分流为主进行考虑。

1. 污水系统

农村污水收集利用一般过程见图7-4。

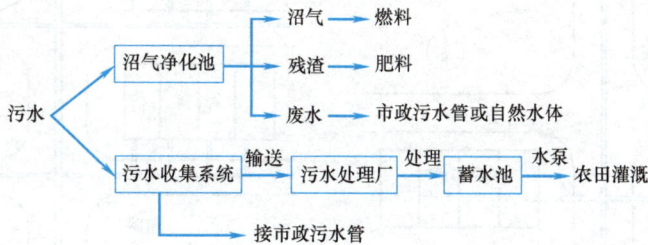

图7-4　农村污水收集利用过程

2. 污水收集

污水的收集主要通过污水管网来完成。污水管网的布置需要根据农村建筑形式及村庄布局来选择，满足既能很好地保证污水顺利排出，又方便管道敷设、维修管理等要求。

（1）污水管渠布置形式1：村庄布局多沿路布置，因此推荐使用图7-5的污水管网布置形式，管线沿道路布置，布置简单方便，收集污水迅速，利于管道的敷设和维护工作。

管网形式的选择，主要根据村子的具体情况而定。

（2）污水管渠布置形式2：将污水明沟布置于院落后方，收集污水后汇入总明沟，通过总明沟将污水输送到污水处理厂或市政管道，见图7-6，这种布置形式可迅速地收集污水，但却需要额外占用场地，因此一般不推荐采用。若采用时应将明沟换为管道或带盖板明沟，满足卫生和美观的要求。

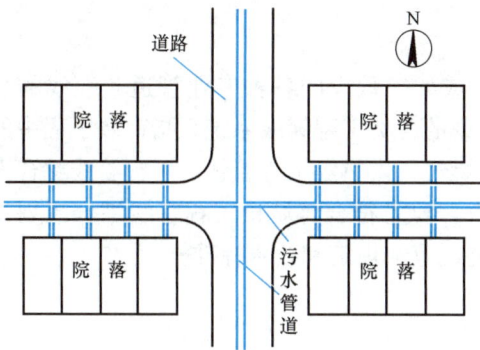

图7-5　污水管渠布置形式1

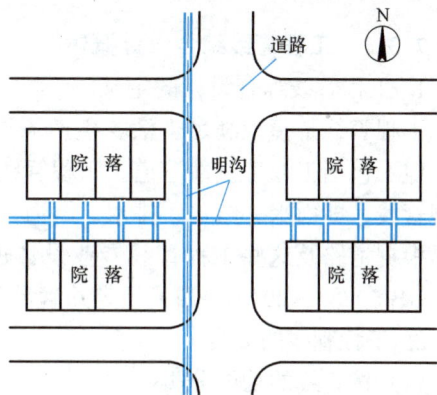

图7-6　污水管渠布置形式2

（3）污水管渠布置形式3：污水干管仍然沿路布置，支管穿过各户院子，收集雨水后汇入总管，由总管接入市政污水管网，见图7-7。

这种布置形式可以方便地收集污水，其主要缺点在于，支管横穿各户院子，管道敷设和维修有一定困难。因此，一般不推荐采用。

（4）污水管渠布置形式4：由于地形和传统文化的影响，其建筑形式以窑洞为主，依山而建，因此该地区的污水管网布置形式主要为在窑洞前道路下布置污水支管，在纵向道路下布置主干管，见图7-8。

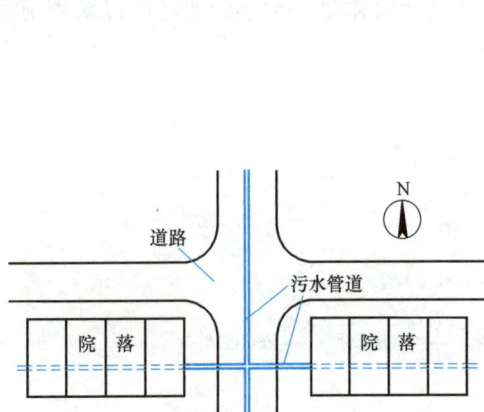

图 7-7　污水管渠布置形式 3　　　　　图 7-8　污水管渠布置形式 4

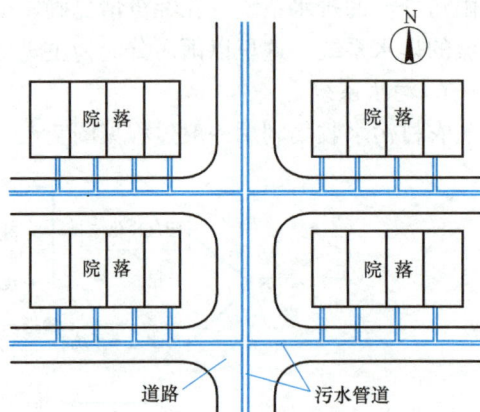

3. 污水处理利用

根据农村污水富含有机物、氮、磷且无毒的特点，应该选择一种简单的污水处理方法，保留其中的有机物、氮、磷等，处理后可作为很好的有机肥使用。村庄布置较为分散的情况下可以划分片区，分别设置小型污水处理厂，对各片区污水分别处理。

处理后的污水统一贮存在贮水池中，利用水泵抽取灌溉农田。

考虑污水处理成本问题，距离城镇比较近（约5km）的村庄，在有条件接入市政管网时，可以选择将污水管道接入市政管网，由城镇污水处理厂统一进行污水处理。

7.3　工程管线综合设计

7.3.1　工程管线综合设计概述

1. 工程管线综合设计的定义

工程管线是指为满足生活、生产需要，地下或架空敷设的各种专业管道和缆线的总称，但不包括工业工艺性管道。工程管线综合所说的各类工程管线系统系指市政工程中的常规管线，即雨水、给水、排水、电力、通信、燃气、供热等工程管线。工程管线综合设计是根据道路及这些工程管线专业设计进行综合，要求符合《城市工程管线综合规划规范》GB 50289—2016 的相关规定并满足各专业的规范、规定和技术标准。

2. 工程管线的分类

（1）按管线的功能分类

1）给水管道：包括生活给水、工业给水、消防给水等管道。

234

2）排水管渠：包括城市污水、雨水、工业废水、城市周边的排洪、截洪等管渠。

3）中水管道：城市（或工业）污、废水经中水处理设施净化后产生的（再生）水，称为中水。中水可用来冲洗厕所、浇花、喷洒道路等。输送中水的管道，称为中水管道。

4）电力线路：包括高压输电、生产用电、生活用电、电车用电等线路。

5）弱电线路：包括电话、报警、广播、电视天线等线路。

6）热力管道：包括热水、蒸汽等管道，又称供热管道。

7）燃气管道：包括人工煤气、天然气、液化石油气等管道。

8）其他管道：主要是工业生产上用的管道，如空气管道，氧气管道、石油管道、灰渣排除管道等。

（2）按敷设方式分类

工程管线可分为地下埋设和架空敷设两类。地下埋设管线又可分为沟内埋设管线和地下直埋管线等；架空管线又分为高架管线、中架管线和低架管线等。

（3）按埋设深度分类

工程管线分为浅埋管线和深埋管线。所谓浅埋管线，是指覆土深度小于 1.5m 的管道。我国南方土壤的冰冻线较浅，对给水管、排水管、燃气管等没有影响，尤其是热力管，电力电缆等不受冰冻的影响，均可浅埋。我国北方的土壤冰冻线较深，对水管和含水分的管道在寒冷情况下将形成冰冻威胁，加大覆土厚度避免土壤冰冻的影响，使管道覆土厚度大于 1.5m 成为深埋管道。

（4）按管道内压力情况分类

工程管线分为压力管道和重力管道两类。给水管、燃气管、热力管等一般为压力输送，属于压力管道；排水管道大多利用重力自流方式，属于重力管道。

7.3.2　工程管线综合设计要点

1. 工程管线布置的一般原则

（1）城市工程管线宜地下敷设。

（2）管线布置应采用城市统一的坐标系统和高程系统。

（3）管线规划、设计时应结合城市道路网规划，在不妨碍工程管线正常运行检修和合理占用土地的情况下，使线路短捷。

（4）充分利用现有管线。当现状管线不满足要求时，经经济、技术比较，可废弃或抽换。

（5）在平原城市布置工程管线，宜避开土质松软地区、地震断裂带、沉陷区和地下水位较高的不利地带；在山地城市还应避开滑坡危险地带和山洪峰口。

（6）管线布置应与地下铁道、地下通道，人防工程等地下隐蔽工程协调配合。

（7）工程管线综合规划、设计时，应减少管线在道路交叉口处交叉。当管线竖向位置发生矛盾时，宜按以下原则处理：

1）压力管线让重力自流管线；

2）可弯曲管线让不易弯曲管线；

3）分支管线让主干管线；

4）小管径管线让大管径管线；

5）新建管线让原有管线。

2. 工程管线布置的一般要求

（1）冬季寒冷地区给水、排水、燃气等管线应根据土壤冰冻深度确定管线覆土深度；

热力、通信电缆、电力电缆等管线以及冬季寒冷地区以外的地区的工程管线应根据土壤性质和地面承受荷载的大小确定管线的覆土深度。

工程管线的最小覆土深度应符合表 7-3 的规定。

工程管线最小覆土厚度（m） 表 7-3

管线名称		给水管线	排水管线	再生水管线	电力管线		通信管线		直埋热力管线	燃气管线	管沟
					直埋	保护管	直埋及塑料、混凝土保护管	钢保护管			
最小覆土深度	非机动车道（含人行道）	0.60	0.60	0.60	0.70	0.50	0.60	0.50	0.70	0.60	—
	机动车道	0.70	0.70	0.70	1.00	0.50	0.90	0.60	1.00	0.90	0.50

注：聚乙烯给水管线机动车道下的覆土深度不宜小于 1.00m。

（2）工程管线宜沿道路敷设并与道路中心线平行，其主干管线应靠近分支管线多的一侧，工程管线不宜从道路一侧转到另一侧。

道路红线宽度超过 30m 的城市干道，宜两侧布置给水配水管线和燃气配气管线；道路红线宽度超过 50m 的城市干道，应在道路两侧布置排水管线。

（3）工程管线在道路下面的具体位置，应布置在人行道、绿化带或非机动车道下面。通信电缆、给水输水、燃气输气、污水、雨水等工程管线可布置在非机动车道或机动车道下面。

（4）工程管线在道路上的平面位置宜相对固定。从道路红线向道路中心线方向平行布置顺序，应根据工程管线的性质、埋深等确定。分支管线少、埋设深、检修周期短及可燃、易燃和损坏时对建筑物基础造成不利影响的工程管线应远离建筑物。布置从上到下次序宜为：电力电缆、通信电缆、燃气配气、给水配水、热力、燃气输气、给水输水、雨水、污水。

（5）各种工程管线不应在平面位置上重叠埋设。

（6）沿铁路、公路敷设的工程管线应与铁路、公路线路平行。当管线与铁路、公路交叉时宜采用垂直交叉方式布置。

（7）管线跨越河流，在河底敷设时，应选择在稳定河段，埋设深度应不妨碍河道的整治和管线的安全。在河道下面敷设工程管线时应符合下列规定：

1）一级航道下面敷设，管顶应在河底设计高程 2m 以下；

2）其他河道下面敷设，管顶应在河底设计高程 1m 以下；

3）灌溉渠道下面敷设，管顶应在渠底设计高程 0.5m 以下。

（8）工程管线之间，工程管线与建（构）筑物之间的最小水平净距离应符合表 7-3 的规定。当受某些因素限制难以满足要求时，可根据实际情况采取安全措施后减少其最小水平净距。

（9）对埋深大于建（构）筑物基础的工程管线，其与建（构）筑物之间的最小水平距离，按公式（7-1）计算，并折算成水平净距后与《城市工程管线综合规划规范》GB 50289—2016 表 4.1.9 和表 4.1.14 的数值比较，采用其较大值。

$$L = \frac{(H-h)}{\tan\alpha} + \frac{b}{2} \qquad (7\text{-}1)$$

式中　L——管线中心至建筑（构）物基础边水平距离（m）；

　　　H——管线敷设深度（m）；

　　　h——建（构）筑物基础底砌置深度（m）；

　　　b——开挖管沟宽度（m）；

　　　α——土壤内摩擦角（°）。

（10）当工程管线交叉敷设时，自地表面向下管线的排列顺序宜为：电力、热力、燃气、给水、雨水、污水。

（11）工程管线在交叉点的高程应根据排水管线的高程确定。

工程管线交叉时的最小垂直净距，应符合《城市工程管线综合规划规范》GB 50289—2016 表 4.1.14 的规定。

3. 综合管沟敷设

（1）综合管沟适用条件

1）交通运输繁忙或工程管线较多的机动车道、城市主干道以及配合兴建地下铁道、立体交叉等工程地段。

2）不宜开挖路面的路段。

3）广场或主干道的交叉处。

4）同时敷设两种以上工程管线及多回路电缆的道路。

5）道路宽度难以满足直埋敷设多种管线的路段。

（2）综合管沟及基本要求

1）综合管沟内宜敷设电信电缆、低压配电电缆、给水管线、热力管线、污水及雨水管线。

2）综合管沟内相互无干扰的工程管线可设在管沟的同一小室；相互有干扰的工程管线应分别设置在管沟的不同小室。通信电缆管线与高压输电电缆管线必须分开设置；给水管线与排水管线可在综合管沟的同侧设置，排水管线应布置在综合管沟的底部。

3）综合管沟应与道路中心线平行。根据各种工程管线的输配方案、管线相互交叉关系、管沟断面尺寸等因素，综合管沟可布置在机动车道下、非机动车道下或人行道下。其覆土深度应根据道路施工、行车荷载、管沟结构强度及当地冰冻深度等因素综合确定。

4）行管沟内应有足够的空间供通行，检修；应有通风、照明及积水排泄等措施。

4. 架空敷设

（1）沿城市道路架空敷设的工程管线，其位置应根据规划、设计道路的横断面确定，并应保障交通畅通、居民安全及工程管线正常运行。

（2）架空线线杆宜设置在人行道上距路缘石不大于 1m 的位置；有分车带的道路，架空线线杆宜布置在分车带内。

（3）电力架空杆线与电信架空杆线宜分别架设在道路两侧，且与同类地下电缆位于同侧。

（4）同一性质的工程管线宜合杆架设。

（5）架空热力管线不应与架空输电线、电气化铁路的馈电线交叉敷设。当必须交叉时，应采取保护措施。

图 7-9　工程管线架空敷设

（6）工程管线跨越河流时，宜采用管道桥或利用交通桥梁进行架设（见图 7-9），并应符合下列规定：

1）可燃、易燃工程管线不宜利用交通桥梁跨越河流。

2）工程管线利用交通桥梁跨越河流时，其规划设计应与桥梁设计相结合。

（7）架空管线与建（构）筑物等的最小水平净距应符合《城市工程管线综合规划规范》GB 50289—2016 表 5.0.8 的规定。

7.4　地下综合管廊

7.4.1　分类

地下综合管廊是建于城市地下用于容纳两类及以上城市工程管线的构筑物及附属设施，是由干线综合管廊、支线综合管廊和缆线综合管廊组成的多级网络衔接的系统。综合管廊根据其所容纳的管线不同，其性质及结构亦有所不同，可分为干线综合管廊、支线综合管廊和缆线综合管廊。

（1）干线综合管廊：用于容纳城市主干工程管线，采用独立分舱方式建设的综合管廊。

（2）支线综合管廊：用于容纳城市配给工程管线，采用单舱或双舱方式建设的综合管廊。

（3）缆线管廊：采用浅埋沟道方式建设，设有可开启盖板但其内部空间不能满足人员正常通行要求，用于容纳电力电缆和通信线缆的管廊。

7.4.2　设计要点

1. 总体设计

（1）城市综合管廊属市政公用工程，其设计应按照国家标准和相关法律规范执行，并由具有相应资质的单位承担。

（2）新建城市道路应开展管线综合设计，并根据城市综合管廊规划、管线综合设计进行综合管廊工程设计；改建、扩建城市道路应根据城市综合管廊规划及管线迁改、新建情况进行综合管廊工程设计。

（3）管廊总体设计应符合规划的要求，管廊的分类和形式根据规划及功能确定。

（4）总体设计应确定管廊的线路、断面形状、入廊管线种类、分舱状况、断面大小、附属设施等特征要素。

（5）综合管廊标准断面内部尺寸应根据容纳的管线种类、数量，及管线运输、安装、维护、检修等要求综合确定。

（6）各类孔口等附属设施的平面布置应根据管廊的断面形式、规范及周边环境条件等要求综合、确定。

2. 主体工程设计

（1）平面设计

1）综合管廊平面中心线宜与道路、铁路、轨道交通、公路中心线平行。

2）综合管廊穿越城市快速路、主干路、铁路、轨道交通、公路时，宜垂直穿越；受条件限制时可斜向穿越，最小交叉角不宜小于60°。

3）综合管廊穿越河道时应选择在河床稳定的河段，最小覆土深度应满足河道整治、综合管廊安全运行和结构抗浮的要求，并应符合下列规定：

① 在Ⅰ～Ⅴ级航道下面敷设时，顶部高程应在远期规划航道底高程2.0m以下；

② 在Ⅵ、Ⅶ级航道下面敷设时，顶部高程应在远期规划航道底高程1.0m以下；

③ 在其他河道下面敷设时，顶部高程应在河道底设计高程1.0m以下。

④ 综合管廊最小转弯半径，应满足综合管廊内各种管线的转弯半径要求。

⑤ 干线、支线综合管廊与相邻地下构筑物（管线）之间的最小间距应根据地质条件和相邻构筑物性质确定，可参考表7-4规定的数值。

干线、支线城市综合管廊与相邻地下构筑物（管线）之间的最小间距　　　表7-4

相邻情况	施工方法	
	明挖施工	非开挖施工
管廊与地下构筑物（管线）之间的水平净距	1.0m	综合管廊外径
管廊与地下构筑物（管线）之间的垂直净距	1.0m	综合管廊外径
综合管廊与地下管线交叉垂直净距	0.5m	1.0m

⑥ 综合管廊的通风口、逃生口、吊装口、人员出入口等外露地面的构筑物应满足城市防洪要求，若无可靠依据应高于地坪高程500mm以上，或采取能防止地面水倒灌的其他措施。

⑦ 干线接支线、支线接支线、支线接用户等节点设计应综合考虑管线的种类、数量、转弯半径等要求。

⑧ 综合管廊的通风口、逃生口、吊装口、人员出入口等外露地面的构筑物不应侵入道路的建筑限界。

（2）纵断面设计

1）综合管廊的覆土深度应根据地下设施竖向规划、行车荷载、绿化种植及设计冻土深度等因素综合确定。

2）管廊纵断面最小坡度需考虑廊内排水的需要，纵坡变化处应综合考虑各类管线最小转弯半径的要求。纵向坡度超过10%时，在人员通道部位设防滑地坪或台阶。

（3）横断面设计

1）综合管廊标准断面内部净高应根据容纳管线的种类、规格、数量、安装要求等综合确定，不宜小于 2.4m。

2）综合管廊通道净宽，应满足管道、配件及设备运输的要求，并应符合下列规定：综合管廊内两侧设置支架或管道时，检修通道净宽不宜小于 1.0m；单侧设置支架或管道时，检修通道净宽不宜小于 0.9m。配备检修车的综合管廊检修通道宽度不宜小于 2.2m。

3）在电力电缆接头处、给水阀门处、管廊交叉处、过河、过铁路处等部位，必须进行特殊的断面设计。特殊断面的空间应满足各类管道分支口、通风口、吊装口、人员出入口等孔口以及集水井的断面尺寸要求。在道路交叉口处，原则上每个交叉口均设置管道分支口。

4）采用明挖现浇施工时宜采用矩形断面（图 7-10）；采用明挖预制装配施工时宜采用矩形断面或圆拱形断面（圆拱形断面见图 7-11）；采用非开挖技术时宜采用圆形断面或矩形断面（圆形断面见图 7-12）。

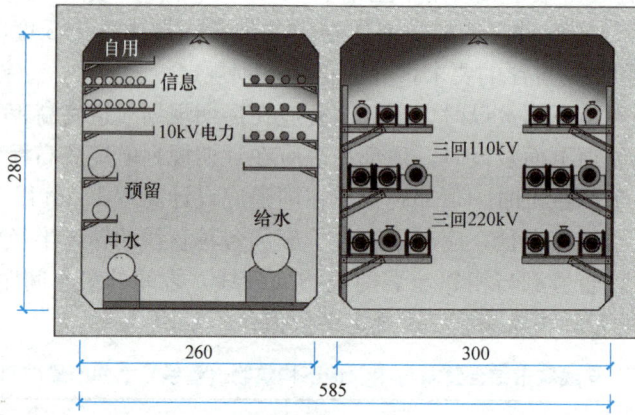

图 7-10 综合管廊矩形断面示意图（单位：cm）

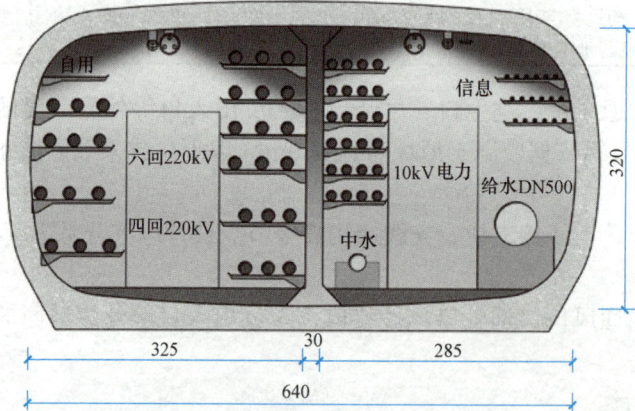

图 7-11 综合管廊圆拱形断面示意图（单位：cm）

5）天然气管道应在独立舱室内敷设。

6）热力管道采用蒸汽介质时应在独立舱室内敷设，不应与电力电缆同舱敷设。

7）110kV 及以上电力电缆，不应与通信电缆同侧布置。

8）给水管道与热力管道同侧布置时，给水管道宜布置在热力管道下方。

3. 结构设计

（1）综合管廊作为城市生命线工程，结构设计使用年限应为 100 年。

（2）综合管廊结构应根据设计使用年限和环境类别进行耐久性设计，并应符合现行国家标准《混凝土结构耐久性设计标准》GB/T 50476 的有关规定。

（3）综合管廊工程应按乙类建筑物进行抗震设计，并应满足国家现行标准的有关规定。

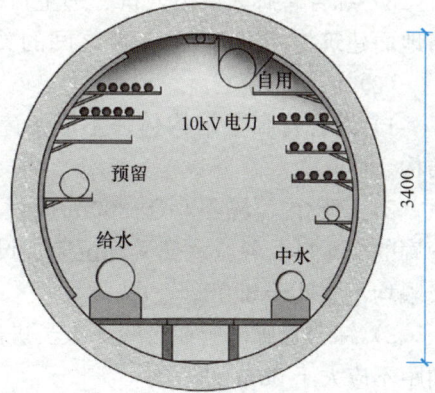

图 7-12　综合管廊圆形断面示意图

（4）综合管廊的结构安全等级应为一级，结构中各类构件的安全等级宜与整个结构的安全等级相同。

（5）综合管廊应进行防水设计，防水等级标准应为二级，并应符合现行国家标准《地下工程防水技术规范》GB 50108 的有关规定。

（6）对埋设在历史最高水位以下的综合管廊，应根据设计条件计算结构的抗浮稳定。计算时不应计入管廊内管线和设备的自重，也应不考虑侧壁摩阻力、内部的素混凝土填充，其他各项作用应取标准值，应按可能的最不利工况进行计算，并应满足抗浮稳定性抗力系数不低于 1.05。

（7）具有化学腐蚀、杂散电流腐蚀性地段，必须采取有效的防腐蚀措施，并符合现行国家有关标准的规定。

（8）综合管廊基坑开挖应有可靠的支护措施，基坑回填应符合管廊位置的道路、绿化等回填要求，并符合现行国家有关标准的规定。

（9）综合管廊可采用预制拼装结构。在预制拼装综合管廊方案设计阶段，应协调建设、设计、制作、施工各方之间的关系，并应加强总体、管线、结构、附属等专业之间的配合。

（10）预制拼装综合管廊结构宜采用预应力筋连接接头、螺栓连接接头或承插式接头。当场地条件较差，或易发生不均匀沉降时，宜采用承插式接头。当有可靠依据时，也可采用其他能够保证预制拼装综合管廊结构安全性、适用性和耐久性的接头构造。

（11）预制拼装综合管廊设计应满足使用功能、模数、标准化要求，便于推行预制综合管廊标准化生产。

4. 附属配套工程设计

（1）附属用房

附属用房应邻近管廊，其间应有便捷的联络通道。控制中心宜按照片区集中设置，管理用房根据管廊长度设置，一般 6～10km 设置一处管理用房。

（2）附属设施

1）管廊通风口的净尺寸应满足通风设备进出的最小尺寸要求。

2）管廊吊装口位置靠近设备及大管径管道安放处，尺寸以满足设备最大件或最长管道的进出要求为宜，间距不宜大于 400m。

3）综合管廊人员出入口、逃生口、通风口、吊装口等外露出地面的构筑物应并注意与地面建筑物、构筑物、道路之间的关系，使之与周围协调。

（3）消防系统

1）综合管廊主结构体、不同舱室之间的分隔应为耐火极限不低于3.0h的不燃性结构。

2）管廊内每隔不小于200m应设置防火墙、甲级防火门、阻火包等进行防火分隔；管廊的交叉口及各舱室交叉部位应加设防火墙、甲级防火门进行防火分隔。防火墙的耐火极限均不应低于3.0h。

3）综合管廊内应在沿线、人员进出口、逃生口等处设置灭火器材，灭火器材的设置间距不应大于50m。

4）综合管廊内根据技术经济方案比较可加设湿式自动喷水灭火、水喷雾灭火或气体灭火等固定装置。

5）管廊内的电缆防火与阻燃应符合现行国家标准《电力工程电缆设计标准》GB 50217和现行行业标准《电力电缆隧道设计规程》DL/T 5484及《阻燃及耐火电缆 塑料绝缘阻燃及耐火电缆分级和要求 第1部分：阻燃电缆》XF 306.1和《阻燃及耐火电缆 塑料绝缘阻燃及耐火电缆分级和要求 第2部分：耐火电缆》XF 306.2的有关规定。

6）当综合管廊内纳入输送易燃、易爆介质管道时，应采取专门的消防系统。

（4）供电系统

1）管廊供配电系统接线方案、电源供电电压、供电点、供电回路数、容量等应依据管廊建设规模、周边电源情况、管廊运行管理模式，经技术经济比较后合理确定。

2）根据综合管廊负荷运行的安全要求，消防设备和监控设备、应急和疏散照明为二级负荷；天然气管道舱的监控与报警设备、管道紧急切断阀、事故风机应按二级负荷供电，且宜采用两回线路供电；当采用两回线路供电有困难时，应另设置备用电源。其余用电设备可按三级负荷供电。

3）综合管廊内电气设备应符合下列规定：

① 电气设备防护等级应适应地下环境的使用要求，应防水防潮，防护等级不低于IP54；

② 电气设备应安装在便于维护和操作的地方，不应安装在低洼、可能受积水浸入的地方；

③ 电源总配电箱宜安装在管廊进出口处；

④ 燃气管道舱内的电气设备应符合现行国家标准《爆炸危险环境电力装置设计规范》GB 50058有关爆炸性气体环境2区的防爆规定。

4）非消防设备的供电电缆、控制电缆应采用阻燃电缆，火灾时需继续工作的消防设备应采用耐火电缆或不燃电缆。天然气管道舱内的电气线路不应有中间接头，线路敷设应符合现行国家标准《爆炸危险环境电力装置设计规范》GB 50058的有关规定。

5）综合管廊每个分区的人员进出口处宜设置本分区通风、照明的控制开关。

6）管廊内通风设备、窗孔应在火警信号发出时自动关闭。

7）管廊内的接地系统应形成环形接地网，接地电阻允许最大值不宜大于1Ω。管廊的接地网宜使用截面面积不小于40mm×5mm的镀锌扁钢，在现场应采用电焊搭接，不得采用螺栓搭接的方法。

8）综合管廊内的金属构件、电缆金属保护皮、金属管道以及电气设备金属外壳均应与接地网连通。

9）管廊内敷设有系统接地的高压电网电力电缆时，综合管廊接地网尚应满足当地电力公司有关接地连接技术要求和故障时热稳定的要求。

（5）照明系统

1）综合管廊内应设正常照明和应急照明。综合管廊内人行道上的一般照明的平均照度不应小于15lx，最小照度不应小于5lx；出入口和设备操作处的局部照度可为100lx。监控室一般照明照度不宜小于300lx。管廊内疏散应急照明照度不应低于5lx，应急电源持续供电时间不应小于60min。

2）出入口和各防火分区防火门上方应设置安全出口标志灯，灯光疏散指示标志应设置在距地坪高度1.0m以下，间距不应大于20m。

（6）监控与报警系统

1）综合管廊监控与报警系统宜分为环境与设备监控系统、安全防范系统、通信系统、火灾自动报警系统、地理信息系统和统一管理信息平台等。

2）系统的组成及其系统架构、系统配置应根据综合管廊建设规模、纳入管线的种类、综合管廊运营维护管理模式等确定。

3）监控、报警和联动反馈信号应送至监控中心。

4）环境与设备监控系统

① 系统应能对综合管廊内环境参数进行监测与报警。环境参数检测内容应符合表7-5的规定，含有两类及以上管线的舱室，应按较高要求的管线设置。

环境参数检测内容　　　　　　　　　　　　　　　　　　　　表7-5

舱室容纳管线类别	给水管道、再生水管道、雨水管道	污水管道	天然气管道	热力管道	电力电缆、通信线缆
温度	●	●	●	●	●
湿度	●	●	●	●	●
水位	●	●	●	●	●
O₂	●	●	●	●	●
H₂S气体	▲	●	▲	▲	▲
CH₄气体	▲	●	●	▲	▲

注：●应监测；▲宜监测。

② 系统应对通风设备、排水泵、电气设备等进行状态监测和控制。

5）安全防范系统

① 综合管廊内设备集中安装地点、人员出入口、变配电间和监控中心等场所应设置摄像机；综合管廊内沿线每个防火分区内应至少设置一台摄像机，不分防火分区的舱室，摄像机设置间距不应大于100m。

② 综合管廊人员出入口、通风口应设置入侵报警装置及出入口控制装置。

6）通信系统

① 综合管廊应设置固定式通信系统，电话应与监控中心接通，信号应与通信网络连

通。综合管廊人员出入口或每一防火分区内应设置通信点；不分防火分区的舱室，通信点设置间距不应大于100m；

② 宜设置用于对讲通话的无线信号覆盖系统。

7）火灾自动报警系统

综合管廊含电力电缆的舱室应设置火灾自动报警系统。

① 应在电力电缆表层设置线型感温火灾探测器，并应在舱室顶部设置线型光纤感温火灾探测器或感烟火灾探测器；

② 设置火灾探测器的场所应设置手动火灾报警按钮和火灾报警器，手动火灾报警按钮处宜设置电话插孔；

③ 应符合现行国家标准《线型感温火灾探测器》GB 16280 和《火灾自动报警系统设计规范》GB 50116 的有关规定。

8）可燃气体探测报警系统

天然气管道舱应设置可燃气体探测报警系统。

① 应设置线型红外天然气探测器或点型天然气探测器，且布置间距不宜大于15m；

② 天然气探测器应接入可燃气体报警控制器；

③ 当天然气管道舱天然气浓度超过报警浓度设定值（上限值）时，应由可燃气体报警控制器或消防联动控制器联动启动天然气舱事故段分区及其相邻分区的事故通风设备。

9）统一管理平台

① 应对监控与报警系统各组成系统进行系统集成，并应具有数据通信、信息采集和综合处理功能；

② 应与各专业管线配套监控系统及平台连通。

（7）通风系统

1）综合管廊宜采用自然进风和机械排风相结合的通风方式。天然气管道舱和含有污水管道的舱室应采用机械进、排风的通风方式。

2）综合管廊的通风量应根据通风区间、截面尺寸并经过计算确定，且应符合下列规定：

① 正常通风换气次数不应小于 2 次/h，事故通风换气次数不应小于 6 次/h；

② 天然气管道舱正常通风换气次数不应小于 6 次/h，事故通风换气次数不应小于 12 次/h；

③ 舱室内天然气浓度大于其爆炸下限浓度值（体积分数）20％时，应启动事故段分区及其相邻分区的事故通风设备。

3）管廊的通风口应增设能防止小动物进入管廊内的金属网格，网孔净尺寸不应大于 10mm×10mm。

4）综合管廊的通风设备应符合节能环保要求。天然气管道舱风机应采用防爆风机。

5）当综合管廊内空气温度高于 40℃或需进行线路检修时，应开启排风机，并应满足综合管廊内环境控制的要求。

6）综合管廊舱室内发生火灾时，发生火灾的防火分区及相邻分区的通风设备应能够自动关闭。综合管廊内应设置事故后机械排烟设施。

7）综合管廊的通风口处出风风速不宜大于 5m/s。

（8）排水系统

1）管廊内应设置自动排水系统。

2）管廊的排水区间应根据道路的纵坡确定，排水区间不宜大于200m，应在排水区间的最低点设置集水坑，并设置自动水位排水泵。集水坑的容量应根据渗入综合管廊内的水量和排水泵参数确定。

3）管廊的底板宜设置排水明沟，并通过排水沟将地面积水汇入集水坑内，排水明沟的坡度不应小于0.2%。

4）管廊的排水就近接入城市排水系统，并应在排水管的上端设置止回阀。

5）天然气管道舱应设置独立集水坑。

6）综合管廊排出的废水温度不应高于40℃。

（9）标识系统

1）综合管廊的主出入口内应设置综合管廊介绍牌，并应标明综合管廊建设时间、规模、容纳管线。

2）纳入综合管廊的管线，应采用符合管线管理单位要求的标识进行区分，并应标明管线属性、规格、产权单位名称、紧急联系电话。标识应设置在醒目位置，间隔距离不应大于100m。

3）综合管廊的设备旁边应设置设备铭牌，并应标明设备的名称、基本数据、使用方式及紧急联系电话。

4）综合管廊内应设置"禁烟""注意碰头""注意脚下""禁止触摸""防坠落"等警示、警告标识。

5）综合管廊内部应设置里程标识，交叉口处应设置方向标识。

6）人员出入口、逃生口、管线分支口、灭火器材设置处等部位，应设置带编号的标识。

7）综合管廊穿越河道时，应在河道两侧醒目位置设置明确的标识。

（10）管道（线）技术设计

1）管材选择

① 电力电缆应采用阻燃电缆或不燃电缆。

② 通信线缆应采用阻燃线缆。

③ 主要考虑管道的安全运行和便于安装维修的需要，给水、再生水、雨水、污水宜选用高强、轻质、韧性好的金属材料、塑料或复合材料。金属管材宜采用钢管、球墨铸铁管，塑料或复合材料宜采用钢骨架塑料复合管、PE管等。

④ 天然气管道应采用无缝钢管，热力管道应采用钢管。

2）线缆敷设

① 线缆支架、梯架或托盘的层间距离，应满足能方便地敷设电缆及其固定、安装接头的要求，且在多根电缆同置于一层情况下，可更换或增设任意一根电缆及其接头。电缆支架、梯架或托盘的层间距最小值应符合相关规范要求。

② 电力电缆敷设安装应按支架形式设计，并应符合现行国家标准《电力工程电缆设计标准》GB 50217和《交流电气装置的接地设计规范》GB/T 50065的有关规定。

③ 通信线缆敷设安装应按桥架形式设计，并应符合现行国家标准《综合布线系统工程设计规范》GB 50311和现行行业标准《光缆进线室设计规定》YD/T 5151的有关规定。

3）管道敷设

① 给水、再生水、雨水、污水管道宜设置在线缆下部空间，无须特殊防护。雨水、污水管道应布置在综合管沟的底部。

② 管道单位长度必须满足其吊装、安装及更换所预留的空间尺寸要求。管道安装净距应符合相关规范的规定值。

③ 管道在市政管廊的交叉口、分支及预留引出位置应设置阀门沿管道纵向路由设置供管道固定用的支墩或预埋件。

④ 给水、再生水管道设计应符合现行国家标准《室外给水设计标准》GB 50013 和《城镇污水再生利用工程设计规范》GB 50335 的有关规定。

⑤ 雨水管渠、污水管道设计应符合现行国家标准《室外排水设计标准》GB 50014 的有关规定。

⑥ 天然气管道设计应符合现行国家标准《城镇燃气设计规范（2020 年版）》GB 50028—2006 的有关规定。

⑦ 给水、再生水、污水、雨水管道支撑的形式、间距、固定方式应通过计算确定，并应符合现行国家标准《给水排水工程管道结构设计规范》GB 50332 的有关规定。

⑧ 天然气管道支撑的形式、间距、固定方式应通过计算确定，并应符合现行国家标准的有关规定。

7.4.3　地下综合管廊的 BIM 设计

随着城市土地开发，现代城市对市政管道的需求也相应增加。但由于城内道路狭窄，旧城管道走廊位置不足，各类管道的建设，扩建和改造越来越困难，管道的安全性和可靠性也面临严峻挑战。综合管廊建设在我国部分城市作为试点工程，由于城市线路以及建筑技术等方面原因，综合管廊建设的推行受到较大的阻力。BIM（建筑信息模型）技术的引进为综合管廊建设提供了较大的可能，该技术在市政综合管廊设计中也得到了广泛应用。

BIM 技术是将建设项目在生命周期内的几何特性、功能要求、构件性能施工进度、建造过程的信息融入模型中。BIM 技术可广泛应用于综合管廊的规划、设计、施工和运维，其可视性、优化性、协同性、模拟性等特点可优化管廊设计成果，有效控制管廊建造、降低成本、缩短工期，并为管廊运维提供基础数据，实现智能化管理。据美国斯坦福大学的设施工程整合中心对 32 个采用 BIM 的项目统计分析，得出 BIM 效益有下列五项：（1）将未列在预算中的变更量减少达 40％以上；（2）建造成本估算的准确度在 3％以内；（3）成本估算所需时间缩短了 80％；（4）因事先进行冲突检查而节省了 10％的合同金额；（5）平均工期缩短超过 7％。

1. BIM 技术应用特点

在 BIM 应用领域，通常可将工程分为两大类：节点工程和线路工程。节点工程（如单体建筑、车站等）的特点是通过轴网和标高定位，单个项目的占地面积往往不是很大。与之相比，线路工程（如城市道路、公路、铁路等）的定位方式是里程和纵断面，项目范围通常覆盖数千米，与地形的关系紧密。综合管廊工程是包含标准段和各类功能节点（通风口、吊装口、人员出入口、管线分支口、交叉口、端部井等）的组合体。将 BIM 技术应用于综合管廊设计必须综合处理好它的线路特性和节点特性。

在常规的二维平台的设计方式因自身技术条件的限制，难以清楚地表达设计理念，且容易出现诸多错漏碰缺，既不能很好地满足设计人员的需要，不利于各专业间的数据汇聚，在与项目其他参与方沟通时也产生不便。相比之下，运用 BIM 技术对综合管廊进行建模工作，以三维视角提供更为直观的方案展示，便于各参与方理解设计意图，并有效地将各专业的信息汇聚在一起，分析方案的合理性。同时因 BIM 的分析功能，方便设计师进行碰撞检查，将错误及时进行反馈、调整，保证了设计图纸的质量。通过创建 BIM 管廊数据库，可以建立 6D 关联数据库来实现准确快速计算工程量，提升施工预算效率及精度的目的。因 BIM 数据库相关数据粒度达到构件级，能够实现快速提供支撑项目各条线管理所需的数据信息，有效提升施工管理效率。通过 BIM 模型提取材料用料、设备统计、管控造价、预测成本造价，可以给施工单位项目投标以及施工过程造价控制提供科学依据。

（1）管线优化设计

考虑管线设计对管廊主体结构设计影响较大，在综合管廊设计中，BIM 工程师根据管线工艺图、综合管廊结构图建立综合管廊 BIM 模型（结构＋管线），然后通过三维浏览、碰撞检查、工艺模拟查找管线问题，并将问题及解决方案反馈给工艺工程师，最后工艺工程师会同 BIM 工程师协同完成管线的优化设计及设计出图，通过优化解决了多层多舱管线出线及管线预留等设计难题。

（2）结构设计原则

1）横断面设计原则

①满足主体结构设计规范。②满足管线容量需求。③满足管线安装及检修通行需求。④满足管道位置设计原则。

2）平面设计原则

①平面位置设计综合管廊需设置检查井、通风井、吊装口等各类洞口。②平面线形设计综合管廊平面线形应与道路平面线形一致，应考虑与现状或规划建筑物（构筑物）的平面位置相协调，如遇桥梁墩柱等障碍物，需在平面采取避让措施。

3）纵断面设计原则

①纵断面应与道路纵段面一致，以减少土方量。②纵坡变化处纵断面设计应满足管线折角需要。③纵断面设计应满足管道检修时自流排水需求。④纵断面设计应满足管线敷设、运输需求。

（3）主体结构优化设计

管线设计完成后，BIM 工程师根据管线设计图、管廊结构图建立综合管廊 BIM 模型（结构＋管线）（见图 7-13），然后通过三维浏览、碰撞检查、工艺模拟查找主体结构问题，并将问题及解决方案反馈给结构工程师，最后结构工程师会同 BIM 工程师协同完成结构的优化设计及设计出图，通过优化设计解决了多层多舱施工缝留设、墙板开洞、支吊架等附属设备留设等设计难题。

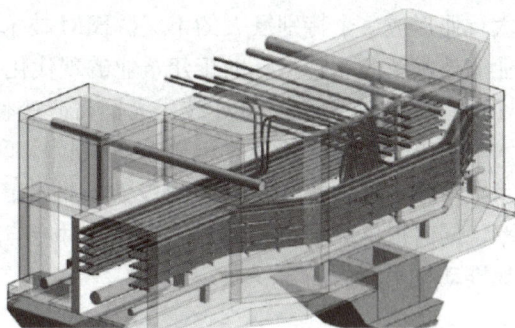

图 7-13　综合管廊 BIM 模型

（4）施工管理优化

在建筑行业，施工管理往往是粗鲁的，没有长远地考虑，甚至可以说是混乱的。通过对施工方案的模拟，可以预先找到并解决施工过程中可能出现的问题，可以大大减少施工问题的发生，简化施工现场管理活动。另外，对于复杂的施工方案，3D 模型在技术演示和指导建设中的应用使工人更容易理解和更方便沟通。

（5）施工协调

市政管廊的建设不仅与业主，设计和监督协调，而且与各管道单位，运输部门和配套施工单位协调。对于那些不从事土木工程行业的人来说很难根据附图说明，想象三维形状，基于 BIM 技术的三维模型可以显著提高沟通。

2. BIM 技术在地下综合管廊设计中的应用优势分析

在地下综合管廊设计中，采用传统的施工设计方式主要是在管线没有进行施工前将设计图纸进行汇集，送到管线综合专业，然后由各个管线综合专业对管线实施总体规划，之后才能够进入正式的施工阶段。如果后期施工过程中遇到两种管线出现冲突，就需要变更施工设计，还需要对工程进行返工处理。而与此种施工技术不同，BIM 技术可以在工程施工之前对整个工程进行施工预测，通过预施工的方式检测地下管线铺设中可能出现的碰撞，从而进行施工设计，这样能够在实际施工过程中避免由于管线的碰撞而出现返工问题，进一步减少施工的变更。

在市政管廊设计中融入 BIM 技术，通过模拟施工的方式能够校正施工设计中存在的问题。在二维管线综合设计中，由于这些问题不会与设计相冲突，经常会被施工人员所忽略，但是到实际施工遇到阻碍时再去解决问题已经是无力回天。因此，BIM 技术的应用针对这种现象提出了良好的预估。BIM 技术的应用不再局限于 2D 的设计，其设计成果不仅能够表现整个工程的现状，而且还能够将局部断面以及道路出现交叉的情况直观地反映出来，在呈现二维设计所应达到的成果的同时也具备了二维设计中难以实现的内容。

BIM 作为一种新型的道路综合管线设计模型，为市政综合管廊设计提供了更多方便，但是这种技术在设计流程以及专业设计规范等方面还需要不断加强改善，才能为以后建筑施工使用中减少工作量以及提供便捷性奠定技术优势。

目前，中国综合管廊整体建设仍处于施工和建设的初期阶段，以政府试点项目为主。从未来的发展来看，综合管廊正在发展，将在勘察设计、建设、运营和维护、信息线监测四大行业形成一个特别巨大的市场。BIM 技术的应用是 CAD 应用后的又一革命，是建筑行业的技术革命，它将有助于建筑业的现代化，支持城市地下一体化管廊的建设。作为继 CAD 之后的一次革命，BIM 技术无疑将改变整个建筑业的发展。目前，市政工程中 BIM 技术应用仍处于探索阶段，但随着相关国家政策的引入和相关部门的指导和支持，BIM 技术在市政工程中的发展将得到极大的推动。在市政建设行业，BIM 可以有效提高工作效率，同时提供更多精确细致的控制。对传统的经验以及技术有一个极大的冲击，可以有效地推动技术方面的发展。

习　　题

1. 深隧排水系统的组成。
2. 农村生活污水的排放有哪些特点。
3. 工程管线布置一般原则。
4. 地下综合管廊可分为哪几类？并简述每一类型的特点。

第8章 排水管渠系统运行维护与管理

8.1 排水系统的运行管理

8.1.1 排水系统的运行任务

排水系统是城市基础设施中至关重要的一部分，任务是收集、传输、处理和排放。以下将详细探讨排水系统的运行任务，包括以下几个方面：收集与传输排水、处理排水和环境保护。

（1）收集排水

收集排水是指从城市各个区域收集雨水和污水，并将其引导到污水处理厂或其他处理设施。这一任务主要包括以下几个方面：

雨水收集：城市的雨水收集通常通过雨水管道和雨水收集池等设施进行。雨水管道可以将雨水引导到河流、湖泊或处理设施，以防止城市内涝和水资源浪费。

污水收集：污水收集系统通常包括污水管网和污水收集井等设施。污水管网负责收集来自居民、工业和商业用水的污水，而污水收集井则用于收集和调节污水的流量，以平衡排放和处理过程。

（2）传输排水

传输排水是指将收集到的雨水和污水从一处传输到另一处的过程。这一任务需要考虑以下几个方面：

排水管道：传输排水主要依靠排水管道来实现。排水管道需要合理布局，以确保排水的顺畅传输。此外，管道还需要定期检查和维护，以防止堵塞和泄漏。

泵站：在长距离或高程差较大的情况下，传输排水可能需要借助泵站来提供动力。泵站通常位于低洼地区或需要提升水位的地方，通过泵抽水将排水送至目标地点。

（3）处理排水

处理排水是指对收集到的污水进行处理，以减少对环境的污染和保护水资源。这一任务主要有以下几个方面：

污水处理：污水处理厂是处理城市污水的关键设施。污水经过初级处理、生物处理和二次处理等工艺，去除其中的悬浮物、有机物和营养物质，使其可以安全地排放或回用。

雨水管理：在城市绿化和雨水花园等设施的帮助下，我们可以采取措施减少雨水排放和水体污染。通过合理的雨水管理，可以将雨水转化为可供植物利用的水源，降低城市内涝风险，并改善城市生态环境。

（4）环境保护

排水系统的运行任务与环境保护密切相关。在运行过程中，我们需要重视以下几个方面：

污染防治：为了保护水体环境，我们需要加强污水的监测和管理，确保污水排放符合相关的标准和要求。此外，对于污废水排放产生的污染物，需要采取相应的措施进行净化和处理。

水资源管理：随着人口的增长和水资源的日益紧张，我们需要合理利用和保护水资源。在排水系统运行中，可以采取循环利用、雨水收集等措施，减少对自然水源的依赖。

生态恢复：排水系统的运行可能对周围的生态环境产生一定影响。为了保护和改善生态环境，我们可以通过湿地修复、植被绿化等措施，促进水生态的恢复和保育。

综上，只有确保排水系统高效运行，才能保障城市的正常运转和居民的生活质量，同时实现对环境的保护和可持续发展。因此，我们应该密切关注排水系统的运行任务，并不断优化和提升其性能，以适应城市发展的需求和环境保护的要求。

8.1.2 排水系统的运行管理要点

随着城市化进程的加快，城市排水系统的重要性日益凸显。一个高效、稳定的排水系统对于城市的正常运行和居民的生活质量至关重要。排水系统的运行管理要点主要包括设备的定期检查与保养、故障处理和维修、设备更新与升级、监测与数据分析、应急响应等方面的内容，以期为排水系统的有效运行提供参考。

（1）定期检查和保养

排水系统设备的定期检查和保养是确保其正常运行的基础。管理者应建立科学合理的设备维护计划，包括设备巡检、润滑油更换、部件更替等内容。定期检查可以发现潜在故障和问题，及时采取措施进行修复，以防止更大的损失。

（2）故障处理和维修

排水系统设备可能会出现故障，管理者需要及时响应并采取相应的维修措施。建立健全的故障处理机制，包括故障排查、紧急维修和故障分析等环节。对于重要设备，可以建立备用设备或备件库存，以减少故障对系统运行造成的影响。

（3）更新和升级设备

随着科技的不断进步，排水系统设备也需要不断更新和升级。管理者应关注最新的设备技术和方法，定期评估设备的性能，并根据需要进行更新和升级，以提高排水系统的运行效率和稳定性。更新和升级设备还可以降低能耗和维修成本。

（4）实时监测系统

建立实时监测系统是排水系统管理的重要任务之一。通过安装传感器和监测设备，实时监测系统运行状况和数据信息，确保系统的正常运行。监测指标可以包括水位、流量、压力、水质等参数，通过实时监测，可以快速发现异常情况，并及时采取措施进行处理。

（5）数据采集与分析

对排水系统的大量监测数据进行采集和分析，可以发现系统存在的问题和潜在风险。管理者应建立科学的数据采集和分析系统，运用数据挖掘和统计分析等方法，快速准确地找出问题的根源。数据采集与分析不仅能够帮助及时发现问题，还可以为未来的系统优化和决策提供参考依据。

（6）预测与预警

通过对数据的分析和比较，可以建立排水系统的模型，并进行预测和预警。预测系统的运行情况和可能出现的问题，预警某些特殊事件的发生。及时发现潜在的问题和风险，并采取相应的措施，以防止事故的发生和损失的扩大。

（7）突发事件预案及处置

排水系统管理者应制定完善的突发事件预案，包括各类事故的预测、应对措施和应急处置流程等内容。突发事件预案应覆盖排水系统的各个方面，包括人员组织、资源调配、通信协调等，以确保在突发事件发生时能够迅速、有效地进行应急响应。当突发事件发生时，管理者和从业人员应能够快速反应，并按照预案进行相应的处置。及时组织人员和资源，采取紧急措施，以保障排水系统的安全和稳定。快速响应和处置是防止事故进一步扩大的关键，需要管理者和从业人员具备快速决策、应变能力和团队协作精神。

（8）事后总结与改进

在应急响应结束后，管理者应对整个过程进行总结和评估。分析响应过程中存在的不足和问题，并提出改进方案，以提高应急响应的效率和水平。事后总结和改进是持续改进管理工作的重要环节。

8.2 排水系统的维护

8.2.1 管理和养护的任务

排水管渠在建成通水后，为保证其正常工作，必须经常进行养护和管理。排水管渠常见的故障有：由于水量不足，坡度较小，污水中固体杂质较多或施工质量不良等原因而发生沉淀、淤积，污物淤塞管道；过重的外荷载、地基不均匀沉陷，使管渠损坏、裂缝、塌陷；污水的侵蚀作用、使管渠腐蚀、疏松、散落。管理养护的任务包括：验收排水管渠；监督排水管渠使用规则的执行；经常检查、冲洗或清通排水管渠，以维持其通水能力；修理管渠及其构筑物，并处理意外事故等。

排水管渠系统的管理养护工作，一般由城市建设机关专设部门（如养护工程管理处）领导，按行政区划设养护管理所，下设若干养护工程队（班），分片负责。整个城市排水系统的管理养护组织一般可分为管渠系统、排水泵站和污水处理厂三部分。工厂内的排水系统，一般由工厂自行负责管理和养护。在实际工作中，管渠系统的管理养护应实行岗位责任制，分片包干，以充分发挥养护人员的积极性。同时，可根据管渠中沉积污物可能性的大小，划分成若干养护等级，以便对其中水力条件较差，排入管渠的脏物较多，易于淤塞的管渠段，给予重点养护。实践证明，这样可大大提高养护工作的效率，是保证排水管渠系统全线正常工作的行之有效的办法。

管渠中的污水通常能析出硫化氢、甲烷、二氧化碳等气体，某些生产污水能析出石油、汽油或苯等气体，这些气体与空气中的氮混合能形成爆炸性气体。燃气管道失修、渗漏也能导致燃气逸入管渠中造成危险。排水管渠的养护工作必须注意安全。如果养护人员要下井，除应有必要的劳保用具外，下井前必须先将安全等放入井内，如有有害气体，由于缺氧，灯将熄灭。如有爆炸性气体，等在熄灭前会发出闪光。在发现管渠中存在有害气体时，必须采取有效措施排除。修理项目应尽可能在短时间内完成，如果能在夜间进行更好。在需时较长时，应与有关交通部门取得联系，设置路障，夜间应挂红灯。

8.2.2　排水管渠的检查

排水管道是城市重要的基础设施之一，随着社会经济的迅速发展，城市中的排水管道系统日趋完善，同时，很多管道老化严重，带病作业，隐患影响是巨大的，开展对排水管道检测，及时掌握管道结构和功能安全程度运用科学手段指导养护维修工作，已是当务之急，排水管道由于其处于地下，具有隐蔽性，不便进行人工检测，加之人们长期以来对地下管道的轻视现象比较严重，城市出现排水管道故障的概率非常高。

排水管道检测的主要工作内容包括对排水管道现状进行探查、测量、复核现状管道的管径、管材、标高、坐标、流向等，绘制平面图。对河道排污口进行调查，查明排污口、污水源和排水管道的情况，绘制排污口、污水源分布图；采用流量计测量关键节点的流量；采用潜望镜或声呐探测仪，探测管道淤积及重大缺陷情况；必要时对管道进行降水和封堵；探明管道、水渠、方沟、箱涵的塌陷、错位、断头的准确位置，提供检测报告及影像资料，包括实施过程中对上下游管道进行封堵、降水、清淤、高压冲洗、CCTV（Closed Circuit Television）检测系统。将相关成果汇总输入计算机，建立检测统计数据库，提供河道排污口数据，对排污口和污水源进行分类，对排污口与污水源建议建立专门档案与图集，按属性归类，提出截污的建设性方案。

排水管道检测已有很长的历史，传统的管道检测方法有很多，伴随着科技的不断进步，对排水管道的检测方法也由以前的潜水员探摸等原始的方法，逐渐向先进的闭路电视检测法过渡管道，即CCTV检测系统。管道电视检测法在国外称管道CCTV检测系统，是目前国际上用于管道状况检测最为先进和有效的手段。20世纪90年代，中西方管道的电视和声呐检测技术被上海的学者引入，引起了排水行业同仁的广泛关注。CCTV管道检测系统与传统的管道检测技术相比，安全性高，图像清晰，直观并可反复播放供业内人士研究的特点，为管道修理方案的科学决策提供了有力的帮助。

排水管道电视检测是采用CCTV检测系统，通过控制在管道内行走的机器人摄像头远程采集图像，并通过有线传输方式，把图像进行显示和记录的集成系统。

管道CCTV检测系统是由三部分组成：主控器、带摄像镜头的"机器人"爬行器（见图8-1）和操纵线缆架（见图8-2）。主控器可安装在汽车上，操作员通过主控器控制"爬行器"在管道内前进速度和方向，并控制摄像头将管道内部的视频图像通过线缆传输到主控器显示屏上，操作员可实时地监测管道内部状况，同时将原始图像记录存储下来，做进一步的分析。当完成CCTV的外业工作后，根据检测的录像资料进行管道缺陷的编码和抓取缺陷图片，以及检测报告的编写，并根据用户的要求对CCTV影像资料进行处理，提供录像带或者光盘存档，指导未来的管道修复工作。

CCTV检测的基本步骤包括：收集资料现场勘查，编制检测方案，清洗疏堵排水，用CCTV检测系统进行检测并采集影像资料，总结数据，出检测报告，验收数据准确度，提交评估报告。

管道检测前搜集的资料包括：该管线平面图；该管道竣工图等技术资料；已有该管道的检测资料。

现场勘察资料包括：察看该管道周围地理、地貌、交通和管道分布情况；揭开井盖目视水位、积泥深度及水流；核对资料中的管位、管径、管材。

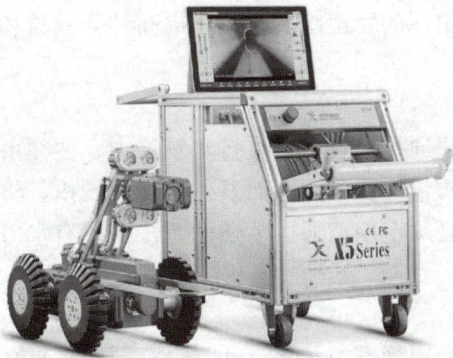

图 8-1 CCTV 管道检测机器人

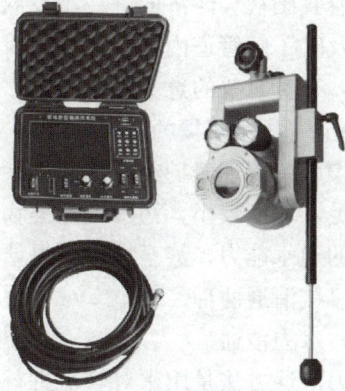

图 8-2 CCTV 无线高清 QV 潜望镜

确定检测技术方案包括：明确检测的目的、范围、期限；针对已有资料认真分析确定检测技术方案包括：管道如何封堵；管道清洗的方法；对已存在的问题如何解决；制定安全措施等。

管道竣工验收检测前技术要求包括：应将管道进行严密性试验，并向检测人员出示该管道的闭气或闭水的试验记录；检测前应确保管道内积水不超过管径的 5%；检测开始前必须进行疏通、清洗、通风及有毒有害气体检测。

管道修复检测前技术要求包括：首先应将需检测的该管道进行冲洗工序；检测前应确保该管道内积水不能超过管径的 15%，如有支管流水应先将其堵住，确保机车所摄录的影像资料清晰，检测准确；检测开始前必须进行疏通、清洗、通风及有毒有害气体检测。

CCTV 检测系统是近年来新引进的技术，虽然此项检测技术先进，但是在检测工作中仍存在一些问题：

(1) 一些爬行器的轮胎抓地力普遍不足，当进入淤泥较多或沥青的管道进行检测时，爬行器行动比较困难，严重影响检测进度。

(2) 当进入野外，河道两旁等恶劣检测环境时，一些车辆无法驶入检测地点，仪器的运输成为主要问题，因管道检测环境因素所致，相关的运输配套设施应不齐全。

(3) 一些爬行器尾线普遍磨损严重，虽然有的仪器配有滑轮组，一定程度上减少了线与井壁的摩擦，但是有线自身重力所致，在管道中拖沓所造成的磨损不容忽视，极有可能引发障碍，中断检测过程。

排水管道的检测工作在我国仍处于起步阶段，但是随着人们环保意识的不断增强，国家对污水处理项目的投资力度不断地加大，排水管网的管理维护也得到了应有的重视，排水管道检测和维护有着巨大的市场前景。

CCTV 管道内窥检测技术的运用，让城市排水管网的管理和养护方法技术有了一个质的飞跃。该项技术与传统的管道检测技术相比，安全性高，图像清晰，直观并可反复播放供业内人士研究的特点，为管道修理方案的科学决策提供了有力的帮助，该项技术同时还可以应用到给水、燃气管道和电力、电信套管的内部状况检测，以及抢险救灾、考古等等不同的领域。

随着我国社会经济的进一步发展，人们对安全排水要求越来越高，运用排水管道检测技术，及时了解管道内部状况，适时做出更切合实际的管道维护决策，提高社会效益和经济效益，有着重要的意义。

8.2.3　排水管渠的清通

管渠系统管理养护经常性的和大量的工作是清通排水管渠，在排水管渠中，往往由于水量不足，坡度较小，污水中污染物较多或施工质量不良等原因而发生沉淀、淤积，将影响管渠的通水能力，甚至导致管渠堵塞，因此，必须定期清通。清通的方法主要有水力清通法和机械清通两种。

（1）水力清通

水力清通方法是用水对管道进行冲洗。可以利用管道内污水自冲，也可利用自来水或河水。用管道内污水自冲时，管道本身必须具有一定的流量，同时管内淤泥不宜过多（20%左右）。用自来水冲洗时，通常从消防龙头或街道集中给水栓取水，或用水车将水送到冲洗现场，一般在街坊内的污水支管，每冲洗一次需水约2000~3000kg。

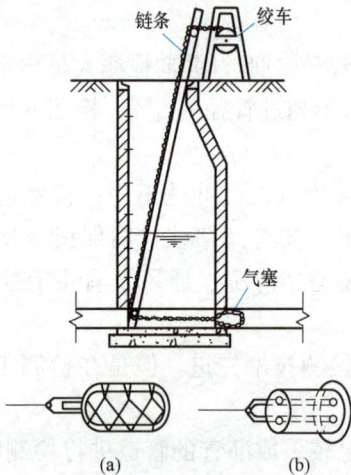

图8-3　水力清通操作示意图
（a）橡皮气塞；（b）木桶橡皮刷

图8-3所示为水力清通操作示意图。首先用一个一端由钢丝绳系在绞车上的橡皮气塞或木桶橡皮刷堵住检查井下游管段的进口，使检查井上游管段充水。待上游管中充满并在检查井中水位抬高至1m左右以后，突然放走气塞中部分空气，使气塞缩小，气塞便在水流的推动下往下游浮动而刮走污泥，同时水流在上游较大水压作用下，以较大的流速从气塞底部冲向下游管段。这样，沉积在管底的淤泥便在气塞和水流的冲刷作用下排向下游检查井，管道本身则得到清洗。

污泥排入下游检查井后，可用吸泥车抽吸运走。吸泥车的形式有：装有隔膜泵的蓄泥车、装有真空泵的真空吸泥车和装有射流泵的射流泵式吸泥车。因为污泥含水率非常高，它实际上是一种含泥水，为了回收其中的水用于下游管段的清通，同时减少污泥的运输量，我国一些城市已采用泥水分离吸泥车。采用泥水分离吸泥车时，污泥被安装在卡车上的真空泵从检查井吸上来后，以切线方向旋流进入贮泥罐，贮泥罐内装有由旁置筛板和工业滤布组成的脱水装置，污泥在这里连续真空吸滤脱水。脱水后的污泥贮存在罐内，而吸滤出的水则经车上的贮水箱排至下游检查井内，以备下游管段的清通之用。目前，生产中使用的泥水分离吸泥车的贮泥罐容量为1.8m³，过滤面积为0.4m²，整个操作过程均由液压控制系统自动控制。

近年来，有些城市采用水力冲洗车进行管道的清通。这种冲洗车由半拖挂式的大型水罐、机动卷管器、消防水泵、高压胶管、射水喷头和冲洗工具箱等部分组成。它的操作过程系由汽车引擎供给动力，驱动消防泵，将从水罐抽出的水加压到11~12kg/cm²（日本加压到50~80kg/cm²）；高压水沿高压胶管流到放置在待清通管道管口的流线形喷头（图8-4），喷头尾部设有2~6个射水喷嘴（有些喷头头部开有一小喷射孔，以备冲洗堵塞严重的管道时使用），水流从喷嘴强力喷出，推动喷嘴向反方向运动，同时带动胶管在排水管道内前进；强力喷出的水柱也冲动管道内的沉积物，使之成为泥浆并随水流流至下游检查井。当喷头到达下游检查井时，减小水的喷射压力，由卷管器自动将胶管抽回，抽回胶管时仍继续从喷嘴喷射出低压水，以便将残留在管内的污物全部冲刷到下游检查井，然后由吸泥车吸出。对于表面锈蚀严重的金属排水管道，可采用在喷射高压水中加入石英砂的喷枪冲洗，枪口与被冲物的有效距离为 0.3～0.5m，据日本的经验，这样洗净效果更佳。

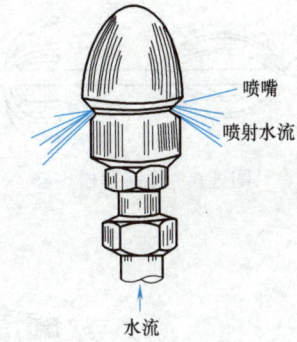

图 8-4　水力冲洗车喷头外形图

目前，生产中使用的水力冲洗车的水罐容量为 1.2～8.0m³，高压胶管直径为 25～32mm；喷头喷嘴有 1.5～8.0mm 等多种规格，射水方向与喷头前进方向相反，喷射角为 15°、30°或 35°；消耗的喷射水量为 200～500L/min。

水力清通方法操作简便，工效较高，工作人员操作条件较好，目前已得到广泛采用。根据我国一些城市的经验，水力清通不仅能清除下游管道 250m 以内的淤泥，而且在 150m 左右上游管道中的淤泥也能得到相当程度的清除。当检查井的水位升高到 1.20m 时，突然松塞放水，不仅可清除污泥，而且可冲刷出沉在管道中的碎砖石。但在管渠系统脉脉相通的地方，当一处用上了气塞后，虽然此处的管渠被堵塞了，由于上游的污水可以流向别的管段，无法在该管渠中积存，气塞也就无法向下游移动，此时只能采用水力冲洗车或从别的地方运水来冲洗，消耗的水量较大。

（2）机械清通

当管渠淤塞严重，淤泥已粘结密实，水力清通的效果不好时，需要采用机械清通方法。图 8-5 所示为机械清通的操作情况。它首先用竹片穿过需要清通的管渠段，竹片一端系上钢丝绳，绳上系住清通工具的一端。在清通管渠段两端检查井上各设一架绞车，当竹片穿过管渠段后将钢丝绳系在一架绞车上，清通工具的另一端通过钢丝绳系在另一架绞车上。然后利用绞车往复绞动钢丝绳，带动清通工具将淤泥刮至下游检查井内，使管渠得以清通。绞车的动力可以是手动，也可以是机动，例如以汽车引擎为动力。

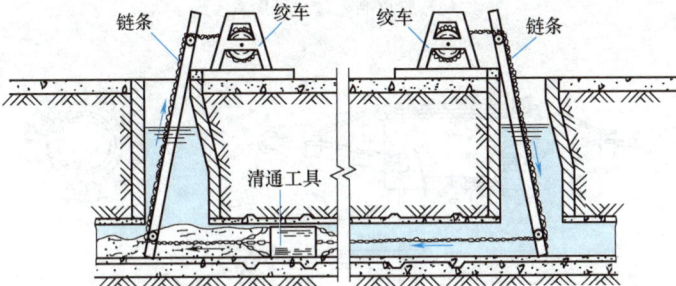

图 8-5　机械清通操作示意图

机械清通工具的种类繁多，按其作用分有耙松淤泥的骨骼形松土器（图 8-6）；有清除树根及破布等沉淀物的弹簧刀和锚式清通器（图 8-7）和有利于刮泥的清通工具，如胶

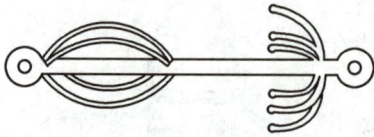

图 8-6　骨骼形松土器

皮刷、铁簸箕（图 8-8）、钢丝刷、铁牛（图 8-9）等。清通工具的大小应与管道管径相适应，当淤泥数量较多时，可先用小号清通工具，待淤泥清除到一定程度后再用与管径相适应的清通工具。清通大管道时，由于检查井井口尺寸的限制，清通工具可分成数块，在检查井内拼合后再使用。

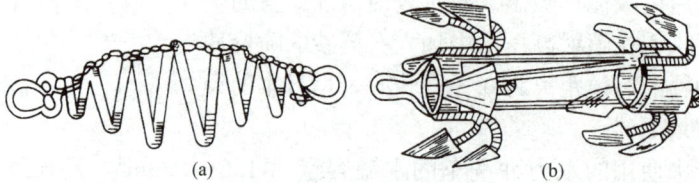

(a)　　　　　　　(b)

图 8-7　弹簧刀及锚式清通器

（a）弹簧刀；（b）锚式清通器

近年来，国外开始采用气动式通沟机与钻杆通沟机清通管渠。气动式通沟机借压缩空气把清泥器从一个检查井送到另一个检查井，然后用绞车通过该机尾部的钢丝绳向后拉，清泥器的翼片张开，把管内淤泥刮到检查井底部。钻杆通沟机是通过汽油机或汽车引擎带动一机头旋转，把带有钻头的钻杆通过机头中心由检查井通入管道内，机头带动钻杆转动，使钻头向前钻进，同时将管内的淤积物清扫到另一个检查井中。

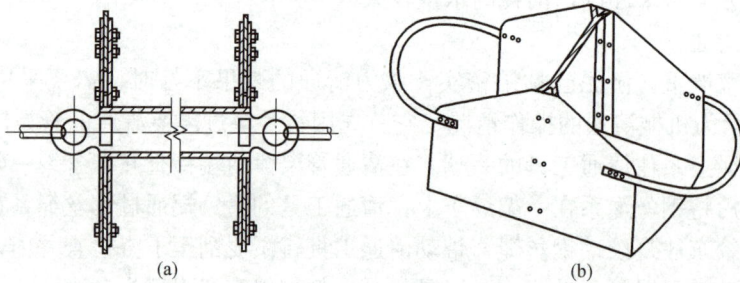

(a)　　　　　　　(b)

图 8-8　胶皮刷及铁簸箕

（a）胶皮刷；（b）铁簸箕

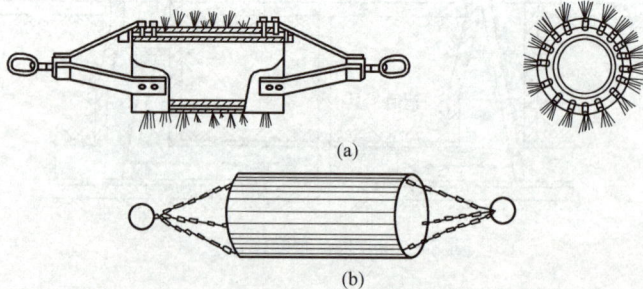

(a)

(b)

图 8-9　钢丝刷及铁牛

（a）钢丝刷；（b）铁牛

淤泥被刮到下游检查井后，通常也可采用吸泥车吸出。如果淤泥含水率低，可采用如图 8-10 所示的抓泥车挖出，然后由汽车运走。

图 8-10　抓泥车

8.2.4　排水管渠污泥的处理与处置

排水管道污泥是指排水管道养护中疏通清捞上来的沉积物，又称为通沟污泥。沉积物中包含污水中的颗粒物和杂质、道路降尘、垃圾及建设工地泥浆等，如不及时疏通清理，不仅会影响排水管道的排水能力，还会造成水污染。

污泥处理处置应从工艺全流程角度确定各工艺段的处理工艺，应根据污泥性质、处理后的泥质标准、当地经济条件、污泥处置出路、占地面积等因素合理选择，包括浓缩、厌氧消化、好氧消化、好氧发酵、脱水、石灰稳定、干化和焚烧等。污泥的处置方式应根据污泥特性、当地自然环境条件、最终出路等因素综合考志，包括土地利用、建筑材料利用和填埋等。

1. 污泥处理与处置流程

（1）工艺设计

城镇排水管渠污泥来源和构成复杂，不同城镇和区域的排水管渠污泥成分存在着较大差异；此外，土地利用、建材利用和填埋等不同污泥处置途径对污泥泥质也有着不同要求。目前，国内排水管渠污泥处理的案例主要集中在经济条件较好的地区，其核心工艺环节为预处理、粗料分离、砂石分离、细料分离和粉砂分离等。因此，应系统分析检测排水管渠污泥理化性质，制定科学的、符合资源化利用要求的处置方案。排水管渠污泥处理工艺应根据区域经济水平和处置方式选择处理工艺组合。常规的处理工艺流程见图 8-11 所示。

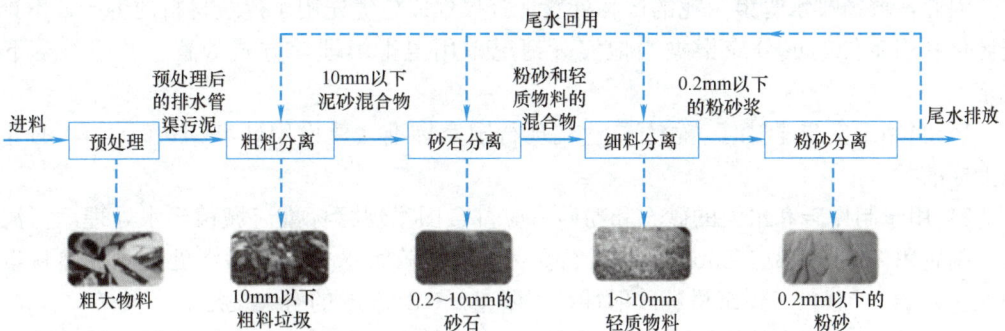

图 8-11　排水管渠污泥处理的常规工艺流程

　1）预处理。目前，欧美发达国家的排水管渠污泥大多经淘洗等处理工艺处理后再进行处置。根据德国市政垃圾技术指南的要求，2005 年之后，德国市政垃圾在进行填埋处理之前，有机含量（有机烧失或者总有机碳）必须低于 5％，不符合标准的市政垃圾必须进行预处理。因此，预处理一般采用格栅拦截的方式分离粗大物料，格栅可采用固定式、振动式等多种形式，栅格间隙可根据后续处理要求进行确定，目前已有案例，格栅间隙一般为 100mm。

2）粗料分离。排水管渠污泥是有机物与无机物的混合体，通过洗鼓等设备，在洗鼓旋转过程中加水淋洗，一方面可将大颗粒上的有机物去除，另一方面可将体积较大的泥块破碎，便于后续处理。因此，规定：宜采用淘洗、筛分等工艺，分离出 10mm 以上的粗料垃圾。其中，粗料垃圾可能包括砖块、石头、树枝、玻璃瓶、铁罐、破布等。

3）砂石分离。经粗料分离后，剩余物质为粒径 10mm 以下泥砂混合物。经粗料分离后的排水管渠污泥，应采用旋流、筛分、淘洗等方式洗砂并分离出粒径大于 0.2mm 的砂石，具体包括粒径为 0.2~10mm 的砂、石、小块的鹅卵石、玻璃等砂石成分，可作为建材的生产原料。

当排水管渠污泥处理系统建在污水处理厂内，且不设置粉砂分离环节时，砂石分离的设置可有效减小对后续生化池的不利影响，同时也可以减小后续污泥预处理负荷。

4）细料分离。经粗料分离和砂石分离后，剩余物质为粒径 0.2mm 以下的粉砂和轻质物料的混合物应采用筛分、浮选、过滤等方法分离出粒径大于 1mm 的轻质物料，也可根据资源化需求灵活调整分离的粒径；轻质物料可能包含塑料、桔梗、树枝、布料等成分，可作为焚烧原料。

5）粉砂分离。排水管渠污泥经粗料分离、砂石分离和细料分离等流程后，分离出的污水中主要含粒径小于 0.2mm 的粉细砂，直接排入排水管道将堵塞管道，或对污水处理厂污泥处理设备产生磨损、堵塞等影响。因此，应采用沉淀、浓缩、脱水等工艺分离出粒径小于 0.2mm 的粉砂使得最终排放的水不堵塞排水管道。根据研究，进入生化池的砂粒受粒径影响，或沉积或悬浮在生化池，粒径小于或等于 $73\mu m$ 的细微砂容易悬浮在生化池污泥混合液中。粒径大于 $73\mu m$ 的砂容易沉积在生化池。

（2）产物处置

目前，国内外关于排水管渠污泥分离成分的资源化处置方式，包括作为建筑建材砂石原料、焚烧等，另日本千叶县存在将分离的砂石破碎后直接用于水泥生产原料的生态水泥厂。因此，城镇排水管渠污泥的产物处置，宜根据成分优先用于建筑材料的生产，不具备资源化利用条件的成分应根据当地实际情况采用卫生填埋等方式处置，并应符合下列规定：

1）当用于生产建材时，砂石应达到现行国家标准《建设用砂》GB/T 14684 的 Ⅱ 类以上标准。

2）用于制作砖和水泥的砂石和粉砂，应符合国家现行标准《城镇污水处理厂污泥处置 制砖用泥质》GB/T 25031、现行行业标准《城镇污水处理厂污泥处置水泥熟料生产用泥质》CJ/T 314、《建筑材料放射性核素限量》GB 6566 的有关规定。

3）作为垃圾焚烧的轻质物料等可燃成分，应符合现行国家标准《生活垃圾焚烧污染控制标准》GB 18485 的有关规定。

4）需要进行卫生填埋的分离产物，应符合现行国家标准《生活垃圾卫生填埋处理技术标准》GB 50869 的有关规定。排水管渠污泥的卫生填埋理应遵循"单元作业、定点倾卸、均匀摊铺、反复压实和及时覆盖"的原则，进行改性，以提高承载力，消除膨润持水性。

2. 污泥处理与处置设施

污泥处理处置设施应满足下列规定：

（1）以污泥产量为依据，并应综合考虑排水体制、污水处理水量、水质和工艺、季节变化对污泥产量的影响后合理确定。

（2）处理截留雨水的污水系统，其污泥处理处置设施的规模应统筹考虑相应的污泥增量，可在旱流污水量对应的污泥量上增加 20%。

（3）污泥处理处置设施的设计能力应满足设施检修维护时的污泥处理处置要求，当设施检修时，应仍能全量处理处置产生的污泥。

（4）污泥处理宜根据污水处理除砂和除渣情况设置相的预处理工艺。

（5）污泥处理构筑物和主要设备的数量不应少于 2 个。

（6）污泥处理处置过程中产生的污泥水应单独处理或返回污水处理构筑物进行处理。

（7）污泥产生、运输、贮存、处理处置的全过程应符合国家现行有关污染控制标准的规定。

8.3　排水管渠系统的恢复

系统地检查管渠的淤塞及损坏情况，有计划地安排管渠的修理，是养护工作的重要内容之一。当发现管渠系统有损坏时，应及时修理，以防损坏处扩大而造成事故。管渠的修理有大修与小修之分，应根据各地的经济条件来划分。修理内容包括检查井、雨水口顶盖等的修理与更换；检查井内踏步的更换，砖块脱落后的修理；局部管渠段损坏后的修补；由于出户管的增加需要添建的检查井及管渠；或由于管渠本身损坏严重、淤塞严重，无法清通时所需的整段开挖翻修。

当进行检查井的改建、添建或整段管渠翻修时，常常需要断绝污水的流通，应采取措施，例如安装临时水泵将污水从上游检查井抽送到下游检查井，或者临时将污水引入雨水管渠中。修理项目应尽可能在短时间内完成，如能在夜间进行更好。在需时较长时，应与有关交通管理部门取得联系，设置路障，夜间应挂红灯。

1. 排水管渠系统的修复工作内容

检查井、雨水口顶盖等的修复与调换；检查井内踏步的调换，砖块脱落后的维修；局部管渠段破损后的修复；管渠本身破损、堵塞严重，造成清通困难时，必要的整段开挖翻修。

2. 修复工作方法

（1）接口渗漏弥补。接口的渗漏会导致污水的外泄和地下水的渗入。通过橡胶圈垫底、不锈钢圈压边的办法进行局部修复，不锈钢圈采用铰链连接。

（2）错位修复。当发现坍塌、下陷、错位的情况，当错位不大于 50% 时，把错位的连接段进行修整，形成平滑连接的管段，或者采用延长连接，或采用柔软的复合材料，通过胶水、气压、高温处理进行密封连接，固化后完成修复。

（3）胀管更换。如水泥管、铸铁管存在问题，需要更换相同或者大于原来口径的管道，采用胀管更换技术，通过高速旋转和振动的破坏牵引头拉进一条柔性好的 PE 管。

（4）内衬替代。如果需要更换小于原来口径的管道，采用柔软的复合材料，通过胶水、气压、高温处理进行内衬替代，常温固化后完成修复。

（5）内壁翻新。当口径大于 800mm 污水管道产生淤积、结垢和老化时，采用内壁翻新的方法进行修复。方法是通过机器对内壁进行刮擦和打磨，再进行内壁喷涂翻新和抹浆。

（6）在对检查井全段进行改建、增设或翻修时，往往需要切断污水的循环。安装临时水泵，将污水从上游检查井抽到下游检查井，并安排熟练的工作人员进行修复，尽量在短时间内完成修理工作。

习　题

1. 排水管渠管理养护的任务包括哪几个方面？
2. 排水管道清通方式及使用条件。
3. 排水管渠系统修复采用的工作方法有哪些？请举例说明。

第9章 排水泵站

9.1 概　　述

排水泵站是一类用于排水的设施，它的工作特征是抽升的水中含杂质较多，并且来水的流量逐日逐时都在发生变化。排水泵站的功能是将低洼地区的雨水或污水通过泵的作用提升到高处，或将远离受纳水体的雨水或污水通过泵的作用输送到受纳水体。

排水泵站在排水系统中的位置一般是在排水管网的末端或中间，主要包括以下几种情况：

（1）在排水管道中途埋深达到极限深度处，为了提高下游管道的管底高程而设置泵站。

（2）在排入水体前的主干管上，当管道中的水面高度低于河流水位时设置泵站。

（3）在污水处理厂构筑物之前，因为管道埋设在地下，而处理构筑物大多是建造在地面之上，为了满足污水自流流过各构筑物，并排入水体，必须在管道系统的终点设置泵站。

（4）在污水处理厂内，污泥的处理和利用过程中，设置泵站。

（5）在局部区域需要提升污水或雨水处，如高楼的地下室、地下铁道等处，设置局部泵站。

9.1.1　排水泵站的基本组成和构造特点

（1）排水泵站的基本组成

排水泵站的基本组成包括：机器间、集水池、格栅、辅助间，有时还附设变电所。机器间是供水泵机组及相关辅助设备，例如起重设备、电气设备等使用的场所。集水池用于收集、存贮污水，以及对来水的不均匀性进行调整，以达到水泵的吸入要求。格栅主要用于截留污物中较粗大的固体杂质，防止水泵和管路堵塞、磨损。辅助间通常由修理室、储藏室、休息室、卫生间等组成。泵站可由变电站供电，具体的供电方式应根据泵站规模和供电状况来确定。

（2）排水泵站的构造特点

由于排水泵站的工艺特点，大部分的泵都采用自灌式运行，因此泵站的设计一般采用半地下或地下的形式。泵站深入地下的程度主要取决于进水管道的埋设深度。此外，由于泵站通常建在低洼地带且往往处于地下水位之下，因此地下部分需要采用钢筋混凝土结构，并做好防水工作。地下部分的墙体（井壁）的设计要考虑土压力和水压力，底板的计算需考虑地下水的浮力。而泵房的地上部分的墙体则可以使用砖材进行建造。

一般来说，集水池应尽可能和机器间合建在一起，以缩短吸水管路的长度。只有在存在大量泵台数且泵站进水管渠埋设非常深的情况下，才会考虑将两者分开修建，以减少机器间的埋深。机器间的埋深取决于泵的允许吸上真空高度。分建式的缺点是泵不能自灌充水。

由于辅助间（包括工人休息室）与集水池和机器间的设计标高存在较大差异，通常会分开建设。

当集水池和机器间合建时，应使用无门窗的不透水的隔墙分开。集水池和机器间各设有单独的进口。

在地下式排水泵站内，扶梯通常沿着房屋周边布置。当地下部分深度超过 3m 时，扶梯应设中间平台。

机器间的地板上应设有排水沟和集水坑。排水沟一般沿墙设置，坡度为 0.01，集水坑平面尺寸一般为 0.4m×0.4m，深为 0.5～0.6m。

对于非自动化泵站，在集水池中应设置水位指示器，以便值班人员能随时了解池中水位变化情况，以控制泵的启停。

当泵站可能被洪水淹没时，应采取必要的防洪措施。如用土堤将整个泵站围起来，或提高泵站机器间进口门槛的标高。防洪设施的标高应比当地洪水水位高 0.5m 以上。

集水池间的通风管必须延伸到工作平台以下，以免在排风时臭气从室内通过，影响管理人员健康。

集水池中一般应设事故排水管。

图 9-1 为设卧式泵的圆形污水泵站。泵房地下部分为钢筋混凝土结构，地上部分用砖砌筑。用钢筋混凝土隔墙将集水池与机器间分开。内设三台卧式污水泵（两台工作用，一台备用）。各泵均设有单独的吸水管。由于泵为自灌式，故每条吸水管上均设有闸门。三台泵共用一条压水管。

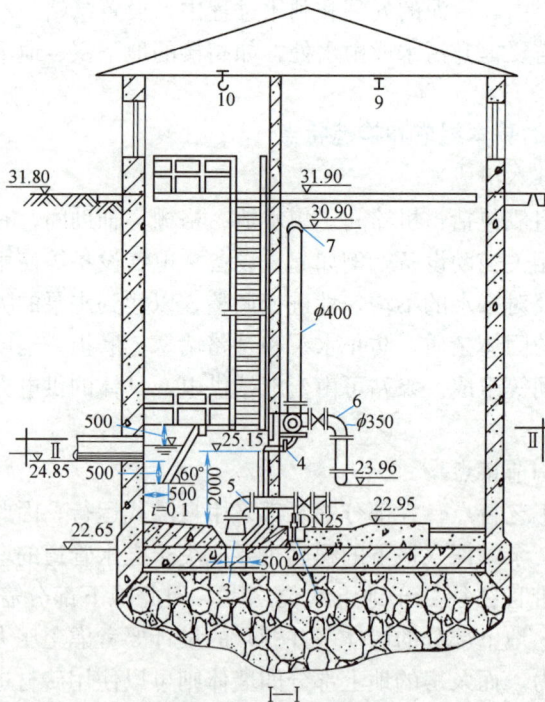

图 9-1 设卧式泵的圆形污水泵站（一）

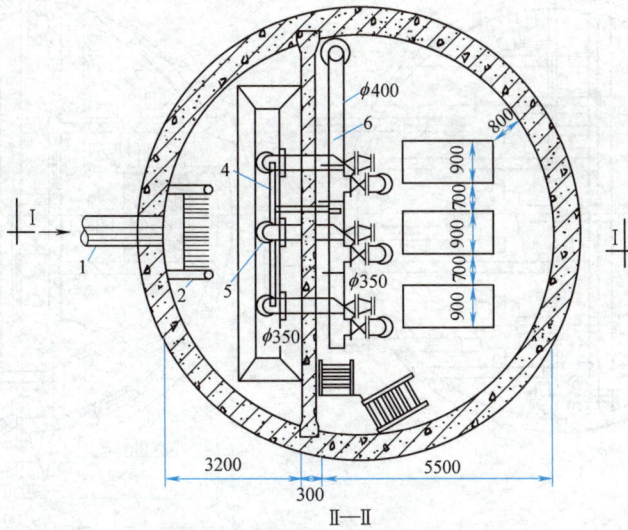

图 9-1 设卧式泵的圆形污水泵站（二）

1—来水干管；2—格栅；3—吸水坑；4—冲洗水管；5—水泵吸水管；6—压水管；

7—弯头；8—DN25 吸水管；9—单梁吊车；10—吊钩

机器间内的污水通过吸水管引出，连接一根直径为 25mm 的水管，伸入集水坑内，当泵工作时将坑内积水抽走。

从压水管上接出一根直径为 50mm 的冲洗管（在坑内部分为穿孔管），通到集水坑内。

集水池容积按一台泵 5min 的出水量计算，其容积为 33m³，有效水深为 2m，内设一个宽 1.5m、斜长 1.8m 的格栅。格栅采用人工清除。

在机器间起重设备采用单梁吊车，集水池间设置固定吊钩。

见图 9-2，这是一个圆形的污水泵站，内部设有三台立式泵机组。集水池和机器间采用钢筋混凝土隔墙隔开，隔墙为不透水结构，并且分别设有出入口门。在集水池内设置了格栅，两侧分别设有休息室和卫生间，均有门通向机器间。泵采用自灌式设计，配备浮筒开关装置以实现自动控制机组的启停。每个泵的吸水管上都有闸阀，方便检修。联络干管相对较小，可以降低工程造价。而且通风状况良好，电动机的运行状况和工人的操作环境也很好。

起吊设备用单梁手动吊车。

9.1.2 排水泵站的分类

排水泵站的类型有很多种，可以根据以下几个方面来区分：

（1）按其排水的性质，通常分为污水泵站、雨水泵站、合流泵站和污泥泵站。

（2）按其在排水系统中的作用，可分为局部泵站（或叫区域泵站）、中途泵站和终点泵站（又叫总泵站）。中途泵站通常是为了避免排水干管埋设太深而设置的。终点泵站是将整个城镇的污水或工业企业的污水抽送到污水处理厂或将处理后的污水提升排放。

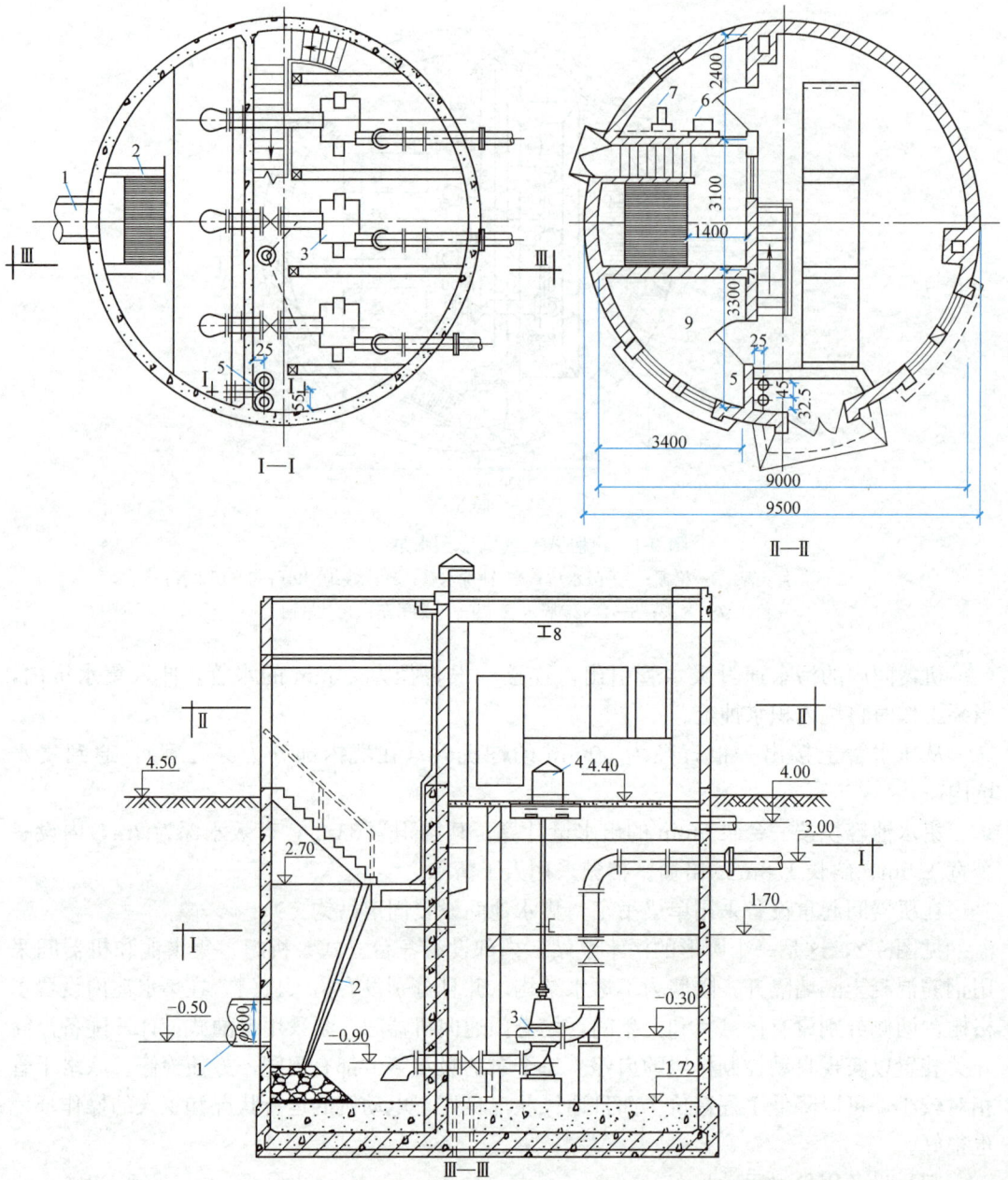

图 9-2　设立式泵的圆形污水泵站

1—来水干管；2—格栅；3—水泵；4—电动机；5—浮筒开关装置；6—洗面盆；

7—大便器；8—单梁手动吊车；9—休息室

（3）按泵启动前能否自流充水，可分为自灌式泵站和非自灌式泵站。

（4）按泵房的平面形状，可以分为圆形泵站、矩形泵站和组合型泵站。

（5）按集水池与机器间的组合情况，可分为合建式泵站和分建式泵站。

（6）按照控制方式，可分为人工控制、自动控制和遥控三类。

9.1.3 排水泵站的基本类型及特点

进水管渠埋设深度、来水流量大小、泵机组的型号和台数、水文地质条件以及施工方法等因素，决定了排水泵站的类型。在选择排水泵站的类型时，应从造价、布置、施工、运行条件等多个方面进行综合考虑。下面将以几种典型的排水泵站为例，说明它们各自的优缺点及适用条件。

（1）干式泵站与湿式泵站

雨水泵站的特点是流量大、扬程小，因此大多都采用轴流泵，有时也采用混流泵。其基本形式有干式泵站（图9-3）与湿式泵站（图9-4）。

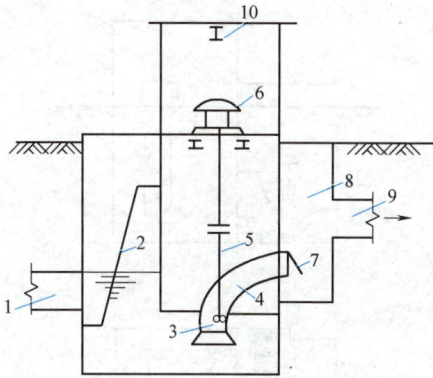

图 9-3　干式泵站　　　　　　　　图 9-4　湿式泵站

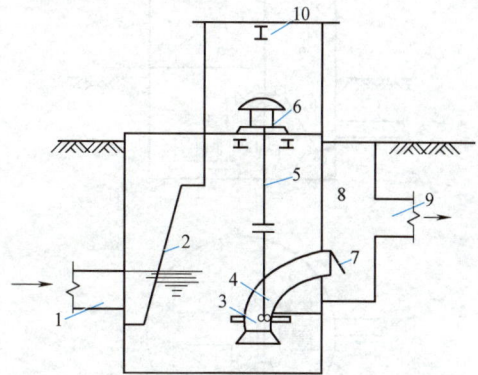

1—来水干管；2—格栅；3—水泵；4—压水管；5—传动轴；6—立式电机；
7—拍门；8—出水井；9—出水管；10—单梁吊车

干式泵站：通过隔墙将机器间和集水池分开，使水泵的吸水管和叶轮是唯一在水中淹没的部分，从而保持机器间的干燥状态，有利于水泵的维护和检修。泵站共有三层。最上层是电动机间，安装有立式电动机和其他电气设备；中间层是机器间，安装有泵的轴和压水管；最下层是集水池。机器间和集水池用不透水的隔墙隔离，集水池的雨水除了进入水泵间，不允许进入机器间。这样可以保证电动机的良好运行状况，方便检修并保持卫生良好。但是这种结构较为复杂，造价也较为高昂。

湿式泵站：集水池位于电动机层的下方，水泵完全浸没在集水池中。虽然这种结构相比干式泵站更简单，造价也较低，但检修水泵却不方便，并且泵站内湿气较重，存在异味，对电气设备的维护和管理人员的健康不利。

（2）圆形泵站和矩形泵站

见图9-5，这是一个合建式圆形排水泵站，其特点是：采用圆形结构，安装卧式泵，自灌式运行。这种类型适合于中、小型排水量，水泵台数最好不要超过4台。圆形结构的优点是受力条件良好，施工时可以用沉井法，降低工程的造价。水泵启动简单，可以根据吸水井的水位变化实现自动操作。但是这种类型也存在缺点：机器间内的机组和附属设备布置不太方便，泵房如果很深，工人上下困难，电动机也容易受潮。此外，由于电动机在地下，需要考虑通风设施，以降低机器间的温度。

图9-6为合建式矩形排水泵站。它是将合建式圆形排水泵站中的卧式泵换为立式离心

泵（也可以用轴流泵），以避免合建式圆形泵站的上述缺点。但是，立式离心泵安装技术要求较高，特别是泵房较深，传动轴较长时，必须设中间轴承和固定支架，以免泵运行时传动轴产生振荡。这种泵站可以减少占地面积，降低工程的造价，并可以改善电气设备运行条件和工人操作条件。合建式矩形排水泵站，安装立式泵，自灌式运行。这种类型比较适合大型泵站。泵台数为不小于四台时，采用矩形机器间，机组、管道和附属设备的布置较方便，启动操作简单，易于实现自动化。电气设备放在上层，不容易受潮，工人操作条件较好。缺点是建造费用高。当土质差，地下水位高时，会造成施工的困难，不宜采用。

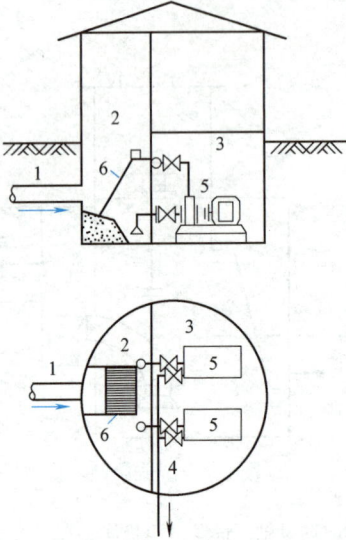

图 9-5　合建式圆形排水泵站

1—排水管渠；2—水池；3—机器间；

4—压水管；5—卧式污水泵；6—格栅

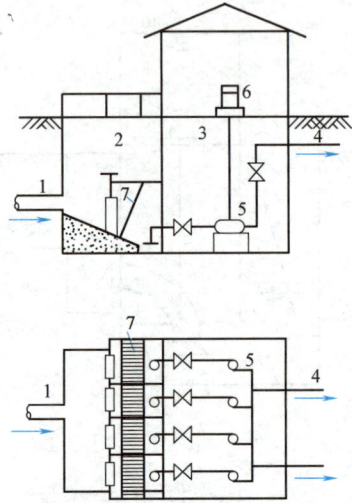

图 9-6　合建式矩形排水泵站

1—排水管渠；2—水池；3—机器间；4—压水管；

5—立式污水泵；6—立式电动机；7—格栅

（3）自灌式泵站和非自灌式泵站

对于水泵和吸水管的冲水方式，有两种不同的类型，一种是自灌式（包括半自灌式），另一种是非自灌式。因此，泵站也可以按照这两种类型进行划分，即自灌式泵站和非自灌式泵站。

自灌式泵站：水泵叶轮或泵轴低于集水池的最低水位，在最高、中间和最低水位三种情况下都可以直接启动。半自灌式是指泵轴仅低于集水池的最高水位，当集水池达到最高水位时才可以启动。自灌式泵站适用于长年运行的污水泵站，其优势在于启动快速可靠，不需辅助的引水设备，操作方便。但是也存在一些缺点，如泵房深度较大，导致地下工程的成本增加。有些管理部门反映维修吊装不方便，噪声过大，甚至影响管理人员通过听觉判断水泵是否正常运行。使用卧式泵时电机易受潮。因此，在自动化水平较高的泵站、较重要的雨水泵站、立交排水泵站、开启频率较高的污水泵站中，应尽量选择自灌式泵站。

非自灌式泵站：泵站的高度高于集水池的最高水位，不能直接启动，由于污水泵吸水管不能设置底阀，所以需要使用引水设备。这样的泵房深度不大，室内干爽，卫生状况较好，有利于采光和自然通风，方便值班人员管理维修，但是管理人员要能熟练地操作水泵启动流程。在来水量比较稳定，水泵开启次数不多，或者场地比较窄小，或者水文地质条件不佳，施工有一定难度的情况下，选择非自灌式泵房。常见的引水设备和方式有：真空泵引水、真空罐引水、密闭水箱引水和鸭管式无底阀引水。

（4）分建式泵站和合建式泵站

图 9-7 为分建式排水泵站。当地质条件不好，地下水位高时，为了降低施工难度和工程成本，集水池和泵房分别建设。集水池的深度按照排水管（渠）的埋深来确定，为了降低泵房的深度，充分发挥水泵的吸水能力，采用非自灌式，以提高泵房底板高程。但是在确定水泵安装高程时，应考虑很多因素会使管道水头损失增大，如：污水对管壁的腐蚀、管道积垢等，因此，需要预留一定的余量，以免泵站运行后吸水出现问题。与合建式泵站相比，分建式排水泵站的主要优点有：结构处理简单，施工中集水池和泵房不相互影响，施工比较方便，泵房没有被污水渗透和淹没的风险，水泵检修方便。缺点是需要经常启动水泵，增加了运行管理的难度。

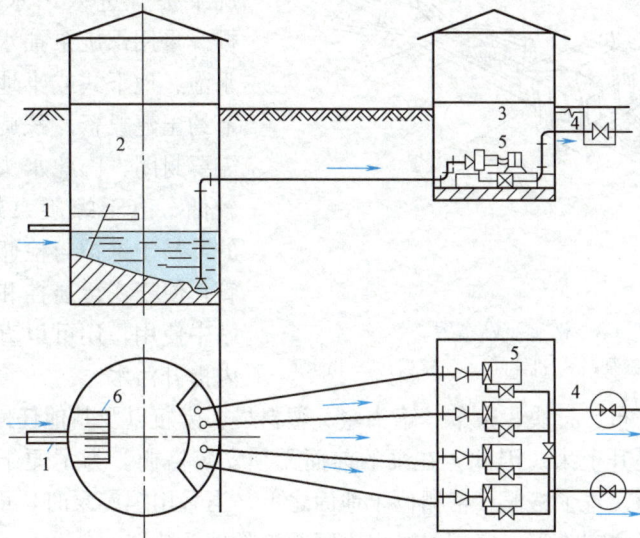

图 9-7　分建式排水泵站

1—排水管渠；2—集水池；3—机器间；4—压水管；5—水泵机组；6—格栅

合建式排水泵站（图 9-5 和图 9-6）：当水泵轴线高于集水池水位时（即水泵间与集水池的底板不在同一高程时），水泵需要抽真空启动。这种类型的排水泵站适用于地基坚硬，施工困难的场合，为了减少挖方量而不得不将水泵间抬高。在运行方面，它的缺点同分建式一样，实际工程中采用较少。

（5）半地下式泵站和全地下式泵站

半地下式泵站有两种情况：一种是自灌式，机器间位于地面以下以满足自灌式水泵启动的要求，将卧式水泵底座与集水池底设在一个水平面上；另一种是非自灌式，机器间高程取决于吸水管的最大吸程，或吸水管上的最小覆土。半地下式泵房地面以上建筑物能满足吊装、运输、采光、通风等机器间的操作要求，并能设置管理人员工作的值班室和配电室，具有良好的运行管理维护的工作条件。一般排水泵站均采用半地下式泵房。

全地下式泵站：在一些特定条件下，泵站的所有构筑物都设在地面以下，地面以上不存在任何建筑物，仅留有供人出入的门（或人孔）和通气孔、吊装孔。全地下式泵房的缺点是通风条件差，易引起中毒事故，在污水泵房中还可能有沼气积累甚至会发生爆炸；潮湿现象严重，会因电机受潮而影响正常运转；管理人员出入不方便，携带物件上下更加困难；为满足防渗防潮要求，需要全部采用钢筋混凝土结构，工程造价较高。因此应尽量避免采用全地下式泵房。如果由于周围建筑物的限制或该地区有特殊要求不允许有地面建筑，不得不设置全地下式泵房，则应采取以下措施：必须有良好的机械通风设备，以保证室内空气流通；电机间、水泵间、集水池都应设直接通向室外的吊装孔；门或人孔的尺寸应能满足两人同时进出的要求。人孔最好采用矩形，宽度不小于1.2m；上下楼梯踏步应采用钢筋混凝土结构，不允许采用钢筋或角钢焊接；尽可能采用自动化遥控。

（6）其他站站形式

图9-8为螺旋泵站布置。污水由来水管进入螺旋泵的水槽内，螺旋泵的电机及有关的电气设备设于机器间内部，污水经螺旋泵提升进入出水渠，起端设置格栅。采用螺旋泵抽水可以避免建设集水池、地下式或半地下式泵站，从而节约土建投资。螺旋泵抽水时管道不需要封闭，因此水头损失较小，电耗较低。由于螺旋泵螺旋部分是敞开的，易于维护与检修，运行时不需看管，便于实行遥控和在无人看管的泵站中使用，还可以直接安装在下水道内提升污水。

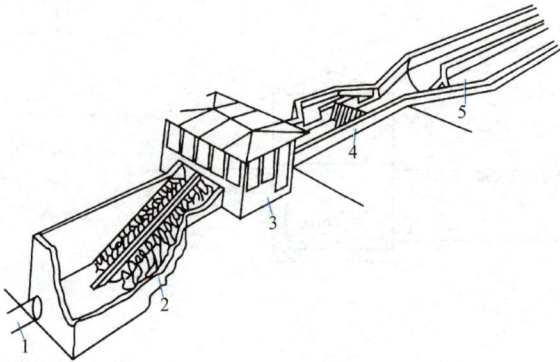

图9-8　螺旋泵站布置

1—来水管；2—螺旋泵；3—机器间；4—格栅；5—出水渠

螺旋泵可将碎布、石块、杂草、罐头盒、塑料袋、废瓶以及其他任何可以通过其叶片缝隙的固体物质提升上来。因此，在泵的前面无须安装格栅。为了便于安装、检修和清理，在水泵的后面设置了格栅，格栅位于地面之上。当采用螺旋泵时，可免去一般其他型式水泵所需要的吸水喇叭管、底阀、进出水闸阀等附件及装置。

螺旋泵还有一些其他泵所没有的特殊功能。例如用在提升活性污泥和含油污水时，由于其转速慢，不会打碎污泥颗粒和架体。用于沉淀池排泥，能对沉淀污泥起一定的浓缩作用。

但是，螺旋泵也有缺点：由于机械加工条件限制，泵轴不能过粗过长，因此扬程有限，一般为3~6m。所以，对于需要高扬程、出水水位变化较大或出水为压力管的情况，螺旋泵并不适合使用。如果要提高扬程，通常要采用二级或多级抽升的方式，但这样会导致螺旋泵斜装占地面积大，体积大，消耗钢材多。另外，螺旋泵是开敞式布置的，运行时会有臭气散发出来。

潜水泵排水泵站见图9-9。随着国内各类潜水泵产品品质的提升，越来越多的新建或改建的排水泵站开始使用不同型式的潜水泵，如排水用潜水轴流泵、潜水混流泵、潜水离心泵等，这些型式的潜水泵的最大特点就是无须特殊的机器间，将潜水泵直接放入集水井，但是对潜水泵特别是潜水电机的质量有很高的要求。

在实际工程应用中，对于排水泵站的选型，应视具体条件而定，并在进行多种方案的技术、经济对比后再决定。从国内的设计和运行经验来看，当污水泵站的泵台数不大于四

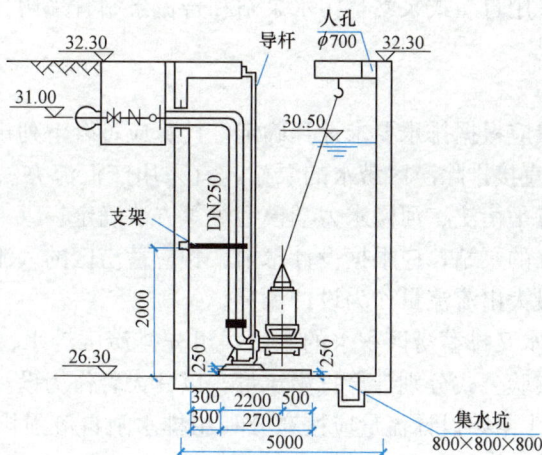

图 9-9 潜水泵排水泵站

台，或者是雨水泵站的泵台数不多于三台时，地下部分结构最经济的选择是圆形，而地面之上构筑物的形式，要与周围建筑物和谐一致。如果泵的数量超过上述限制，则地面及地下均可采用矩形或由矩形组合成的多边形或椭圆形；有时采用圆形布置方式，既节省了工程造价，又方便了施工，还可将集水池和机器间分为两个构筑物，或者将泵分设在两个地下的圆形构筑物内。这种布置适用于流量较大的雨水泵站或合流泵站。对于抽送会产生易燃易爆和有毒气体的污水泵站，必须设计为单独的建筑物，并应采用相应的防护措施。

9.2 排水泵站工艺设计

9.2.1 排水泵站设计要求

1. 排水泵站设计的一般要求

排水泵站设计的一般要求应满足总体要求、安全要求、海绵城市要求。

（1）总体要求

排水泵站的总体布置应该符合城镇总体规划和城镇排水专业规划的要求，布置合理，运行高效。泵站应按远期规模进行设计，泵组可按近期规模进行配置，可根据水环境和水安全的要求，可与径流污染控制、径流峰值削减或雨水利用等调蓄设施合建。满足规划、消防和环保部门的要求。

（2）安全要求

排水泵站中会产生易燃易爆炸和有毒有害气体的污水泵站应为单独建筑物，并应配置相应的检测设备、报警设备和防护设备。抽送腐蚀性污水的泵站，必须采用耐腐蚀的水泵、管配件和有关设备。泵站室外地坪标高满足防洪要求，室内地坪高于室外 0.2～0.3m；易受洪水淹没地区的泵站和地下室泵站，其入口处地面标高应比设计洪水位高0.5m 以上；当不能满足时，应设置防洪设备。

（3）海绵城市要求

泵站场地雨水排放应充分体现海绵城市建设理念，利用绿色屋顶、透水铺装、生物滞留设施等进行源头减排。

（4）雨水泵站应采用自灌式泵站，污水泵站和合流泵站宜采用自灌式泵站。

2. 设计流量和扬程

（1）设计流量

排水泵站设计流量应根据排水要求计算确定，计算应符合下列规定：

1）通过排水河道直接排除涝区涝水的泵站，宜采用产汇流方法、排涝模数经验公式法、平均排除法、水量平衡法、河网水力学模型法等方法确定。

从蓄涝区向外排水的泵站，应根据设计暴雨、相应蓄涝区的入流过程线和设计排涝历时进行调蓄计算，以最大出流流量作为设计流量。

2）对既排涝区涝水又排蓄涝区积水的泵站，可先排涝区涝水、后排蓄涝区积水，按产汇流法、排涝模数实验公式分别计算排涝流量，以其大者作为设计流量。

3）闸站结合的排水泵站设计流量应按充分利用排水闸自流强排、余水由排水泵站抽排的原则确定。

4）对有排渍要求的涝区，总体设计排水流量为设计排涝流量和设计排渍流量之和，设计排渍流量可根据排渍模数与排渍面积计算确定。

5）城市排水泵站设计流量可根据设计综合生活污水量、工业废水量和雨水量等计算确定。

① 污水泵站

污水泵站的设计流量应按泵站进水总管的旱季设计流量计算。污水泵站的流量应按泵站进水总管的雨季设计流量确定。

城市污水的排水量是不均匀的。要合理地确定泵的流量及其台数以及决定集水池的容积，必须了解最高日中每小时污水流量的变化情况。而在设计排水泵站时，这种资料往往难以获得。因此，排水泵站的设计流量一般均按最高日最高时污水流量决定。小型排水泵站（最高日污水量在 $5000\mathrm{m}^3/\mathrm{d}$ 以下），一般设 1～2 台机组；大型排水泵站（最高日污水量超过 $15000\mathrm{m}^3/\mathrm{d}$）设 3～4 台机组。

污水泵站的流量随着排水系统的分期建设而逐渐增大，在设计时必须考虑这一因素。

② 雨水泵站

雨水泵站的设计流量应按泵站进水总管的设计流量计算，当立交道路设有盲沟时，其渗流水量应单独计算。

雨水泵站的特点是大雨和小雨时设计流量的差别很大。泵的选型首先应满足最大设计流量的要求，但也必须考虑雨水径流量的变化。只顾大流量忽视小流量是不全面的，会给泵站的工作带来困难。雨水泵的台数，一般不宜少于 2 台，以便适应来水流量的变化。大型雨水泵站按流入泵站的雨水道设计流量选泵；小型雨水泵站（流量在 $2.5\mathrm{m}^3/\mathrm{s}$ 以下）泵的总抽水能力可略大于雨水道设计流量。

泵的型号不宜太多，最好选用同型号。若必须大小泵搭配时，其型号也不宜超过两种。若采用一大二小三台泵时，小泵出水量不小于大泵的 1/3。

雨水泵可以在旱季检修，因此，通常不设备用泵。

③ 合流制泵站

合流污水泵站的设计流量按式（9-1）确定：

$$Q=Q_\mathrm{d}+Q_\mathrm{m}+Q_\mathrm{s}=Q_\mathrm{dr}+Q_\mathrm{s} \tag{9-1}$$

式中　Q——设计流量（L/s）；

　　Q_d——设计综合生活污水流量（L/s）；

　　Q_m——设计工业废水量（L/s）；

　　Q_s——雨水设计流量（L/s）；

　　Q_{dr}——截流井前的旱流污水设计流量（L/s）。

泵站后设污水截流装置时，按式（9-2）计算；泵站前设污水截留装置时，分别按照式（9-3）、式（9-4）计算。

雨水部分　　　　　　　　　　$Q_p = Q_s - n_0 Q_{dr}$　　　　　　　　　　　　（9-2）

污水部分　　　　　　　　　　$Q_p = (n_0 + 1) Q_{dr}$　　　　　　　　　　　（9-3）

式中　Q_P——泵站设计流量（m^3/s）；

　　Q_s——雨水设计流量（m^3/s）；

　　Q_{dr}——旱流污水设计流量（m^3/s）；

　　n_0——截流倍数。

合流泵站在不下雨时，抽送的是污水，流量较小。当下雨时，合流管道系统流量增加，合流泵站不仅抽送污水，还要抽送雨水，流量较大。因此在合流泵站设计选泵时，不仅要装设流量较大的用以抽送雨天合流污水的泵，还要装设小流量的泵，用于不下雨时抽送污水。因此，合流泵站设计时，应根据合流泵站抽送合流污水及其流量的特点，合理选泵及布置泵站设备。

雨污分流不彻底、短时间难以改建的地区，雨水泵站可设置混接污水截流设施，并应采取措施排入污水处理系统。

目前我国许多地区都采用合流制和分流制并存的排水制度，还有一些地区雨污分流不彻底，短期内又难以完成改建。市政排水管网雨、污水管道混接一方面降低了现有污水系统设施的收集处理率，另一方面又造成了对周围水体环境的污染。雨污混接方式主要有建筑物内部洗涤水接入雨水管、建筑物污废水出户管接入雨水管、化粪池出水管接入雨水管、市政污水管接入雨水管等。

（2）设计扬程

1）污水泵和合流污水泵站

出水管渠水位以及集水池水位的不同组合，可组成不同的扬程。设计流量时，出水管渠水位与集水池设计水位之差加上管路系统水头损失和安全水头为设计扬程；设计最小流量时，出水管渠水位与集水池设计最高水位之差加上管路系统水头损失和安全水头为最低工作扬程；设计最大流量时，出水管渠水位与集水池设计最低水位之差加上管路系统水头损失和安全水头为最高工作扬程。安全水头一般为 0.3~0.5m。

泵站扬程可按式（9-4）计算：

$$H = H_{ss} + H_{sd} + \sum h_s + \sum h_d \qquad (9-4)$$

式中　H_{ss}——吸水高度，为集水池内最低水位与水泵轴线之高差（m）；

　　H_{sd}——压水高度，为泵轴线与输水最高点（即压水管出口处）之高差（m）；

　$\sum h_s$ 和 $\sum h_d$——污水通过吸水管路和压水管路中的水头损失（包括沿程损失和局部损失）（m）。

应该指出，由于污水泵站一般扬程较低，局部损失占总损失的比例较大，所以不能忽略。考虑污水泵在使用过程中因效率下降和管道中阻力增加导致的能量损失，在确定泵扬程时，可增加 $1\sim2m$ 安全扬程。

泵在运行过程中集水池的水位是变化的，所选泵应在这个变化范围内处于高效段，如图 9-10 所示。当泵站内的泵超过两台时，所选的泵在并联运行和在单泵运行时都应在高效区内，见图 9-11。

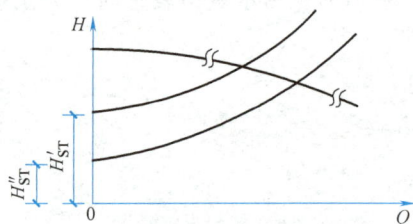

图 9-10　集水池中水位变化时泵工况
H''_{ST}—最高水位时扬水池地形高度；
H'_{ST}—最低水位时扬水池地形高度

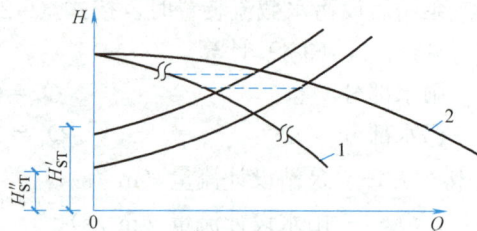

图 9-11　泵并联及单独运行时工况
1—单泵特性曲线；2—两台泵并联特性曲线

2）雨水泵站

受纳水体水位以及集水池水位的不同组合，可组成不同的扬程。受纳水体水位的常水位或平均潮位与设计流量下集水池设计最高水位之差加上管路系统水头损失为设计扬程；受纳水体平均水位与集水池设计最高水位之差加上管路系统水头损失为最低工作扬程；受纳水体水位的高水位或防汛潮位与集水池设计最低水位之差加上管路系统水头损失为最高工作扬程。泵的扬程必须满足从集水池平均水位到出水池最高水位所需扬程的要求。

3. 排水泵站其它工艺设计的要求

（1）泵房设计

1）水泵配置

水泵选择应根据设计流量和所需的扬程等因素确定，且应符合以下要求：

① 水泵宜选同一型号，台数不应少于 2 台，不宜大于 8 台。当流量变化很大时，可配置不同规格的水泵，但不宜超过两种，或采用变频调速装置，或采用叶片可调式水泵。

② 在污水泵房和合流泵房中，应该设置备用泵，当工作泵台数小于 4 台的时候，备用泵应设为 1 台。当工作泵的数量超过 5 台时，应设 2 台备用泵；潜水器泵房有 2 台备用泵时，可以现场备用 1 台，库存备用 1 台；雨水泵房可不设备用泵，下穿立交道路的雨水泵房可视泵房重要性设置备用泵。

③ 选用的水泵宜在满足设计扬程时在高效率区运行；在最高工作扬程与最低工作扬程的整个工作范围内应能安全稳定运行。2 台以上水泵并联运行合用一根出水管时，应根据水泵特性曲线和管路工作特性曲线验算单台泵的工况，使之符合设计要求。

④ 多级串联的污水泵站和合流污水泵站，应考虑级间调整的影响。

⑤ 水泵吸水管设计流速宜为 $0.7\sim1.5m/s$，出水管流速宜为 $0.8\sim2.5m/s$。

⑥ 非自灌式水泵应设引水设备，小型水泵可设底阀或真空引水设备。

2）泵房布置

水泵房布置宜符合以下要求：

① 水泵房的平面布置：主要机组布置和通道的宽度，应满足机电设备安装、运行和操作的要求。水泵机组基础间的净距不宜少于 1.0m，机组凸出部分与墙壁之间的净距不宜小于 1.2m，主要通道的宽度不宜小于 1.5m；配电箱前面的通道宽度，低压配电时不宜小于 1.5m，高压配电时不宜小于 2.0m；如果需要在配电箱后检修时配电箱后距墙的净距不宜小于 1.0m；泵房内有电动起重机时，还应有吊装设备的通道。

② 水泵房各层层高的高程布置，应根据水泵机组、电气设备、起吊装置尺寸及安装、运行和检修等因素确定。水泵机组基座应按水泵要求设置，并应高出地坪 0.1m 以上；泵房内地面上敷设管道时，应设置跨越设施，若架空敷设，不得跨越电气设备和阻碍通道，通行处的管底距地面不宜小于 2.0m；当泵房为多层时，楼板应有吊物孔，其位置在起吊设备工作范围内，吊物孔尺寸应比所需吊装的最大部件外形尺寸每边放大 0.2m 以上。

（2）出水设施

① 当 2 台或 2 台以上水泵合用一根出水管时，每台水泵的出水管均应设置闸阀，并在闸阀和水泵之间设置止回阀。当污水泵出水管和压力管或压力井相连时，出水管上必须安装止回阀和闸阀的防倒流装置，雨水泵的出水管末端宜设置防倒流装置，其上方宜考虑设置起吊设施。

② 合流污水泵站和雨水泵站宜设置车水回流管。出水井通向河道一侧应安装出水闸门或采取临时的防堵措施，防止试车时污水和受污染雨水排入河道。雨水泵站出水口位置选择应避免桥梁等水中构筑物，出水口和护坡结构不得影响航道，水流不得冲刷河道或影响航运的安全，出口流速宜小于 0.5m/s，并取得航运、水利部门的同意，泵房出水口处应设置警示标志。

3. 排水泵站设计的其他要求

排水泵站宜设计为单独的建筑物，泵站与居住房屋和公共建筑物的距离应满足规划、消防和环保部门的要求。抽送产生易燃易爆炸和有毒有害气体的污水泵站，应采取相应的防护措施。

排水泵站的建筑物和附属设施宜采取防腐蚀措施。

根据《室外排水设计标准》GB 50014—2021 中第 6.1.12 条，排水泵站供电应按二级负荷设计，特别重要地区的泵站应按一级负荷设计。当不满足上述要求时，应设置备用动力设施。

水泵站宜按集水池的液位变化自动控制运行，宜建立遥测、遥信和遥控系统。排水管网关键节点流量的监控宜采用自动控制系统。

排水管网关键节点应设置流量监测装置。排水管网关键节点指排水泵站、主要污水和雨水排放口、管网中流量可能发生剧烈变化的位置等。

位于居民区和重要地段的污水、合流污水泵站和地下式泵站，应设置除臭装置，除臭效果应符合国家现行标准的有关要求。自然通风条件差的地下式水泵间应设机械送排风系统。

有人值守的泵站内应设隔声值班室并设有通信设施，远离居民点的泵站，应根据需要适当设置工作人员的生活设施。

规模较小，用地紧张，不允许地面建筑的情况下，可采用一体化预制泵站。

9.2.2 污水泵站和雨水泵站布置特点

1. 污水泵站

污水泵站机组与管道的布置特点如下。

（1）机组布置的特点

污水泵站中机组台数，一般不超过 3～4 台，由于污水泵都是从轴向进水，一侧出水，所以常采取并列的布置形式。常见的布置形式见图 9-12。图 9-12（a）适用于卧式污水泵；图 9-12（b）及（c）适用于立式污水泵。

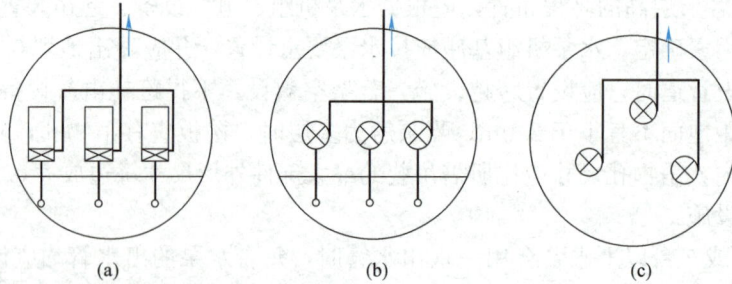

图 9-12　污水泵站机组布置形式

机组间距及通道大小，可参考给水泵站的要求。

为了减小集水池的容积，污水泵机组的"开""停"比较频繁。为此，污水泵常采取自灌式工作。这时，吸水管上必须装设阀门，以便检修泵。但是，采取自灌式工作，会使泵房埋深加大，增加造价。

（2）管道的布置与设计特点

每台泵应设置一条单独的吸水管，这不仅改善了水力条件，而且可减少杂质堵塞管道的可能性。

吸水管的设计流速一般采用 1.0～1.5m/s，最低不得小于 0.7m/s，以免管内产生沉淀。吸水管很短时，流速可提高到 2.0～2.5m/s。

如果泵是非自灌式工作的，应利用真空泵或水射器引水启动，而不允许在吸水管进口处装置底阀，因底阀在污水中易被堵塞，影响泵的启动，且增加水头损失和电耗。吸水管进口应装置喇叭口，其直径为吸水管直径的 1.3～1.5 倍，喇叭口安设在集水池的集水坑内。

压水管的流速一般不小于 1.5m/s，当两台或两台以上泵合用一条压水管而仅一台泵工作时，其流速也不得小于 0.7m/s，以免管内产生沉淀。各泵的出水管接入压水干管（连接管）时，不得自干管底部接入，以免泵停止运行时，该泵的压水管内形成杂质淤积。每台泵的压水管上均应装设闸门，污水泵出口一般不装设止回阀。

泵站内管道敷设一般为明装。吸水管道常置于地面上，压水管由于泵房较深，多采用架空安装，通常沿墙架设在托架上。所有管道应注意稳定。管道的布置不得妨碍泵站内的交通和检修工作。不允许把管道装设在电气设备的上空。

污水泵站的管道易受腐蚀。钢管抵抗腐蚀性能较差，因此，一般应避免使用钢管。

（3）泵站内部标高的确定

泵站内部标高主要根据进水管渠底标高或管中水位确定。自灌式泵站集水池底板与机器间底板标高基本一致，而非自灌式（吸入式）泵站，由于利用了泵的真空吸上高度，机器间底板标高较集水池底板高。

集水池中最高水位，对于小型泵站即取进水管渠渠底标高；对于大、中型的泵站可取进水管渠计算水位标高。而集水池的有效水深，从最高水位到最低水位，一般取为 1.5～2.0m，见图 9-13，池底坡度 $i=0.1～0.2$ 倾向集水坑。集水坑的大小应保证泵有良好的吸水条件，吸水管的喇叭口放在集水坑内，一般朝下安设，其下缘在集水池中最低水位以下 0.4m，离坑底的距离不小于喇叭口进口直径的 0.8 倍，喇叭口在坑中的布置见图 9-13。清理格栅工作平台应比最高水位高出 0.5m 以上。平台宽度应不小于 0.8～1.0m。沿工作平台边缘应

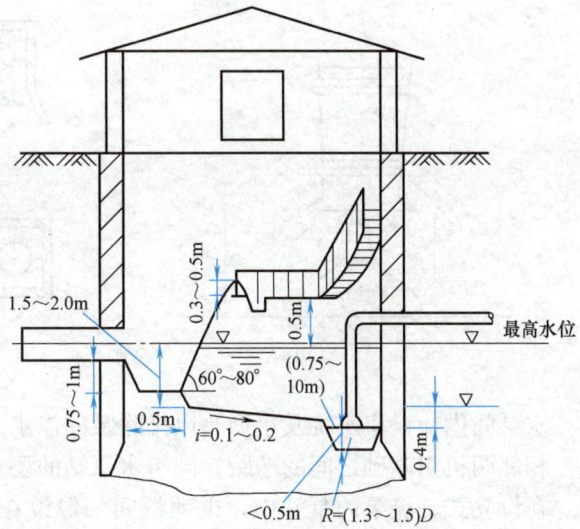

图 9-13　集水池

有高 1.0m 的栏杆。为了便于下到池底进行检修和清洗，从工作平台到池底应有爬梯上下。

对于非自灌式泵站，泵轴线标高可根据泵允许吸上真空高度和当地条件确定。泵基础标高则由泵轴线标高推算，进而可以确定机器间地板标高。机器间上层平台标高一般应比室外地坪高出 0.5m。

对于自灌式泵站，泵轴线标高可由喇叭口标高及吸水管上管配件尺寸推算确定。

2. 雨水泵站

雨水泵站中泵通常都是单行排列，每台泵分别从集水池中抽水，并独立地排入出流井中。出流井一般放在室外，当可能产生溢流时，应予以密封，并将透气管设置于井盖上或溢流管设置于出流井内，将倒流水引回集水池去。

吸水口和集水池之间的距离应使吸水口和集水池底之间的过水断面面积等于吸水喇叭口的面积。这个距离一般在 $D/2$ 时最佳（D 为吸水口直径），增加到 D 时，泵效率反而下降。如果这一距离必须大于 D，为了改善水力条件，在吸水口下应设一涡流防止壁（导流锥），并采用图 9-14 所示的吸水喇叭口。

吸水口和池壁距离应不小于 $\dfrac{D}{2}$，如果集水池能保证均匀分布水流，则各泵吸水喇叭口之间的距离应等于 $2D$，见图 9-14（a）。图 9-15（a）及（b）所示的进水条件较好，图 9-15（c）的进水条件不好，在不得不从一侧进水时，则应采用图 9-15（d）的布置形式。

因为轴流泵的扬程很低，所以压水管要尽量短，以减小水头损失，压水管直径的选择应使其中流速水头小于泵扬程的 4%～5%。压水管出口不设闸阀，只设拍门。

集水池中最高水位标高，一般为来水干管的管顶标高，最低水位一般略低于来水干管的管底。对于流量较大的泵站，为了避免泵房太深，施工困难，也可以略高于来水管渠的底，使最低水位与来水管渠中的水面标高齐平。泵的淹没深度按泵样本的规定采用。

泵传动轴长度大于 1.8m 时，必须设置中间轴承。

图 9-14　导流锥

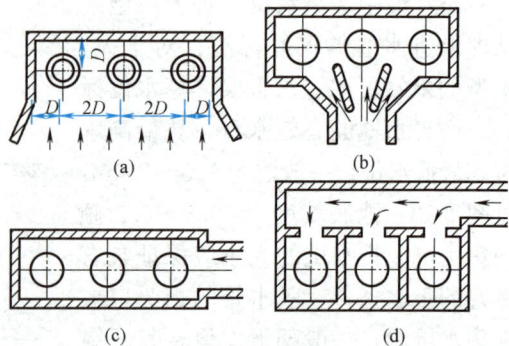

图 9-15　雨水泵吸水口布置

水泵间内应设集水坑及小型泵以排除泵的渗水。该泵应设在不被水淹之处。

相邻两机组基础之间的净距，同给水泵站的要求。

在设立式轴流泵的泵站中，电动机间一般设在水泵间之上。电动机间应设置起重设备，在房屋跨度不大时，可以采用单梁吊车；在跨度较大或起重量较大时，应采用桥式吊车。电动机间的地板上应有吊装孔，该孔在平时用盖板盖好。

为方便起吊工作，采用单梁吊车，工字梁应放在机组的上方。如果梁正好在大门中心时，则可使工字梁伸出大门1m以上，设备起吊后可直接装上汽车，节省劳力，运输也比较方便，但应注意考虑大门上面过梁的负荷问题。此外，也可将大门加宽，使汽车进到泵站内，以便吊起的设备直接装车。电动机间净空高度，当电动机功率在55kW以下时，应不小于3.5m；在100kW以上时，应不小于5.0m。

为了保护泵，在集水池前应设格栅。格栅可单独设置或附设在泵站内，单独设置的格栅井通常建成露天式，四周围以栏杆，也可以在井上设置盖板。附设在泵站内，必须与机器间、变压器间和其他房间完全隔开。为便于清除格栅，要设格栅平台，平台应高于集水池设计最高水位0.5m，平台宽度应不小于1.2m，平台上应做渗水孔，并装上自来水龙头以便冲洗。格栅宽度不得小于进水管渠宽度的两倍。格栅栅条间隙可采用50～100mm。格栅前进水管渠内的流速不应小于1m/s，过栅流速不超过0.5m/s。

为了便于检修，集水池最好分隔成进水格间，每台泵有各自单独的进水格间如图9-15（d）所示，在各进水格间的隔墙上设砖墩，墩上有槽或槽钢滑道，以便插入闸板。闸板设两道，平时闸板开启，检修时将闸板放下，中间用黏土填实，以防渗水。

电动机间和集水池间均为自然通风，水泵间用通风管通风。

泵房上部为矩形组合结构。电气设备布置在电动机间内，休息室和卫生间分别设于电动机间的外侧两端。

电动机间上部设手动单梁吊车一部，起重量为2t，起吊高度为8～10m。集水池间上部设单梁吊车一部，起重量为0.5t。

为便于值班与管理人员上下，水泵间沿隔墙设置宽1.0m的扶梯。

3. 合流泵站

泵站设有机器间、集水池、出水池、检修间、值班室、休息室、高低压配电间、变压器间及应有的生活设施。泵站前设有事故排放口和沉砂井。泵站为半地下式，机器间、集水池、出水池均在地下，其余在地上。

集水池污泥用污泥泵排出。污水进入集水池均经过格栅，为减轻管理人员劳动强度，采用机械格栅。

为解决高温散热、散湿和空气污染的问题，泵站采用机械通风，机器间和集水池均设置通风设备。

污水泵自灌式启动，考虑维护养护，泵前吸水管设有闸阀，污水泵压水管路设有闸阀及止回阀，雨水泵出水管上设有拍门。为防振和减少噪声，管路上设有曲挠接头。为排除泵站内集水，设有集水槽及集水坑，由潜污泵排除集水。泵站设单梁起重机一台。机器间内管材均采用钢管，管材与泵、阀、弯头均采用法兰连接，所有钢管均采用加强防腐措施，淹没在集水池的钢管外层均采用玻璃钢防腐。

9.2.3 设备配置设计

1. 格栅

格栅是污水泵站中最主要的辅助设备。格栅一般由一组平行的栅条组成，斜置于泵站集水池的进口处。其倾斜角度为 $60°\sim80°$，栅条间隙根据泵的性能按表 9-1 选用，栅条的断面形状与尺寸可按表 9-2 选用。

格栅后应设置工作台，工作台一般应高出格栅上游最高水位 0.5m。

对于人工清渣的格栅，其工作平台沿水流方向的长度不小于 1.2m，机械清渣的格栅，其长度不小于 1.5m，两侧过道宽度不小于 0.7m。工作平台上应有栏杆和冲洗设施。人工清渣，不但劳动强度大，而且有些泵站的格栅深达 $6\sim7m$，污水中蒸发的有毒气体往往对清渣工人的健康有很大的危害。机械格栅（机耙）能自动清除截留在格栅上的栅渣，将栅渣倾倒在翻斗车或其他集污设备内，减轻了工人的劳动强度，保护了工人身体健康，同时可降低格栅的水头损失。

污水泵前格栅的栅条间隙　　　　　　　　　　　　　　　　表 9-1

水泵型号		栅条间隙（mm）
离心泵	$2\frac{1}{2}$PWA	≤20
	4PWA	≤40
	6PWA	≤70
	8PWA	≤90
轴流泵	20ZLB-70	≤70
	28ZLB-70	≤90

栅条的断面形状与尺寸　　　　　　　　　　　　　　　　表 9-2

栅条断面形状	一般采用尺寸（mm）
正方形	
圆形	

栅条断面形状	一般采用尺寸(mm)
矩形	
带半圆的矩形	

国外有的地方已经使用机械手来清洗格栅。随着我国给水排水工程领域的机械化自动化程度的提高，机械格栅也将不断完善、不断提高。有关部门正在探索其定型化标准化，使之既能在新建工程中推广使用，又能适用于老泵站的改造。

2. 水位控制器

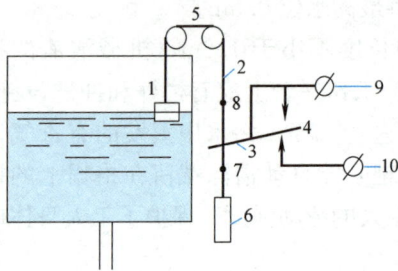

图 9-16　浮球液位控制

为适应污水泵站开停频繁的特点，往往采用自动控制机组运行。自动控制机组启动停车的信号，通常是由水位继电器发出的。图 9-16 为污水泵站中常用的浮球液位控制器工作原理。浮子 1 置于集水池中，通过滑轮 5，用绳 2 与重锤 6 相连，浮子 1 略重于重锤 6。浮子随着池中水位上升与下落，带动重锤下降与上升。在绳 2 上有夹头 7 和 8，水位变动时，夹头能将杠杆 3 拨到上面或下面的极限位置，使触点 4 接通或切断线路 9 与 10，从而发出信号。当继电器接收信号后，即能按事先规定的程序开车或停车。国内使用较多的有 UQK-12 型浮球液位控制器、浮球行程式水位开关、浮球拉线式水位开关。

除浮球液位控制器外，还有电极液位控制器，其原理是利用污水具有导电性，由液位电极配合继电器实现液位控制。与浮球液位控制器相比，由于它无机械传动部分，从而具有故障少、灵敏度高的优点。按电极配用的继电器类型不同，分为晶体管水位继电器、三极管水位继电器、干簧继电器等。

3. 计量设备

由于污水中含有杂质，其计量设备应考虑被堵塞的问题。设在污水处理厂内的泵站，可不考虑计量问题，因为污水处理厂常在污水处理后的总出口明渠上设置计量槽。单独设立的污水泵站可采用电磁流量计，也可以采用弯头水表或文氏管水表计量，但应注意防止传压细管被污物堵塞，为此，应有引高压清水冲洗传压细管的措施。

4. 引水装置

污水泵站一般设计成自灌式，无须引水装置。当泵为非自灌工作时，可采用真空泵或水射器抽气引水，也可以采用密闭水箱注水。当采用真空泵引水时，在真空泵与污水泵之间应设置气水分离箱，以免污水和杂质进入真空泵内。

5. 反冲洗设备

污水中所含杂质，往往部分地沉积在集水坑内，时间长了，腐化发臭，甚至填塞集水坑，影响泵的正常吸水。为了松动集水坑内的沉渣，应在坑内设置压力冲洗管。一般从泵压水管上接出一根直径为 $50\sim100mm$ 的支管伸入集水坑中，定期将沉渣冲起，由泵抽走；也可在集水池间设一自来水龙头，作为冲洗水源。

6. 排水设备

当泵为非自灌式时，机器间高于集水池。机器间的污水能自流泄入集水池，可用管道把机器间的集水坑与集水池连接起来，其上装设闸门，排集水坑污水时，将闸门开启，污水排放完毕，即将闸门关闭，以免集水池中的臭气逸入机器间内。当吸水管能形成真空时，也可在泵吸水口附近（管径最小处）接出一根小管伸入集水坑，泵在低水位工作时，将坑中污水抽走。如机器间污水不能自行流入集水池时，则应设排水泵（或手摇泵）将坑中污水抽到集水池。

7. 供暖与通风设施

排水泵站一般不需要供暖设备，如必须供暖时，一般采用火炉，也可采用暖气设施。

排水泵站一般利用通风管自然通风，在屋顶设置风帽。只有在炎热地区，机组台数较多或功率很大，自然通风不能满足要求时，才采用机械通风。

8. 起重设备

起重量在 0.5t 以内时，设置移动三脚架或手动单梁吊车，也可在集水池和机器间的顶板上预留吊钩；起重量在 $0.5\sim2.0t$ 时，设置手动单梁吊车；起重量超过 2.0t 时，设置手动桥式吊车。深入地下的泵房或吊运距离较长时，可适当提高起吊机械水平。

9. 雨水泵站的出流设施

雨水泵站的出流设施一般包括出流井、出流管、超越管（溢流管）、排水口四个部分，如图 9-17 所示。

出流井中设有各泵出口的拍门，雨水经出流井、出流管和排水口排入天然水体。拍门可以防止水流倒灌入泵站。出流井可以多台泵共用一个，也可以每台泵各设一个。以合建的结构比较简单，采用较多。溢流管的作用是当水体水位不高，同时排水量不大时，或在泵发生故障或突然停电时，用以排泄雨水。因此，在

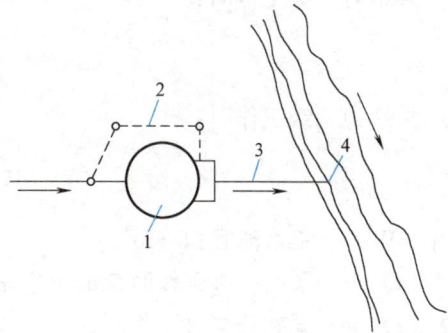

图 9-17　出水设施

1—出流井；2—超越管；3—出流管；4—排水口

连接溢流管的检查井中应装设闸板，平时该闸板关闭。排水口的设置应考虑对河道的冲刷和航运的影响，所以应控制出口水流的速度和方向，一般出口流速应小于 $0.5m/s$，流速较大时，可以在出口前采用八字墙放大水流断面。出流管的方向最好向河道下游倾斜，避免与河道垂直。

9.2.5　集水池

1. 集水池容积

为了泵站正常运行，集水池的贮水部分必须有适当的有效容积。集水池的设计最高水位与设计最低水位之间的容积为有效容积。集水池有效容积应根据设计流量、水泵能力和水泵工作情况等因素确定，计算范围，除集水池本身外，可以向上游推算到格栅部位。若

容积过小，水泵开停频繁；若容积过大，则增加工程造价。

（1）污水泵站集水池容积的确定

污水泵站集水池容积应符合下列要求：污水泵站集水池的容积不应小于最大一台水泵5min的出水量；若水泵机组为自动控制时，每小时开动水泵不得超过6次；对污水中途泵站，其下游泵站集水池容积，应与上游泵站工作相匹配，防止集水池壅水和水泵空转。污水泵站集水池的容积与进入泵站的流量变化情况、泵的型号、台数及其工作制度、泵站操作性质、启动时间等有关。

集水池的容积在满足安装格栅和吸水管的要求，保证泵工作时的水力条件以及能够及时将流入的污水抽走的前提下，应尽量小些。因为缩小集水池的容积，不仅能降低泵站的造价，还可以减轻集水池污水中大量杂物的沉积和腐化。

全昼夜运行的大型污水泵站，集水池容积是根据工作泵机组停车时启动备用机组所需的时间来计算的。一般可采用不小于泵站中最大一台泵5min出水量的体积。

对于小型污水泵站，由于夜间的流入量不大，通常在夜间停止运行。在这种情况下，必须使集水池容积能够满足贮存夜间流入量的要求。

对于工厂的污水泵站的集水池，还应根据短时间内淋浴排水量来复核它的容积，以便均匀地将污水抽送出去。

抽升新鲜污泥、消化污泥、活性污泥的泵站的集泥池容积，应根据从沉淀池、消化池一次排出的污泥量或回流和剩余的活性污泥量计算确定。

对于自动控制的污水泵站，其集水池容积用下式计算（按控制出水量分一、二级）：

泵站为一级工作时：

$$W = \frac{Q_0}{4n} \tag{9-5}$$

泵站为二级工作时：

$$W = \frac{Q_1 - Q_1}{4n} \tag{9-6}$$

式中　W——集水池容积（m^3）；

　　　Q_1——泵站一级工作时泵的出水量（m^3/h）；

　Q_1，Q_2——泵站分二级工作时，一级与二级工作泵的出水量（m^3/h）；

　　　n——泵每小时启动次数，一般取 $n=6$。

（2）雨水泵站和合流污水泵站集水池的容积

由于雨水管道设计流量大，在暴雨时，泵站在短时间内要排出大量雨水，如果完全用集水池来调节，往往需要很大的容积；另一方面，接入泵站的雨水管渠断面积很大，敷设坡度又小，也能起一定的调节水量的作用。因此，在雨水泵站设计中，一般不考虑集水池的调节作用，只要求在保证泵正常工作和合理布置吸水口等所必需的容积。雨水泵站和合流污水泵站集水池容积一般采用不小于最大一台水泵30s的出水量。下穿道的污水泵站集水池容积不小于最大一台泵60s的出水量。

（3）污泥泵房集水池的容积

应按一次排入的污泥量和污泥泵抽送能力计算确定。活性污泥泵房集水池的容积，应按排入的回流污泥量、剩余污泥量和污泥泵的抽送能力计算确定。间歇使用的泵房集水池，应按一次排入的水量、泥量和水泵抽送能力计算。

2. 集水池设计水位

（1）污水泵站集水池设计最高水位应按进水管充满度计算；

（2）雨水泵站和合流污水泵站集水池设计最高水位应与进水管管顶相平；

（3）当设计进水管道为压力管时，集水池设计最高水位可高于进水管管顶，但不得使管道有地面冒水；

（4）大型合流污水输送泵站集水池的容积应按管网系统中调压塔原理复核。集水池设计的最低水位应满足所选水泵吸上水头的要求，自灌式泵房尚应满足水泵叶轮浸没深度的要求。

3. 集水池的构造要求

泵房应采取正向进水，应考虑改善水泵吸水管的水力条件、减少滞流或淌流，以使水流顺畅，流速均匀。侧向进水易形成集水池下游端的水泵吸水管处于水流不稳、流量不均状态，对水泵运行不利。由于进水条件对泵房运行极为重要，必要时，流量在 $15m^3/s$ 以上的泵站宜通过水力模型试验确定进水布置方式；$5\sim15m^3/s$ 的泵站宜通过数学模型计算确定进水布置方式。集水池前应设置闸门或闸槽。

（1）泵站前应设置事故排出口，污水泵站和合流污水泵站设置事故排出口应报有关部门批准。集水池的布置会直接影响水泵吸水的水流条件。水流条件差，会出现滞留或涡流，不利于水泵运行，会引起气蚀，效率下降，出水量减少，电动机超载，形成运行不稳定，产生噪声和振动，增加能耗。集水池底部应设集水坑，倾向坑的坡度不宜小于 10%；集水坑应设冲洗装置，宜设清泥设施。

（2）由于雨水泵站大多采用轴流泵，而轴流泵是没有吸水管的，集水池中水流的情况会直接影响叶轮进口的水流条件，从而对泵的性能产生影响。因此，必须正确地设计集水池，否则会使泵工作受到干扰而使泵性能与设计要求大大不同。雨水进水管沉砂量较大的地区，宜在雨水泵站前设置沉砂设施和清砂设备。

由于水流具有惯性，流速越大其惯性越显著，因此水流不会轻易改变方向。集水池的设计必须考虑水流的惯性，以保证泵具有良好的吸水条件，不致产生旋流与各种涡流。

在泵的吸水井中，可能产生图 9-18 所示的涡流。图 9-18（a）所示为凹洼涡、局部涡、同心涡。后两者统称空气吸入涡流。图 9-18（b）所示为水中涡。这种涡流附着于集水池底部或侧壁，一端延伸到泵进口内，在水中涡流中心产生气蚀作用。

由于吸入空气和气蚀作用使泵性能改变，效率下降，出水量减少，并使电动机

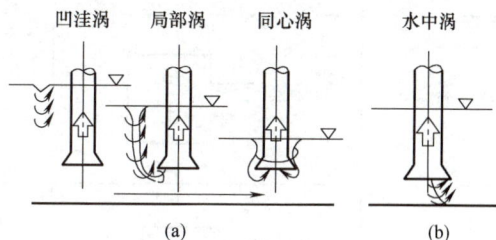

图 9-18　各种涡流

过载运行；此外，还会产生噪声和振动，使运行不稳定，导致轴承磨损和叶轮腐蚀。

旋流是由于集水池中水的偏流、涡流和泵叶轮的旋转而产生。旋流扰乱了泵叶轮中的均匀水流，从而直接影响泵的流量、扬程和轴向推力。旋流也是造成机组振动的原因。

集水池的设计一般应注意以下事项：

（1）使进入池中的水流均匀地流向各台泵（见表 9-3 中Ⅳ）；

（2）泵的布置、吸入口位置和集水池形状的设计，不致引起旋流（见表9-3中Ⅰ、Ⅲ、Ⅳ、Ⅴ）；

（3）集水池进口流速尽可能的缓慢，一般不超过0.7m/s，泵吸入口的行近流速以取0.3m/s以下为宜；

（4）流线不要突然扩大和改变方向（见表9-3中Ⅰ、Ⅲ、Ⅳ）；

（5）在泵与集水池壁之间，不应留过多的空隙（见表9-3中Ⅱ）；

（6）在一台泵的上游应避免设置其他的泵（见表9-3中Ⅳ）；

（7）应取足够的淹没水深，防止空气吸入形成涡流；

（8）进水管管口要做成淹没出流，使水流平稳地没入集水池中，因为这样进水管中的水不致卷吸空气并带到吸水井中（见表9-3中Ⅵ、Ⅸ）；

（9）在封闭的集水池中应设透气管，排除集存的空气（见表9-3中Ⅶ）；

（10）进水明渠应设计成不发生水跃的形式（见表9-3中Ⅷ）；

（11）为了防止形成涡流，在必要时应设置适当的涡流防止壁与隔壁。

由于集水池（吸水井）的形状受某些条件的限制（例如场地大小、施工条件、机组配置等），不可能设计成理想的形状和尺寸时，为了防止产生空气吸入涡、水中涡及旋流等，可设置涡流防止壁。几种典型的涡流防止壁的形式、特征和用途见表9-4。

集水池的好例与坏例　　　　　　　　　　　　　　　　　表9-3

序号	坏例	注意事项	好例
Ⅰ		2) 2),4) 2),4)	
Ⅱ		5) 5),11)	
Ⅲ		2),4) 11)	
Ⅳ		1),4),6) 1),2),4) 1),2),4)	

282

序号	坏例	注意事项	好例
V		2),11)	
VI		8)	
		8)	
VII		9)	池内集存的空气,可以排除
VIII		10)	
IX		8)	

涡流防止壁的形式、特征和用途　　　　　　　表 9-4

序号	形式	特征	用途
1		当吸水管与侧壁之间的空隙大时,可防止吸水管下水流旋流;并防止随旋流而产生的涡流。但是,如设计涡流防止壁中的侧壁距离过大时,会产生空气吸入涡	防止吸水管下水流的旋流与涡流

序号	形式	特征	用途
2	多孔板	防止因旋流淹没水深不足，所产生的吸水管的空气吸入涡，但是不能防止旋流	防止吸水管下产生空隙吸水涡
3	多孔板	预计到因各种条件在水面有涡流产生时，用多孔板防止涡流	防止水面空气吸入涡流

第 10 章　智慧排水系统

10.1　排水在线监测系统

排水管网在线监测系统一般由排水管网在线监测设备、监测管理软件与监控数据中心组成，连续地对排水管网状态进行测定，并对测定数据进行采集、传输、存储、显示和应用的系统。

10.1.1　排水系统监测的目的与作用

本小节将介绍排水管网在线监测系统在智慧城市建设、韧性城市建设、海绵城市建设和黑臭水体的治理中的应用。

1. 智慧城市建设

在智慧排水系统中，在线监测系统可以反映基础网络运行动态，保证排水信息的汇聚、处理、整合、储存与交换，实现厂网河一体化调度；还可以开展常态化监测评估，进行隐患管理，保障排水设施稳定运行，实现城镇污水设施信息化、账册化管理的目标。

2. 韧性城市建设

在韧性城市建设中，排水管网在线监测系统可满足灾情预判、预警预报、防汛调度等功能需要，实现及时预警和应急处置，并有助于形成源头减排、管网排放、蓄排并举、超标应急的排水防涝工程体系，全面提升城市内涝防治能力，保障城市基础设施生命线工程正常运行。

3. 海绵城市建设

为推进雨水源头减排和提升排水防涝工作管理水平，各城市不断加强智慧排水系统的建设，实时监测雨水径流流量和易涝积水点的水量，既有效控制了雨水径流总量，也满足了日常管理、运行调度、灾情预判、预警预报、防汛调度、应急抢险等功能需要。在海绵城市建设中能有效应对内涝防治设计重现期以内的强降雨，使城市在适应气候变化、抵御暴雨灾害等方面具有良好"弹性"和"韧性"。

4. 黑臭水体治理

智慧排水系统检测体系，通过对管网中水量水质变化情况的实时监测，及时预警管道运行异常状况和雨污混排情况的诊断等对污水排入城镇排水管网的管理，保障城镇排水与污水处理设施安全运行，防治城镇水污染。

综上，排水管网在线监测系统的运用，实现了城市排水系统的科学管理和优化运行，大大提升了城市的智慧化水平，增强了城市的"韧性"和"弹性"，提高了城市水环境质量，有助于全面推进美丽中国建设，加快推进人与自然和谐共生的现代化。

10.1.2　排水管渠监测系统及分类

根据排水在线监测的内容和目标，需要制定对应的监测方案，其主要内容包括但不限于：监测目的、监测点位、监测项目、监测方法、监测频次、数据运输和交接，以及监测质量保证和质量控制措施等。

1. 排水管渠系统智慧化常态监测

智慧排水常态监测应统筹现有的排水管网在线监测设施，根据管理需求和重点，按照总体监测、分区监测和精细监测三个层级制定监测方案，再根据不同方案下的监测目的设置监测点位、监测项目、监测设备等，通过对监测数据进行收集、处理、整合、分析，可以提供及时的运行状态信息和决策支持。

排水管渠智慧化的常态监测可有效掌握并评估排水管网的运行状态、收集和输送能力，提高排水管网管理和应急处置能力，通过采集和分析监测数据，可及时发现问题、解决异常情况，并为日常运营和维护提供参考依据。常态监测主要内容包括：监测项目、监测点位、监测设备、监测频次。

（1）监测项目

常态化下的监测是对水位、流速、流量、水质、降雨量、气体等项目指标进行动态监测和视频监控，同时对排水设施巡查管理养护信息有效控制，通过"排水一张网"可以查阅各类排水设施和监测设备详情，进行相应的养护管理。

（2）监测点位

智慧排水统筹监测布点时，应采用分阶段实施、逐级加密的方式开展，应先布设整体监测层级的点位，其次再布设分区监测层级和精细监测层级的点位。常态化监测点的设置可以从排水管渠系统的关键环节和监测项目的属性两个方面入手。

1）根据排水管渠系统的关键环节设置监测点位

监测点位的设置应选取排水管网的关键点、干管的汇合区域、易涝点区域、检查井、截流井、溢流井、重要排放口、泵站等重要节点，并布设物联感知设备。当遇到以下情况时，可以加密布设监测点：流砂易发、湿陷性土等特殊地区的管道；管龄 20 年以上的管道；重要公共基础设施、易涝点等重要区域；高地下水位地区的管道和沿河截污管；主干道和重要区域污水主干管。

2）根据监测项目的属性设置监测点位

水位监测点宜布设在干管接入主干管的检查井、主干管交汇的检查井、倒虹吸检查井；污水截流井、初雨截流井、低洼地区、下穿立交等易积水区域的检查井；排水泵站的站前和站后管渠内；污水处理厂进水口与中途提升泵站之间的主干管上，并至少布设 1 个监测点。沿河敷设的排水管道，应在管道和河道中成对布设水位比对监测点，相邻比对监测点间距不宜超过 500m，同时应在水位突变位置增设水位比对监测点，沿污水管网和合流制管网干管或主干管布设的水位监测点间隔不宜超过 1000m。雨水管网宜在易涝点区域主干管布设监测点，沿河雨水泵站和雨水口出流处对应的河道宜成对布设水位比对监测点。

流速监测点宜布设在新建和在建管网设计流速突变或设计流速过缓的主干管上。

流量监测点宜布设在分区流域污水干管汇入污水处理厂主干管处；各类排水泵站的出水压力管处；水质或水量突变的管道区段的检查井；重点排水户的接管井。宜在溢流口处布设监测点，对于合流制溢流井群，如不具备监测所有溢流井的条件，可选择监测上游和下游。

水质监测点宜布设在分区流域污水干管汇入污水处理厂主干管处、工业聚集区总排放口接入公共排水管网的检查井、提升泵站、污水处理厂、污水分区末端等。气体监测点宜布设在易聚集有毒有害、易燃易爆气体的污水管网关键节点。视频监控点宜布设在重要的排水泵站、截污闸、排放口、溢流口、易涝点、下穿地道或隧道；汇水面积大于 $1km^2$ 的排水分区节点；邻近排污口的检查井，或重要的检查井。可优先采用已经布设的监控点及其数据，并应根据项目实际需要增设新的监控点。

（3）监测设备

在线监测设备应适应监测点位的实际工况，应满足易安装维护、稳定性强、可靠性高、智能报警等要求，并应建立集中统一的在线监测系统。在线监测设备宜包括水量监测、流速监测、水质监测、气体监测、视频监测等设备；宜采用无线网络通信，在易于接入有线网络或没有无线信号覆盖的区域，可采用有线网络。

1）水量监测：水量监测设备应包括水位计、流量计等，设备选型应满足浅流、非满流、满流、管道压力过载、低流速、逆流等各种工况的要求。水位计宜采用超声波水位计、雷达式水位计、声波水位计等，宜采用非接触式，同时增加补盲设备。流速仪宜采用多普勒流速仪、雷达波流速仪等。流量计宜采用多普勒超声波流量计。雨量计宜采用翻斗式雨量计。水位计、流速仪、流量计、雨量计采集模块应具有频次调整、召测、电压比、通信诊断等设备自我感知能力。

2）水质监测：水质监测指标宜包括 pH、温度、电导率、悬浮物、溶解氧、氨氮、化学需氧量等，可根据需求选择配置。

3）气体监测：气体监测设备的监测指标应包括排水管网中的硫化氢和甲烷等气体，应具备根据监测结果和危害程度给出预警报警的功能；应及时输出预警报警的指标、位置、时间等信息。

（4）监测频次

1）水位、流速、流量的监测频次应符合下列规定：正常情况下日常监测采样频率为 15min 一次，数据发送频率建议为 60min 一次。

2）水质在线监测频次应符合以下要求：可根据监测仪器对每个样品的分析周期来确定，最低监测频次需满足环境管理和水质分析的需要。在污染事故或水质有明显变化期间，可设置较高的监测频率；氨氮（NH_3-N）和 COD_{Cr}，监测频次通常设置为 2h 一次（即每天 12 组监测数据），当发现水质状况明显变化或发生污染事故期间，应将监测频率调整为 1h 一次；pH、水温监测频次不应低于 10min 一次。

3）视频监控系统应具备 7×24h 连续工作方式，自动本地保存，无线通信宜采用远程访问方式，或定时发送监控图片至监测计算机；光纤有线通信方式可实时在线浏览视频。

2. 排水管渠系统专项监测

排水管渠系统专项监测不同于常规监测，更适用于在特定背景下的特殊监测，由于监测目的不同，监测方法也有所差异。目前排水管渠专项监测主要包括：韧性城市背景下排水防涝监测及预警、海绵城市年径流总量和年径流污染物（SS）总量的监测、黑臭水体治理背景下排水系统中异常排放的监测与溯源等。

（1）排水防涝监测

排水防涝监测是指对城市内部的洪涝现象进行实时监测和预警的系统和方法。洪涝问题主要是由于极端降雨、排水系统失效或地形地势等因素引起的城市内部积水和洪水现象。排水防涝监测旨在减少洪涝事件的发生，其监测内容主要包括雨水管网监测、易涝点监测、视频监控等多个方面。通过收集、分析和解读相关数据，及时了解城市内涝的发生情况和趋势，以便及时采取措施进行预警、应急响应和管理，提高城市的抗灾能力和运行效率。

排水防涝监测方案的制定依次从监测点位、监测项目、监测频次三方面，详细介绍如下：

1）监测点位

根据雨水汇集的过程，在汇入河道前，先流经雨水管网，由排口进入河道。监测点位的布设应按照易涝点、排口、泵站和管网其余关键节点的顺序开展，包括了历史积水点和易涝点；重要地区的雨水管网节点；雨水管网的主干管节点；雨水泵站的进出水管；主要雨水排放口等。

目前，针对流量、液位两个主要监测项目，可设置对应的排水防涝监测点。流量监测点主要布置在管网雨污混接和主干管网的下游位置，支持管网日常运行规律的识别，在雨季实时监测水量情况，支持水量控制的定量计算，并定量化分析雨污混接的影响。液位监测点主要设置在流量监测未覆盖的管网分支节点以及城市易涝积水点，能够在降雨过程中进行积水水位的动态预警预报，以采取及时有效的应对措施，保障城市水安全。

2）监测项目

雨水排水管网在线监测项目以流量和液位为主，其余包括降雨量、水质、视频信息等，排水防涝监测对象和项目，见表 10-1。

排水防涝监测对象和项目 表 10-1

监测对象	监测项目		
	液位	流量	原位水质
雨水管网			
历史积水点附近节点	■	—	—
易涝点附近节点	■	—	—
雨水泵站	■	—	—
雨水排口	■	■	▲
合流管网			
历史积水点附近节点	■	—	—
易涝点附近节点	■	—	—
合流制截污阀	■	—	—
管道阀	■	—	—
溢流口	■	■	▲

注：■表示"应"设置相关监测，▲表示"宜"设置相关监测。

3）监测频次

根据水情雨情汛期监测分析结果，及时发布预警信号，预警信息实行统一发布制度，根据监测的水量水位和持续时间，对洪涝预警分级。在出现预警情况时，监测频率为 5～10min 一次，数据发送频率建议为 10min 一次；在出现报警情况时，监测频率为 1～3min

一次，数据发送频率与采样频率保持一致。在线监测系统应能根据用户权限通过多种方式及时给相应的用户发布预警报警信息，并同时具有信息反馈功能。总体而言，相对于常规监测，排水防涝的监测更注重雨水的管网中流量与液位的指标监测，其监测点更偏向设置在易涝点以及其他与排涝相关的关键节点。同时，排水防涝的监测更多的服务于洪涝灾情预判、预警预报、防汛调度等。

（2）海绵城市年径流总量和年径流污染物（SS）总量的监测

海绵城市建设的目的就是要在城市建设区域空间内保护和恢复自然的水文特征，其核心在于控制径流，而年径流总量控制率与年径流污染物（SS）总量削减率是海绵城市建设的核心评价指标。为了解决初雨污染和城市洪涝等问题，在海绵城市规划、设计、建设过程中，通常需要对年径流总量和年径流污染物（SS）总量进行监测控制，再由规模核算、模型模拟可以得出年径流总量控制率和年径流污染物（SS）总量削减率，以此实时了解城市降雨径流的排放情况，评估海绵设施的运行效果，并及时采取相应的调整措施，以确保城市的水资源利用和排水管理更加可持续和高效。

海绵城市建设监测应编制监测方案，根据监测目的，在区域与流域、城市、片区或设施层级，选择有代表性的典型对象和点位进行监测。海绵城市年径流总量和年径流污染物（SS）总量监测方案的制定，包括监测层级的划分、监测点位的设置、监测项目的选择、监测设备的采取、监测频次的确定。

1）监测层级

区域与流域监测：在区域与流域监测层次上，需要对整个海绵城市所在的流域进行监测，这包括对流域内的主要河流、湖泊、水库等水体的径流总量进行监测，该监测层次的数据可以为城市规划和水资源管理提供宏观参考（区域与流域监测范围，见图 10-1）。

城市监测：在城市监测层次上，需要对整个海绵城市的径流总量进行监测，这包括对城市内的各个主要水道、河流、排水管道等进行监测，以了解城市整体的水文状况。该监测层次的数据可以为城市防洪、雨水利用等方面的决策提供支持（城市监测范围，见图 10-1）。

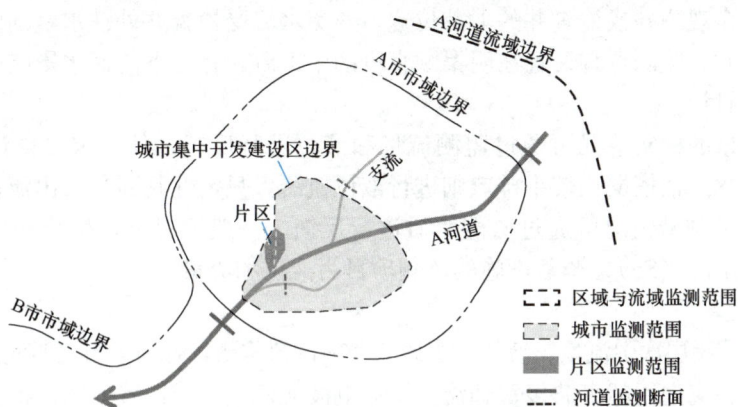

图 10-1　区域与流域、城市监测范围

片区监测：在片区监测层次上，需要对海绵城市内的各个片区的径流总量进行监测，该监测层次的数据可以为片区内的具体规划、工程建设以及雨水管理等提供参考依据（片区监测范围、监测对象和监测点，见图 10-2）。

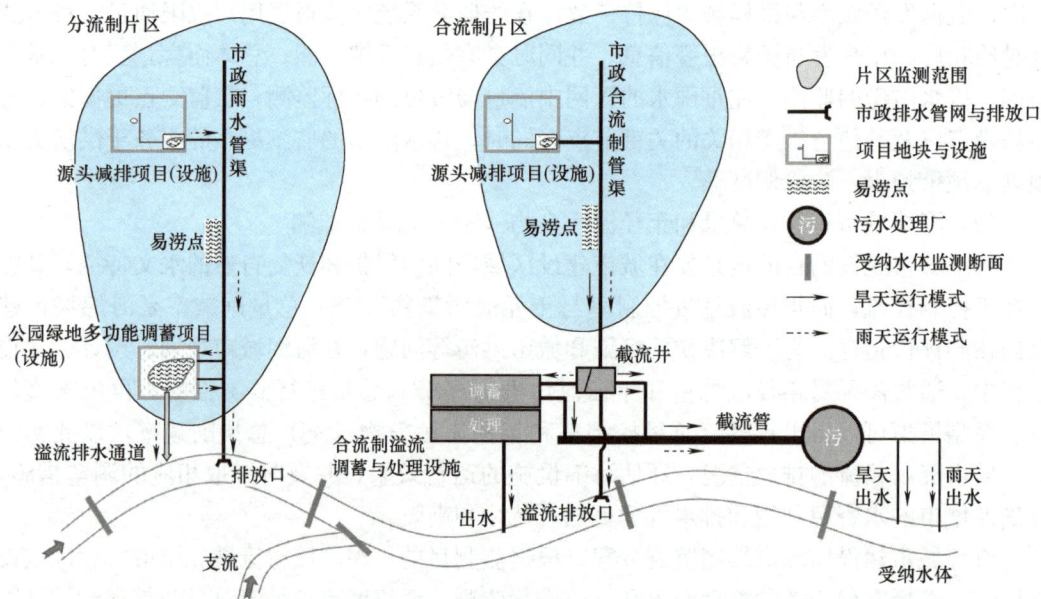

图 10-2　片区监测范围、监测对象和监测点

设施监测：在设施监测层次上，需要对海绵城市内具有水量控制功能的典型设施进行监测，主要包括雨水花园、下凹绿地、植草沟、生物滞留带等在内的生物滞留设施，雨水桶、调节塘、湿塘等在内的调蓄设施，对设施内的年径流量进行实时监测，该监测层次的数据可以为设施运营和维护提供指导和改进措施。

2）监测点位

监测点主要设置在城市与片区的内涝点、下游市政管渠交汇节点或排放口、合流制溢流排放口或污水截流井、检查井、合流污水溢流泵站；同时，在海绵设施进水口、出水口或溢流排水口设置监测点。当排水通道为圆管或者暗涵时，监测点宜设置在圆管或者暗涵的顺直段，且在观测井或检查井的上游位置，避免水流受检查井处跌水紊动的影响；当排水通道为明渠时，监测点宜设置在明渠顺直段的中下游，且无下游回水影响的位置。

3）监测项目

年径流总量的控制情况可通过监测流量和液位进行反馈，其中重要排口进行流量监测，作为定量化评估依据；较小排口则进行液位监测，只定性判断是否出流；年径流污染物（SS）总量的削减情况可通过监测水质进行反馈。一般情况下，生物滞留设施的监测项目为流量与水质（SS），调蓄设施的监测项目为液位和流量。

4）监测设备

针对城市监测层次中流量、液位、水质三个项目的监测，有如下与之匹配的监测设备。

流量监测：应选用超声波多普勒流量计、电波流速仪，或设置巴歇尔槽。采用超声波多普勒流量计时，宜采用多探头分布式布设的方式；采用电波流速仪时，断面位置应无回水影响，监测点设置在断面中泓位置，并设置合理的表面系数；采用巴歇尔槽时测流量时应配合水位计使用，还需利用自动水位计采集的数据通过水力学公式进行计算。

液位监测：管道和暗涵宜选用压力式水位计，且应安装在低水位以下位置，如果管道和暗涵最大过水达不到满管状态，可采用气介质超声波水位计；明渠水位监测宜选择雷达水位计。

水质监测：应选用在线水质 SS 监测仪和 DO 监测仪进行数据监测，以达到径流污染控制效果。

5）监测频次

应对流量和水质进行同步监测，水质监测应包括 SS 等指标；流量监测过程中的数据时间间隔不大于 5min；径流水质过程的采样检测应从径流开始产生的最初时刻开始采样，前 30min 内采样间隔宜为 5min，之后适当延长时间间隔，直到径流结束，且前 2h 采样的数量不少于 8 个。通过监测其排水口径流的流量和水质过程，分析计算年径流总量控制率、年径流污染物（SS）总量削减率、雨水收集利用率等指标，监测时段不少于一年，且有径流的降雨场次不少于 4 场，获得"时间—流量"等序列监测数据。

与常规监测不同的是，排水管渠系统中海绵城市年径流总量的监测一般在城市监测及其以下的层次进行，监测点一般设置在溢流排水口、截流井等，其侧重对流量、液位与水质指标 SS 的监测，可以作为年径流总量控制率、年径流污染物（SS）总量削减率等指标的源头计算依据，为项目效果评估与项目管控模式的建立提供参考。综上所述，年径流总量的监测可以控制城市面源的污染情况，同时缓解城市的内涝问题，实现日常管理、运行调度和应急抢险等功能，对海绵城市的建设有重大意义。

（3）排水系统中异常排放的监测与溯源

目前，我国的排水系统存在着不同程度的雨污混错接问题，即污水通过雨水管网排入受纳水体，导致受纳水体受到污染；同时，雨水也混入污水系统，增加了污水处理设施的负荷，影响了其正常运行；此外，人为的偷排和漏排行为也进一步增加了黑臭水体治理的难度。雨污混接和污（废）水偷排漏排现象对我国水环境质量的改善与提升带来了不利影响。有效的监测手段可以减少这些问题的发生，并减少黑臭水体的产生。目前，排水系统中异常排放的主要类型包括：雨水管中接入污水管、污水管中接入雨水管、厂区违法偷排漏排等情况。这些情况导致了排水系统中水质和水量的异常变化。针对不同的异常排放类型，其监测与判定的方法如下：

1）雨水管道中污水混错接监测与判定

在雨水排放口和雨水泵站集水池内设监测点，主要对水质、水量进行监测，雨后 72 小时后的旱天期间，雨水排放口有水流出或者雨水泵站集水池内有水流动或雨水泵站开启排放则表示有混接；水管内关键点设监测点，若管内水质黑臭或水质指标（氨氮、电导率、COD_{Cr} 等）明显超过一般雨水指标可判定该排放口服务区域存在污水混错接。

2）污水管道中雨水混错接监测与判定

在污水管道关键节点设置监测点，雨天时候污水管道流量明显增多则有混接现象，流量监测内容包括管径、水位、流速等；在旱天和雨天分别针对污水管道节点开展水质调查，污水管道节点水质调查的基本指标包括氨氮、电导率、COD_{Cr} 等，若同一监测节点雨天基本指标监测值低于旱天数值或管道中任意监测点晴天基本指标监测值明显低于城市一般污水水质特征，则可初步判定节点上游区域污水管道有雨水接入；在判定有雨水接入的区域，若雨天下游节点氨氮、电导率数值低于上游节点或者上下游节点氨氮、电导率数值接近、但是下游节点流量相对于上游节点明显增加，则可初步判定相邻上下游节点之间存在雨水接入污水管道。

3）偷排漏排的监测与判定

宜在各水体涉及的排污口设置水质、水量监测等智慧水务相关设备，对排污口排污情况的实时监测，掌握城市排水系统的运行状态。原则上，目标水体上中下游至少各布一个监测点位，在上游来水、汇入支流及沿河主要排水口处宜增设监测点位，全面掌握上游来水、汇入支流和排水口水质水量情况，包括对 COD_{Cr}、氨氮、总氮、总磷等主要污染物浓度进行监测，每月开展一次水质监测，季节性污染明显的宜增加水质监测频次。

相对于常规监测而言，排水系统中的异常排放监测更加注重对水质变化的监测，这种监测涉及的指标包括 COD_{Cr}、氨氮、总氮、总磷等关键参数。这些指标广泛应用于评估污水的有机和无机污染物含量，以及对水体环境的影响程度。通过对异常排放的监测，可以及时发现和识别排水系统中的异常情况，进而采取相应措施进行调整、修复或处罚，以保障水体的整体水质和环境的可持续性。

目前，排水管渠系统的建设已不再局限于单一的功能和使用场景，而是将常态化监测和专项化监测相结合，使得系统的功能和应用场景变得更加全面。以上海市为例，其构建的名为"中心城区智慧排水管理平台"的系统通过实时监控排水雨情、水情和工况，成功实现了对排水设施的在线动态监测、预警和管理。同时，该平台还能够对偷排混排行为进行源头溯源排查，实现对水体异常排放问题的在线发现、反馈和处置，进一步保障水体质量。

10.1.3 排水管渠监测系统功能与设备

智慧排水建设技术架构主体一般由感知层、基础设施层、平台层（含数据平台、应用支撑平台、模型平台）、应用层、用户层组成，除此之外还包含安全体系架构、运行管理体系、技术标准及规范，见图 10-3。

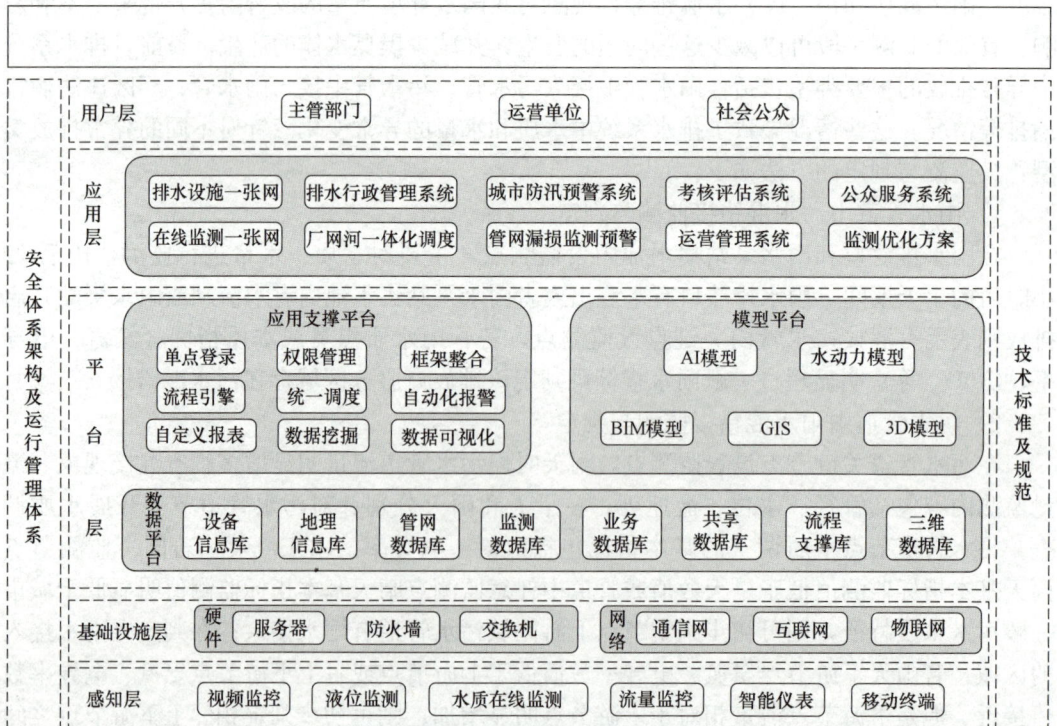

图 10-3　智慧排水建设技术构架图

其中：感知层位于技术参考模型的底层，其功能为"感知"，即通过传感网络获取感知信息。感知层是物联网的核心，是信息采集的关键部分。其具备以下功能：

（1）提供对排水设施要素的智能动态感知能力；

（2）通过感知设备及传感器网络实现排水管理范围内排水设施、环境、安全等方面的识别；

（3）信息采集、监测和控制，形成不重复建设的共享资源；

常见的在线监测设备包括：多普勒超声波流量计（图 10-4）、雷达水位计（图 10-5）、氨氮在线检测仪（图 10-6）、电导率在线检测仪（图 10-7）、COD_{Cr} 在线检测仪（图 10-8）等监测设备。

图 10-4　多普勒超声波流量计

图 10-5　雷达水位计

图 10-6　氨氮在线检测仪　　　图 10-7　电导率在线检测仪　　　图 10-8　COD_{Cr} 在线检测仪

10.2　排水系统模型与模拟

目前，雨水综合管理中所应用到的模型以水动力学模型为主。常用的模型包括：由美国环境保护局开发的开源的暴雨洪水管理模型（SWMM），丹麦水利研究所（下文简称为DHI）研发的 MIKE 系列商业软件（包括：Mike＋，Mike flood）和英国的 HR Walling-ford 公司的 Info Works ICM 系列软件（目前已被 Autodesk 公司收购）。但无论是 MIKE系列，还是 Info Works ICM 系列商业软件都内置有 SWMM 模块，可供用户用于雨水排水管道的水量水质模拟计算。

10.2.1 基于 EPA SWMM 的雨水综合管理模型

SWMM 是由美国环境保护局国家风险管理研究实验室供水和水资源分部（EPA），在 CDM 咨询公司协助下开发的动态降水—径流模拟模型，主要用于模拟单一事件或者长期（连续）城市区域径流的水量和水质。从 1971 年第 1 版问世以来，SWMM 经历了几次重要升级，截至 2023 年 7 月的最新版本为 5.2.3。SWMM 是一个基于 Windows 的桌面程序。它是开源的公共软件，可在全球范围内免费使用。

自从 SWMM 开发以来，在国内外得到了广泛的应用，可用于城市区域的合流制或分流制排水管道水量水质模拟、地面雨水径流模拟和其他排水系统的规划、设计和分析。SWMM 主要由水文模拟、水力模拟、水质模拟三大计算模块组成，可以在不同时间步长内的任意时刻跟踪模拟每个子流域范围内地表径流的水质和水量，以及排水管道或河道的水深、流量及水质等情况。

1. 模型的主要计算功能

（1）水文模拟

水文模拟部分能够对各个子流域范围内所发生的降水、径流和污染负荷进行综合模拟，主要包括地表产流模块、低影响开发模块和地下水模块。

地表产流模块可用于模拟以下水文过程：降雨随时间的变化；地表水的蒸发量；降雪的累积和融化；降雨时填充洼地的蓄水量；降水向未饱和土壤层的入渗；降水向地下含水层的入渗；降水经过植物截留、渗入地表和填充洼地后，多余的水形成的地表漫流的非线性演算。

低影响开发模块可以用于模拟海绵城市并利用各种类型低影响开发（LID）实现滞留降雨/径流。

地下水模块可用于模拟地下水与城市排水系统之间的交叉流动、地下水水位和含水层含水率的变化情况。

（2）水力模拟

其水力模拟部分则用于演算城市区域排水系统（如管网、渠道、调蓄和处理设施、水泵、调节闸和分流构筑物等）或地表径流的水量输送。水力模块部分可以模拟自然形成的或用户自定义的渠道、管道和特殊的排水系统设施（如蓄水/处理设施、分流器、水泵、堰和孔口），利用地表径流的流量和水质、地下水和排水系统的交叉流动、降雨所带来的地下水入渗、旱季污水的流动以及用户指定的其他流动等信息，根据实际情况采取相应的流量演算方法（如恒定流、运动波或完全动态波），对各种流态（如雍水回流、逆向流动和地表积水）进行模拟。用户也可以制定动态控制规则，对水泵的运行、孔口的转角范围和堰顶的水位进行模拟。

（3）水质模拟

其水质模拟部分可用于模拟地表径流和管道流动中污染物的浓度变化过程，包括地表污染物累计—冲刷模块、管道水流中污染物迁移模块、节点中污染物处理（去除）模块。

地表污染物累计—冲刷模块可以模拟以下过程：来自各个子流域不同土地利用类型中的污染物在旱季时累积浓度的增加和降低；降雨过程中雨水的冲刷导致来自某一特定土地

利用类型的污染物累积浓度的降低；街道清扫所导致的污染物累积浓度的降低；由最佳管理实践 BMP（Best Management Practices）导致的冲刷负荷的降低。

管道水流中污染物迁移模块可以模拟整个排水系统内任何位置的旱季污水流量及水质、用户指定的外部流量进入排水系统后流量及水质成分的模拟演算。

节点中污染物处理（去除）模块可以模拟通过蓄水设施的调蓄或者管渠的自然处理等过程，使污染物的浓度降低。

2. SWMM 模型的典型应用场景

SWMM 的典型应用包括：

（1）削减洪峰流量的排水系统组件设计；

（2）调蓄洪水和保护水质的滞留设施设计；

（3）自然渠道系统泛洪区的地图绘制；

（4）最小化合流制排水管道溢流设计及污染控制策略；

（5）评价降雨导致的入渗对污水管道溢流的影响；

（6）研究非点源污染物负荷在所有污染物负荷中的分配；

（7）评价 BMP 在降低污染物负荷的有效性。

3. SWMM 模型的基本原理

（1）水文模拟的基本原理

SWMM 模型模拟地表径流产流过程通常是根据研究区域的地形和排水系统要素（如节点位置，管道走向等）将研究区域划分为适当数量的子汇水面积，同时指定每个子汇水面积的出水口。出水口可以是排水系统中的节点，将水排放至其他节点或者排放到其他子汇水面积。

每个子汇水面积可划分为透水区面积 S_1、含洼地蓄水的不透水区面积 S_2 和不包含洼地蓄水的不透水区面积 S_3 三部分（图 10-9）。每个子汇水面积地表径流的产流由 3 部分组成：（1）不透水区面积 S_3 上的产流等于其上的降水量（降雨和融雪）减去蒸发量；（2）不透水区面积 S_2 上的产流等于降水量减去蒸发量和不透水洼地蓄水量；（3）透水区面积 S_1 上的产流不仅要扣除蒸发量以及洼地蓄水量，还要扣除进入不饱和上层土壤区域的入渗量（见图 10-10）。特征宽度 L 由汇水面积除以汇水区域上最远点到出水口的距离。

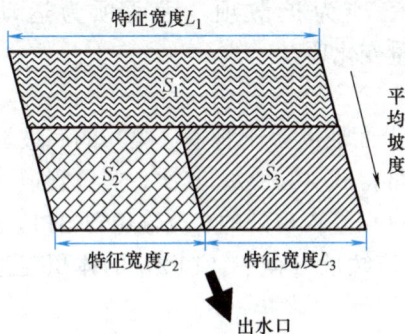

图 10-9　子汇水面积概化图　　　　　　图 10-10　地表径流概念示意图

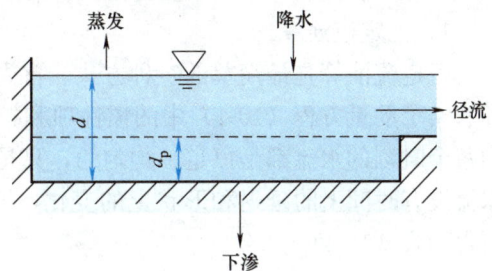

SWMM 将每一子汇水面积的表面处理为非线性水库，进流量可以来自降水和任何指定的上游子汇水面积，出流量包括地下水入渗、地表水的蒸发和径流。非线性水库的功能

是由于地表径流积水、地表的湿润状况以及截流所带来的最大洼地蓄水量。单位面积的地表径流量 Q 仅仅发生在"水库"中水深超过最大洼地蓄水量深度 d_p 时。子汇水面积内的水深（d）随着时间 t 连续更新。

SWMM 模型使用 Horton 模型，Green-Ampt 模型及曲线数模型 3 种不同的模型来描述从子汇水面积中的透水面积到不饱和上层土壤区域的降雨渗入量，详见 4.2 节相关内容。

SWMM 提供的透水和不透水面积之间径流的内部演算选项共有 3 种：从透水面积流到不透水面积；从不透水面积流到透水面积；两种面积直接流向出水口。

（2）水力模拟的基本原理

SWMM 模型通过对非恒定流连续方程和动量方程的守恒控制（即一维圣维南方程组的求解）来进行管渠管段的流量演算。SWMM 模型提供了恒定流、运动波和动态波演算 3 种演算方法。

动量方程：

$$\frac{v}{g} \cdot \frac{\partial v}{\partial x} + \frac{1}{g} \cdot \frac{\partial v}{\partial t} + \frac{\partial h}{\partial x} - S_0 + S_f = 0 \tag{10-1}$$

连续方程：

$$\frac{\partial A}{\partial t} + \frac{\partial Q}{\partial x} = 0 \tag{10-2}$$

式中　Q——流量（$\mathrm{m^3/s}$）；

A——过水断面面积（$\mathrm{m^2}$）；

v——管内流速（$\mathrm{m/s}$）；

h——管内水深（m）；

t——时间（s）；

x——距离（m）；

S_f——水面坡度（水面坡度）（%）；

S_0——管渠底坡度（%）；

g——重力加速度（$\mathrm{m/s^2}$）。

式（10-1）中的第一、二项为惯性项，第三项为扩散项，后两项为运动项；式（10-2）中的第一项为体积变化项，第二项为流量变化项。

1）恒定流演算

恒定流演算是最简单的一种方式。首先，假设水面坡度等于管道（渠）的底坡坡度，即省略了动量方程（10-1）中的惯性项和扩散项，可得式（10-3）。其次，假设管道（渠）内每个时刻的水流都是恒定、均匀的，只是将管道（渠）入口处的水流输送到出口，此时水流没有时间上的延迟和形状上的变化，即忽略了连续性方程中（10-2）的体积变化项，可得到式（10-4）。

$$S_0 - S_f = 0 \tag{10-3}$$

$$\frac{\partial A}{\partial t} = 0 \tag{10-4}$$

联立式（10-3）、式（10-4），即可得到恒定流解。

恒定流演算方法不考虑管道（渠）蓄水或回水的影响、进口及出口的水头损失、逆向流动或者压力流动，因此该方法仅仅用于树状输配水管网，并且管网中每一个节点仅具有一根出水管段（除非节点为分流器，这种情况下需要两条出水管段）。

2）运动波演算

运动波模拟方法采用连续方程和简化的动量方程（即假设管渠水面坡度 S_f 等于管渠底坡度 S_0）对每个管段的水流运动进行模拟。管道可输移的最大流量由满管重力流的曼宁公式计算。该种形式的演算也没有考虑管道（渠）蓄水或回水的影响、进口及出口的水头损失、逆向流动或者压力流动，因此也限制为枝状管网布局。

3）动态波演算

动态波演算方法通过求解完整的一维圣维南流量方程组，得到了理论上最准确的结果。当封闭管道（渠）为满流时利用动态波求解，可以使满流流量超过正常水流数值，该演算方法可以表示为压力流。当节点的流量或者水深超过最大可转输流量或者水深时，发生洪流；超出部分流量从系统损失，或者在节点顶部蓄积，并可重新进入排水系统。

动态波模拟方法可以模拟管道（渠）蓄水或回水、进口及出口的水头损失、逆向流动、压力流动以及雍水等复杂水流状况。因为它耦合了节点水位和管渠流量的求解，可用于树状或环状输配水管网的布置，甚至包含了多重下游分流和回路情况。动态波模拟方法能够调整通过堰和孔口的流量，可用于受到显著回水影响的系统，也适用于描述管道出水堰或出水口调控导致的回水情况，这种情况下水流可超出管道的满负荷流量。该方法必须采用更小的时间步长，量级为分钟或更低。

（3）水质模拟的基本原理

在 SWMM 模型界面内，用户可自定义污染指标，并拟定该污染物的产生、汇集、传输过程。污染物的累积—冲刷模型的建立主要基于子汇水面积下垫面的不同土地利用类型和不同功能分区，因此各子汇水区域上的污染物的累积和冲刷主要取决于该子汇水区域的土地利用类型和功能分区。在 SWMM 模型中也可将同一子汇水区域定义为多种土地利用类型（如道路、屋面、绿地），同时也可定义为不同的功能分区（如工业区、居民区、商业区等）。

1）污染物累积模型

地表污染物一般依附于街尘、颗粒物等存在。污染物累积过程与不同土地利用类型、子汇水区域不同功能和前期晴天时间等因素相关。污染物的累积量一般以单位汇水面积累积量或单位长度累积量来表示。SWMM 模型中可用三类累积计算方程来表达污染物的累积过程，该三类方程为：指数函数累积方程、幂函数累积方程、饱和函数累积方程。

指数函数累积方程：该方程（见式 10-5）反映地表污染物累积与时间呈一定的指数函数关系，污染物随时间增长而逐渐增大，累积达到最大值后稳定，即

$$B = C_1(1 - e^{-C_2 t}) \tag{10-5}$$

式中 B——地表污染物累积量（kg/hm²）；

C_1——最大累积量（kg/hm² 或 kg/m²）；

C_2——污染物累积系数（d⁻¹）。

幂函数累积方程：该方程（见式 10-6）反映地表污染物的累积与时间呈一定的幂函数关系，污染物达到最大累积量时停止累积，即

$$B = \text{Min}(C_1, C_2 t^{C_3}) \tag{10-6}$$

式中　C_1——最大累积量，kg/hm^2 或 kg/m^2；

　　　C_2——累积率常数；

　　　C_3——时间指数。当 $C_3 = 1$ 时，幂函数累积方程呈线性累积形式。

饱和函数累积方程：该方程见式 10-7，表示地表污染物的累积方式为：开始以直线速率上升，随时间增长，污染物增长率逐渐下降，直至达到饱和累积值。饱和函数模型可以较好表现地表污染物累积情况及最大累积量，适用于城市地区的地表污染物累积的模拟。

$$B = \frac{C_1 t}{C_2 + t} \tag{10-7}$$

式中　C_1——最大累积量（kg/hm^2 或 kg/m^2）；

　　　C_2——半饱和常数，即达到最大累积量一半时的天数。

2）污染物冲刷模型

在降雨条件下，雨水对地表污染物质进行冲刷、溶解，当雨水形成径流后，污染物质将随着径流迁移。因此，降雨对于污染物质的冲刷是降雨径流面源污染产生的重要环节，而降雨特征以及土地利用类型等因素对于地表污染物质冲刷过程影响较大。因此，SWMM 中设置了三种污染物冲刷模型，包括指数冲刷模型、性能曲线冲刷模型以及事件平均浓度冲刷模型。

指数冲刷模型（Expollential Washoff Function）：该模型表现了单位时间内污染物冲刷量与径流量的指数关系，同时，单位时间内污染物冲刷量 W 与地表污染物残留量成正比，见式（10-8）。

$$W = C_1 q^{C_2} B \tag{10-8}$$

式中　W——污染物冲刷负荷（kg/h）；

　　　C_1——冲刷系数（mm^{-1}）；

　　　C_2——冲刷指数；

　　　q——子集水区单位面积径流率（mm/h）；

　　　B——地表污染物累积量（kg/hm^2 或 kg/m^2）。

性能曲线冲刷模型（Rating Curve Washoff Function）：该模型表现了污染物冲刷量 W 与径流率的函数关系，没有考虑地表污染物累积总量的影响，见式（10-9）。

$$W = C_1 Q^{C_2} \tag{10-9}$$

式中　C_1——冲刷系数（mm^{-1}）；

　　　Q——径流率（m^3/s）；

　　　C_2——冲刷指数。

事件平均浓度冲刷模型（Event Mean Concentration）：该模型是性能曲线冲刷模型的特殊情况，即当其指数代表冲刷污染物的平均浓度 EMC 见式（10-10）。

$$EMC = \frac{M}{V} = \frac{\int_0^T C_t Q_t \, dt}{\int_0^T Q_t \, dt} \tag{10-10}$$

式中 M——径流全过程的某种污染物总量（kg）；

V——与 M 相对应的径流总体积（L）；

C_t——随径流时间而变化的某污染物浓度（kg/L）；

Q_t——随径流时间而变化的径流流量（L/s）；

T——总的径流时间（s）。

上述三种污染物冲刷模型均假设当地表污染物剩余量为零时停止冲刷。同时，对于不同污染物其冲刷模型参数选择可能不同，需要根据污染物具体的性质对冲刷模型的参数进行调整。

（4）典型的应用案例

本案例以山地城市的某典型区域为研究对象，建立了基于 SWMM 的分流制雨水排水系统水质水量动态模型，研究山地城市的排水管道内涝特性。由于 SWMM 模型对参数的预处理能力较弱，因此，需要借助其他工具进行预处理才能作为模型的输入。这个过程主要依靠地理信息系统（Arc GIS）内置的各类工具箱对基础数据提取整理来实现。本案例借助 Arc GIS 进行了管网概化（管线、节点的布置），使用地表分析与统计工具，完成了用地性质类型的划分、子汇水区参数（不透水率）的计算，并借助地统计功能，以生成的 DEM（数字高程模型）为依据计算了各子汇水区内的平均坡度，精确地处理了这些敏感度较高的参数。这不仅优化了研究区域模型的排水管网概化、下垫面的识别与提取、子汇水区的划分等信息的处理，而且提高了建模的精度与效率。

经过 Arc GIS 的预处理图 10-11（a），结合该区域排水系统摸排图、分流制雨水管道系统设计图，区域用地性质图，最终构建了基于 SWMM 的分流制雨水排水系统水质水量动态模型，见图 10-11（b）。为了准确率定与验证 SWMM 模型参数，通过选取雨水主干管交汇前的小区域地块（同时涵盖道路、绿地及住宅，如图 10-11（b）中的相应区域）对模型进行率定与验证。首先利用修正的 Morris 法对模型水量参数进行了灵敏度分析，以 5％为固定步长对每个参数值进行逐一扰动，目标值选用场次降雨水力负荷和流量峰值模拟偏差。另选两场实际降雨（2022 年 5 月 9 日，降雨量 48.6mm，重现期 1.3 年；2022 年 10 月 6 日，降雨量 9.4mm，重现期 0.2 年）对率定后的模型进行验证，见图 10-12，结果表明：两场实际降雨下，NS 系数分别为 0.807 和 0.813，均大于 0.8；且模拟与实测流量峰的峰值大小偏差为 2.24％和 3.63％，峰值时间偏差为 6.67％和 1.32％，均在 10％以内。这表明模型模拟效果较好，结果较为可靠。SWMM 模型模拟的研究区域总面积合计约 213.68hm²，结合下垫面汇水情况和土地利用类型，将研究区划分为 451 个子汇水区、451 个拓扑结构节点（包含一个排放口）和 450 条雨水管段（渠）。

研究区域的设计降雨取重现期为 50 年和 100 年一遇的降雨，24 小时设计暴雨量分别为 172.5mm 和 186.5mm，将其作为降雨资料代入模型进行模拟。由于 SWMM 模型无法计算地表积水深度或者地表淹没范围，因此提取模拟结果统计报告中节点积水量（Node Flooding）进行分析，这可以一定程度上反映从管网中有多少水溢流至地面。

经分析发现，50 年和 100 年一遇的降雨分别有 41.24％和 49.69％的节点发生不同程度的积水。首先，从节点溢出水量的角度，50 年和 100 年一遇的降雨下内涝节点最大溢出水量分别为 1231m³ 和 1416m³，平均溢出水量分别为 111m³ 和 122m³。进一步的，通过节点溢出水总量折算的整个研究区域的平均积水深度分别为 0.010m 和 0.013m。通过

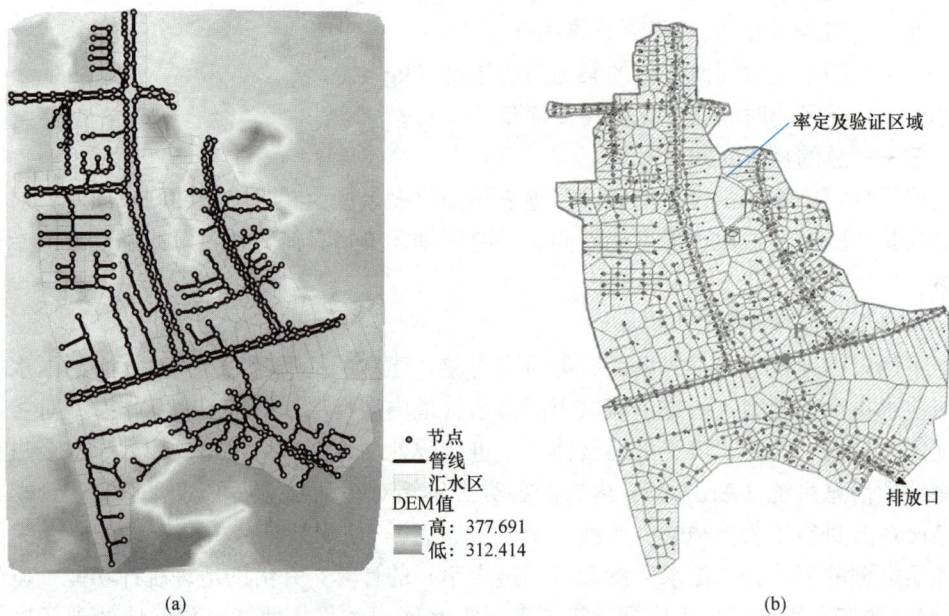

(a)

(b)

图 10-11　某市典型区域分流制雨水排水系统

（a）DEM 高程图；（b）SWMM 模型

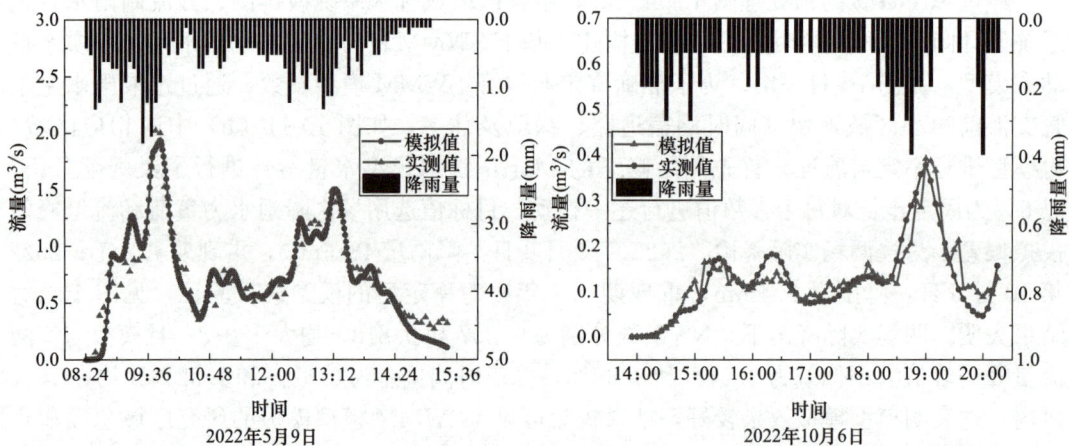

图 10-12　模型的验证结果

图 10-13 的各节点的积水量分布以及图 10-13（a）的 DEM 高程图可以看出，积水较为频繁的节点集中在地势较低的区域。从具体的位置上来看，主要分布在部分小区内部排水管道的起端节点，这是因为一些老旧小区在管网设计时采用 DN300 的管径，导致暴雨时不能实现快速排水，因此后续设计时可适当放大管径。

10.2.2　DHI Mike 系列软件介绍

MIKE＋综合一体化平台是一个由丹麦水利研究所（DHI）研发，具有无比灵活的建模组合，涵盖供水、排水系统、河网和洪水、水环境问题等多种组合功能的模拟平台，因其功能强大、应用广泛、模拟精度高而被广泛使用。其中在排水领域以一维管流模块和二

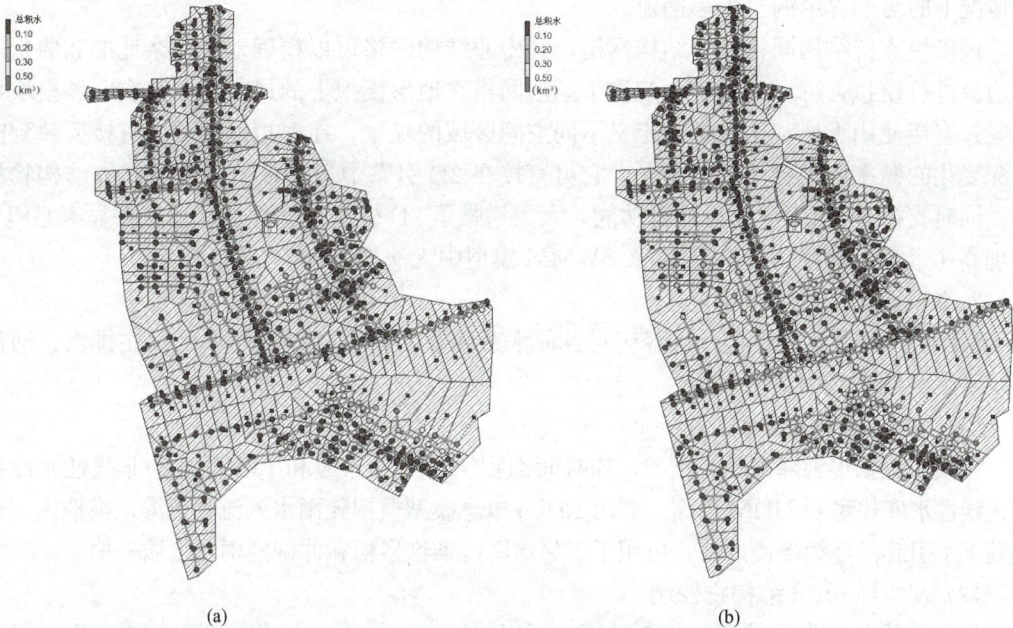

图 10-13　分流制雨水排水系统各节点的积水量

(a) 50 年一遇；(b) 100 年一遇

维洪水模块为主。相比于常规的 EPA SWMM 模型软件，MIKE＋软件能够完美契合 GIS 环境，对于子汇水区的划分、不渗透系数的计算、参数设置以及各种类型数据的导入等都更为快速和方便，避免了 EPA SWMM 软件前处理能力较弱的问题。其次，MIKE＋软件不仅有可以替代 EPA SWMM 的一维排水管网模拟模块（Collection System），而且拥有强大的二维洪水模块（Flooding System），能够实现多模块的耦合使用。但是，从二次开发的角度来说，EPA SWMM 软件作为一款免费的开源软件，对于代码的编写和运行更加有优势，可以借助 python 平台耦合机器学习算法来解决排水系统运行过程中的实际问题，例如汇水区参数的自动率定、排水系统入渗和漏损的动态估算等，这相比于 MIKE 这类商业软件更易操作。

1. MIKE＋功能模块

(1) CS 排水

一维管流模块（MIKE 1D Pipeflow）用于模拟管道和渠道中的非稳定流动。建模采用 DHI 的多核 MIKE 1D 引擎或美国环保署的 SWMM 引擎，包含 MOUSE 和 SWMM 两个主要模块，主要用于排水管网的规划设计、城市内涝分析、优化调度等各个方面。其中，MOUSE 模块包含的参数比较直接适用于整个区域，而 SWMM 模块对于透水、不透水区域以及不同用地性质均包含参数划分，对于实际情况较为适用。

(2) Flooding 洪水

MIKE＋提供一体化集成洪水模拟平台，可以对多种洪水问题进行模拟，无论是模拟洪水过境、洪泛区、城市内涝、沿海地区风暴潮，还是以上区域的多种组合。该平台的洪水计算使用了 MIKE 21FM，即 DHI 的二维地表漫流引擎。其中二维地表漫流（2D Overland）主要用于模拟由于洪水而产生的地表二维自由表面流，也可用于短期模拟非极端情况下的自然界中的自由表面流。

该模块支持结构网格及非结构网格，其中非结构网格可以精确地对复杂地形和曲折岸线边界进行模拟，可局部加密，规避了矩形网格在地形模拟上的局限性。其次，该模块可以通过直接使用土地利用数据，定义不同空间区域的糙率，在模拟的过程中直接反映到随水深变化的糙率中。更为方便的是，它可直接在 2D 引擎中运行堰、堤和涵洞等结构物模拟，同时支持多核 CPU 并行计算功能，大大增强了 2D 模型计算性能，还支持显卡 GPU，实现高速运算，这些功能都是 EPA SWMM 模型中无法实现的。

2. MIKE＋交叉领域研究

MIKE＋各个模块组合，从容应对各种水系问题的研究，以下模块可以在排水、河流以及洪水问题研究中灵活使用。

（1）M＋RR 降雨径流

该模块包括多种降雨径流模型，如时间面积法、包含入渗和 LID 设施的非线性水库模型、线性水库模型和 UHM 模型。利用 RDI/I 概念模型模拟随雨水入流和下渗，模拟由下渗和地下水引起的连续缓慢入流，可用于子集水区污染物累积和冲刷的雨水水质模拟。

（2）M＋Control 结构物控制

控制模块具备先进的实时控制功能，可以将管网及河网中复杂的逻辑控制规则定义为简单易懂的控制规则。它能够设置不同的控制规则，用来控制水泵、堰、孔口和闸门等结构物的开启或关。

（3）M＋Transport 污染物传输

污染物传输模块主要用于模拟分析污染物在排水管网中的对流扩散和沉积物的传输，以及地表污染物质在河网或二维地表水体中的传输过程。模拟对象可以是保守或非保守物质，也可以是有机或无机物质。非保守物质可以通过衰减方式消失。

（4）M＋ECO Lab 水质生态

ECOLab 可用来描述水生态系统中多种物质的相互作用和形态转化过程。该模块与MIKE＋一维河流/管流模块和二维地表漫流模块进行合，将对流扩散的传输机理与生物化学反应整合进了水生态的模拟。

3. MIKE＋耦合功能

二维地表漫流引擎可以与排水、河流等耦合，通过检查井、泵、堰和排口在管流模型及地表径流模型中实现完全动态交互。更多复杂的问题研究也可以通过 MIKE 系列其他软件与 MIKE＋的耦合实现。

（1）与 MIKE HYDRO RIVER 耦合

MIKE＋内置 MIKE HYDRO River 模型可以扩展 MIKE＋河流模拟功能。

（2）与 MIKE SHE 耦合

MIKE SHE 是一个分布式水文模型，用于计算集水区水平衡的局部变化，包括径流、渗透和地下水补给。这可以增强 MIKE＋在气候和土地利用变化导致的洪水问题的模拟功能。

4. MIKE＋应用领域

（1）城市雨洪

针对城市洪水模拟的精度要求，通常需要综合考虑一维管网模型和二维地表径流模型。MIKE＋可以将一维管网模型与二维地表模型进行耦合运算。MIKE＋可以有效地模拟多种原因导致的城市洪水，包括强降雨、排水管网收纳能力不足、邻近河流漫溢或沿海洪水入侵导致的城市洪水。在 MIKE＋中，洪水通过检查井、泵、堰和排口在管流模型及地表径流模型中实现完全动态交互。且在 MIKE＋的图形用户界面支持河道模型管网模型和地表漫流模型耦合的定义、模型的运行以及模拟结果的查看。

（2）流域洪水

MIKE＋是一种河流洪水模拟工具。包括洪水风险图绘制、上游极端来水以及流域局部强降雨引起的洪水风险分析等，均可采用 MIKE＋进行计算。MIKE＋可进行多种尺度的洪水模拟，大到整个流域尺度，小到沿河局部地区。河流洪水模拟通常由一维河流模型和二维地表漫流模型耦合计算完成。

10.2.3　Info Works ICM 系列软件介绍

Info Works ICM 是 Wallingford（英国水力学研究所）于 1971 年开发的城市综合流域排水模型系统，能实现完整的一维管网水力模型和二维地面漫流模型的耦合。Info Works ICM 的一维水力模型的水力计算，采用完全求解的圣维南方程，能模拟各种复杂的水力状况；Info Works ICM 的二维地面漫流模型，采用二维有限体积法求解浅水流方程组，适合于洪水流量变化快的极端暴雨情景模拟。其次，Info Works ICM 综合流域排水模型能够在一个独立模拟引擎内，将城市排水管网及河道的一维水力模型，同城市/流域二维洪涝淹没模型，海绵城市的低影响开发系统（包括雨水资源的利用）模拟，洪水风险评估等有机整合，是首款实现在单个模拟引擎内组合这些模型引擎及功能的软件。它可以完整模拟城市雨水循环系统，实现城市排水管网系统模型与河道模型的整合，更为真实的模拟地下排水管网系统与地表收纳水体之间的相互作用。ICM 功能模块包括：

（1）水文计算模块：包括多种产汇流模型，以及 Wallingford，Large Catch，SWMM 等汇流模型。

（2）一维排水系统的模拟模块：可模拟完整模拟管道和明渠内的水力学状态，可精确模拟回水和冒溢（溢流）等现象，模拟水泵、孔口、堰流、闸门、调蓄池等排水构筑物的水力状况。

（3）一维河网的模拟模块：模拟复杂的河网和滞洪区，包括树枝状的、分叉的和回路河网，以及受堤坝或防洪堤保护的滞洪区。

（4）排水及河网系统中的水工控制结构计算模块：模拟复杂的水工结构，如泵、闸、堰等，并可用于实时控制 RTC 和分析。

（5）RTC 实时控制调度模块：模拟各种控制调度的原则，允许设定复杂的条件语句。

（6）二维地面洪水淹没演进模块：模拟出洪水在地面上行进的过程，获得淹没时间，范围和深度等数据结果。

（7）低影响开发及雨水资源系统的模块：包括一维、二维水动力模型，以及水文模型的模拟方法，能够模拟各种低影响开发的设施。

（8）洪水风险评估模块（额外模块）：整合各地块的重要性，结合二维地面洪水淹没模型，计算各种概率（重现期）的降雨条件下造成的洪水淹没损失。

10.2.4　常用雨水综合管理的模型功能对比

综上，EPA SWMM、MIKE URBAN、Info Works ICM 三种雨水综合管理模型软件

的功能对比，见表10-2。

三种常用雨水综合管理模型软件功能对比　　　　表 10-2

对比内容	EPA SWMM	Info Works ICM	MIKE URBAN
气象输入	温度、降水、风速、蒸发	温度、降水、风速、蒸发	温度、降水、风速、蒸发
入流方式	节点入流	节点入流	侧向入流、节点入流
产流模块	Horton 模型、Green-Ampt 模型、SCS-CN 曲线	径流模型、固定比例径流模型、固定渗透模型、Horton 模型、Green-Ampt 模型、SCS 曲线	时间面积曲线、运动波、线型水库、单位线长系列模拟(RDI 模型)
汇流模块	非线性水库模型	双层水库模型、SWMM 径流模型、Dcsbardes 径流模型	
水质模块	地表径流水质污染物转移	生活污水、工业污水，污染物转移	地表径流水质，污废水，污染物质转移、降解
管道模块	恒定流、运动波、动力波	圣维南方程组	圣维南方程组
地下水模块	双层地下水模型	无	地下水库(RDI 模型)
泥砂模块	无	永久沉积和泥砂运移双层	地表沉积、管道沉积、泥砂运移
旱流模块	节点入流定义旱流量、渠道入渗、人工设定模拟步长	居民生活污水、工业废水、渠道入渗、自动设定模拟步长	污废水、渠道入渗、人工设定模拟步长
二维模块	无	二维地面洪水演算模型	二维漫流模型
工程措施	管道、堰、孔、闸门、蓄水池、泵站等		
数据接口	与图片对接	GIS、CAD、Google Earth 都能实现对接	GIS、CAD、Google Earth 都能实现对接

10.3　智慧排水管理系统

　　城市规模的不断扩大和现代化程度的日益提高，使得城市排水管网越来越复杂，一些城市相继发生大雨内涝、管线泄漏爆炸、路面塌陷等事件，严重影响了人民群众生命财产安全和城市运行秩序。因此，摸清排水管网设施资产家底、建立排水管网地理信息系统，用现代化的技术手段对排水系统进行科学管理显得迫在眉睫。以时空信息为基础，充分利用新一代信息技术，全方位感知市政排水运行工况，通过"一张图"可视化管理模式，最终形成支撑形成"可视、可知、可控、可预测"能力的智慧排水管理系统。

　　智慧排水管理系统是智慧排水的核心，它基于新一代信息技术（例如云计算、大数据、移动互联网、物联网等）和水力模型理论，对城镇区域内的排水过程进行最优化管理，从而帮助企业管理者提高运营管理水平和调度决策能力。

10.3.1　建设目标

　　传统的排水系统往往不能和污水处理设施实现一体化联动控制，即厂网一体化，并主要以基于流量的控制方法为主，缺少对水质的建模和优化，导致城市内涝在许多发展中国家成为雨季的常态事件，同时也导致水体污染得不到有效控制。现在的智慧排水系统在城市雨水、污水输送，控制水体污染和内涝溢流方面发挥着重要作用。智慧排水围绕信息采集自动化、传输网络化、管理智慧化、决策科学化的目标，主要完成以下几方面内容：

（1）数据建模、信息可视化

利用现状管网排查数据，制定管、井、泵、闸、厂、口等排水设施的统一编码，搭建完整、准确的排水管网空间模型；实现与现有信息系统的有效融合，整合所有排水系统静态信息和动态信息及其分析统计结果，以地图为载体将管网、泵站、污水处理厂、河湖等关键运行指标统一展示，实现市政设施"一张图"管理。

（2）动态更新、辅助决策

实时动态掌握全市排水管网、泵站、污水处理厂的运行情况，迅速有效地发挥调度中心的指挥作用，排水泵站正在实施"无人值守"改造，在实现数据远程监测的同时还能实现远程控制。为保障城市道路通畅，排水管网正常运行等方面提供了强有力的辅助决策作用。

（3）网络巡查、精细管养

准确掌握建设工程进度，实现排水户的全生命周期管理，应用物联感知网络，定期巡查设施、管网检测、清淤、维修、安全隐患排查等情况，并根据管养、运维台账，进行管网健康诊断，制定合理、经济的管网更新方案。

（4）信息感知、智慧调度

依据感知层级，将流量计、液位计、AI摄像机等感知硬件布置在主干管网、排洪箱涵、截流泵站等关键节点，构建多层信息感知网络；并将实时监测数据传输至系统平台，在应急情况实现厂、站、网的智慧调度和管理。

10.3.2 组成构架

城市排水设施是城市市政建设的基础，保障城市排水处理设施安全正常运行，防治城市水污染、内涝灾害是城市排水管理的重要工作。城市排水设施也是水环境治理的基础设施，"智慧城市"的逐步推进也要求城市排水管理向智能化方向提升。排水系统具有结构复杂、纵横交错、分布广泛、信息量大、保存期长、要求不间断运行等特点，传统管理模式对海量、三维、具有典型空间分布性和时序性的城市排水信息难以实现准确高效的管理和分析，无法为排水管理部门提供准确的决策依据。

基于上述问题，应从城市排水设施管理及全流程智能监管业务出发，搭建排水综合信息库，融合移动应用、Web GIS 等 GIS 可视化及物联网感知技术，在设施一张图上融合治水管理业务，建立线上线下一体化、全流程实时主动监控的"智慧排水"应用模式，实现城市排水管理定量化、信息化和网格网管理，提高城市排水的科学管理水平。要实现智慧排水的设计理念和系统应用落地，需要满足以下 4 个方面的基本需求：

（1）基于物联网的智能感知需求；

（2）基于排水模型的综合分析和管理需求；

（3）基于排水模型的泵站调度需求；

（4）基于排水模型的智慧排水系统需求。

排水智能化平台应运用国内外成熟、先进的水力模型及计算机技术，把握信息化发展的大趋势，结合城市排水实际情况、特点、使用需求及对未来发展的要求。系统建设应遵循先进性、实用性、标准性、经济性、开放性、安全性、稳定性、扩展性等原则。其总体架构由应用层、数据层、感知层、基础层以及标准规范、信息安全体系和运维管理体系组成。见图 10-14。

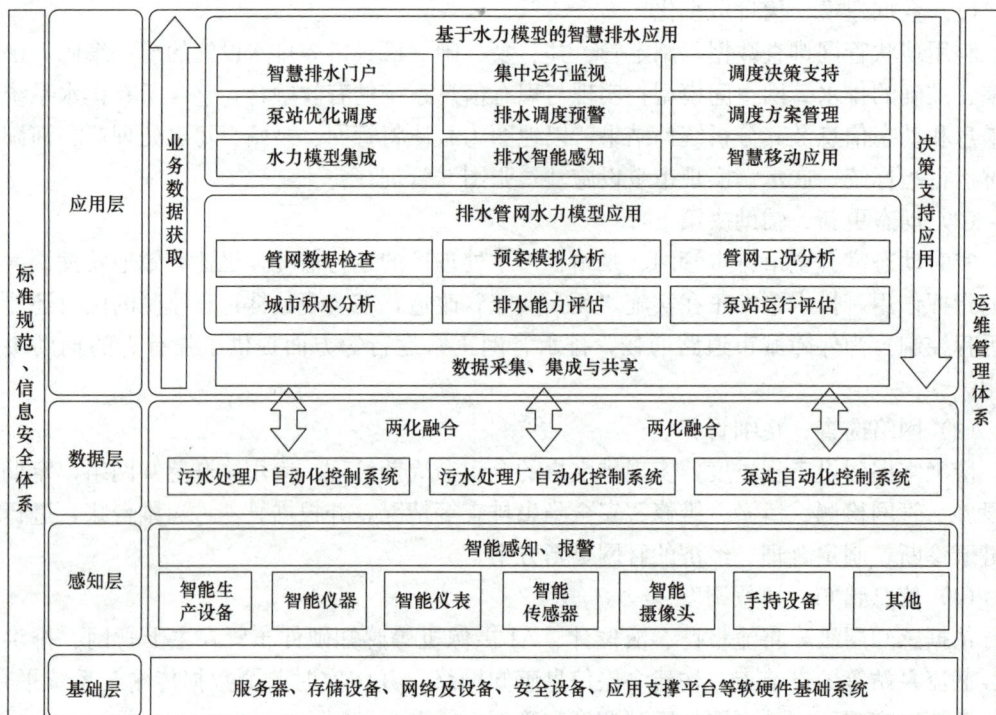

图10-14　总体应用架构设计图

1. 应用层

应用层通过智慧管网监测平台或第三方业务管理平台，实现设备管理、报警信息管理、大数据分析、水力模型分析、管网分析等功能，为排水系统的规划设计、运行维护、应急处置等提供决策依据。应用层包括基于水力模型的智慧排水应用、排水管网水力模型应用和数据采集、集成与共享三个部分。

（1）基于水力模型的智慧排水应用

智慧排水门户：将众多城市排水管理过程中的信息进行集成，构建信息发布及浏览的界面，即智慧排水门户，包括将污水处理厂、泵站、管网实时数据与水力模型结合，从而达到对城市排水系统的一体化管理。智慧排水门户以集成城市排水企业众多系统为出发点，打造综合化管理平台，防止造成信息沟通交流不便、传递不及时的问题，完成多源、多系统结合的信息数据共享平台建设。

泵站优化调度：通过分析排水管网历史运行数据及现状，根据城市的实际降水和排水情况，对管网运行状况进行预测，模拟分析不同强度下的排水情况，计算泵站的运行负荷，对单级泵站与多级泵站进行联合调度，提高城市对洪涝灾害的风险抵御能力。

水力模型集成：通过软件构建水力模型，与信息化平台结合，直观地展现出模型结果，加大城市排水管理工作中的决策与合理调度力度。排水公司将管网水力模型结合智慧排水系统，将其应用到实际的城市排水管理工作中，达到模型数据与管网运行结果的共享目的，利用GIS地图直观展示水力模型模拟分析结果，科学、高效地完成城市排水工作的管理。

集成统一化管理：智慧排水在建设投入运行之后，将对城市污水处理厂、管网、城市年降水量及城市周围河流等信息进行统一的监督管理，打造对城市关于排水一切信息的数据监视、报警功能，实时监督城市污水处理厂、泵站及管网的运行情况，体现出对实时动态信息的集成化及对材料、人员的集中管理特性，同时将城市排水管网运行过程中的风险可视化，对风险等级进行评估，优先对高风险因素进行预警和处理，完成对不同地域多污水处理厂、泵站的集成统一化管理。

排水调度预警：对城市的实际降水情况、泵站运行状况、管网负荷等数据进行分析，对于部分排水薄弱点，例如城市低洼地区的雨水井，通过降雨模拟，分析计算该处在不同降雨强度下是否存在排水不及时现象，以及积水的面积和深度情况等，进而对其不同风险程度进行评估、预警。综合分析城市的整个管网排水状况，排水存在风险的区域按照不同程度进行划分，形成城市排水状况分析图，为城市防汛工作提供应急预案，在防汛过程中能够合理调动资源应对。

排水智能感知：城市指挥排水系统在实际应用中具备良好的智能感知功能，能够及时完成城市排水管网的数据、风险信息采集。在建设城市智慧排水系统过程中，采用各种检测设备，对污水处理厂、泵站、排水管网及城市周边水域、城市降水情况进行实时监测，将所有信息进行集成，以数据和视频的形式展现出来，打造统一、标准、共享的城市排水管理平台。通过数据周期管理制度与智慧排水管理系统结合，形成数据集成、共享管理平台，提高城市排水管理工作过程中的实时性与高效性，增强城市排水管理的稳定性。

调度决策支持：将实时监控、指挥调度、数据分析、决策支持有机地结合起来，在管理层和自动化控制层之间起到承上启下的作用。系统以工业实时历史数据库为数据共享、分析、交换的基础平台，帮助调度管理人员快速、准确地掌握供水生产和管网输配情况。通过统计分析，指导生产调度，及时准确生成统计分析报表。

1）管网流速与压力评估

管网流速和管网压力将通过不同颜色分别代表高风险、中高风险、中低风险和低风险类别，在GIS地图上进行直观显示。通过分析复杂管网的网络拓扑结构、上下游之间的关系，帮助准确掌握管网的结构特征。通过结合雨、污水排水现状动态模拟，分析得出管网流速和管网压力，能够更全面反映排水管网的排水负荷现状，分析出雨污水管网系统中的薄弱环节和区域，为城市管网的规划及改造提供决策支持。

2）溢流点分布

根据模型模拟的管道水动力结果，分析易发生污水溢流的节点，并在GIS地图上以不同颜色代表不同风险等级对管道进行展示。

3）调度信息查询

通过在GIS地图上点击任意模型要素能够查询任意节点或管道的水位、流速等信息。通过排水管网水力模型计算，分析现有城市排水系统不同降雨期间、用水最高时、事故时等用水工况，实现工况信息查询。

4）动态模拟

系统根据实际需要自行配置不同情况的模拟预案，动态模拟管网中的流量和流速，评估排水管网的现状，分析发现排水管网运行过程中存在的问题，辅助排水调度。

调度方案管理：以方案管理理念作为城市排水管理工作的基础，采用方案管理模式对排水管网系统中的各时段模型实现在线、离线管理，通过模型模拟、编辑、分析、展示等功能，为用户提供更便捷的管理方案。利用方案库概念构建城市排水系统方案体系，形成一系列的方案模板，用户针对不同情况下选择合理的方案。运用水力模型技术，结合方案管理模式，完成排水系统对各类模型的构建，按照城市的实际排水需求，进行更细致、更贴合的模型调整，用最短时间得到满足实际需要的模型文件，并且能够完成针对不同强度降雨的动态模拟排水过程，将其以动画形式的播放。

智慧移动应用：城市智慧排水工程建设过程中，可以将嵌入式 GIS、空间分析等技术应用到移动设备上，利用互联网和无线通信技术形成智慧排水的移动指挥终端，使其具备 GIS 辅助查询、实时监督、报警以及通信等功能，提高城市应急指挥过程中的信息发布、查询等功能的高效性，实现城市防汛应急管理的一体化和高效管理。

（2）排水管网水力模型应用

排水管网水力模型应用在智慧排水平台中扮演着重要的角色，其包括 6 个板块：管网数据检查、城市积水分析、预案模拟分析、排水能力评估、管网工况分析、泵站运行评估。

管网数据检查：排水管网数据检查是指对排水管网的位置、高度、属性、液位、流量、水质等信息进行收集和分析，以评估排水管网的健康状况和运行效率。根据已经整理好的管网拓扑数据和管网运行数据对管网进行初步建模，通常会有大量的拓扑关系错误和其他数据错误。拓扑结构校验的同时，可以找到 GIS 的输入错误信息。通过本阶段的校验，基本要求达到管线连接关系与实际相符。整理并出具管网补测数据清单表，以供管网勘测参考。

城市积水分析：在线模型通过与 SCADA 系统对接，对城市在强降雨或连续降雨时出现的积水灾害的原因、分布、影响和防治进行系统的研究和评估。采集降雨实时数据，模拟未来发生积水的桥区或敏感点，预测某地点积水发生的时间，大大提升城市防汛预测能力和防汛应急处置水平。系统具有气象数据接口和水力模型接口，可根据气象数据和当地的暴雨强度公式，计算雨型，然后结合区域排水水力模型，计算预测区域中敏感点处的积水情况，包括积水范围、最大积水深度、消退时长等。为管理者进行决策提供了强有力的数据支撑，以便管理人员和决策人员及时、准确地了解，并对现场进行指挥调度。

预案模拟分析：用户根据实际需要自行配置不同情况（不同季节、不同污水管网负荷）的模拟预案，或者设定雨季时不同的降雨强度，分析管网的运行状态、瓶颈管段、溢流节点、积水区域等，制定相应的预案。根据模拟分析，能够评估排水管网的现状，分析发现排水管网运行过程中存在的问题，辅助排水调度。

排水能力评估：通过水力模型与 GIS 地理信息系统结合，展示模拟区域范围的各种降雨情况影响，再结合已有污水泵站、雨水泵站、调蓄池及城市海绵设施进行联合调度，在一定时间范围内评估城市基础排水设施的排水能力、效果及对区域防汛减轻的作用。

管网工况分析：系统针对不同降雨期间、用水最高时、事故时等用水工况进行水力计算和工况校核分析，通过排水管网水力模型计算，分析现有城市排水系统的工况，为排水企业找出潜在的缺陷问题，以及对高风险管段提出规划改造建议。对高负荷水量下的工况进行深入模拟分析，模拟泵站突发停机、合流管网降雨溢流、排水管网溢流等工况下可能会出现的问题，针对排水管网出现的问题进行原因分析，为应急措施提供决策依据。

泵站运行评估：泵站运行评估分 2 种模式：单独泵站运行评估和多级泵站运行评估。单独泵站运行评估是指对所涉及建模区域内每个单独泵站水泵运行的能耗、水泵和前池的匹配情况进行具体评估分析。多级泵站运行评估又叫多级泵站联合调度评估，其目标是弄清楚现状多级泵站处理水量与运行规则之间的关系，为厂、站、网联合调度提供优化运行与调度决策依据。

（3）数据采集、集成与共享

排水智慧平台的数据采集、集成与共享是指通过物联网、云计算、大数据等技术，对排水管网的运行数据进行实时采集、汇集、处理和管理，实现数据的交换和共享，为排水系统的监测、分析、决策等提供数据支撑。

数据采集：通过传感器、视频监控等设备，采集管网重要节点的水位、流量、水质、气体等数据，并通过 NB-IoT、4G、5G 等通信网络传输到数据层。

数据集成：通过物联网设备管理平台，实现数据的汇集、存储、处理和管理，为应用层提供数据接口服务。

数据共享：通过云计算平台，提供数据分析、模型计算、数据挖掘等服务，为应用层提供技术支撑。同时，通过标准化的数据格式和接口，实现数据的交换和共享，为排水系统的规划设计、运行维护、应急处置等提供决策依据。

2. 数据层

数据层建立以基础地理信息服务、基础设施服务为一体的空间数据服务体系，为平台建设奠定空间信息基础与数据支持。城市排水管理涉及的信息类别复杂，包括城市排水管网、河湖要素、水利工程设施、排污企业。各类设施空间分布和结构特性均不同，需要摸清各类设施的空间分布、设施容量、运转情况，建立数字化排水设施档案，并利用关系型数据库组织管理，建立城市排水基础设施信息库。数据库在设计时需要综合：

（1）空间数据的多时态管理技术：排水设施具有时序特征，因而可以实体为单位建立时间索引，数据的变更以实体的变化为事件触发，存储实体所有变化，使用户可以以时间轴过滤空间数据。专题数据现势、更新未审核或历史等不同时态也针对性标记管理，满足城市排水管理过程中专题数据动态变化跟踪需要。

（2）多源异构数据组织：排水管网管理包含排水基础设施设计、建设、施工、管理、运维监管全流程，数据类型包括空间信息、属性信息、视频监测多媒体数据，还包括视频、监测指标等物联网感知信息。数据库设计时，需要综合考虑不同数据类型的存储要求，建立不同信息间的联系，满足排水管网不同运行管理阶段数据获取要求。

为保障城市排水综合信息库的现实、完整，还需要建立排水设施数据的动态更新机制。

（3）管线等高频更新数据，建立数据采集、数据整理、数据检查到数据入库和数据更新整个数据生产入库过程，保障数据准确性。

（4）泵站、排污企业等水利工程设施，更新量及更新频次均不高，直接利用基础软件更新。

（5）管网养护数据，采用增量式追加入库。

（6）排水工程管理、综合治水等业务数据，可以利用 Web 或移动端平台根据业务进展按需在线更新。

（7）物联网监测数据按数据类别更新：与位置相关数据利用软件系统在线更新，指标监测数据则定期保存，视频监测数据按需保存。

3. 感知层

通过各类数据采集和感知技术，如：RFID、条形码、传感器、摄像头等，实现数据采集和存储并在系统内做出智能感知、报警，为整个系统治理应用体系提供基础数据的支撑。其具备以下功能：

（1）提供对排水设施要素的智能动态感知能力。

（2）通过感知设备及传感器网络实现排水管理范围内排水设施、环境、安全等方面的识别。

（3）信息采集、监测和控制，形成不重复建设的共享资源。

4. 基础层

基础设施层包括服务器、存储设备、网络及设备、安全设备、应用支撑平台等软硬件基础系统，为各类排水应用提供必要的网络、存储等基础环境和有效、可靠的信息传输服务通道，是各类排水信息的最终承载者。

5. 基础层以及标准规范、信息安全体系

（1）技术标准与规范主要包括：

1）智慧排水总体性、框架性、基础性的总体标准。

2）业务模型、数据模型等应用标准，共享交换、数据访问、消息服务、接口与服务定义等应用支撑标准。

3）安全级别管理、身份鉴定、访问控制等信息安全标准，网络运行、网络互联互通等基础设施标准。

4）运行管理、验收、评估标准。

（2）安全体系架构为智慧排水提供从底层到上层的安全管理与服务可包括：

1）安全管理、安全协议。

2）边界防护、安全隔离。

3）信息加密、密钥管理、签名与认证、安全测评等安全机制，涉及各横向层次。

6. 运行管理体系

运行管理体系为智慧排水建设提供整体的运维管理机制，涉及各横向层次，确保智慧排水整体的建设管理和长效运行。

10.4　智慧管理系统案例

近几年来，智慧排水管理系统的建设在全国各地快速发展并取得了显著的成效。以上海、杭州和广州等城市为例，这些城市已经建成了比较完善的智慧排水管理系统，基本实现了排水"一张图"管理、内涝风险实时预警和智能调度等重要功能。本小节将从建设目标、平台架构、功能概述、建设成效、关键技术几方面对这三个城市的智慧排水管理系统进行简要介绍。

1. 上海中心城区智慧排水管理系统

上海市智慧排水建设始于 2002 年，并经过 20 多年的发展，从起步阶段逐步发展到了数字排水建设阶段，成功建成了以 GIS、Canvas、ESB 等技术为核心的"上海中心城区智慧排水管理系统"。该系统具备运行动态全方位展示、运行策略支持和在线模型支持等功能。在实际应用中，该系统成功实现了对上海中心城区石洞口、竹园、白龙港三大区域排水系统的智能化诊断评估和运行调度管理。下文将对"上海中心城区智慧排水管理系统"的建设目标、平台架构、功能概述、建设成效以及关键技术进行介绍。

（1）建设目标

利用 3D＋GIS 技术，建立一个技术领先、实用性强的智慧排水管理系统，全方位展示城市排水系统的运作状况。该平台使用内置运行策略和计算模型，实现了运行预警、精准决策和迅速响应，从而使得排水管理更加便利和高效，系统运行更加顺畅和可靠。

（2）平台架构

平台架构由四层逻辑架构组成，见图 10-15。

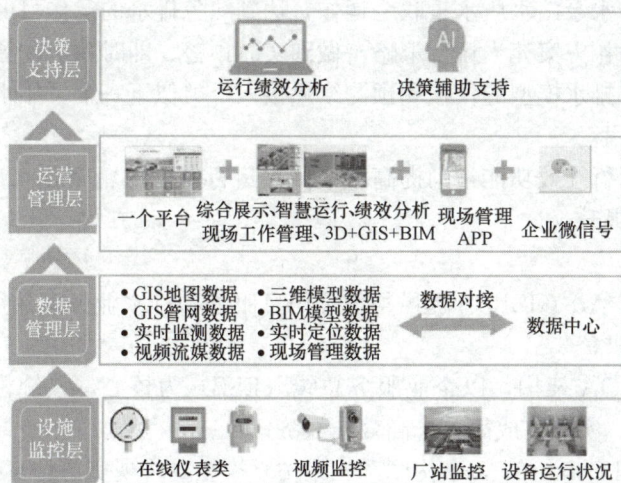

图 10-15　系统平台构架图

1）设施监控层：负责收集视频监控、在线仪表以及设备运行状态等相关信息，并传输至数据管理层。

2）数据管理层：将数据进行存储和汇总，并提供各种定制化数据服务。

3）运营管理层：根据不同需求，定制多样化的功能模块，并在移动端以及 PC 端进行展示，从而实现全方位展示、智能化运作和绩效分析等目标。同时，运营管理层还可辅助运营决策支持层，以优化运营效果。

4）决策支持层：利用必要的信息、数据和资料进行运行绩效分析，并提供决策辅助支持。

（3）功能概述

1）运行动态全方位展示

通过将数据与 GIS 相融合，汇总和管理雨量、路面积水以及排水装置运作情况等一些信息，实现排水业务的全流程全面陈列，为高效运行提供支撑。

2）运行策略支持

将长久以来总结积累到的运作方案嵌入到平台中，包括单体设施的一站一案，厂网河一体化联动调度方案，以及多个系统之间的协同方案。平台通过对排水设施运行状态的全面感知，并与嵌入的运作方案进行在线比对，一旦超过限定阈值就会传出预警，自动提供运行策略提示，辅佐一体化调度。

3）在线模型支持

采用 Info Works ICM Live 构建在线模型系统，加入水位、流量、降水等数据，系统定期运行，对城市排水管网、污水处理厂和调节池等的未来形势开展预测和分析，从而提供最优的运行策略。平台将型预测模拟结果导入系统中，为运行提供智能算法支撑，从而实现厂网河一体化智能调度的目标。动态运行绩效通过解析数据在线生成多个运行指标的统计结果并进行对比分析，以实现管理和绩效数据可用于决策的目标，不断提高排水精密化管理。

（4）建设成效

1）平台实现了厂网河一体化的协同运行，并有效助力智能调度的实施；

2）平台使得排水泵站水质水量联合运作，达到绿色排水的运作目的；

3）平台导入运作方案充当运行策略，做到实时预警、即时响应和智能运行；

4）平台将在线排水模型的模拟和预测结果接入，类似于一个"排水大脑"，并探究其在排水系统中的作用；

5）平台动态运行绩效功能帮助提高城市排水运行调度的精密化水平，促进城市排水服务能力的进一步提升。

（5）关键技术

1）该平台基于 Arc GIS10.6 提供得地理信息服务和排水业务应用服务，满足了各类城市排水管理的需求；

2）平台采用 SOA 架构，以企业服务总线（ESB）为核心，系统模块化，使用 Web 服务方式松散耦合，实现集成简单、高效、经济；

3）平台利用 HTML5 Canvas 构图和三维仿真模型，将现实与仿真技术融合，为管理人员提供多角度可视化的管理视角。

2. 杭州市智慧排水系统平台

2014 年，杭州市政设施监管中心开始牵头筹备"智慧排水"建设工作。于 2016 年 12 月，覆盖杭州市全域的"杭州市智慧排水系统平台"完成竣工验收，并投入使用。这一系统以 GIS、阿里政务云和物联网等现代信息技术为核心，实现了综合展示、实时监控、风险预警和辅助决策等智能化管理功能。下文对"杭州市智慧排水系统平台"的关键技术以及建设成效进行详细介绍。

（1）关键技术

1）GIS 技术

排水管线信息系统涵盖了地下管线普查信息和排水设施数据，同时也包含了空间和属性等信息。此外，利用 GIS 技术的空间数据分析和网络分析能力还可以辅助管线维护、巡检和进行调度等决策分析。

2）物联网技术

物联网技术（Internet Technology）是一种通过信息传感设备和协议实现人与人、人与物、物与物全面互联的网络。运用网络、移动通信等技术手段实现信息分析、传递和交换，提高对世界的感知力，从而达到智慧化决策的目的。

3）阿里政务云技术

基于统一的政务大数据交换平台的政务云 PAAS 平台，可以轻松打通不同部门间的网络，采用多租户形式进行统一的数据贮存，并经由账号授权机制做到数据的可用性和不可见性，保证了数据的安全。该平台的运用实现政府部门之间的网络和数据孤岛、烟囱结构问题的有效解决。

4）移动终端技术

在移动设备上使用开发应用程序（APP）实现各种功能，包括 GIS 地图、管网管理、水质水量监控、排水用户管理、排水口监控、污水处理厂监控，以及巡检等。并且该基于无线网络的移动办公管理模式，可以实现员工的自由办公，无须局限于固定的办公室环境，大大提高了办公效率，使工作更加灵活和便捷。

（2）建设成效

1）"一张图"数字化管理

使用 GIS 技术将杭州市中心城区的排水井盖、排水管网、泵站等设施"叠加"在一张地图上，实现分级、分层有效管理设施。同时，GIS 可以辅助完善每个排水设施所属的管养单位信息，全面覆盖管理责任，消除监管盲区，实现排水设施的"一张图"数字化管理。

2）污水运行调度决策优化

通过网络技术，可以实现对污水泵站运行工况（运作电流强度、池子液位高度、闸门开启度等）的实时监控和数据管理。并且可以对历史运行数据进行查询和对比分析，为未来的相关决策提供信息支撑。

3）城市内涝风险实时预警

在城市中一些关键点位布设感知设备，结合气象站雨量和河道水位监测数据，可以做到对雨天道路积水状态的动态监控和即时预警。这样的监测系统可以增强城市排水部门处理内涝风险的能力，有效降低城市内涝的发生。同时，通过动态分析排水管网信息的现状监测数据，可以为城市未来管网的筹划与兴建提供有效的数据支撑，不断优化雨水排放路径，提升城市排水系统的效率，减少内涝问题的发生。

4）视频监控全面整合覆盖

利用视频流媒体的手段来汇总来自城市 3 万余路交警、公安、城管的视频资源，实现对城区路面等区域的动态监控。通过该监控系统，管理部门可以直观地了解各种突发问题（如城市积水、污水满溢）的发生状况和处置情况，为决策指挥提供必要的支持和保障。

5）管道水位变化动态监控

在一些关键点位安装液位计，并采集数据，将数据传输至排水系统平台，实现对管道液位的实时在线监测。另外，该在线监控系统还可以监测管网中水位运行情况和雨水排放口的非雨天的出水状况，为排水运作分析和非雨天排污管控提供信息支持和即时预警。

3. 广州智慧排水信息系统

自 2020 年 11 月开始，广州市启动了智慧排水试点工作，目前已建成以 GIS、BIM、物联网等先进技术为核心且项目规模覆盖广州市全域的"广州智慧排水信息系统"。该系统在排水、防汛应急、联合调度等多个核心场景落地智能化解决方案，现阶段已经实现了排水设施全覆盖管理、城市内涝全周期管控、设施运行全时效监控、辅助决策有模型支撑等目标。以下将对"广州智慧排水信息系统"取得的建设成效进行简要介绍。

（1）排水设施全覆盖管理

1）实现从源头到末端排水设施全覆盖管理。

现阶段，排水户管理、排水单元管理、排水管网管理、污水处理厂管理、污泥运输管理模块、排水口管理、农污设施管理七大功能模块已正式运行，覆盖广州 11 个行政区 81486 个重点排水户、39734 个排水单元、36530km 市政管渠、973 座闸泵站、62 个污水处理厂、10943 个排水口、2378 个农污设施点，全面支撑各类排水设施底数更新、巡查巡检、问题处置和监督考核等日常事务，形成排水设施运行一张图的可视化管理和上屏展示，基本做到"家底清、情况明"，见图 10-16。

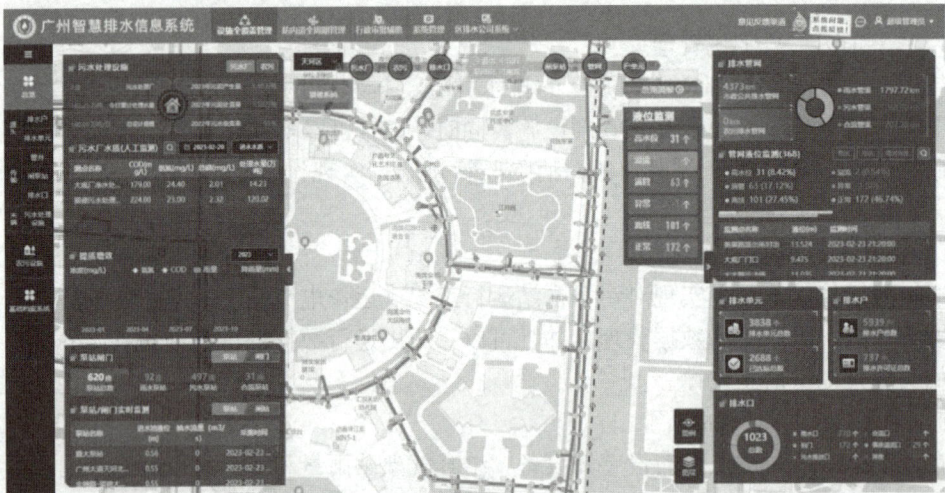

图 10-16　排水设施全覆盖总览图

2）实现市政、城中村及农污的城乡排水设施全覆盖管理。

已汇聚 36530km 市政管渠，1509272 个市政窨井，2378 个农污设施点，193062 个农污窨井，3905km 农污管线，形成市政、城中村及农污的城乡排水设施"一张图"。

3）实现市、区各级排水管理机构和人员全覆盖管理。

已覆盖全市 11 个区，串联一线巡查人员 12797 名和各级管理人员 654 名。

（2）城市内涝全周期管控

实现"雨前-雨中-雨后"、"积水发现-车辆调度-事件处置-结果反馈"全周期闭环内涝管理，支撑早布防、快处置。

1）雨前管网清疏和布防签到。

可支撑 488 个易涝风险点自动关联上管网清疏清单；支持气象预警前，管网清疏任务下发、反馈、回溯和统计的任务闭环管理；支撑抢险队伍易涝风险点提前布防签到。目前已完成重点易涝风险点附近 34.5km 雨水通道的雨前清疏工作，已支持 109 次应急响应布防签到。

2）雨中监测预警和事件处置。

可支撑 488 易涝风险点全覆盖监测预警、应急响应、积水事件全闭环处置、布巡防实时统计、易涝风险点场景全信息汇聚展示。累计已支撑 146 次水尺告警和 146 宗积水事件生成处置。

3）雨后一雨一报、易涝点台账更新和整治工程管理。

可支撑一雨一报自动生成、易涝点台账生成及认定、内涝整治工程管理、易涝点销账等功能。已跟进易涝风险点的工程整治进展 839 条记录。

（3）设施运行全时效监控

已建成包括内涝积水、管井液位、闸泵站水位、污水处理厂水质水量、河道水质水位等监测要素在内的 4244 个排水物联监测点，布设在污水通道和雨水通道上；并整合广州市城管云平台 15 万路视频，用于支撑污水设施管理、提质增效和雨水排放能力提升。

（4）联合调度有模型辅助

1）城市内涝预报预警模型辅助支撑应急响应提前布防。

已初步建成城市内涝预警预报模型，辅助支撑 488 易涝风险点抢险队提前布防，命中率精度持续提升中。

2）管网健康度评价模型辅助支撑管网问题排查。

已初步建成管网健康度评价模型，可辅助定位管网结构性和功能性问题排查，辅助提升一线员工问题排查的针对性和精准度。

综上，由上海、杭州和广州智慧排水系统平台的案例分析可以发现不同城市建设的"智慧排水管理系统"有几个共同点：

（1）实现了排水设施的全面覆盖和数字化管理。通过整合各类排水设施的信息和运行数据，平台实现了设施的实时监控、管网运行模拟和预测，为决策提供了科学依据。

（2）具备自动化运行和智能调度能力。通过建立排水设施的联动运行机制，平台能够根据实时数据和预警信息，快速响应并调度排水泵站、闸门等设施，以降低内涝风险和提高排水效率。

（3）支持绩效监测和评价。通过数据分析和绩效指标体系，平台能够评估排水系统的健康度和运行效果，帮助管理者及时发现问题并采取相应的措施，从而提升城市排水管理水平。

总体来说，"智慧排水管理系统"的应用，不仅提升了城市排水设施的管理效率和运行质量，降低了城市内涝风险，还通过实时监测和预警功能，帮助城市管理部门更好地应对突发事件和应急情况，另外，该系统也为城市未来的规划和发展提供了宝贵的数据支持，有助于提升城市可持续发展水平。

附　　录

附录1　污水排入城镇下水道水质标准

污水排入城镇下水道水质控制项目限值

序号	控制项目名称	单位	A级	B级	C级
1	水温	℃	40	40	40
2	色度	倍	64	64	64
3	易沉固体	mL/(L·15min)	10	10	10
4	悬浮物	mg/L	400	400	250
5	溶解性总固体	mg/L	1500	2000	2000
6	动植物油	mg/L	100	100	100
7	石油类	mg/L	15	15	15
8	pH	—	6.5～9.5	6.5～9.5	6.5～9.5
9	五日生化需氧量(BOD_2)	mg/L	350	350	150
10	化学需氧量(COD)	mg/L	500	500	300
11	氨氮(以N计)	mg/L	45	45	25
12	总氮(以N计)	mg/L	70	70	45
13	总磷(以P计)	mg/L	8	8	5
14	阴离子表面活性剂(LAS)	mg/L	20	20	10
15	总氰化物	mg/L	0.5	0.5	0.5
16	总余氯(以Cl_3计)	mg/L	8	8	8
17	硫化物	mg/L	1	1	1
18	氟化物	mg/L	20	20	20
19	氯化物	mg/L	500	800	800
20	硫酸盐	mg/L	400	600	600
21	总汞	mg/L	0.005	0.005	0.005
22	总镉	mg/L	0.05	0.05	0.05
23	总铬	mg/L	1.5	1.5	1.5
24	六价铬	mg/L	0.5	0.5	0.5
25	总砷	mg/L	0.3	0.3	0.3
26	总铅	mg/L	0.5	0.5	0.5
27	总镍	mg/L	1	1	1
28	总铍	mg/L	0.005	0.005	0.005
29	总银	mg/L	0.5	0.5	0.5
30	总硒	mg/L	0.5	0.5	0.5
31	总铜	mg/L	2	2	2
32	总锌	mg/L	5	5	5
33	总锰	mg/L	2	5	5
34	总铁	mg/L	1	1	0.5
35	挥发酚	mg/L	1	1	0.5
36	苯系物	mg/L	2.5	2.5	1
37	苯胺类	mg/L	5	5	2
38	硝基苯类	mg/L	5	5	5
39	甲醛	mg/L	5	5	2
40	三氯甲烷	mg/L	1	1	0.6
41	四氯化碳	mg/L	0.5	0.5	0.06
42	三氯乙烯	mg/L	1	1	0.6
43	四氯乙烯	mg/L	0.5	0.5	0.2
44	可吸附有机卤化物(AOX,以Cl计)	mg/L	8	8	5
45	有机磷农药(以P计)	mg/L	0.5	0.5	0.5
46	五氯酚	mg/L	5	5	5

附录2 居民生活用水定额（平均日）和综合生活用水定额
GB 50013—2018

最高日居民生活用水定额 [L/(人·d)] 附录2-1

城市类型	超大城市	特大城市	Ⅰ型大城市	Ⅱ型大城市	中等城市	Ⅰ型小城市	Ⅱ型小城市
一区	180～320	160～300	140～280	130～260	120～240	110～220	100～200
二区	110～190	100～180	90～170	80～160	70～150	60～140	50～130
三区	—	—	—	80～150	70～140	60～130	50～120

平均日居民生活用水定额 [L/(人·d)] 附录2-2

城市类型	超大城市	特大城市	Ⅰ型大城市	Ⅱ型大城市	中等城市	Ⅰ型小城市	Ⅱ型小城市
一区	140～280	130～250	120～220	110～200	100～180	90～170	80～160
二区	100～150	90～140	80～130	70～120	60～110	50～100	40～90
三区	—	—	—	70～110	60～100	50～90	40～80

最高日综合生活用水定额 [L/(人·d)] 附录2-3

城市类型	超大城市	特大城市	Ⅰ型大城市	Ⅱ型大城市	中等城市	Ⅰ型小城市	Ⅱ型小城市
一区	250～480	240～450	230～420	220～400	200～380	190～350	180～320
二区	200～300	170～280	160～270	150～260	130～240	120～230	110～220
三区	—	—	—	150～250	130～230	120～220	110～210

平均日综合生活用水定额 [L/(人·d)] 附录2-4

城市类型	超大城市	特大城市	Ⅰ型大城市	Ⅱ型大城市	中等城市	Ⅰ型小城市	Ⅱ型小城市
一区	210～400	180～360	150～330	140～300	130～280	120～260	110～240
二区	150～230	130～210	110～190	90～170	80～160	70～150	60～140
三区	—	—	—	90～160	80～150	70～140	60～130

注：上述表摘自《室外给水设计标准》GB 50013—2018。

1. 超大城市指城区常住人口1000万及以上的城市，特大城市指城区常住人口500万以上1000万以下的城市，Ⅰ型大城市指城区常住人口300万以上500万以下的城市，Ⅱ型大城市指城区常住人口100万以上300万以下的城市，中等城市指城区常住人口50万以上100万以下的城市，Ⅰ型小城市指城区常住人口20万以上50万以下的城市，Ⅱ型小城市指城区常住人口20万以下的城市。以上包括本数，以下不包括本数。

2. 一区包括：湖北、湖南、江西、浙江、福建、广东、广西、海南、上海、江苏、安徽，二区包括：重庆、四川、贵州、云南、黑龙江、吉林、辽宁、北京、天津、河北、山西、河南、山东、宁夏、陕西、内蒙古河套以东和甘肃黄河以东的地区，三区包括：新疆、青海、西藏、内蒙古河套以西和甘肃黄河以西的地区。

3. 经济开发区和特区城市，根据用水实际情况，用水定额可酌情增加。

4. 当采用海水或污水再生水等作为冲厕用水时，用水定额相应减少。

附录 3   水力计算图

1. 钢筋混凝土圆管（不满流 $n=0.014$）
计算图

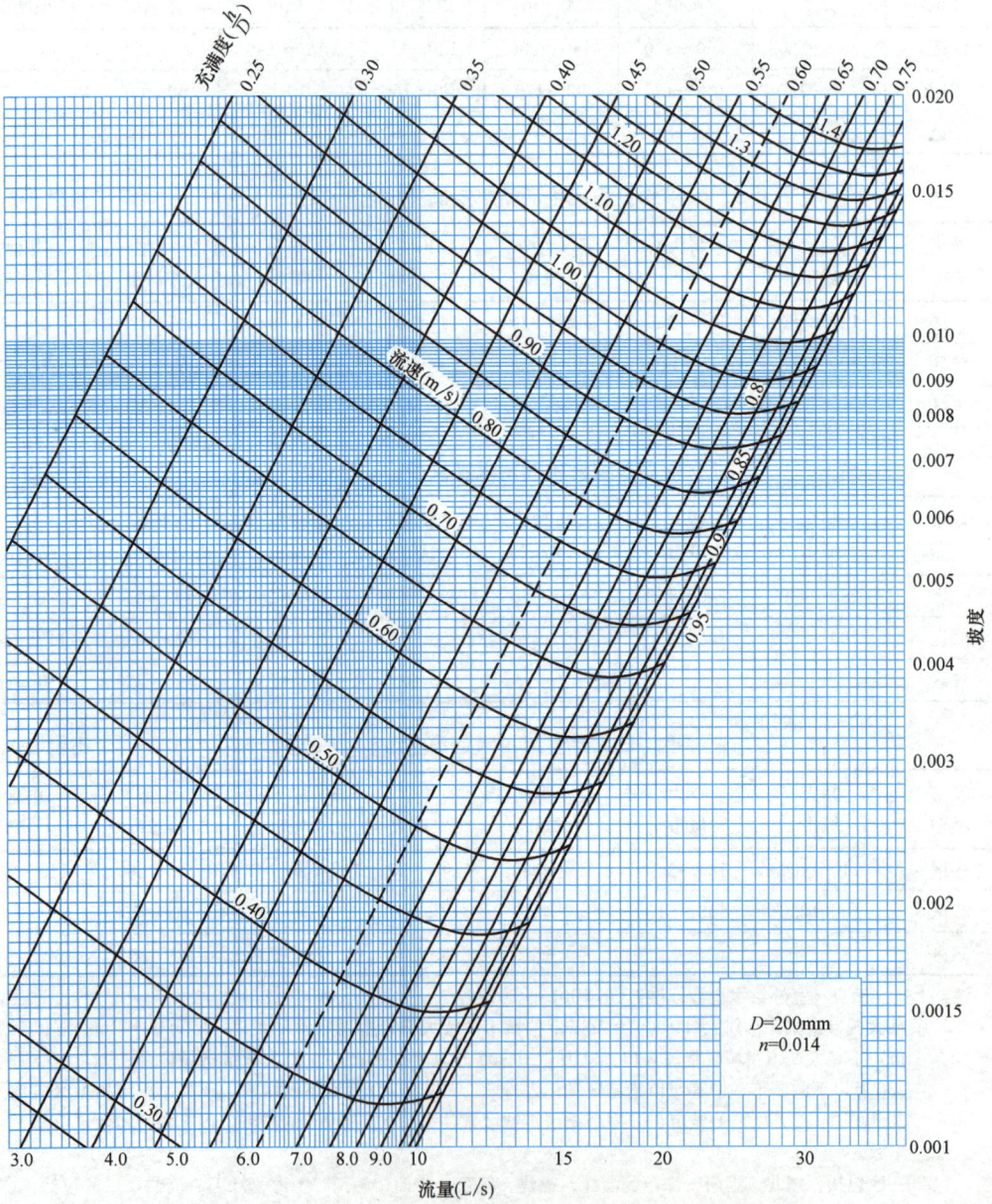

附图 3-1

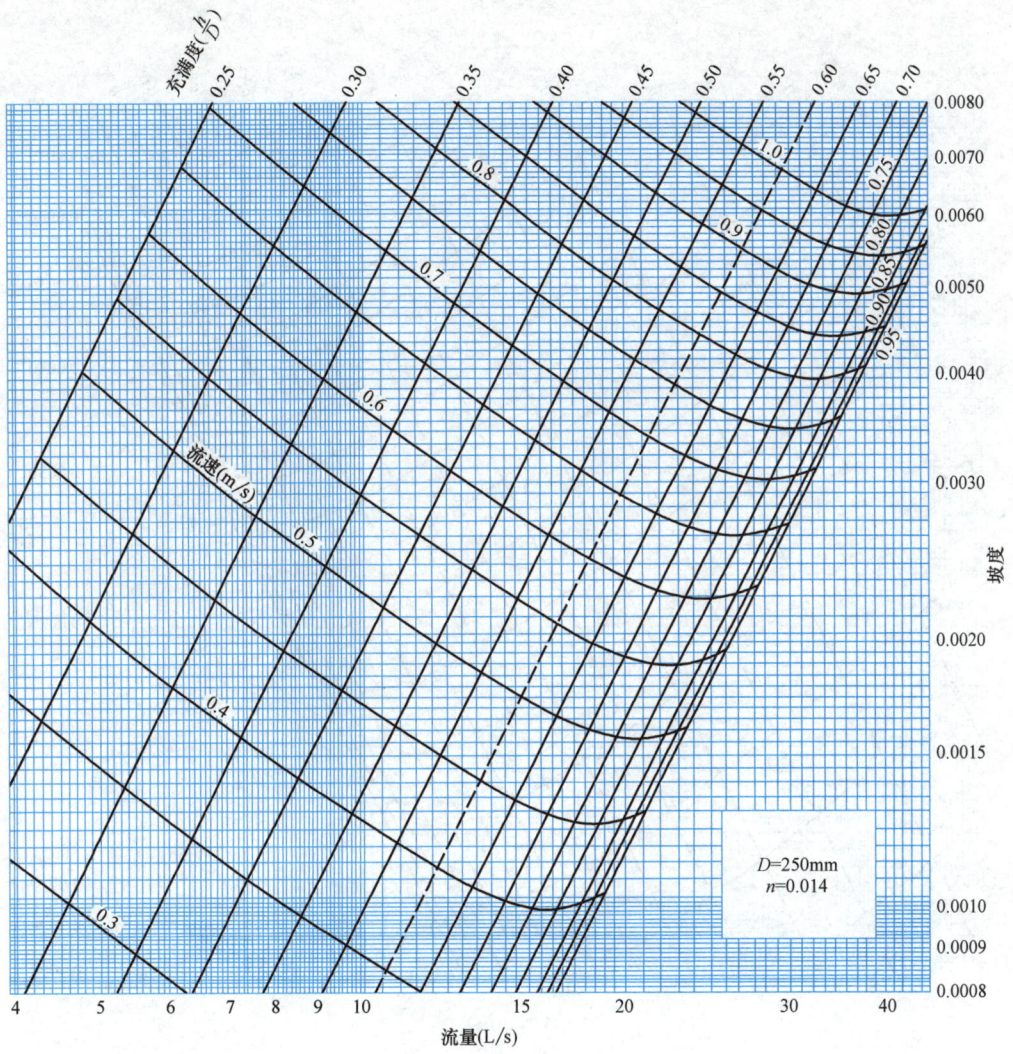

附图 3-2

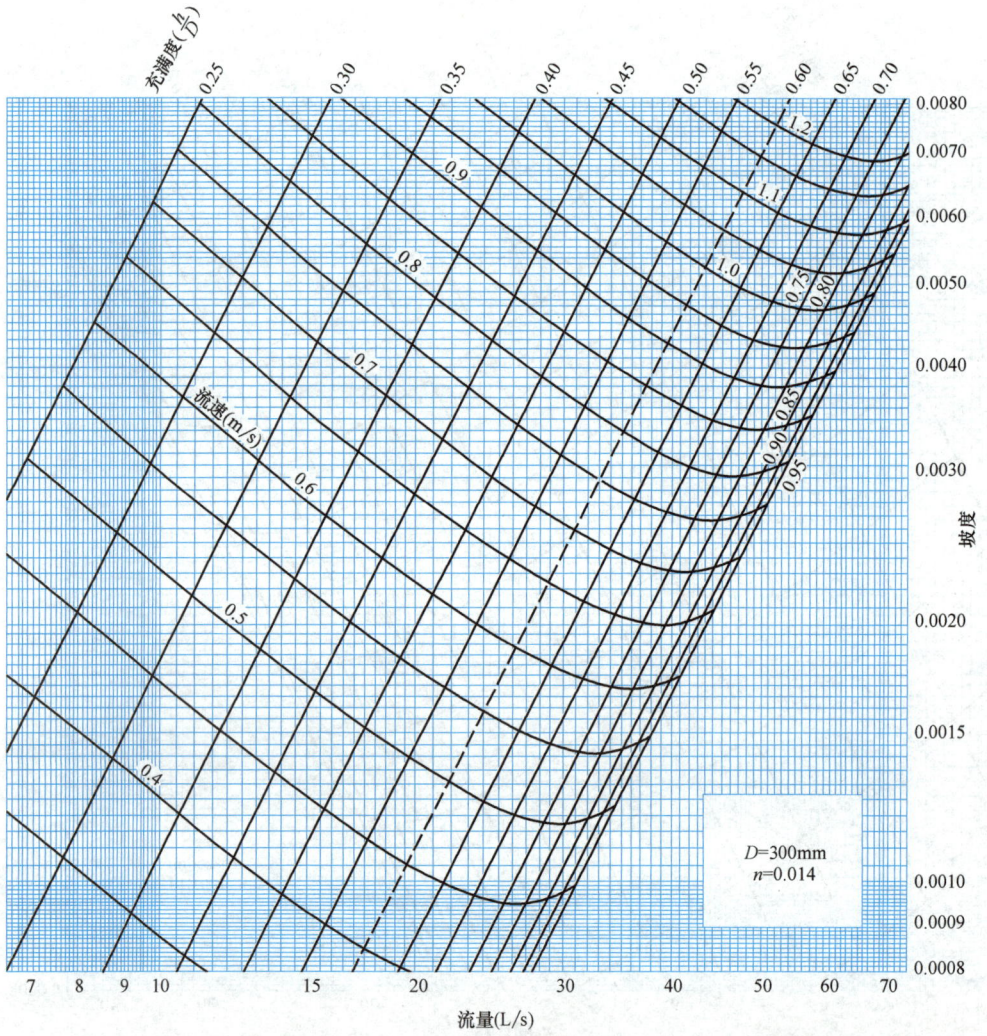

附图 3-3

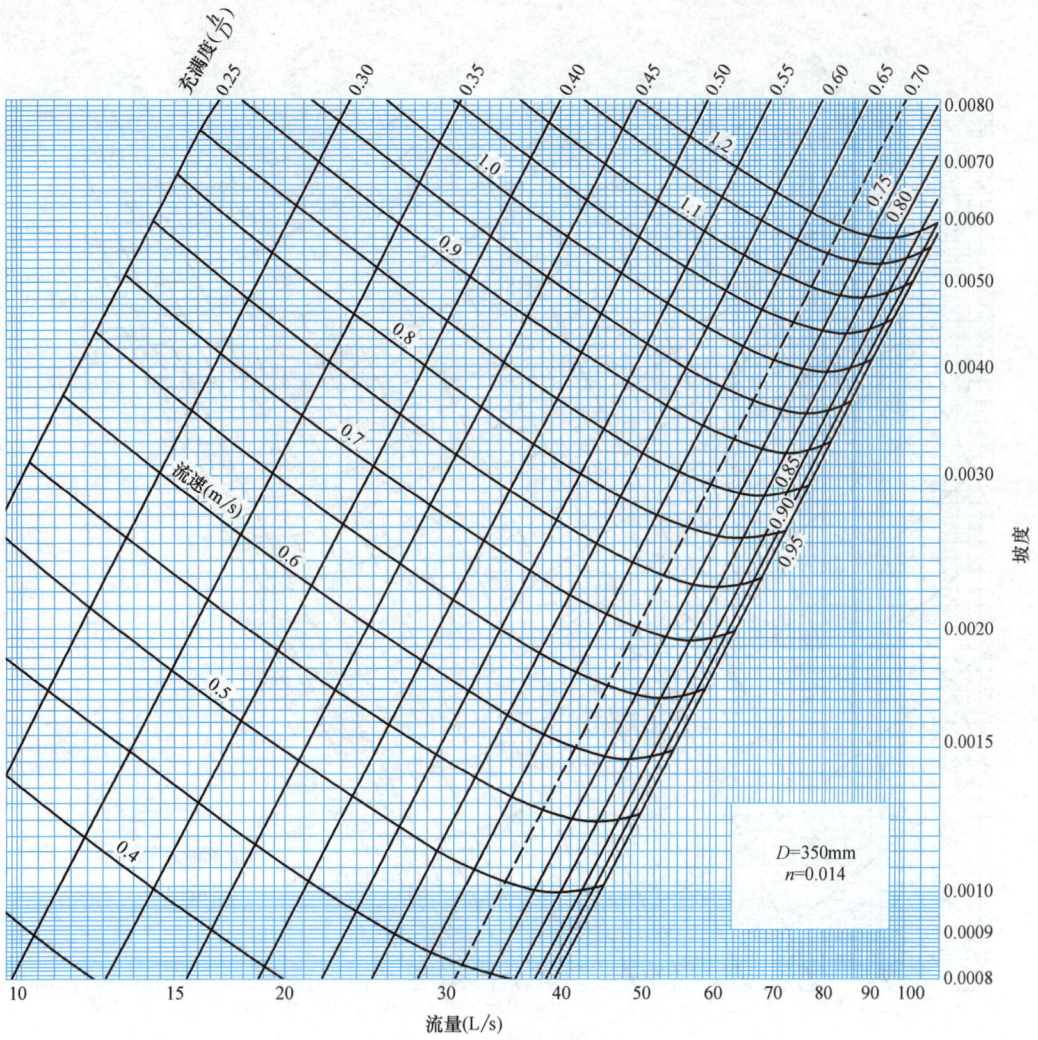

附图 3-4

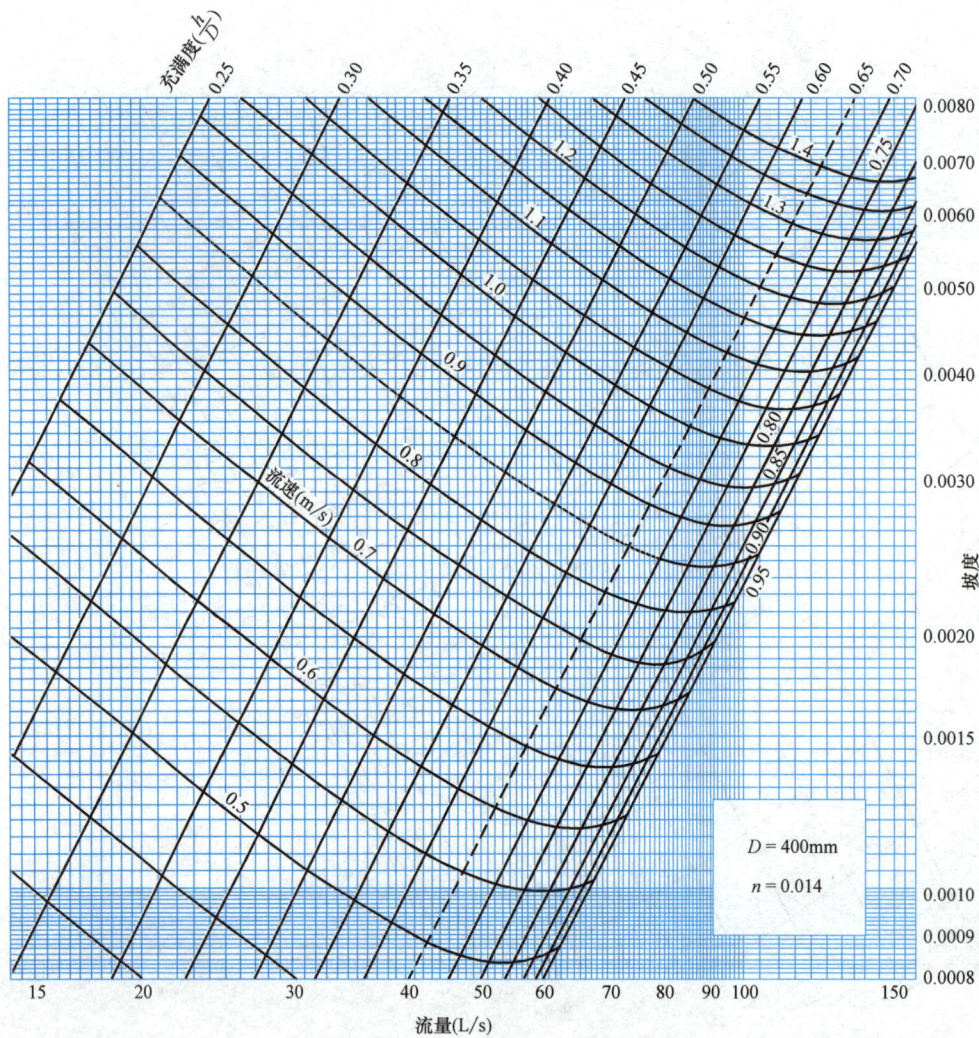

附图 3-5

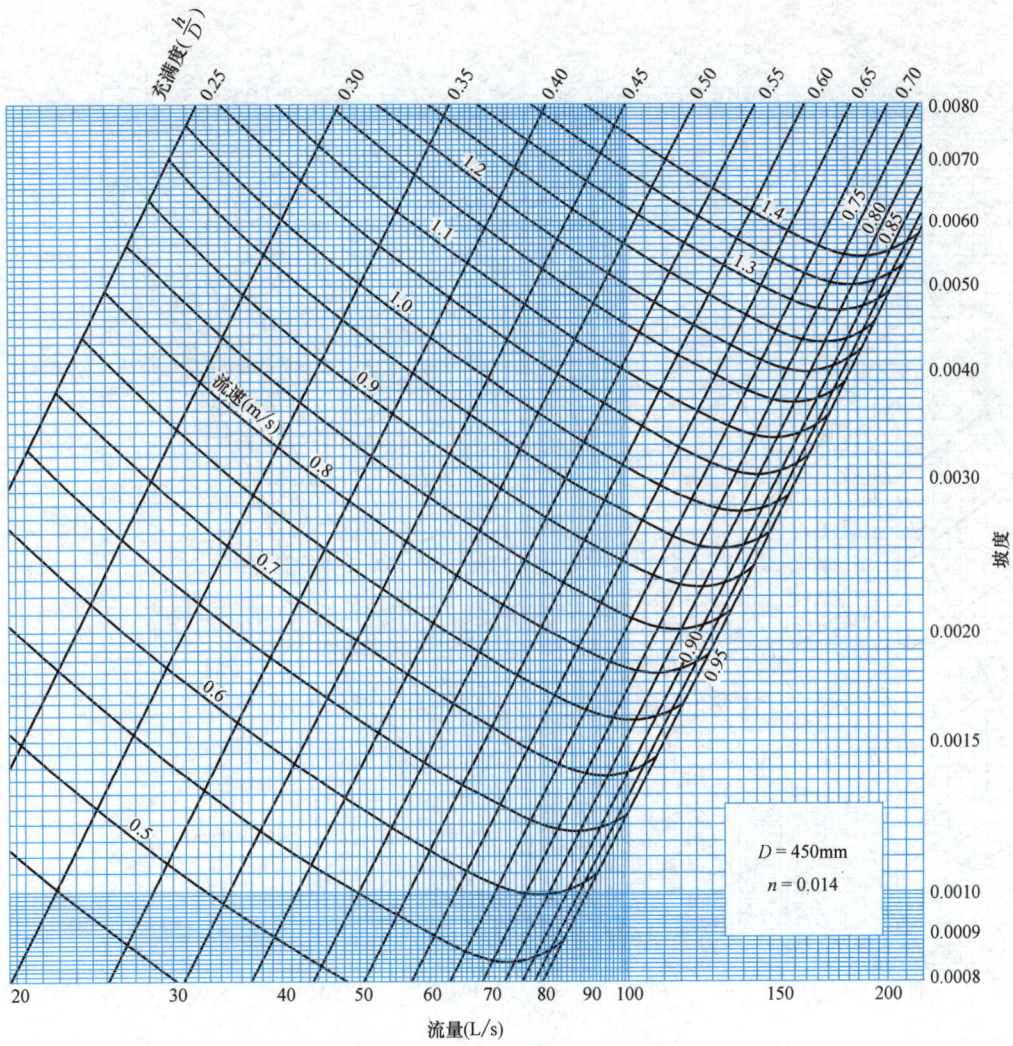

附图 3-6

充满度($\frac{h}{D}$)

0.25 0.30 0.35 0.40 0.45 0.50 0.55 0.60 0.65 0.70

流速(m/s)

1.2 1.1 1.0 0.9 0.8 0.7 0.6 0.5

1.4 1.3 0.75 0.80 0.85 0.90 0.95

坡度

$D = 450mm$
$n = 0.014$

流量(L/s)

20 30 40 50 60 70 80 90 100 150 200

0.0080 0.0070 0.0060 0.0050 0.0040 0.0030 0.0020 0.0015 0.0010 0.0009 0.0008

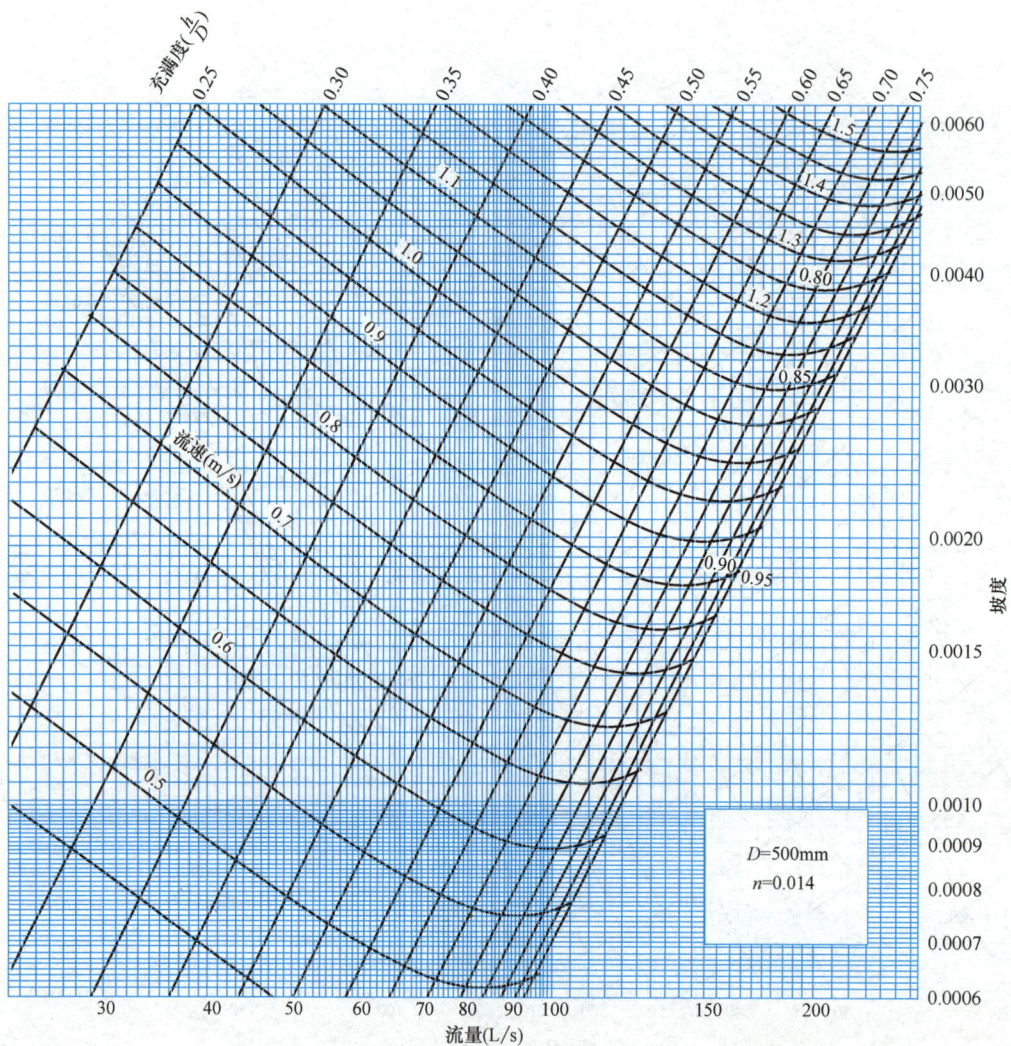

充满度($\frac{h}{D}$)
0.25 0.30 0.35 0.40 0.45 0.50 0.55 0.60 0.65 0.70 0.75

坡度
0.0060
0.0050
0.0040
0.0030
0.0020
0.0015
0.0010
0.0009
0.0008
0.0007
0.0006

流速(m/s)
1.5 1.4 1.3 1.2 1.1 1.0 0.9 0.85 0.80
0.8 0.7 0.6 0.5
0.90 0.95

$D=500mm$
$n=0.014$

流量(L/s)
30 40 50 60 70 80 90 100 150 200

附图 3-7

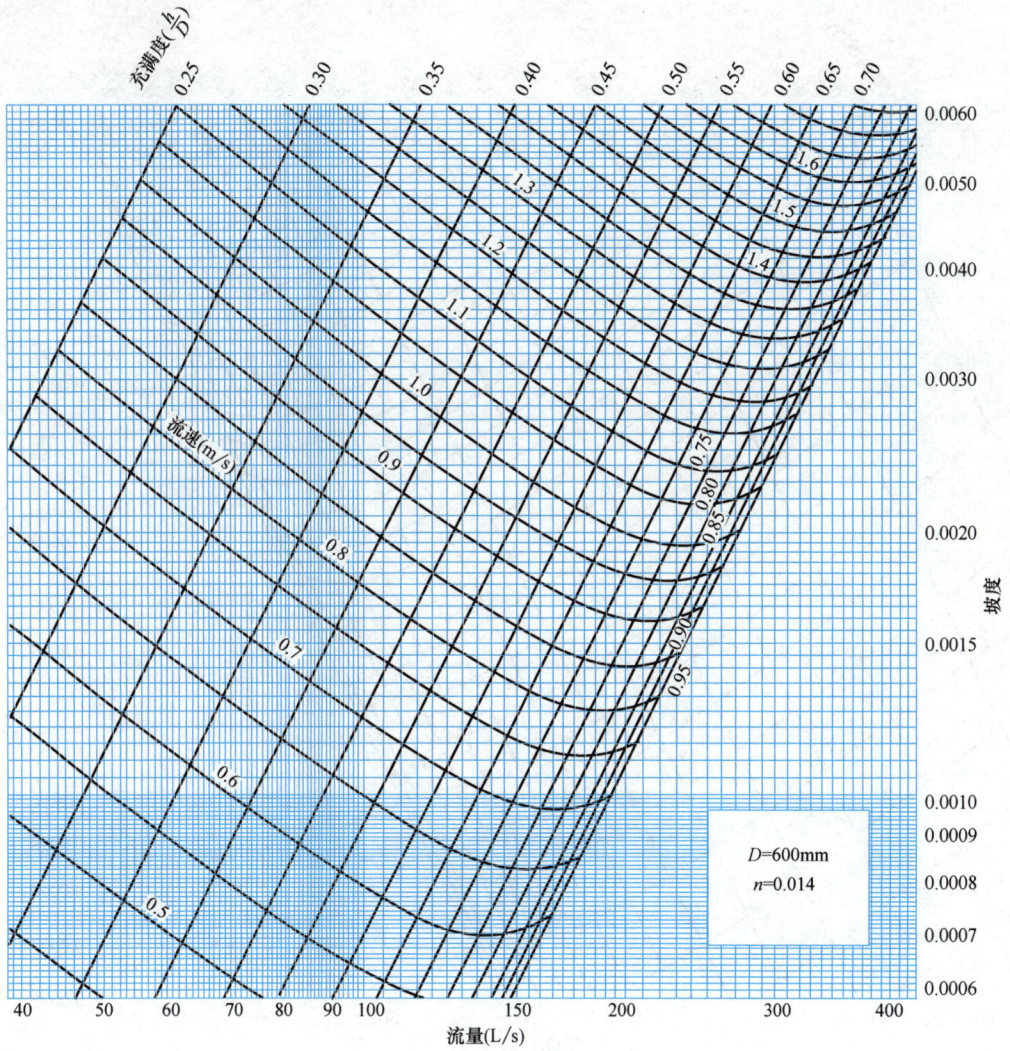

充满度($\frac{h}{D}$)

0.25 0.30 0.35 0.40 0.45 0.50 0.55 0.60 0.65 0.70

坡度

1.6
1.5
1.4
1.3
1.2
1.1
1.0
0.9
0.8
0.7
0.6
0.5

流速(m/s)

0.75
0.80
0.85
0.90
0.95

0.0060
0.0050
0.0040
0.0030
0.0020
0.0015
0.0010
0.0009
0.0008
0.0007
0.0006

D=600mm
n=0.014

40 50 60 70 80 90 100   150   200   300   400

流量(L/s)

附图 3-8

325

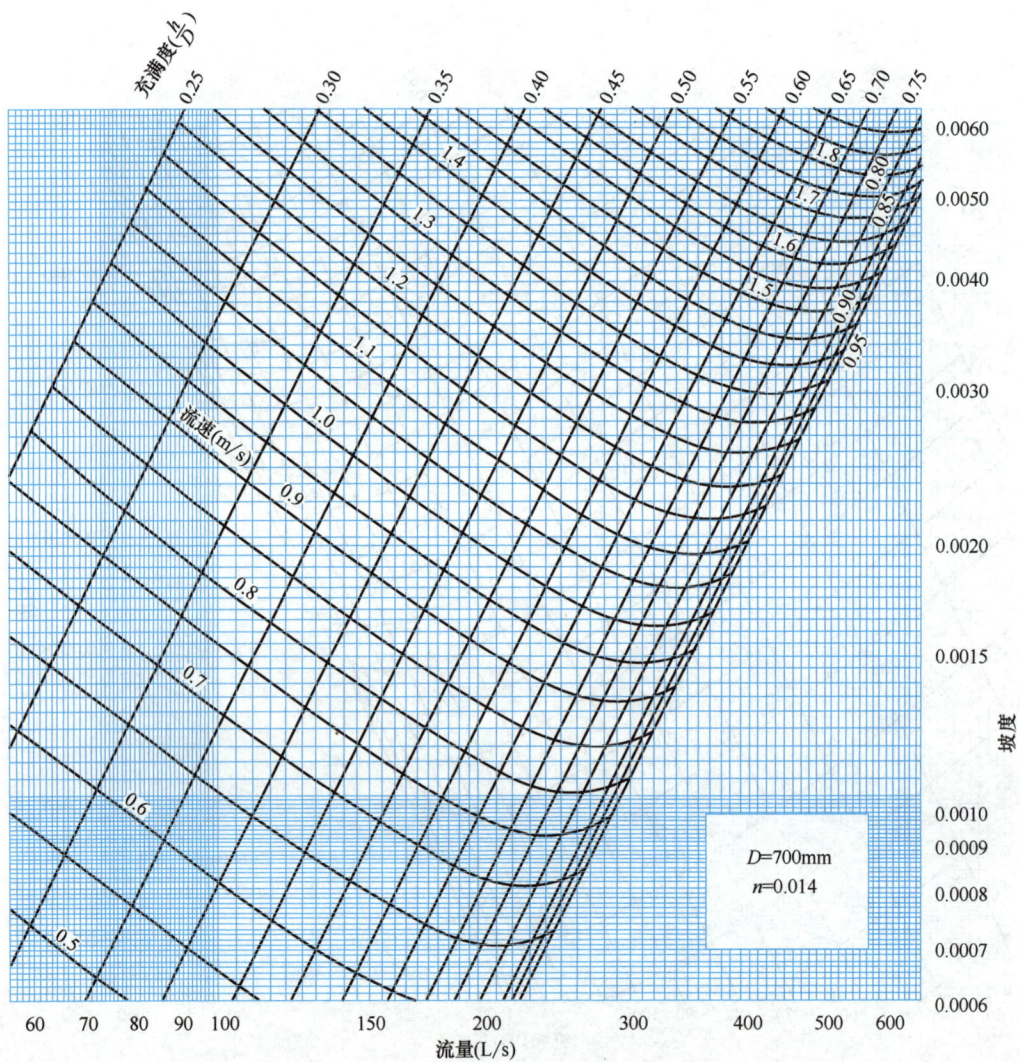

附图 3-9

充满度($\frac{h}{D}$)

0.25 0.30 0.35 0.40 0.45 0.50 0.55 0.60 0.65 0.70 0.75

坡度

0.0060
0.0050
0.0040
0.0030
0.0020
0.0015
0.0010
0.0009
0.0008
0.0007
0.0006

流速(m/s)

1.8 1.7 1.6 1.5 1.4 1.3 1.2 1.1 1.0 0.9 0.8 0.7 0.6 0.5
0.80 0.85 0.90 0.95

D=700mm
n=0.014

流量(L/s)

60 70 80 90 100 150 200 300 400 500 600

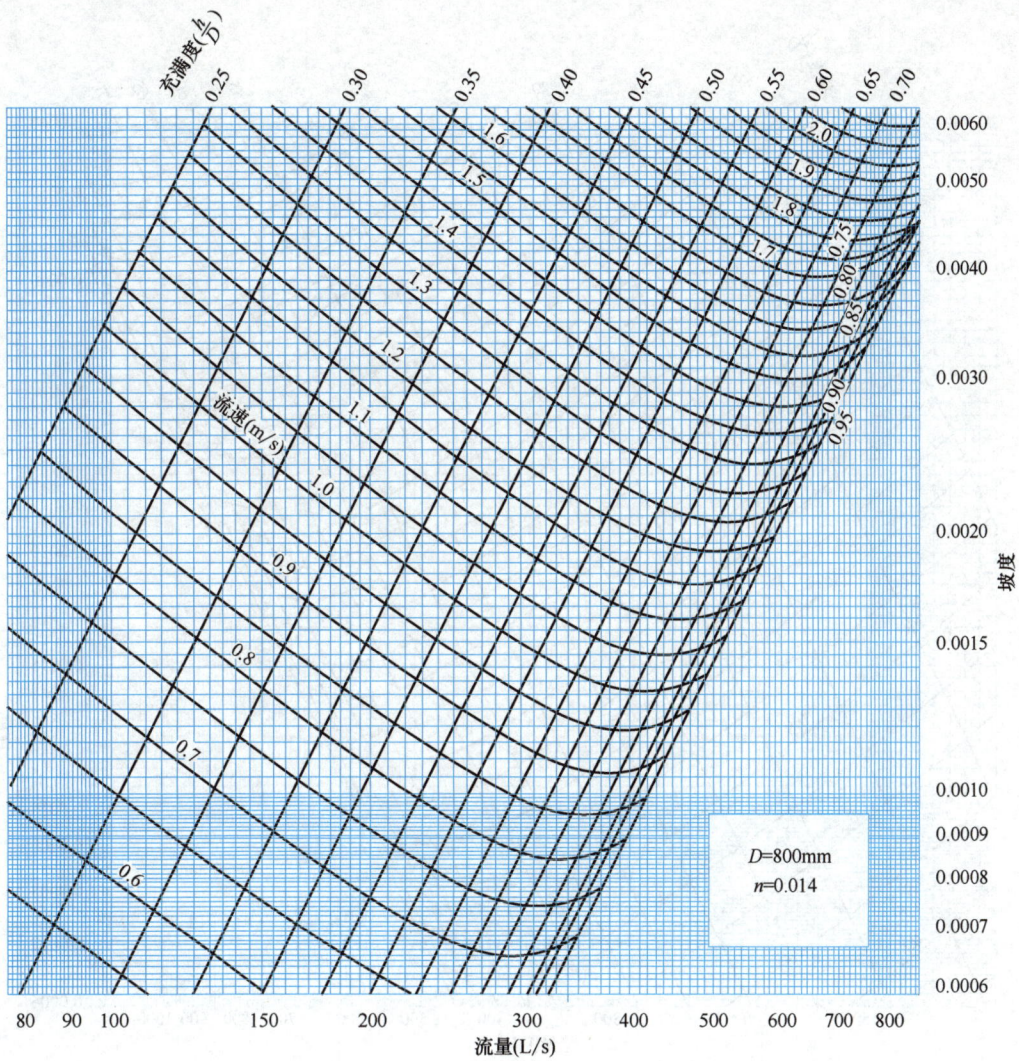

附图 3-10

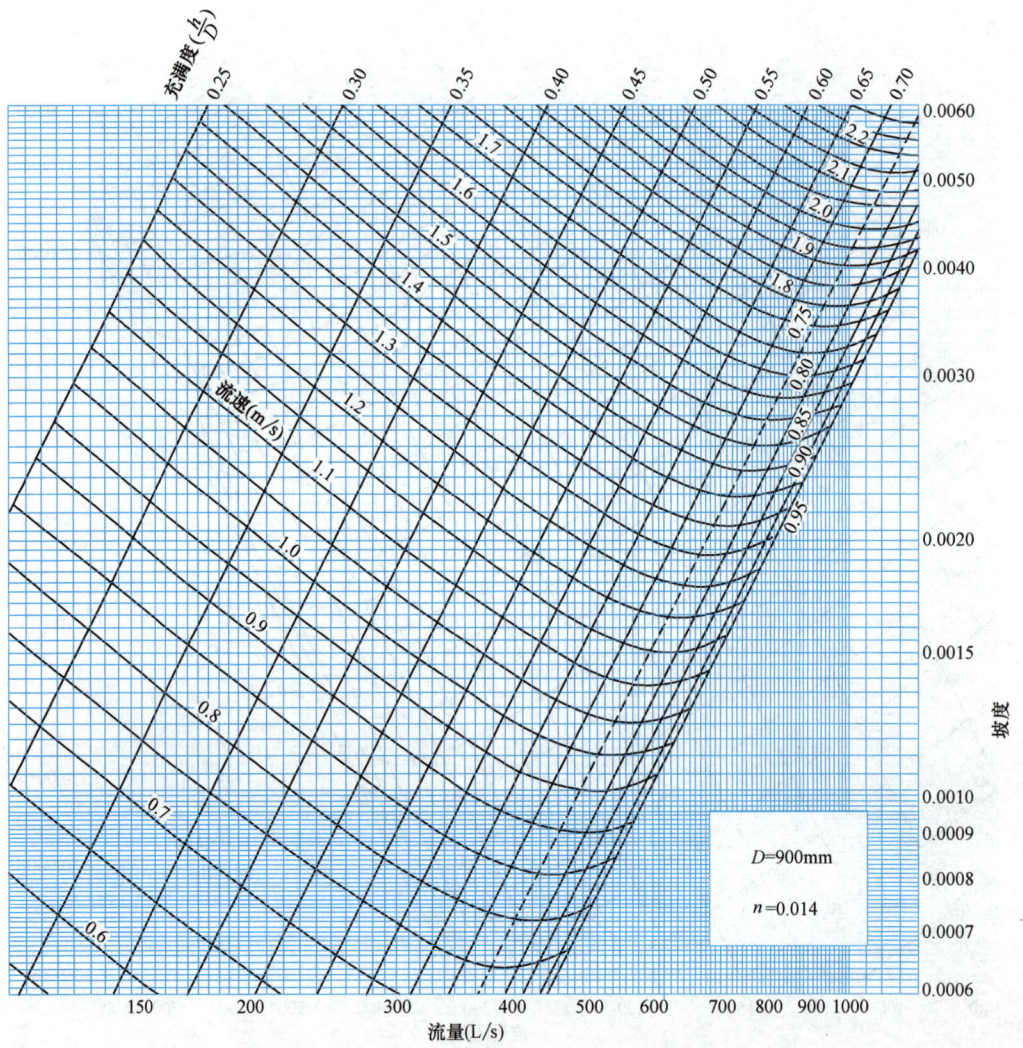

附图 3-11

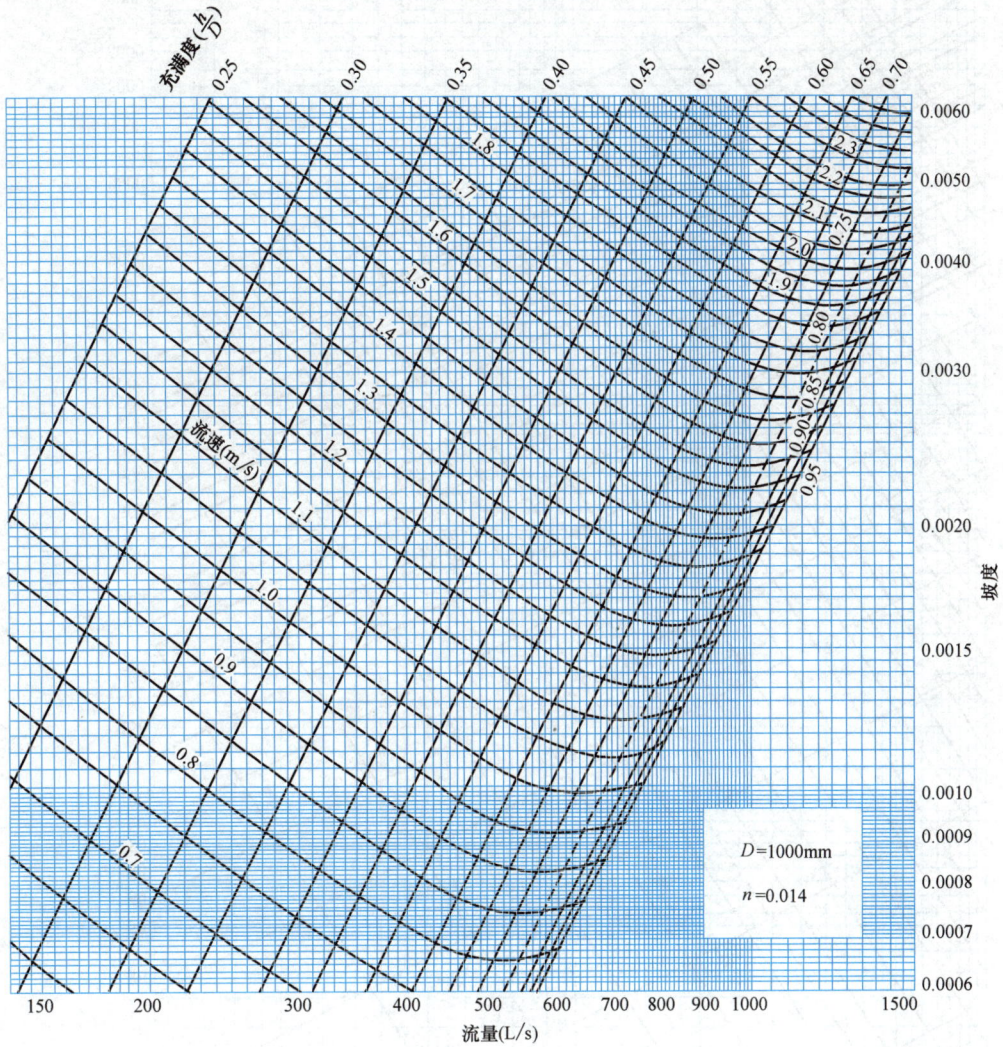

附图 3-12

2. 钢筋混凝土圆管（满度 $n=0.013$）
计算图

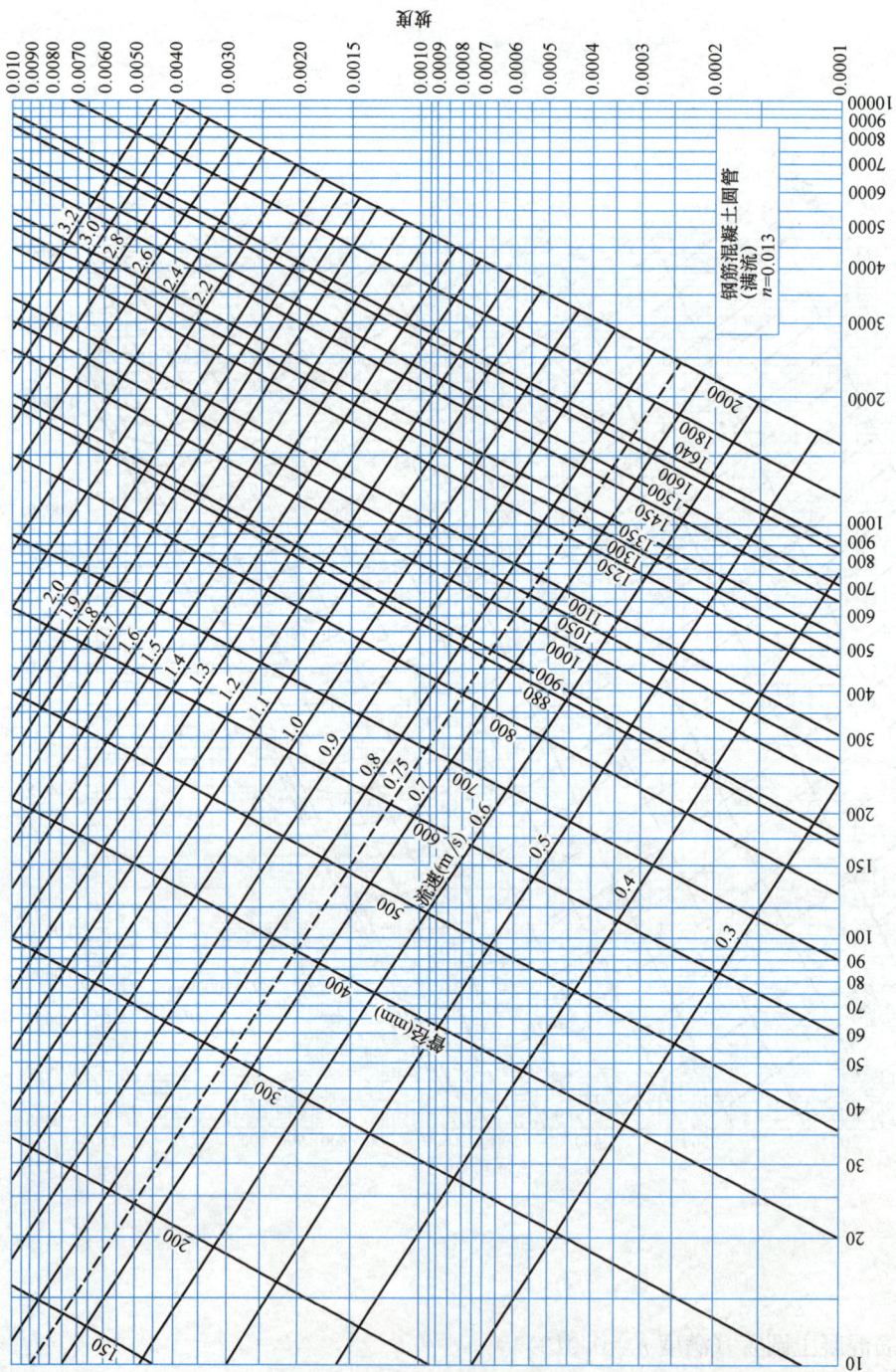

钢筋混凝土圆管
(满流)
n=0.013

附图 3-13

附录4 排水管道和其他地下管线（构筑物）的最小净距

名称			水平净距(m)	垂直净距(m)
建筑物			见注3	
给水管		$d \leqslant 200mm$	1.00	0.40
		$d > 200mm$	1.50	
排水管			—	0.15
再生水管			0.50	0.40
燃气管	低压	$P \leqslant 0.05MPa$	1.00	0.15
	中压	$0.05MPa < P \leqslant 0.4MPa$	1.20	0.15
	高压	$0.4MPa < P \leqslant 0.8MPa$	1.50	0.15
		$0.8MPa < P \leqslant 1.6MPa$	2.00	0.15
热力管线			1.50	0.15
电力管线			0.50	0.50
电信管线			1.00	直埋 0.50
				管块 0.15
乔木			1.50	—
地上柱杆	通信照明及<10kV		0.50	—
	高压铁塔基础边		1.50	—
道路侧石边缘			1.50	
铁路钢轨(或坡脚)			5.00	轨底 1.20
电车(轨底)			2.00	1.00
架空管架基础			2.00	—
油管			1.50	0.25
压缩空气管			1.50	0.15
氧气管			1.50	0.25
乙炔管			1.50	0.25
电车电缆			—	0.50
明渠渠底			—	0.50
涵洞基础底				0.15

注：1. 表列数字除注明者外，水平净距均指外壁净距，垂直净距是指下面管道的外顶与上面管道基础底间净距。

2. 采取充分措施（如结构措施）后，表列数字可以减小。

3. 与建筑物水平净距，管道埋深浅于建筑物基础时，不宜小于2.5m，管道埋深深于建筑物基础时，按计算确定，但不应小于3.0m。

附录 5　排水工程综合指标

污水管道工程综合指标

序号	设计规模	指标基价（元）	其中：					主要材料				
			建设安装工程费	设备购置费	工程建设其他费用	基本预备费	人工（工日）	钢材（kg）	水泥（t）	锯材（m³）	中砂（m³）	碎石（m³）
1	设计平均日流量 10 万 m³/d	4498	3621	—	543	333	18	66.0	0.2180	0.036	4.4472	0.5668
2	设计平均日流量 5 万 m³/d	5704	4593	—	689	423	24	75.2	0.3488	0.0709	4.7742	1.428
3	设计平均日流量 2 万 m³/d	9351	7529	—	1129	693	43	143.9	0.3597	0.1581	7.7826	1.2208
4	设计平均日流量 1 万 m³/d	12460	10032	—	1505	923	60	162.4	0.4796	0.2910	7.194	1.5369

注：1. 污水管道综合指标的计算单位为"m³/（d·km）"，若污水设计平均日流量与本表不同，可采用内插法计算。

2. 该表整理摘自：中国计划出版社，第四册排水工程（现行版），HGZ47-104-2007。在使用表中数据时，应根据 2007 年今今的物价上涨指数，进行调价处理。

雨水管道（渠）工程综合指标

序号	设计规模	指标基价（元）	其中：					主要材料				
			建设安装工程费	设备购置费	工程建设其他费用	基本预备费	人工（工日）	钢材（kg）	水泥（t）	锯材（m³）	中砂（m³）	碎石（m³）
1	泄水面积 200hm²	15091	12151	—	1823	1118	54	90	1.60	0.17	6.64	7.32
2	泄水面积 100hm²	24697	19885	—	2983	1829	95	190	2.35	0.29	10.24	9.69
3	泄水面积 50hm²	27145	21856	—	3278	2011	127	190	2.53	0.51	13.47	10.90

注：1. 雨水管道综合指标的计算单位为"hm²/km"，支管不作为计算长度，若雨水管工程泄水面积与本表不同，可采用内插法计算。

2. 该表整理摘自：中国计划出版社，第四册排水工程（现行版），HGZ47-104-2007。在使用表中数据时，应根据 2007 年今今的物价上涨指数，进行调价处理。

雨、污水泵站工程综合指标

序号		设计规模	指标基价(元)	其中：				人工(工日)	主要材料				
				建设安装工程费	设备购置费	工程建设其他费用	基本预备费		钢材(kg)	水泥(t)	锯材(kg)	中砂(m³)	碎石(m³)
雨水	1	100~5000L/s	3300.28~4092.83	1700.68~2115.15	956.55~1180.20	398.58~494.30	244.47~303.17	2.56~3.10	60.90~73.50	252.0~294.0	0.08~0.11	0.63~0.74	1.05~1.26
	2	5000~10000L/s	2627.64~3300.28	1354.20~1700.68	765.45~956.55	317.35~398.58	194.64~244.47	2.07~2.56	50.40~60.90	199.50~252.0	0.07~0.08	0.53~0.63	0.86~1.05
	3	10000~20000/s	2059.35~2627.64	1052.24~1354.20	605.85~765.45	248.71~317.35	152.54~194.64	1.77~2.07	42.00~50.40	168.00~199.50	0.06~0.07	0.42~0.53	0.71~0.86
	4	20000L/s以上	1632.14~2059.35	835.29~1052.24	478.80~605.85	197.11~248.71	120.90~152.54	1.48~1.77	33.60~42.00	136.50~168.00	0.04~0.06	0.36~0.42	0.61~0.71
污水	1	100~300L/s	17624.32~22357.13	9406.71~11941.36	4783.80~6059.55	2128.54~2700.14	1305.50~1656.08	8.37~9.85	273.00~346.50	997.50~1260.0	0.28~0.37	2.31~2.94	3.57~4.52
	2	300~600L/s	12720.30~17624.32	6732.74~9406.71	3508.05~4783.80	1536.27~2128.54	942.24~1305.50	6.89~8.37	210.00~273.00	861.0~997.50	0.23~0.28	1.89~2.31	2.94~3.57
	3	600~1000L/s	10223.35~12720.30	5424.11~6732.74	2806.65~3508.05	1234.70~1536.27	757.29~942.24	5.42~6.89	157.50~210.00	682.54~861.0	0.18~0.23	1.42~1.89	2.42~2.94
	4	1000~2000L/s	7919.51~10223.35	4208.17~5424.11	2168.25~2806.65	956.46~1234.70	536.63~757.29	4.43~5.42	120.75~157.50	535.50~682.54	0.14~0.18	1.05~1.42	1.89~2.42
	5	2000L/s以上	5519.71~7919.51	2913.31~4208.17	1530.90~2168.25	666.63~956.46	408.37~536.63	3.45~4.43	94.50~120.75	378.50~535.50	0.09~0.14	0.79~1.05	1.37~1.89

注：1. 雨污水综合指标的计算单位为 L/s，若设计流量与本表不同，可采用内插法计算。

2. 该表整理摘自：中国计划出版社（现行版），第四册排水工程，HGZ47-104-2007。（在使用表中数据时，应根据 2007 年至今的物价上涨指数，进行调价处理。）

污水处理厂工程综合指标

序号	设计规模	指标基价(元)	其中:					主要材料				
			建设安装工程费	设备购置费	工程建设其他费用	基本预备费	人工(工日)	钢材(kg)	水泥(t)	锯材(kg)	中砂(m³)	碎石(m³)
污水处理(一) 1	1万~2万 m³/d	1958.49~2224.07	1077.09~1219.52	499.80~571.20	236.53~268.61	145.07~164.75	2.46~2.95	29.40~33.60	189.00~252.00	0.03~0.04	0.40~0.50	0.65~0.80
2	2万~5万 m³/d	1602.89~1958.49	876.87~1077.09	413.70~499.80	193.59~236.53	118.73~145.07	2.22~2.46	25.20~29.40	168.00~189.00	0.02~0.03	0.35~0.4	0.57~0.65
3	5万~10万 m³/d	1389.44~1602.89	761.71~876.87	357.00~413.70	167.81~193.59	102.92~118.73	1.97~2.22	23.10~25.20	147.00~168.00	0.02	0.30~0.35	0.50~0.57
4	10万~20万 m³/d	1231.17~1389.44	677.33~761.71	313.95~357.00	148.69~167.81	91.26~102.92	1.48~1.79	19.95~23.10	120.75~147.00	0.02	0.26~0.30	0.42~0.50
5	20万 m³/d以上	1076.59~1231.17	595.90~677.33	270.90~313.95	130.02~148.69	79.75~91.26	1.23~1.48	16.80~19.95	99.75~120.75	0.01~0.02	0.23~0.26	0.37~0.42
污水处理(二) 1	1万~2万 m³/d	2503.75~2934.14	1359.65~1591.73	656.25~770.70	302.39~350.36	185.46~217.54	3.69~4.43	54.60~65.10	273.00~325.50	0.03	0.55~0.65	0.90~1.05
2	2万~5万 m³/d	2075.21~2503.75	1129.06~1359.65	541.80~656.25	250.63~302.39	153.73~185.46	2.95~3.69	44.10~54.60	210.00~273.00	0.03	0.45~0.55	0.71~0.90
3	5万~10万 m³/d	1826.40~2075.21	1000.30~1129.06	470.40~541.80	220.59~250.63	135.20~153.73	2.46~2.95	37.80~44.10	178.50~210.00	0.03	0.37~0.45	0.61~0.71
4	10万~20万 m³/d	1691.07~1826.40	933.17~1000.30	482.40~470.40	204.24~220.59	125.26~135.20	1.97~2.46	29.40~37.80	147.00~178.50	0.03	0.30~0.37	0.49~0.61
5	20万 m³/d以上	1489.39~1691.07	823.54~933.17	370.65~428.40	179.88~204.24	110.33~125.26	1.48~1.97	25.20~29.40	115.50~147.00	0.02~0.03	0.28~0.30	0.37~0.49

注:
1. 污水处理厂综合指标的计算单位为"m³/d",若设计流量与本表不同,可采用内插法计算。
2. 该表整理摘自:中国计划出版社,市政排水工程(现行版),第四册排水工程指标,HGZ47-104—2007。(在使用表中数据时,应根据2007年至今的物价的上涨指数,进行调价处理。)

附录6 暴雨强度公式的编制方法

年最大值法取样

一、本方法适用于具有20年以上自记雨量记录的地区，有条件的地区可用30年以上的雨量记录，暴雨样本选择方法可采用年最大值法。若在时段内任一时段超过历史最大值，宜进行复核修正。

二、计算降雨历时采用5min、10min、15min、20min、30min、45min、60min、90min、120min、150min和180min，共11个历时。计算降雨重现期宜按2年、3年、5年、10年、20年、30年、50年、100年统计。

三、选取的各历时降雨资料，应采用经验频率曲线或理论频率曲线进行趋势性拟合调整。可采用理论频率曲线，包括皮尔逊Ⅲ型分布曲线、耿贝尔分布曲线或指数分布曲线等。根据确定的频率曲线，得出重现期、降雨强度和降雨历时三者的关系，即P、i、t关系值。

四、应根据P、i、t关系值求得A_1、b、C、n各个参数，可采用图解法、解析法、图解与计算结合法等方法进行。为提高暴雨强度公式的精度，可采用高斯-牛顿法。将求得的各参数代入

$$q = \frac{167A_1(1+clgP)}{(t+b)^n}$$

即得当地的暴雨强度公式。

五、计算抽样误差和暴雨公式均方差。宜按绝对均方差计算，也可辅以相对均方差计算。计算重现期在2～20年时，在一般强度的地方，平均绝对方差不宜大于0.05mm/min。在较大强度的地方，平均相对方差不宜大于5%。

附录7 我国若干城市暴雨强度公式

省、自治区、直辖市	城市名称	暴雨强度公式	备注
北京		$q=\dfrac{1558(1+0.955\lg P)}{(t+5.551)^{0.835}}$	Ⅰ区($1\text{min}\leqslant t\leqslant5\text{min}$，$P=2\sim100\text{a}$)
		$q=\dfrac{2719(1+0.96\lg P)}{(t+11.591)^{0.902}}$	Ⅰ区($5\text{min}<t\leqslant1440\text{min}$，$P=2\sim100\text{a}$)
		$q=\dfrac{591(1+0.893\lg P)}{(t+1.859)^{0.436}}$	Ⅱ区($1\text{min}\leqslant t\leqslant5\text{min}$，$P=2\sim100\text{a}$)
		$q=\dfrac{1602(1+1.037\lg P)}{(t+11.593)^{0.681}}$	Ⅱ区($5\text{min}<t\leqslant1440\text{min}$，$P=2\sim100\text{a}$)
上海		$q=\dfrac{1600(1+0.846\lg P)}{(t+7.0)^{0.656}}$	
天津		$q=\dfrac{2141(1+0.7562\lg P)}{(t+9.6093)^{0.6893}}$	第Ⅰ分区：市内六区、北辰区、东丽区、津南区和西青区
		$q=\dfrac{2728(1+0.7672\lg P)}{(t+13.4757)^{0.7386}}$	第Ⅱ分区：滨海新区
		$q=\dfrac{3034(1+0.7589\lg P)}{(t+13.2148)^{0.7849}}$	第Ⅲ分区：静海区、宁河区、武清区、宝坻区和蓟州区的平原区
		$q=\dfrac{2583(1+0.7780\lg P)}{(t+13.7521)^{0.7677}}$	第Ⅳ分区：蓟县北部山区（20m等高线以上）
河北	石家庄	$q=\dfrac{3595.009(1+1.148\lg P)}{(t+14.32)^{1.149}}$	重现期 $P=1\text{a}$
		$q=\dfrac{2867.557(1+0.914\lg P)}{(t+14.05)^{0.843}}$	重现期 $P=2\text{a}$
		$q=\dfrac{2676.342(1+0.886\lg P)}{(t+13.45)^{0.807}}$	重现期 $P=3\text{a}$
		$q=\dfrac{2497.652(1+0.862\lg P)}{(t+12.61)^{0.781}}$	重现期 $P=5\text{a}$
		$q=\dfrac{2259.176(1+0.849\lg P)}{(t+11.99)^{0.749}}$	重现期 $P=10\text{a}$
		$q=\dfrac{2099.357(1+0.8331\lg P)}{(t+11.53)^{0.729}}$	重现期 $P=20\text{a}$
		$q=\dfrac{1879.919(1+0.821\lg P)}{(t+10.65)^{0.705}}$	重现期 $P=30\text{a}$
		$q=\dfrac{1800.427(1+0.812\lg P)}{(t+9.911)^{0.691}}$	重现期 $P=50\text{a}$
		$q=\dfrac{1660.481(1+0.789\lg P)}{(t+9.39)^{0.671}}$	重现期 $P=100\text{a}$
	保定	$q=\dfrac{2131.654(1+0.997\lg P)}{(t+11.026)^{0.757}}$	

省、自治区、直辖市	城市名称	暴雨强度公式	备注
山西	太原	$q=\dfrac{1808.276(1+1.173\lg P)}{(t+11.994)^{0.826}}$	城南
		$q=\dfrac{1049.942(1+1.627\lg P)}{(t+23.651)^{1.229}}$	城北
	大同	$q=\dfrac{8814.06(1+1.267\lg P)}{(t+27.388)^{1.187}}$	
	长治	$q=\dfrac{3340(1+1.43\lg P)}{(t+15.8)^{0.93}}$	
内蒙古	包头	$q=\dfrac{1394.042(1+0.997\lg P)}{(t+8.413)^{0.796}}$	
	海拉尔	$q=\dfrac{2630(1+1.05\lg P)}{(t+10)^{0.99}}$	
黑龙江	哈尔滨	$q=\dfrac{1935.797(1+0.646\lg P)}{(t+6.984)^{0.748}}$	
	齐齐哈尔	$i=\dfrac{163.5272+139.88781\lg P}{(t+44.9019)^{1.3016}}$	
	大庆	$q=\dfrac{1820(1+0.91\lg P)}{(t+8.3)^{0.77}}$	
	黑河	$i=\dfrac{6.9886+6.8075\lg P}{(t+9.3512)^{0.7025}}$	
吉林	长春	$q=\dfrac{896(1+0.68\lg P)}{t^{0.6}}$	
	吉林	$q=\dfrac{2085.14(1+0.88\lg P)}{(t+10.56)^{0.83}}$	
	海龙	$i=\dfrac{16.672+14.9362\lg P}{(t+14.3037)^{0.8557}}$	梅河口市
辽宁	沈阳	$i=\dfrac{4.8712+3.6044\lg P}{(t+3.9469)^{0.5538}}$	
	丹东	$i=\dfrac{4.6218+3.7626\lg P}{(t+5.393)^{0.4952}}$	
	大连	$i=\dfrac{4.1343+3.4026\lg P}{(t+5.6349)^{0.4833}}$	
	锦州	$i=\dfrac{21.3023+20.4563\lg P}{(t+22.1966)^{0.8414}}$	
山东	济南	$q=\dfrac{1421.481(1+0.932\lg P)}{(t+7.347)^{0.617}}$	
	烟台	$q=\dfrac{1619.486(1+0.958\lg P)}{(t+11.142)^{0.698}}$	
	潍坊	$q=\dfrac{4843.466(1+0.984\lg P)}{(t+19.481)^{0.932}}$	
	枣庄	$q=\dfrac{1170.206(1+0.919\lg P)}{(t+5.445)^{0.595}}$	

省、自治区、直辖市	城市名称	暴雨强度公式	备注
江苏	南京	$q=\dfrac{10716.700(1+0.837\lg P)}{(t+32.900)^{1.011}}$	
	徐州	$i=\dfrac{16.007+11.48\lg P}{(t+17.217)^{0.7069}}$	
	扬州	$i=\dfrac{15.726941+0.6967731\lg P}{(t+13.117904)^{0.752221}}$	
	南通	$i=\dfrac{9.972(1+1.004\lg P)}{(t+12.0)^{0.657}}$	
安徽	合肥	$q=\dfrac{4234.323(1+0.952\lg P)}{(t+18.1)^{0.870}}$	
	蚌埠	$q=\dfrac{2957.275(1+0.399\lg P)}{(t+12.892)^{0.747}}$	
	安庆	$q=\dfrac{971.65}{(T-3.7)^{0.27}}$	重现期 $P=100a$
		$q=\dfrac{967.31}{(T-3.19)^{0.30}}$	重现期 $P=50a$
		$q=\dfrac{975.84}{(T-2.65)^{0.32}}$	重现期 $P=30a$
		$q=\dfrac{995.66}{(T-2.06)^{0.34}}$	重现期 $P=20a$
		$q=\dfrac{1074.35}{(T-0.54)^{0.39}}$	重现期 $P=10a$
		$q=\dfrac{1270.37}{(T+2.00)^{0.47}}$	重现期 $P=5a$
		$q=\dfrac{1570.16}{(T+4.79)^{0.54}}$	重现期 $P=3a$
		$q=\dfrac{1953.15}{(T+7.38)^{0.62}}$	重现期 $P=2a$
	淮南	$q=\dfrac{1693.951(1+0.971854\lg P)}{(t+7.691)^{0.609}}$	
浙江	杭州	$q=\dfrac{1455.550(1+0.958\lg P)}{(t+5.861)^{0.674}}$	杭州主城区
	宁波	$q=\dfrac{6576.744(1+0.685\lg P)}{(t+25.309)^{0.921}}$	
江西	南昌	$q=\dfrac{1598(1+0.69\lg P)}{(t+1.4)^{0.64}}$	
	赣州	$q=\dfrac{4134(1+0.56\lg P)}{(t+10)^{0.79}}$	
福建	福州	$q=\dfrac{2457.435(1+0.633\lg P)}{(t+11.951)^{0.724}}$	
	厦门	$q=\dfrac{928.15(1+0.716\lg P)}{(t+4.4)^{0.535}}$	短历时暴雨强度
		$q=\dfrac{1123.95(1+0.759\lg P)}{(t+6.3)^{0.582}}$	长历时暴雨强度

省、自治区、直辖市	城市名称	暴雨强度公式	备注
河南	安阳	$q=\dfrac{3680P^{0.4}}{(t+16.7)^{0.858}}$	
	开封	$q=\dfrac{5075(1+0.61\lg P)}{(t+19)^{0.92}}$	
	新乡	$q=\dfrac{1102(1+0.623\lg P)}{(t+3.20)^{0.60}}$	
	南阳	$q=\dfrac{3.591+3.970\lg T_M}{(t+3.434)^{0.416}}$	
	郑州	$q=\dfrac{2001.829(1+3.264\lg P)}{(t+24.8)^{0.856}}$	
	洛阳	$q=\dfrac{62.372+45.684\lg P}{(t+29.4)^{1.057}}$	
湖北	汉口	$q=\dfrac{983(1+0.65\lg P)}{(t+4)^{0.56}}$	
	老河口	$q=\dfrac{6400(1+1.059\lg P)}{t+23.36}$	
	黄石	$q=\dfrac{5644.204(1+0.6\lg P)}{(t+21.816)^{0.881}}$	
	沙市	$q=\dfrac{648(1+0.854\lg P)}{t^{0.526}}$	
湖南	长沙	$q=\dfrac{1392.1(1+0.55\lg P)}{(t+12.548)^{0.5452}}$	$0.25a\leqslant P\leqslant 10a$
		$q=\dfrac{1141.9(1+0.541\lg P)}{(t+8.277)^{0.5127}}$	$P>10a$
	常德	$q=\dfrac{1422(1+0.907\lg P)}{(t+5.419)^{0.654}}$	
	益阳	$q=\dfrac{1938.229(1+0.8021\lg P)}{(t+9.434)^{0.703}}$	
广东	广州	$q=\dfrac{3618.427(1+0.438\lg P)}{(t+11.259)^{0.750}}$	
	佛山	$q=\dfrac{2544.537(1+0.685\ln P)}{(t+10.789)^{0.703}}$	三水区
		$q=\dfrac{5526.514(1+0.620\ln P)}{(t+15.618)^{0.851}}$	南海区
		$q=\dfrac{2545.044(1+0.399\ln P)}{(t+9.414)^{0.665}}$	顺德区
		$q=\dfrac{2544.537(1+0.685\ln P)}{(t+10.789)^{0.703}}$	高明区
		$q=\dfrac{5526.514(1+0.620\ln P)}{(t+15.618)^{0.851}}$	禅城区
海南	海口	$q=\dfrac{3681.176(1+0.257\lg P)}{(t+20.089)^{0.678}}$	
广西	南宁	$q=\dfrac{4306.586(1+0.516\lg P)}{(t+15.293)^{0.793}}$	
	桂林	$q=\dfrac{2276.830(1+0.581\lg P)}{(t+10.268)^{0.686}}$	

省、自治区、直辖市	城市名称	暴雨强度公式	备注
广西	北海	$q=\dfrac{1298.671(1+0.464\lg P)}{(t+5.322)^{0.480}}$	
	梧州	$q=\dfrac{6113.589(1+0.750\lg P)}{(t+22.627)^{0.865}}$	
陕西	西安	$i=\dfrac{6.041(1+1.475\lg P)}{(t+14.72)^{0.704}}$	
	延安	$i=\dfrac{5.582(1+1.292\lg P)}{(t+8.22)^{0.7}}$	
	宝鸡	$i=\dfrac{11.01(1+0.94\lg P)}{(t+12)^{0.932}}$	
	汉中	$i=\dfrac{2.6(1+1.04\lg P)}{(t+4)^{0.518}}$	
宁夏	银川	$q=\dfrac{242(1+0.83\lg P)}{t^{0.477}}$	
甘肃	兰州	$q=\dfrac{1140(1+0.96\lg P)}{(t+8)^{0.8}}$	
	平凉	$i=\dfrac{4.452+4.841\lg P}{(t+2.570)^{0.668}}$	
青海	西宁	$q=\dfrac{656.591(1+0.997\lg P)}{(t+4.490)^{0.759}}$	
新疆	乌鲁木齐	$q=\dfrac{693(1+1.123\lg P)}{(t+15)^{0.841}}$	
重庆	沙坪坝	$q=\dfrac{1132(1+0.958\lg P)}{(t+5.408)^{0.595}}$	
	巴南	$q=\dfrac{1898(1+0.867\lg P)}{(t+9.480)^{0.709}}$	
	渝北	$q=\dfrac{1111(1+0.945\lg P)}{(t+9.713)^{0.561}}$	
四川	成都	$i=\dfrac{44.594(1+0.651\lg P)}{(t+27.346)^{0.953[(\log P)-0.017]}}$	
	雅安	$q=\dfrac{861.725(1+0.763\lg P)}{(t+3.994)^{0.469}}$	
	渡口	$q=\dfrac{2422(1+0.614\lg P)}{(t+13)^{0.78}}$	
贵州	贵阳	$q=\dfrac{1887(1+0.707\lg P)}{(t+9.35P^{0.031})^{0.695}}$	
	水城	$q=\dfrac{42.25+62.60\lg P}{t+35}$	
云南	昆明	$q=\dfrac{1226.63(1+0.958\lg P)}{(t+6.714)^{0.648}}$	
	下关	$q=\dfrac{1534(1+1.035\lg P)}{(t+9.86)^{0.762}}$	

注：1. 表中 P、T 代表设计降雨的重现期；
   2. i 的单位是 mm/min，q 的单位是 L/(s·hm^2)；
   3. 本表摘自中国暴雨强度公式汇总（2023 版），微信公众号：给排水视界。

一、城市基本情况

（一）自然地理和社会经济

自然地理情况重点分析区域地形、地貌、下垫面条件、河湖水系等。社会经济包括人口数量及结构、经济总量、产业结构、城市功能及分区等；介绍地方经济发展规划、城市总体规划定位等确定的试点地区发展目标和功能定位。

（二）降水、径流及洪涝特点包括年降雨量、短历时降雨规律、径流特性、洪涝特性等。

（三）水资源状况

水资源状况包括区域水资源总量及开发利用情况。

（四）水环境质量状况

水环境质量状况包括现状水体水质、排污口分布、水源地分布等情况。

（五）现状工程体系及设施情况

现状工程体系及设施情况包括供排水设施、排水防涝设施、水利设施、雨水调蓄利用设施等。

二、问题及需求分析

（一）存在问题

1. 水安全方面：包括城市排水防涝、城市防洪、供水安全保障等。

2. 水资源方面：城市水资源供需平衡及保护等。

3. 水环境方面：城市水体污染问题、初期雨水面源污染、污水处理及再生利用、地下水超采问题等。

4. 周边区域影响方面：城市周边区域河湖水系，防洪，水源涵养情况等。

（二）需求分析

1. 拟重点解决的问题。

2. 通过海绵城市建设解决存在问题的优势（经济、技术、管理等方面）。

3. 可能存在的风险。

三、"海绵城市"建设的目标和指标

（一）总体目标（此目标为申请中央补助资金及考核的基本依据）

1. 年径流总量控制率（不小于70％）

2. 排水防涝标准（按国家标准要求）

3. 城市防洪标准（按国家标准要求）

（二）具体指标

1. 建成区内主要指标（根据实际情况适当增减）

（1）"渗、滞、蓄"：综合径流系数、可渗透地面面积比例、雨水调蓄标准（以 mm 降雨计）和雨水调蓄总容积；

（2）"净"：确定城区地表水体水质标准等；

（3）"用"：雨水利用量、替代城市供水比例、公共供水管网漏损率，污水再生利用率等；

(4)"排"：城市排水防涝标准，河湖水系防洪标准，雨水管渠排放标准，雨污分流比例等。

2. 建成区外主要指标

(1) 防洪标准：城市外部河湖水系防洪标准，海潮防御标准等；洪水位与雨水排放口衔接关系等；

(2) 水源涵养：水源保护区比例、城市水源的供水保障率和水质达标率、地下水水位等。

四、技术路线

建设技术指标达到或优于国家相关技术规范，依据《海绵城市建设技术指南》有关要求，因地制宜，提出经济可行、技术合理的技术路线和实施方案。按照全面深化改革的总体要求，依据国家相关政策，提出完善制度机制，加强能力建设的措施。

五、建设任务

将海绵城市建设的总体目标、具体指标分解落实到城市水系统、园林绿地系统、道路交通系统、住宅小区等工程项目，并提出"渗、滞、蓄、净、用、排"等各项工程措施，明确各项措施可分担的雨水径流控制量；通过经济技术比较，优化确定各项措施的工程规模。

(一) 主要工程

1. 城市建成区内主要工程

(1) 渗：建设绿色屋顶、可渗透路面、砂石地面和自然地面，以及透水性停车场和广场等；

(2) 滞：建设下凹式绿地、广场，植草沟、绿地滞留设施等；

(3) 蓄：保护、恢复和改造城市建成区内河湖水域、湿地并加以利用，因地制宜建设雨水收集调蓄设施等。

(4) 净：建设污水处理设施及管网，初期雨水处理设施，适当开展生态水循环及处理系统建设；在满足防洪和排水防涝安全的前提下，建设人工湿地，改造不透水的硬质铺砌河道、建设沿岸生态缓坡。

(5) 用：按照"集散结合、就近处理、就地循环"的原则，建设污水现生利用设施；建设综合雨水利用设施等。更新改造使用年限超过50年、材质落后、漏损严重的老旧管网等。

(6) 排：进行河道清淤，有条件的地区拓宽河道，开展城市河流湖泊整治，恢复天然河湖水系连通；新建地区严格实施雨污分流管网建设，老旧城区加快雨污分流管网改造；高标准建设雨水管网，加大截流倍数；加快易涝立交桥区、低洼积水点的排水设施提标改造等。

2. 城市建成区外主要工程

(1) 防洪：因地制宜，建设防洪堤坝、涵闸，分洪和蓄滞洪设施等，构建完善的城市防洪体系；

(2) 水源地建设与保护：加强水源地保护、应急备用水源地建设等；

(3) 水源涵养工程：水源涵养林、湿地、水源地水土流失综合治理等。

(二) 建设项目和投资安排

将各项建设任务落实到具体建设项目，根据轻重缓急确定建设时序、建设期限。按照建筑红线内（绿色建筑小区）、公共部分的设施布局，以及工程投资建设主体的不同，将"渗、滞、蓄、净、用、排"的各项建设任务分解，测算工程规模和投资安排（填写附表）。

1. 城市建成区内：

（1）建筑红线内（绿色建筑小区）工程类型、工程量、投资来源；市场化运作情况，政府提出的规模建设管控要求；投资来源等，相关投融资计划等。

（2）公共部分（可经营项目）：工程类型、规模，运作模式，投资来源、收益来源，相关投融资计划等。

（3）公共部分（非经营项目）：工程类型、规模，运作模式，投资来源，相关投融资计划等。

2. 城市建成区外：水利工程部分的工程量、投资来源、投资规模、相关投融资计划等。

（三）时间进度安排

2015～2017年进度安排计划，应包含至少1年的运营期。

六、预期效益分析可行性论证报告

在科学预测建设效果的基础上，分析试点在社会、经济、生态方面的预期效益等。效益分析应结合试点期目标和指标体系，尽量提出量化的预期效益。

七、主要示范内容

（一）规划建设管控制度

规划建设管控制度包括将海绵城市的建设要求落实到城市总规、控规和相关专项规划的制度，地块开发的规划建设管控制度等。

（二）制度机制

制度机制包括加强城市河湖水系的保护与管理、低影响开发控制和雨水调蓄利用、城市防洪和排水防涝应急管理、持续稳定投入等体制机制。

（三）技术标准及方法

技术标准及方法包括形成的技术标准、方法、政策等。

（四）能力建设

能力建设包括建立城市暴雨预报预警体系，健全城市防洪和排水防涝应急预案体系，加强应急管理组织机构、人员队伍、抢险能力等。

（五）规范的运作模式

规范的运作模式包括政府与社会资本合作的运作模式等。

（六）费价与投融资制度

费价与投融资制度包括保障社会资本正常运营和合理收益的费价政策，财政补贴制度，中长期财政预算制度等。

（七）绩效考核与按效果付费制度

绩效考核与按效果付费制度包括建立绩效考核制度和指标体系，按实施效果付费。

八、保障措施

（一）组织保障

组织保障包括组织机构、部门及职责分工、责任人员等。

（二）资金保障

资金保障包括资金需求总额及分年度预算，资金需求的计算方法。资金筹措情况，长效投入机制及资金来源，财政支持手段。

（三）融资机制保障

融资机制保障包括融资机制设计等。如采用PPP模式，还需包括PPP模式的投融资结构设计及政府社会资本合作的具体机制安排，采取PPP模式部分投资占项目总投资比例等。

（四）管理及制度保障

管理及制度保障包括保障试点工作的相关制度措施等。

九、其他需要说明的事项

主要参考文献

［1］ David Butler，Christopher Digman，Christos Makropoulos，John W. Davies. Urban drainage ［M］. 第 4 版. Lodon：Crc Press，2018.

［2］ 北京市市政工程设计研究总院有限公司. 给水排水设计手册 5. 城镇排水 ［M］. 第 3 版. 北京：中国建筑工业出版社，2017.

［3］ 中华人民共和国住房和城乡建设部. 室外排水设计标准：GB 50014—2021 ［S］. 北京：中国标准出版社，2021.

［4］ 中华人民共和国国家质量监督总局，中国国家标准化管理委员会. 污水排入城镇下水道水质标准：GB/T 31962—2015 ［S］. 北京：中国标准出版社，2015.

［5］ 中华人民共和国生态环境部. 排放源统计调查产排污核算方法和系数手册 ［M］. 2021.

［6］ 建设部标准定额研究所. 市政工程投资估算指标 4. 排水工程 ［M］. 北京：中国计划出版社，2008.

［7］ 张智. 排水工程 上册 ［M］. 第 5 版. 北京：中国建筑工业出版社，2015.

［8］ 给水排水设计手册编写组. 给水排水设计手册第 1、2、5、7、10 分册 ［M］. 第 3 版. 北京：中国建筑工业出版社，2017.

［9］ 中华人民共和国住房和城乡建设部. 室外排水设计标准：GB 50014—2021 ［S］. 北京：中国计划出版社，2021.

［10］ 建设部标准定额研究所. 城市基础设施工程投资估算指标第四册排水工程：HGZ 47-104-2007 ［S］. 北京：中国计划出版社，2008.

［11］ 中华人民共和国住房和城乡建设部. 城乡排水工程项目规范：GB 55027—2022 ［S］. 北京：中国建筑工业出版社，2022.

［12］ 中华人民共和国住房和城乡建设部. 城市工程管线综合规划规范：GB 50289—2016 ［S］. 北京：中国计划出版社，2016.

［13］ 中国工程建设标准化协会. 城镇排水管网在线监测技术规程：T/CECS 869—2021 ［S］. 北京：中国建筑工业出版社，2021.

［14］ 国家市场监督管理总局，国家标准化管理委员会. 智慧城市 术语：GB/T 37043—2018 ［S］. 北京：中国标准出版社，2018.

［15］ 中华人民共和国生态环境部. 污水监测技术规范：HJ 91.1—2019 ［S］. 北京：中国环境出版集团，2019.

［16］ 中华人民共和国住房和城乡建设部. 海绵城市建设评价标准：GB/T 51345—2018 ［S］. 北京：中国建筑工业出版社，2018.

［17］ 中华人民共和国住房和城乡建设部. 城市综合管廊工程技术标准（2024 年版）：GB/T 50838—2015 ［S］. 北京：中国计划出版社，2015.

［18］ 许仕荣. 泵与泵站 ［M］. 第 7 版. 北京：中国建筑工业出版社，2021.